国家级一流本科专业建设成果教材

 高等院校智能制造应用型人才培养系列教材

智能控制基础

卢明明　李明达　宋盾兰　主编

Fundamental of Intelligent Control

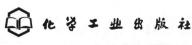 化学工业出版社

·北京·

内 容 简 介

本书是"高等院校智能制造应用型人才培养系列教材"之一，全书共7章，内容涵盖控制系统建模的理论基础、控制系统的信号与性能分析基础、智能控制算法基础、机械臂的智能控制应用案例分析、AGV小车的智能应用案例分析、智能控制技术未来的发展等。本教材重点概述或阐述了智能控制相关的基础概念、发展历程和趋势，对智能控制的基础理论和关键技术进行了简明而生动的阐述、归纳与总结。

本教材内容丰富，适合作为机械类（机械制造及其自动化、机械电子、机械设计、智能制造等）专业核心课程的教材，也可作为研究生的专业基础课程教材或相关工程技术人员的参考资料。

图书在版编目（CIP）数据

智能控制基础/卢明明，李明达，宋盾兰主编. —
北京：化学工业出版社，2023.11
高等院校智能制造应用型人才培养系列教材
ISBN 978-7-122-43912-3

Ⅰ.①智⋯　Ⅱ.①卢⋯　②李⋯　③宋⋯　Ⅲ.①智能控
制-高等学校-教材　Ⅳ.①TP273

中国国家版本馆CIP数据核字（2023）第138010号

责任编辑：金林茹　　　　　　　　　　　文字编辑：韩亚南
责任校对：宋　夏　　　　　　　　　　　装帧设计：韩　飞

出版发行：化学工业出版社（北京市东城区青年湖南街13号　邮政编码100011）
印　　刷：北京云浩印刷有限责任公司
装　　订：三河市振勇印装有限公司
787mm×1092mm　1/16　印张20　字数487千字　　2024年1月北京第1版第1次印刷

购书咨询：010-64518888　　　　　　　　售后服务：010-64518899
网　　址：http://www.cip.com.cn
凡购买本书，如有缺损质量问题，本社销售中心负责调换。

定　　价：59.00元

高等院校智能制造应用型人才培养系列教材
建设委员会

主任委员：

罗学科　　郑清春　　李康举　　郎红旗

委员（按姓氏笔画排序）：

门玉琢　　王进峰　　王志军　　王丽君　　田　禾
朱加雷　　刘　东　　刘峰斌　　杜艳平　　杨建伟
张　毅　　张东升　　张烈平　　张峻霞　　陈继文
罗文翠　　郑　刚　　赵　元　　赵　亮　　赵卫兵
胡光忠　　袁夫彩　　黄　民　　曹建树　　戚厚军
韩伟娜

教材建设单位（按笔画排序）：

上海应用技术大学机械工程学院　　　北京信息科技大学机电工程学院
山东交通学院工程机械学院　　　　　四川轻化工大学机械工程学院
山东建筑大学机电工程学院　　　　　兰州工业学院机电工程学院
天津科技大学机械工程学院　　　　　辽宁科技学院机械工程学院
天津理工大学机械工程学院　　　　　西京学院机械工程学院
天津职业技术师范大学机械工程学院　华北水利水电大学机械学院
长春工程学院汽车工程学院　　　　　华北电力大学（保定）机械系
北方工业大学机械与材料工程学院　　华北理工大学机械工程学院
北华航天工业学院机电工程学院　　　安阳工学院机械工程学院
北京石油化工学院工程师学院　　　　沈阳工学院机械工程与自动化学院
北京石油化工学院机械工程学院　　　沈阳建筑大学机械工程学院
北京印刷学院机电工程学院　　　　　河南工业大学机电工程学院
北京建筑大学机电与车辆工程学院　　桂林理工大学机械与控制工程学院

序

　　党的二十大报告指出，要建设现代化产业体系，坚持把发展经济的着力点放在实体经济上，推进新型工业化，加快建设制造强国、质量强国、航天强国、交通强国、网络强国、数字中国。实施产业基础再造工程和重大技术装备攻关工程，支持专精特新企业发展，推动制造业高端化、智能化、绿色化发展。推动战略性新兴产业融合集群发展，构建新一代信息技术、人工智能、生物技术、新能源、新材料、高端装备、绿色环保等一批新的增长引擎。其中，制造强国、高端装备等重点工作都与智能制造相关，可以说，智能制造是我国从制造大国转向制造强国、构建中国制造业全球优势的主要路径。

　　制造业是一个国家的立国之本、强国之基，历来是世界各主要工业国高度重视和发展的重要领域。改革开放以来，我国综合国力得到稳步提升，到 2011 年中国工业总产值全球第一，分别是美国、德国、日本的 120%、346% 和 235%。党的十八大以来，我国进入了新时代，发展的格局更为宏大，"一带一路"倡议和制造强国战略使我国工业正在实现从大到强的转变。我国不但建立了全球最为齐全的工业体系，而且在许多重大装备领域取得突破，特别是在三代核电、特高压输电、特大型水电站、大型炼化工、油气长输管线、大型矿山采掘与炼矿综采重点工程建设项目、重大成套装备、高端装备、航空航天等领域取得了丰硕成果，补齐了短板，打破了国外垄断，解决了许多"卡脖子"难题，为推动重大技术装备高质量发展，实现我国高水平科技自立自强奠定了坚实基础。进入新时代的十年，制造业增加值从 2012 年的 16.98 万亿元增加到 2021 年的 31.4 万亿元，占全球比重从20% 左右提高到近 30%；500 种主要工业产品中，我国有四成以上产量位居世界第一；建成全球规模最大、技术领先的网络基础设施……一个个亮眼的数据，一项项提气的成就，勾勒出十年间大国制造的非凡足迹，标志着我国迎来从"制造大国""网络大国"向"制造强国""网络强国"的历史性跨越。

　　最早提出智能制造概念的是美国人 P.K.Wright，他在其 1988 年出版的专著 *Manufacturing Intelligence*（《制造智能》）中，把智能制造定义为"通过集成知识工程、制造软件系统、机器人视觉和机器人控制来对制造技工们的技能与专家知识进行建模，以使智能机器能够在没有人工干预的情况下进行小批量生产"。当然，因为智能制造仍处在发展阶段，各种定义层出不穷，国内外有不同专家给出了不同的定义，但智能机器、智能传感、智能算法、智能设计、解决制造过程中不确定问题的智能方法、智能维护是智能制造的核心关键词。

从人才培养的角度而言，实现智能制造还任重道远，人才紧缺的局面很难在短时间内扭转，相关高校师资力量也不足。据不完全统计，近五年来，全国有 300 多所高校开办了智能制造专业，其中既有双一流高校，也有许多地方院校和民办高校，人才培养定位、课程体系、教材建设、实践环节都面临一系列问题，严重制约着我国智能制造业未来的长远发展。在此情况下，如何培养出适应不同行业、不同岗位要求的智能制造专业人才，是许多开设该专业的高校面临的首要任务。

智能制造的特点决定了其人才培养模式区别于其他传统工科：首先，智能制造是跨专业的，其所涉及的知识几乎与所有工科门类有关；其次，智能制造是跨行业的，其核心技术不仅覆盖所有制造行业，也适用于某些非制造行业。因此，智能制造人才培养既要考虑本校专业特色，又不能脱离社会对智能制造人才的需求，既要遵循教育的基本规律，又要创新教育体系和教学方法。在课程设置中要充分考虑以下因素：

- 考虑不同类型学校的定位和特色；
- 考虑学生已有知识基础和结构；
- 考虑适应某些行业需求，如流程制造，离散制造，混合制造等；
- 考虑适应不同生产模式，如多品种、小批量生产、大批量生产等；
- 考虑让学生了解智能制造相关前沿技术；
- 考虑兼顾应用型、技能型、研究型岗位需求等。

改革开放 40 多年来，我国的高等教育突飞猛进，高等教育的毛入学率从 1978 年的 1.55%提高到 2021 年的 57.8%，进入了普及化教育阶段，这就意味着高等教育担负的历史使命、受教育的对象都发生了深刻的变化。面对地方应用型高校生源差异化大，因材施教，做好智能制造应用型人才培养，解决高校智能制造应用型人才培养的教材需求就是本系列教材的使命和定位。

要解决好这个问题，首先要有一个好的定位，有一个明确的认识，这套教材定位于智能制造应用人才培养需求，就是要解决应用型人才培养的知识体系如何构造，智能制造应用型人才的课程内容如何搭建。我们知道，应用型高校学生培养的主要目的是为应用型学科专业的学生打牢一定的理论功底，为培养德才兼备、五育并举的应用型人才服务，因此在课程体系、基础课程、专业教育、实践能力培养上与传统综合性大学和"双一流"学校比较应有不同的侧重，应更着眼于学生的实用性需求，应培养满足社会对应用技术人才的需求，满足社会实际生产和社会实际发展的需求，更要考虑这些学校学生的实际，也就是要面向社会发展需求，为社会各行各业培养"适销对路"的专业人才。因此，在人才培养的过程中，对实践环节的要求更高，要非常注重理论和实践相结合。据此，在应用型人才培养模式的构建上，从培养方案、课程体系、教学内容、教学方式、教材建设上都应注重应用型人才培养的规律，这正是我们编写这套应用型高校智能制造相关专业教材的目的。

这套教材的突出特色有以下几点：

① 定位于应用型。这套教材不仅有适应智能制造应用型人才培养的专业主干课程和选修课程教

材，还有基于机械类专业向智能制造转型的专业基础课教材，专业基础课教材的编写中以应用为导向，突出理论的应用价值。在编写中引入现代教学方法和手段，结合教学软件和工业仿真软件，使理论教学更为生动化、具象化，努力实现理论课程通向专业教学的桥梁作用。例如，在制图课程中较多地使用工业界成熟设计软件，使学生掌握比较扎实的软件设计能力；在工程力学教学中引入有限元软件，实现设计计算的有限元化；在机械设计中引入模块化设计的概念；在控制工程中引入 MATLAB 仿真和计算机编程内容，实现基础教学内容的更新和对专业教育的支撑，凸显应用型人才培养模式的特点。

② 专业教材突出实用性、模块化、柔性化。智能制造技术是利用先进的制造技术，以及数字化、网络化、智能化等知识和控制理论来解决制造过程中不确定和非固定模式的问题，使得制造过程具有智能的技术，它的特点是综合性和知识内涵的丰富性以及知识本身的创新性。因此，在教材建设上与以前传统的知识技术技能模式应有大的区别，更应注重对学生理念、意识、认知、思维方式和系统解决问题能力的培养。同时考虑到各行业、各地和各校发展阶段和实际办学水平的不同，希望这套教材尽可能为各校合理选择教学内容提供一个模块化、积木式结构，并在实际编写中尽量提供项目化案例，以便学校根据具体情况做柔性化选择。

③ 本系列教材注重数字资源建设，更多地采用多媒体的互动方式，如配套课件、教学视频、测试题等，使教材呈现形式多样化，数字内容更为丰富。

由于编写时间紧张，智能制造技术日新月异，编写人员专业水平有限，书中难免有不当之处，敬请读者及时批评指正。

高等院校智能制造应用型人才培养系列教材建设委员会

前　言

科技基础能力是国家综合科技实力的重要体现，是国家创新体系的重要基石，是实现高水平科技自立自强的战略支撑。党的二十大报告指出，要加强科技基础能力建设。制造业决定了一个国家的综合实力和国际竞争力，是我国经济命脉所系，是立国之本、强国之基。而在新一代科技革命和产业变革日新月异的大背景下，智能制造是我国制造业高质量发展并构建国际竞争新优势的主攻方向和坚实根基。智能控制是实现智能制造的核心技术，也是工业 4.0 的基础技术。通过智能控制，能够实现生产率、可靠性和能效性的全面均衡。

对于大量智能制造领域的技术开发人员，重点需要掌握的，往往是智能控制的应用，这就需要具备相关的基础知识，知其然，亦可继而索之，知其所以然。基于此，本书从更便于自学的角度，力求按教学规律来阐述智能控制的基础知识。

本书主要内容包括：智能控制的内涵，控制系统的建模、信号与性能分析，智能控制算法，智能控制的经典应用案例，智能控制的发展方向等。本书可作为普通高等学校机械、电气、自动化、计算机等专业本科生的专业核心课教材，也可供从事智能控制技术研究工作的科技人员参考。

本书由卢明明、李明达、宋盾兰主编，陈逸达、齐升参编。分工如下：第 1、3、5 章由卢明明、陈逸达编写，第 2 章由宋盾兰、齐升编写，第 4、7 章由李明达、宋盾兰编写，第 6 章由李明达编写。在本书的编写过程中，编者参阅和引用了不少国内外的学术文献，已在书中的参考文献中列出，在此表示感谢！同时，侯彦斌、刘宇强、邱令伟、李昊、朱家鑫、崔航、郭洪鑫、王卓识、王铭等研究生做了大量的文字和图表的处理工作，特此表示感谢。

智能控制技术作为智能制造的重点，涉及面广，书中难免存在不足之处，恳请读者给予批评指正，感激不尽！

编者

扫码获取本书资源

目 录

第 3 章 控制系统的信号与性能分析基础 57

第 4 章　智能控制算法基础　138

第 5 章 机械臂的智能控制应用案例分析 237

参考文献 304

第 1 章

绪论

 本章思维导图

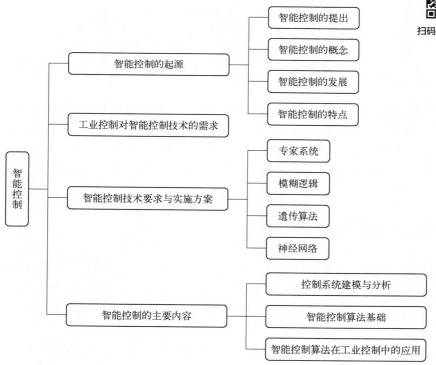

本章学习目标

1. 了解智能控制的起源和工业控制对智能控制技术的需求。
2. 学习并了解智能控制技术的要求与实施方案。
3. 熟悉并了解智能控制的主要内容。

 本章案例引入

　　智能控制的诞生其实是人们观察自然界中的一些现象，进行模拟的过程。如下图是大雁"一"字形飞的图片，在生活中屡见不鲜，但是你们知道为什么大雁会排列成"一"字形飞吗？

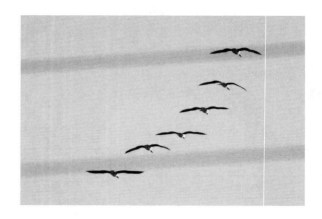

　　这是因为一般靠前面的大雁，是很有力量、很有经验的，由于头雁扇动翅膀，带动气流，若排成"一"字形飞行，后面的大雁飞起来会很轻松，就不必休息很多次。头雁飞行的过程中在其身后会形成一个低气压区，紧跟其后的大雁在这个低气压区飞行时空气的阻力较小，这有利于整个群体持续飞行。科学家们对这一现象进行了模拟与再现，最终发明了滑翔机。

1.1　智能控制的起源

　　"智能控制"是一门控制理论课程，研究如何运用人工智能的方法来构建控制系统和设计控制器。智能控制是目前控制理论的最高级形式，代表了控制理论的发展趋势，能有效地处理复杂的控制问题。其相关技术可以推广应用于控制之外的领域，如金融、管理、土木、设计等。

　　智能控制是自动控制发展的最新阶段，主要用于解决传统控制难以解决的复杂系统的控制问题。其思想出现于 20 世纪 60 年代。当时，学习控制的研究十分活跃，并获得较好的应用。如自学习和自适应方法被开发出来，用于解决控制系统的随机特性问题和模型未知问题。1965年，美国普渡大学傅京孙教授首先把 AI 的启发式推理规则用于学习控制系统；1966 年，美国门德尔首先主张将 AI 用于飞船控制系统的设计。

1971 年，傅京孙首次提出智能控制这一概念，并归纳了如下 3 种类型的智能控制系统。

① 人作为控制器的控制系统——具有自学习、自适应和自组织的功能。

② 人机结合作为控制器的控制系统——机器完成需要连续进行的并需快速计算的常规控制任务，人则完成任务分配、决策和监控等任务。

③ 无人参与的自主控制系统——多层的智能控制系统，需要完成问题求解和规划、环境建模、传感器信息分析和低层的反馈控制任务，如自主机器人。

1985 年 8 月，IEEE 在美国纽约召开了第一届智能控制学术讨论会，随后成立了 IEEE 智能控制专业委员会；1987 年 1 月，在美国举行第一次国际智能控制大会，标志智能控制领域的形成。近年来，神经网络、模糊数学、专家系统和进化论等各门学科的发展给智能控制注入了巨大的活力，由此产生了各种智能控制方法。

1.1.1 智能控制的提出

智能控制与自动化不同，自动化的过程是人设定程序之后机器自己执行程序，而且传统的自动生产线是不可变的，但是智能制造生产线可实现混线生产。在军事应用上如无人机，在飞行的过程中如果碰到了情况突变，它会改变轨迹。举个例子，比如察打一体机（图 1-1），侦察和打击都可以实现，如果导弹打出去了发现对象不是敌人，是可以让导弹拐弯，这就是智能控制的妙处所在。

在日常生活中，智能控制的应用更是屡见不鲜。比如近几年很热门的话题——自动驾驶汽车（图 1-2），它是使用人工智能技术和机器学习来移动的，通过接收大量的传感器数据，学习如何驾驶和处理简单的突发状况，无须随时控制。

图 1-1　察打一体机

图 1-2　自动驾驶汽车

传统控制方法包括经典控制和现代控制，是基于被控对象精确模型的控制方式，缺乏灵活性和应变能力，适用于解决线性、时不变性等相对简单的控制问题。传统控制方法在实际应用中有很多难以解决的问题，主要表现在以下几点。

① 实际系统由于存在复杂性、非线性、时变性、不确定性和不完全性等，无法获得精确的数学模型。

② 某些复杂的和包含不确定性的控制过程无法用传统的数学模型来描述，即无法解决建模问题。

③ 针对实际系统往往需要进行一些比较苛刻的线性化假设,而这些假设往往与实际系统不符合。

④ 实际控制任务复杂,而传统的控制任务要求低,对复杂的控制任务,如智能机器人控制、CIMS（计算机集成制造系统）和社会经济管理系统等复杂任务无能为力。

在生产实践中,复杂控制问题可通过利用操作人员的熟练经验和控制理论相结合的方法去解决,因此,产生了智能控制。智能控制采取的是全新的思路,它用人的思维方式建立逻辑模型,使用类似人脑的控制方法来进行控制。智能控制将控制理论的方法和人工智能技术灵活地结合起来,这种方法可适应对象的复杂性和不确定性。

智能控制是控制理论发展的高级阶段,它主要用来解决那些用传统控制方法难以解决的复杂系统的控制问题。智能控制研究对象具备以下一些特点。

① 不确定性的模型。智能控制适合于不确定性对象的控制,其不确定性包括两层意思:一是模型未知或知之甚少;二是模型的结构和参数可能在很大范围内变化。

② 高度的非线性。采用智能控制方法可以较好地解决非线性系统的控制问题。

③ 复杂的任务要求。例如,智能机器人要求控制系统对一个复杂的任务具有自行规划和决策的能力,有自动躲避障碍运动到期望目标位置的能力。再如,在复杂的工业过程控制系统中,除了要求对各被控物理量实现定值调节外,还要求能实现整个系统的自动启停、故障的自动诊断以及紧急情况下的自动处理等功能。

1.1.2 智能控制的概念

所谓智能控制,即设计一个控制器（程序）,使之具有学习、抽象、推理、决策等功能,并能根据环境信息的变化做出适应性反应,从而替代人来完成任务。此外,智能控制必须具有模拟人类学习和自适应的能力。一般来说,一个智能控制系统要求对环境敏感,具有进行决策和控制的功能,根据其性能要求的不同,可以有各种人工智能的水平。

傅京孙（King-sun Fu）最早提出了智能控制是人工智能与自动控制的交叉,即二元论。

美国学者 G. N. Saridis 于 1977 年在二元论基础上引入运筹学,提出了三元论的智能控制概念,即

$$IC= AC \cap AI \cap OR$$

式中,IC 为智能控制（intelligent control）;AI 为人工智能（artificial intelligence）;AC 为自动控制（automatic control）;OR 为运筹学（operations research）。

基于三元论的智能控制如图 1-3 所示。

人工智能（AI）是一个用来模拟人的思维的知识处理系统,具有记忆、学习、信息处理、形式语言和启发推理等功能。

自动控制（AC）描述系统的动力学特性,是一种动态反馈。

运筹学（OR）是一种定量优化方法,如线性规划、网络规划、调度、管理、优化决策和多目标优化方法等。

三元论除了"智能"与"控制"外,还强调了更高层次控制中调度、规划和管理的作用,为递阶智能控制提供了理论依据。

智能控制实际只是研究与模拟人类智能活动及其控制与信息传递过程的规律,研制具有仿人智能的工程控制与信息处理系统的一个新兴分支学科。

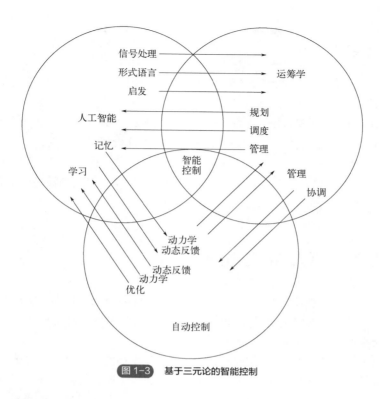

图 1-3 基于三元论的智能控制

1.1.3 智能控制的发展

智能控制是自动控制发展的最新阶段，主要用于解决传统控制难以解决的复杂系统的控制问题，其产生的背景见图 1-4。

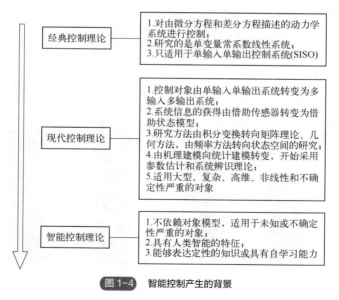

经典控制理论	1.对由微分方程和差分方程描述的动力学系统进行控制； 2.研究的是单变量常系数线性系统； 3.只适用于单输入单输出控制系统(SISO)
现代控制理论	1.控制对象由单输入单输出系统转变为多输入多输出系统； 2.系统信息的获得由借助传感器转变为借助状态模型； 3.研究方法由积分变换转向矩阵理论、几何方法，由频率方法转向状态空间的研究； 4.由机理建模向统计建模转变，开始采用参数估计和系统辨识理论； 5.适用大型、复杂、高维、非线性和不确定性严重的对象
智能控制理论	1.不依赖对象模型，适用于未知或不确定性严重的对象； 2.具有人类智能的特征； 3.能够表达定性的知识或具有自学习能力

图 1-4 智能控制产生的背景

从 20 世纪 60 年代起，由于空间技术、计算机技术及人工智能技术的发展，控制界学者在研究自组织、自学习控制的基础上，为了提高控制系统的自学习能力，开始注意将人工智能技术与方法应用于控制中。

1.1.4 智能控制的特点

① 应能为复杂系统（如非线性、快时变、多变量、强耦合、不确定性等）进行有效的全局控制，并具有较强的容错能力；

② 是定性决策和定量控制相结合的多模态组合控制；

③ 其基本目的是从系统的功能和整体优化的角度来分析和综合系统，以实现预定的目标，并应具有自组织能力；

④ 是同时具有以知识表示的非数学广义模型和以数学表示的数学模型的混合控制过程，系统在信息处理上，既有数学运算，又有逻辑和知识推理。

1.2 工业控制对智能控制技术的需求

近年来进行了智能控制器的行业市场调研，所谓的智能控制器是为了实现特定指令用途而设计的计算机控制单元，顾名思义就是智能化控制着某种设备的一种配件，简单来说就是只会执行处理简单命令的一台小电脑。

其中，家用电器智能控制器主要包括冰箱、空调、洗衣机、电磁炉、洗碗机、电饭煲等产品的智能控制器，主要用于居民家庭内部制冷制热、清洁洗涤、食品处理、环境调控的家用电器控制。随着电子信息技术的发展，家用电器、医疗健康、电动工具、智能家居等领域的终端产品对智能控制的需求不断增大，因此智能控制器行业近年来一直保持着良好的高增长态势。

2010 年，全球智能控制器市场规模为 6357 美元，2011 年跃升至 8000 美元，2013 年突破万亿美元，保持稳步增长势头，见图 1-5。从应用领域上看，全球电子智能控制产品中，汽车电子智能控制产品占有率最大，约为 20%，家用电器类智能控制器次之，占有率约为 15.3%。从市场分布来看，亚洲不仅仅是全球智能控制产品的制造中心，也是巨大的消费市场，对智能控制器需求占全球总量的 43%，欧洲和北美的份额也达到 20% 以上。

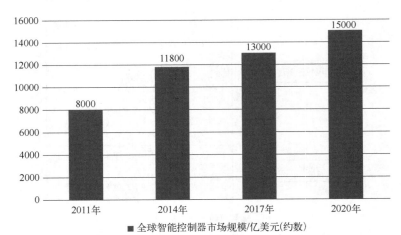

图 1-5 2011—2020 年全球智能控制器市场规模统计情况

智能控制器市场空间大，预计未来仍会继续保持稳定增长。近年来，中国智能控制器市场增速保持稳定。据中国产业研究院发布的《智能控制器行业深度调研与投资预测分析报告》统计数据显示，我国智能控制器市场规模 2015 年突破 1 万亿元，较 2014 年增长约 6%，截至 2018 年我国智能控制器市场规模达到了 18963 亿元，见图 1-6。到 2020 年我国智能控制器市场规模已经超过 2 万亿元。其中，汽车电子、家用电器和电动工具及工业设备是智能控制器的主要应用领域，这三大行业的市场规模均在 1000 亿元以上，家电与汽车市场甚至可达 2000 亿元。

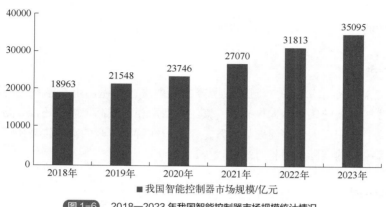

图 1-6 2018—2023 年我国智能控制器市场规模统计情况

从市场需求的角度看，用户对高水平智能化产品的需求不断增长，家电、汽车、电动工具、工业设备等行业为满足用户需求，不断推出各类智能化产品，并不断更新换代。随着智能化需求的增长，智能控制器产品的渗透性进一步增强，应用领域日趋广泛。此外，网络技术和通信技术发展成熟并实现广泛应用，互联网基础设施的建设和技术条件的成熟也为智能产业发展奠定基础。国家政策的层面，智能产业相关产业发展规划和行动方案层出不穷，推动产业的快速发展。

未来在智能化时代下，智能控制器市场发展前景较好。我国是智能控制器生产大国，智能控制器产业链布局相对完善，随着国内企业研发创新能力提升，智能控制器市场规模将不断扩大。目前我国智能控制器市场集中度较低，在市场竞争加剧、市场需求升级背景下，未来智能控制器市场集中度有望提升。

1.3 智能控制技术要求与实施方案

智能控制与传统的或常规的控制有密切的关系，不是相互排斥的。常规控制往往包含在智能控制之中，智能控制也利用常规控制的方法来解决"低级"的控制问题，力图扩充常规控制方法并建立一系列新的理论与方法来解决更具有挑战性的复杂控制问题。

当今生产设备已经从人力逐渐向自动化转型，智能控制技术能够为企业带来更高的生产效益。随着技术的创新，智能化控制技术相较以前提高了很多，能够更好地帮助企业提高生产效率，增加竞争力度，下面介绍智能控制对工业机器人的基本要求与实施方案。

① 实现对工业机器人的位置、速度、加速度等控制功能。对于连续轨迹运动的工业机器人，还必须具有轨迹的规划与控制功能。

② 方便的人-机交互功能，操作人员采用直接指令代码对工业机器人进行作用指示。工业

机器人应具有作业知识的记忆、修正和工作程序的跳转功能。

③ 具有对外部环境（包括作业条件）的检测和感觉功能。为使工业机器人具有对外部状态变化的适应能力，工业机器人应能对诸如视觉、力觉、触觉等有关信息进行测量、识别、判断、理解等。在自动化生产线中，工业机器人应能与其他设备交换信息，具有协调工作的能力。

④ 较高级的工业机器人要求对环境条件、控制指令进行测定和分析，采用计算机建立庞大的信息库，用人工智能的方法进行控制、决策、管理和操作，按照给定的要求，自动选择最佳控制规律。

对于智能控制技术的实施，主要有以下几项技术方法。

（1）专家系统

专家系统是利用专家知识对专门的或困难的问题进行描述，用专家系统所构成的专家控制，无论是专家控制系统还是专家控制器，其工程费用相对较高，而且还涉及自动获取知识困难、无自学能力、知识面太窄等问题。尽管专家系统在解决复杂的高级推理中获得较为成功的应用，但是专家控制的实际应用相对还比较少。

（2）模糊逻辑

模糊逻辑用模糊语言描述系统，既可以描述应用系统的定量模型，也可以描述其定性模型。模糊逻辑可适用于任意复杂的对象控制，但在实际应用中模糊逻辑实现简单的应用控制比较容易。简单控制是指单输入单输出系统（SISO）或多输入单输出系统（MISO）的控制。因为随着输入输出变量的增加，模糊逻辑的推理将变得非常复杂。

（3）遗传算法

遗传算法作为一种非确定的拟自然随机优化工具，具有并行计算、快速寻找全局最优解等特点，它可以和其他技术混合使用，用于智能控制的参数、结构或环境的最优控制。

（4）神经网络

神经网络算法是利用大量的神经元按一定的拓扑结构来进行学习的方法。它能表示出丰富的特性：并行计算、分布存储、可变结构、高度容错、非线性运算、自我组织、学习或自学习等。这些特性是人们长期追求和期望的系统特性。它在智能控制的参数、结构或环境的自适应、自组织、自学习等控制方面具有独特的能力。神经网络可以和模糊逻辑一样用于任意复杂对象的控制，但它与模糊逻辑不同的是擅长单输入多输出系统和多输入多输出系统的多变量控制。在模糊逻辑表示的 SIMO 系统和 MIMO 系统中，其模糊推理、解模糊过程以及学习控制等功能常用神经网络来实现。

模糊逻辑和神经网络作为智能控制的主要技术已被广泛应用，两者既有相同性又有不同性。其相同性为：两者都可作为万能逼近器解决非线性问题，并且两者都可以应用到控制器设计中。不同的是：模糊逻辑可以利用语言信息描述系统，而神经网络则不行；模糊逻辑应用到控制器设计中，其参数定义有明确的物理意义，因而可提出有效的初始参数选择方法，神经网络的初始参数（如权值等）只能随机选择。但在学习方式下，神经网络经过各种训练，其参数设置可以达到满足控制所需的行为。模糊逻辑和神经网络都是模仿人类大脑的运行机制，可以认为神经网络技术模仿人类大脑的硬件，模糊逻辑技术模仿人类大脑的软件。根据模糊逻辑和神经网络的各自特点，产生了模糊神经网络技术和神经模糊逻辑技术。模糊逻辑、神经网络和它们的混合技术适用于各种学习方式。智能控制的相关技术与控制方式结合或综合交叉结合，构成风格和功能各异的智能控制系统和智能控制器，是智能控制技术方法的一个主要特点。

1.4　智能控制的主要内容

1.4.1　控制系统建模与分析

在控制系统的建模与分析当中，首先要建立系统的数学模型。控制系统的数学模型是描述系统内部物理量（或变量）之间关系的数学表达式。在静态条件下（即变量各阶导数为零），描述变量之间关系的代数方程称为稳态数学模型，描述变量各阶导数之间关系的微分方程叫动态数学模型。如果已知输入量及变量的初始条件，对微分方程求解，就可以得到系统输出量的表达式，并由此可对系统进行性能分析。因此，建立控制系统的数学模型是分析和设计控制系统的首要工作。

建立控制系统数学模型的方法有分析法和实验法两种。分析法是对系统各部分的运动机理进行分析，根据它们所依据的物理规律或化学规律分别列写相应的运动方程。例如，电学中有基尔霍夫定律，力学中有牛顿定律，热力学中有热力学定律等。实验法是人为地给系统施加某种测试信号，记录其输出响应，并用适当的数学模型去逼近，这种方法称为系统辨识。近年来，系统辨识已发展成为一门独立的分支学科。本书研究用分析法建立系统数学模型。

在自动控制理论中，数学模型有多种形式。时域中常用的数学模型有微分方程、差分方程和状态方程；复数域中有传递函数、结构图；频域中有频率特性等。本书研究微分方程、传递函数和结构图等数学模型的建立和应用，其余几种数学模型也有所介绍。

在工程实践中，作用于自动控制系统的信号是多种多样的，既有确定性信号，也有非确定性信号，如随机信号。为了便于系统的分析与设计，常选用几种确定性信号作为典型输入信号。典型输入信号的选取原则是：该信号的函数形式容易在实验室或现场中获得；系统在这种信号作用下的性能可以代表实际工作条件下的性能；这种信号的函数表达式简单，便于计算。工程设计中常用的典型输入信号有：阶跃函数、斜坡函数、抛物线函数、脉冲函数、正弦函数，此外还有伪随机函数等。

1.4.2　智能控制算法基础

智能控制以控制理论、计算机科学、人工智能和运筹学等学科为基础，扩展了相关的理论和技术，其中应用较多的有专家系统、模糊逻辑、神经网络和智能搜索等理论，以及自适应控制、自组织控制和自学习控制等技术。智能控制的几个重要分支为专家控制、模糊控制、神经网络控制和智能搜索算法（遗传算法是其重要算法之一）。

1.4.3　智能控制算法在工业控制中的应用

智能控制主要解决那些用传统控制方法难以解决的复杂系统的控制问题，其中包括智能机器人控制、计算机集成制造系统、工业过程控制、航空航天控制、社会经济管理系统、交通运输系统、环保及能源系统等。下面以智能控制在机器人控制和过程控制中的应用为例进行说明。

（1）在运动控制中的应用

智能机器人是目前机器人研究中的热门课题。E .H.Mamdan 于 20 世纪 80 年代初首次将模糊控制应用于一台实际机器人的操作臂控制。J.S.Albus 于 1975 年提出小脑模型关节控制器（cerebellar model articulation controller，CMAC），它是仿照小脑控制肢体运动的原理而建立的神经网络模型，采用 CMAC，可实现机器人的关节控制，这是神经网络在机器人控制方面的一个典型应用。目前工业上用的 90%以上的机器人都不具有"智能"，随着机器人技术的迅速发展，需要各种具有不同程度智能的机器人。

飞行器是非线性、多变量和不确定性的复杂对象，是智能控制发挥潜力的重要领域。利用神经网络所具有的对非线性函数的逼近能力和自学习能力，可设计神经网络飞行器控制算法。例如，利用反演控制和神经网络技术相结合的非线性自适应方法，可实现飞行系统的纵向和横侧向通道的控制器设计。

（2）在过程控制中的应用

过程控制是指石油、化工、电力、冶金、轻工、纺织、制药和建材等工业生产过程的自动控制，它是自动化技术一个极其重要的应用方面。智能控制在过程控制上有着广泛的应用。在石油化工方面，1994 年，美国的 Gensym 公司和 NeuralWare 公司联合将神经网络用于炼油厂的非线性工艺过程；在冶金方面，日本的新日铁公司于 1990 年将专家控制系统应用于轧钢生产过程；在化工方面，日本的三菱化学合成公司研制出用于乙烯工程的模糊控制系统。

智能控制应用于过程控制领域，是控制理论发展的新的方向。

1.5 本章小结

本章为接下来智能控制的学习做了铺垫与引入，通过介绍智能控制的起源使读者对智能控制有一定的认识，并结合实际生产对智能控制的前景做了展望。在未来的生产中，智能控制仍是不可或缺的一部分，因此智能控制课程在智能科学与技术专业的课程体系中起着举足轻重的作用。从工程的角度看，人工智能的实质就是知识的自动化。在机器人和智能系统等专业方向，往往涉及决策执行、系统控制等，让学生掌握必要的自动控制专业知识，对于智能系统的实现和应用是非常重要的；另外，智能控制的发展已经使其成为智能科学与技术科学的重要组成部分，要更完整地了解并把握智能科学与技术的整个学科体系，学生学习智能控制的有关知识是非常有必要的。

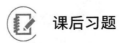 课后习题

1. 简述智能控制的概念。
2. 简述智能控制技术常用实施方法。
3. 举例说明智能控制技术的工业控制应用。

第 2 章

控制系统建模的理论基础

 本章思维导图

扫码获取本书资源

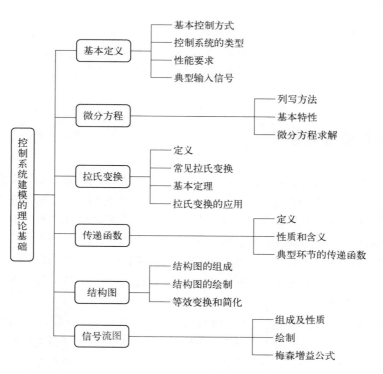

本章学习目标

1. 掌握的内容：自动控制的基本方式和基本组成；自动控制系统的分类；评价自动控制系统的基本要求；阶跃函数、斜坡函数、脉冲函数的典型外作用；线性定常微分方程的求解；传递函数的概念、性质及基本形式；结构图和信号流图的绘制、组成和等效变换法则；梅森增益公式，应用梅森增益公式求解结构图和信号流图的传递函数等。

2. 熟悉的内容：控制系统微分方程的建立及求解的方法；拉氏变换的基本定理；传递函数的几点说明等。

3. 了解的内容：自动控制技术的应用；自动控制技术的发展等。

本章案例引入

在日常生活中，人们的一些习以为常的动作都渗透着反馈控制的深奥原理。当我们用手从桌上取物品时，我们可以准确地知道物品摆放的位置，并且控制自己的手臂、手腕等部位，进而完成取物动作。那么人是如何做到这些的呢？其中又包含什么样的控制机理呢？

拓展视频

2.1 基本定义与概念

在我们思考什么是控制系统之前，首先了解一下什么是系统。系统是用来执行特定任务的一系列设备的集合。当我们向系统输入激励时，会得到一定的响应。控制系统是指能够接收外界的输入，并按照一定需求调节其输出的系统。在现代科学技术的众多领域中，自动控制技术得到了广泛的应用，且发挥着日益重要的作用。

所谓自动控制，是指在无人干预的情况下，利用控制装置（或控制器）使被控对象（如机器设备或生产过程）的一个或多个物理量（如电压、速度、流量、液位等）在一定精度范围内自动地按照给定的规律变化。

例如，假设有一个系统用来控制伺服电机的位置，这就是一个控制系统（或控制器），它为电机提供一定的控制，控制其旋转的角度，最终目标是让整个系统（系统和控制器）执行特定的任务（旋转一定角度）。此外，还有数控机床按照预定的程序自动地切削工件，人造卫星按预定的轨道运行并始终保持正确的姿态，电网电压和频率自动地维持不变等，这些都是自动控制的结果。

在这些自动控制系统实例中，尽管它们在功能与结构上各不相同，但它们都是由控制装置和被控对象所组成，我们称之为系统。广义而言，系统的概念不仅包含物理系统，还包括生物学、社会学、经济学各领域的系统。

根据自动控制技术的发展阶段，常将控制理论分为经典控制理论和现代控制理论。按上述提法，经典控制理论是在传递函数的基础上以输入输出特性为数学模型，研究单输入单输出的自动控制系统，特别是线性定常系统，主要采用频率响应法和根轨迹法来解决控制系统的分析与设计问题。由于这些理论发展较早，现已日臻成熟，在工程上比较成功地解决了恒值自动控制系统与伺服系统（又称随动系统）的设计与实践问题。现代控制理论建立在状态空间法基础上，研究多输入多输出、时变非线性等控制系统的分析与设计问题，基本方法是时域方法，研究内容十分广泛，包括线性系统理论、最优控制、最佳滤波、自适应控制、系统辨识、随机控制等。

近年来，随着计算机与信息技术的迅速发展，控制工程无论从深度上还是从广度上都在向其他学科不断延伸与扩展，逐渐发展到以控制论、信息论、仿生学为基础的智能控制阶段。

拓展视频

2.1.1　控制系统的基本控制方式

自动控制系统有两种最基本的控制方式，即开环控制与闭环控制，其中，闭环控制也叫做反馈控制。它们都有各自的特点和不同的适用场合，近几十年来，以现代数学为基础，引入计算机的新的控制方式也有了很大发展，如最优控制、自适应控制、模糊控制等。

（1）开环控制

开环控制方式是指控制装置与被控对象之间只有顺向作用而没有反向联系的控制过程，按这种方式组成的系统称为开环控制系统，如图 2-1 所示。

图 2-1　开环控制系统

对于每一个参考输入量，都有一个相应的输出量与之对应。系统的精度主要取决于元器件的精度和调整的精度。当系统的内部干扰和外部干扰影响不大、精度要求不高时，可采用开环控制方式。但是当系统在干扰作用下，输出量一旦偏离了原来的预定值，由于系统没有输出反馈，对控制量没有任何影响，因此系统没有消除或减少偏差的功能，这是开环系统最大的缺点，限制了它的应用范围。

（2）闭环控制

在自动控制系统中，被控对象的输出量（被控量）是要求严格加以控制的物理量，它可以要求保持为某一恒定值，如温度、压力、液位等，也可以要求按照某个给定规律运行，如飞行航迹、记录曲线等；而控制装置则是对被控对象施加控制作用的机构的总体，它可以采用不同的原理和方式对被控对象进行控制，但最基本的一种是基于反馈控制原理组成的反馈控制系统。

在反馈控制系统中，控制装置对被控对象施加的控制作用，是取自被控量的反馈信息，来不断修正被控量与输入量之间的偏差，从而实现对被控对象进行控制的任务，这就是反馈控制的原理。若反馈信号与输入信号相减，则称为负反馈；反之，若反馈信号与输入信号相加，则称为正反馈。输入信号与反馈信号之差，称为偏差信号。此信号通过控制器，产生控制量使输出量趋于给定的数值。闭环控制的实质是利用负反馈作用来减小系统的输出误差，故又称闭环控制为反馈控制，其系统框图如图2-2所示。

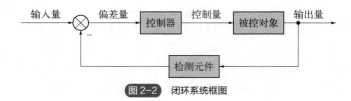

图 2-2　闭环系统框图

其实，人的一切活动都体现出反馈控制的原理，人本身就是一个具有高度复杂控制能力的反馈控制系统。例如，人用手拿取桌上的物品，汽车司机操纵方向盘驾驶汽车沿公路平稳行驶等，这些日常生活中习以为常的动作都渗透着反馈控制的深奥原理。下面，通过剖析手从桌上取物品的动作过程，透视一下它所包含的反馈控制机理。可以用图2-3的系统方块图来展示这个反馈控制系统的基本组成和工作原理。

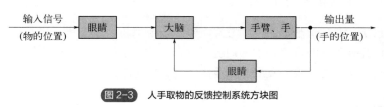

图 2-3　人手取物的反馈控制系统方块图

在这里，桌上物品的位置是手运动的指令信息，一般称为输入信号。取物品时，首先人要用眼睛连续观测手相对于物品的位置，并将这个信息送入大脑（称为位置反馈信息）；然后由大脑判断手与书之间的距离，产生偏差信号，并根据其大小发出控制手臂移动的命令（称为控制作用或操纵量），逐渐使手与书之间的距离（偏差）减小。显然，只要这个偏差存在，上述过程就要反复进行，直到偏差减小为零，手便取到了物品。可以看出，大脑控制手取物品的过程，是一个利用偏差（手与物品之间距离）产生控制作用，并不断使偏差减小直至消除的运动过程；同时，为了取得偏差信号，必须要有手位置的反馈信息，两者结合起来，就构成了反馈控制。显然，反馈控制实质上是一个按偏差进行控制的过程，因此，它也称为按偏差的控制，反馈控制原理就是按偏差控制的原理。

（3）开环控制与闭环控制的比较

从抗干扰能力考虑，闭环系统引入了反馈，因此对于外部扰动和内部参数变化引起的偏差能够自动减小，这样就可以采用成本较低、精度不太高的元器件构成一个精度较高的控制系统。闭环系统的精度很大程度上取决于反馈检测元件的精度，而开环系统则不然。开环系统由于没有反馈，因此没有纠正偏差的能力，当受到外扰和内扰时，系统精度会降低。开环系统的精度完全取决于系统元器件的精度和调整的准确度。

从稳定性的角度考虑，开环系统的结构简单、建立容易，一般不存在稳定问题。而闭环则不然，反馈的引入有可能使本来稳定的开环系统出现振荡，甚至造成不稳定，因此稳定性对于闭环系统始终是一个重要问题。

应当指出，当系统的输入量与输出量关系已知、内外扰动对系统影响不大、控制精度要求不高时，最好采用开环控制。当我们无法预计外界扰动或内部元件参数不稳定时，采用闭环控制的优点显得特别突出。当整个系统要求性能较高时，为了解决闭环系统本身控制精度和稳定性之间存在的矛盾，可以将开环和闭环结合在一起，构成复合控制系统。

本书主要是基于闭环控制系统进行研究的，即反馈控制的有关理论和方法。

（4）控制系统框图组成和术语定义

任何一个控制系统，不管其结构多么复杂，用途各种各样，都可以由一些基本框图和符号来表示。图 2-4 是典型闭环控制系统示意图，现将图中符号及术语定义说明如下，这些符号将在本书后续内容中经常用到。

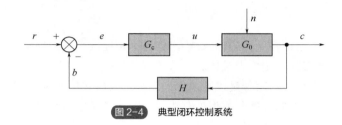

图 2-4　典型闭环控制系统

图 2-4 中：

参考输入 r　　——输入控制系统中的给定信号；

主反馈 b　　——与输出成正比或有某种函数关系，但是量纲与参考输入相同的信号；

偏差 e　　——参考输入与主反馈之差的信号；

控制环节 G_c——接受偏差信号，通过转换与运算产生控制量 u；

控制量 u　　——控制环节的输出，作用于被控对象；

扰动 n　　——不希望的、影响输出的信号；

被控对象 G_0——接受控制量、输出被控量；

输出 c　　——系统的被控量；

反馈环节 H——将输出转换为主反馈信号；

比较环节 $\otimes$——相当于偏差检测器，它的输出量等于两输入量的代数和，图中箭头上的符号表示输入在此相加或相减。

2.1.2　控制系统的类型

自动控制系统有多种分类方法。例如，按控制方式可分为开环控制、反馈控制、复合控制等；按系统功能可分为温度控制系统、压力控制系统，位置控制系统等；按元件类型可分为机械系统、电气系统、液压系统、气动系统、生物系统等；按系统性能可分为线性系统和非线性系统、连续系统和离散系统、定常系统和时变系统、确定性系统和不确定性系统等；按输入量变化规律又可分为恒值控制系统、随动系统和程序控制系统等。为了全面反映自动控制系统的特点，常常将上述各种分类方法组合应用。

（1）线性与非线性系统

① 线性系统　当系统中各元件的特性均为线性时，若能用线性微分方程描述系统输入与输

出的关系，则称为线性系统。线性系统的主要特性是具有齐次性和叠加性。系统的时间响应特性与初始状态无关。

若线性微分方程的各项系数均为与时间无关的常数，则为线性定常系统（或称线性时不变系统）；若线性微分方程的系数中有时间函数项（哪怕只有一项），则称为线性时变系统。

② 非线性系统 当系统中有一个非线性特性元件时，系统则只能由非线性微分方程来描述，系统称为非线性系统。非线性系统也有定常系统和时变系统之分，非线性常系数微分方程没有完整统一的解法，不能应用叠加原理，输出时间响应特性与初始状态关系极大。

（2）连续系统与离散系统

根据系统中信号相对于时间的连续性，通常分为连续时间系统和离散时间系统，简称连续系统与离散系统。

① 连续系统 当系统中各元件的输入、输出信号都是连续函数的模拟量时，称为连续系统。若系统是线性的又是连续的，则称为线性连续系统。

② 离散系统 当系统中的信号是以脉冲序列或数码的形式传递时，则称为离散系统。离散系统可以用差分方程描述，同样差分方程也有线性、非线性、定常与时变之分。

连续系统经过采样开关将连续信号转换成离散的脉冲序列形式去控制的系统，通常称为采样控制系统。如果用计算机或数字控制器，离散信号是以数码形式传递的系统，则称为数字控制系统。由于被控量是模拟量，所以这种系统中有模/数（A/D）和数/模（D/A）转换器。计算机控制系统是典型的数字控制系统，其系统结构框图如图 2-5 所示。

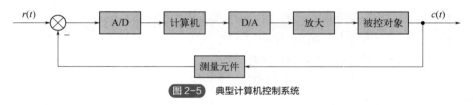

图 2-5 典型计算机控制系统

除此之外，还可以从其他角度将控制系统分为单输入单输出系统（SISO）和多输入多输出系统（MIMO）；确定性系统与非确定性系统；集中参数系统和分布参数系统等。

2.1.3 控制系统的性能要求

控制系统由于被控对象不同，工作方式不同，完成的任务不同，因此对系统的品质要求也往往各不一样。但是自动控制理论是研究各类系统共同规律的一门科学，对于闭环反馈控制系统来说，在已知系统的结构与参数时，我们感兴趣的是在某种典型输入信号的作用下，输出量（被控量）变化的全过程。例如，对于恒值控制系统，主要是研究扰动作用引起输出量变化的全过程；对于随动系统，主要是研究输出量怎样克服扰动影响并跟随参考输入量变化的全过程。各类系统对被控量变化全过程所提出的基本要求是一样的，一般可归纳为稳定性、快速性和准确性，即稳、快、准。

（1）稳定性

稳定性是保证控制系统正常工作的先决条件。一个稳定的控制系统，其被控量偏离期望值的初始偏差应随时间的增长逐渐减小并趋于零。具体来说，对于稳定的恒值控制系统，被控量因扰动而偏离期望值后，经过一个过渡过程，被控量应恢复到原来的期望值状态；对于稳定的随动系统，被控量应能始终跟踪输入量的变化。反之，不稳定的控制系统，其被控量偏离期望值的初始偏差将随时间的增长而发散，因此，不稳定的控制系统无法完成预定的控制任务。线性自动控制系统的稳定性是由系统结构和参数决定的，与外界因素无关。

（2）快速性

快速性是系统在稳定工作的前提下提出的，所谓快速性是指系统在消除输出响应与给定输入量之间的偏差的快慢程度。快速性是衡量系统过渡过程性能的形式和快慢的重要指标，通常称为动态性能指标。为了保证系统动态调节过程快速、均匀，通常把调节时间（即过渡过程时间）、超调量、振荡次数统称为系统的动态品质指标（或称暂态、瞬态品质指标）。

（3）准确性

理想情况下，当过渡过程结束后，被控量达到的稳态值（即平衡状态）应与期望值一致。但实际上，由于系统结构，外作用形式以及摩擦、间隙等非线性因素的影响，被控量的稳态值与期望值之间会有误差存在，称为稳态误差。稳态误差是衡量控制系统控制精度的重要指标，在技术指标中一般都有具体要求。

2.1.4　典型输入信号

在工程实践中，作用于自动控制系统的信号是多种多样的，既有确定性信号，也有非确定性信号，如随机信号。为了便于系统的分析与设计，常选用几种确定性信号作为典型输入信号。典型输入信号的选取原则是：该信号的函数形式容易在实验室或现场中获得；系统在这种信号作用下的性能可以代表实际工作条件下的性能；这种信号的函数表达式简单，便于计算。工程设计中常用的典型输入信号有阶跃函数、斜坡函数、抛物线函数、脉冲函数、正弦函数，此外还有伪随机函数等。

（1）阶跃函数

阶跃函数的图形如图 2-6 所示，它的表达式为

$$f(t) = \begin{cases} A & t \geq 0 \\ 0 & t < 0 \end{cases} \tag{2-1}$$

幅值为 1 的阶跃函数，称为单位阶跃函数，它的表达式为

$$f(t) = \begin{cases} 1 & t \geq 0 \\ 0 & t < 0 \end{cases} \tag{2-2}$$

式（2-1）表示一个在 $t=0$ 时出现的幅值为 A 的阶跃变化函数，如图 2-6 所示。

在实际系统中，这意味着 $t=0$ 时突然加到系统上的一个幅值不变的外作用。单位阶跃函数用 $1(t)$ 表示，幅值为 A 的阶跃函数便可表示为 $f(t)=A\times 1(t)$。在任意时刻 t_0 出现的阶跃函数可表示为 $f(t-t_0)=A\times 1(t)$。

阶跃函数是自动控制系统在实际工作条件下经常遇到的一种外作用形式。例如，电源电压

突然跳动，负载突然增大或减小，飞机飞行中遇到的常值阵风扰动等，都可视为阶跃函数形式的外作用。在控制系统的分析设计工作中，一般将阶跃函数作用下系统的响应特性作为评价系统动态性能指标的依据。

（2）斜坡函数

斜坡函数的图形如图 2-7 所示，它的表达式为

$$f(t) = \begin{cases} At & t \geq 0 \\ 0 & t < 0 \end{cases} \quad (A\text{ 为常量}) \tag{2-3}$$

式（2-3）表示在 $t=0$ 时刻开始，以恒定速率 A 随时间而变化的函数，斜坡函数也称为等速度函数。它等于阶跃函数对时间的积分，而它的导数就是阶跃函数。当 $A=1$ 时，称为单位斜坡函数。在工程实践中，某些随动系统经常工作于这种函数作用之下。

（3）抛物线函数

抛物线函数的图形如图 2-8 所示，它的表达式为

$$f(t) = \begin{cases} At^2 & t \geq 0 \\ 0 & t < 0 \end{cases} \quad (A\text{ 为常量}) \tag{2-4}$$

抛物线函数也称为加速度函数，它等于斜坡函数对时间的积分，而它对时间的导数就是斜坡函数，当 $A=1/2$ 时，称为单位加速度函数。

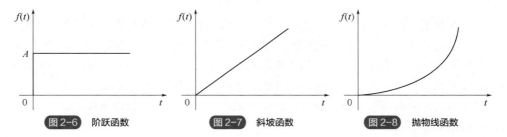

图 2-6　阶跃函数　　　图 2-7　斜坡函数　　　图 2-8　抛物线函数

（4）脉冲函数

脉冲函数的图形如图 2-9 所示，它的表达式为

$$f(t) = \begin{cases} \dfrac{A}{\varepsilon} & 0 < t < \varepsilon \\ 0 & t < 0\text{或}t > \varepsilon \end{cases} \quad (A\text{ 为常数}) \tag{2-5}$$

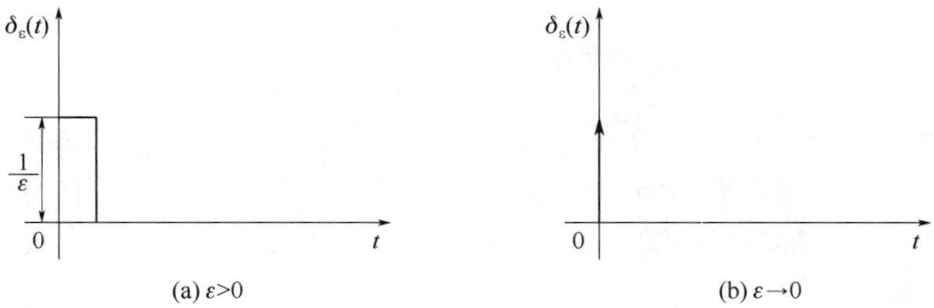

(a) $\varepsilon > 0$　　　　　　　　　　(b) $\varepsilon \to 0$

图 2-9　脉冲函数

当 $A=1$ 时，记为 δ_ε，见图 2-9（a）；若 $\varepsilon \to 0$，则称为单位脉冲函数 $\delta(t)$，见图 2-9（b）。理想单位脉冲函数 $\delta(t)$ 的表达式为

$$\delta(t) = \begin{cases} \infty & t = 0 \\ 0 & t \neq 0 \end{cases} \tag{2-6}$$

且

$$\int_{-\infty}^{\infty} \delta(t) = 1$$

式（2-6）表明，理想单位脉冲函数是一个宽度为零、幅值为无穷大、面积为 1 的脉冲。脉冲函数的强度通常用其面积表示，强度为 A 的脉冲函数可表示为 $f(t) = A\delta(t)$。在时刻 t_0 出现的单位脉冲函数可表示为 $\delta(t-t_0)$。单位脉冲函数是单位阶跃函数对时间的导数，而单位阶跃函数则是单位脉冲函数对时间的积分。

应当指出，脉冲函数只是数学上的定义和假设，在现实中并不存在，但它是一个重要的数学工具。在控制理论研究中，它亦有重要作用。如一个任意形式的外作用函数，可以分解为不同时刻一系列脉冲函数之和。这样，通过研究系统在脉冲函数作用下的响应特性，便可了解系统在任意形式函数作用下的响应特性。

（5）正弦函数

正弦函数的数学表达式为

$$f(t) = A\sin(\omega t - \varphi) \tag{2-7}$$

式中，A 为正弦函数的振幅；$\omega = 2\pi f$ 为正弦函数角频率；φ 为初始相角。

正弦函数是控制系统常用的一种典型外作用，很多实际的随动系统就是经常在这种正弦函数外作用下工作的。例如，舰船的消摆系统、稳定平台的随动系统等，就是处于形如正弦函数的波浪下工作的。用正弦函数作为输入信号，可以求得不同频率的正弦函数输入的稳态响应，称之频率响应，这是自动控制理论中研究控制系统性能的重要依据。

2.2　控制系统的微分方程

微分方程是在时域中描述系统（或元件）动态特性的数学模型。利用微分方程可以得到其他多种形式的数学模型，因此它是数学模型的最基本形式。

2.2.1　列写微分方程的一般方法

列写微分方程的目的在于确定系统的输出与输入间的函数关系。系统都是由不同的元部件组成的，因此列写微分方程可按下述步骤进行。

① 确定系统（或元件）的输入量、输出量。系统的输入量包括给定输入和扰动输入两类信号，而输出量是指被控量。对于一个元件或一个环节而言，输入量和输出量的确定可以根据信号传递的先后顺序来确定。

② 按照信号传递的顺序，根据各变量所遵循的运动规律列写出各环节的动态方程。列写过程中要考虑到相邻元件间的负载效应，有时要做些必要的简化，忽略某些次要因素，必要时对

非线性因素还要做线性化处理。列写完后一般构成微分方程组，称之为系统原始模型。

③ 消去中间变量，导出只含有输入变量和输出变量的系统微分方程。

④ 规范化整理微分方程，将输出项归放到方程左侧，输入项归放到方程右侧，各阶导数项按阶次从高到低的顺序排列。

应当说明，建立系统运动方程的关键是系统及其元件所属学科领域的有关科学规律，而不是数学本身。但是微分方程的求解过程却需要用数学工具（如拉氏变换）。

现在举例说明控制系统中常用电气元件、力学元件等微分方程的列写。

【例 2-1】 图 2-10 是由电阻、电感和电容组成的无源网络，试列写以 $u_i(t)$ 为输入量，$u_o(t)$ 为输出量的网络微分方程。

解： 设回路电流为 $i(t)$，由基尔霍夫定律可写出回路方程为

$$L\frac{\mathrm{d}i(t)}{\mathrm{d}t} + \frac{1}{C}\int i(t)\mathrm{d}t + Ri(t) = u_i(t)$$

$$u_o(t) = \frac{1}{C}\int i(t)\mathrm{d}t$$

消去中间变量，便可得到描述网络输入输出关系的微分方程为

$$LC\frac{\mathrm{d}^2 u_o(t)}{\mathrm{d}t^2} + RC\frac{\mathrm{d}u_o(t)}{\mathrm{d}t} + u_o(t) = u_i(t) \tag{2-8}$$

显然，这是一个二阶线性微分方程，也就是图 2-10 无源网络的时域数学模型。

【例 2-2】 弹簧-质量-阻尼器（k-m-f）系统如图 2-11 所示，试求该系统在外力 $x(t)$ 作用下位移 $y(t)$ 与 $x(t)$ 之间的微分方程。

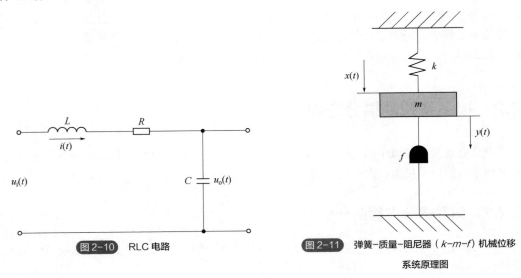

图 2-10　RLC 电路

图 2-11　弹簧-质量-阻尼器（k-m-f）机械位移系统原理图

解： 根据牛顿第二定律，系统在外力 $x(t)$ 作用下，当克服了弹簧拉力 $ky(t)$ 和阻尼力 $f\dfrac{\mathrm{d}y(t)}{\mathrm{d}t}$ 之后，使质量块（m）产生加速度。于是有

$$x(t) - ky(t) - f\frac{\mathrm{d}y(t)}{\mathrm{d}t} = m\frac{\mathrm{d}^2 y(t)}{\mathrm{d}t^2}$$

即

$$m \frac{\mathrm{d}^2 y(t)}{\mathrm{d}t^2} + f \frac{\mathrm{d}y(t)}{\mathrm{d}t} + k y(t) = x(t) \qquad (2\text{-}9)$$

这也是一个二阶线性定常系统。

RLC 无源网络和弹簧-质量-阻尼器机械系统的数学模型均是二阶微分方程，我们称这些物理系统为相似系统。相似系统揭示了不同物理现象间的相似关系，便于我们使用一个简单系统模型去研究与其相似的复杂系统，也为控制系统的计算机数字仿真提供了基础。

2.2.2 线性系统的基本特性

用线性微分方程描述的元件或系统，称为线性元件或线性系统。线性系统的重要性质是可以应用叠加原理。叠加原理有两重含义，即系统具有可叠加性和均匀性（或齐次性）。

现举例说明：设有线性微分方程

$$\frac{\mathrm{d}^2 c(t)}{\mathrm{d}t^2} + \frac{\mathrm{d}c(t)}{\mathrm{d}t} + c(t) = f(t)$$

当 $f(t)=f_1(t)$ 时，上述方程的解为 $c_1(t)$；当 $f(t)=f_2(t)$ 时，其解为 $c_2(t)$。

如果 $f(t)=f_1(t)+f_2(t)$，容易验证，方程的解必为 $c(t)=c_1(t)+c_2(t)$，这就是可叠加性。

而当 $f(t)=Af_1(t)$ 时，式中 A 为常数，则方程的解必为 $c(t)=Ac_1(t)$，这就是均匀性。

线性系统的叠加原理表明，两个外作用同时加于系统所产生的总输出，等于各个外作用单独作用时分别产生的输出之和，且外作用的数值增大若干倍时，其输出亦相应增大同样的倍数。因此，对线性系统进行分析和设计时，如果有几个外作用同时加于系统，则可以将它们分别处理，依次求出各个外作用单独作用时系统的输出，然后将它们叠加。此外，每个外作用在数值上可只取单位值，从而大大简化了线性系统的研究工作。

2.2.3 线性微分方程的求解

建立控制系统数学模型的目的之一是用数学方法定量研究控制系统的工作特性。当系统微分方程列写出来后，只要给定输入量和初始条件，便可对微分方程求解，并由此了解系统输出量随时间变化的特性。线性定常微分方程的求解方法有经典法和拉普拉斯变换法（以下简称拉氏变换）两种，也可借助计算机求解。本章只研究用拉氏变换法求解微分方程的方法，同时分析微分方程解的组成，为今后引出传递函数概念奠定基础，具体内容见本章 2.3.5 节。

2.3 拉氏变换及其应用

线性连续系统的动态数学模型通常是由微分方程描述的，为了分析系统的控制过程性能，最直接的办法是求出微分方程的解。用拉氏变换求解微方程，可以将微积分运算转化为代数运算，借助于拉氏变换表可以大大简化微分方程的求解过程；另外利用这一数学工具可以引出控制理论极为重要的基本概念——传递函数。因此，这里对经典控制理论的数学基础——拉氏变换做简要介绍。

2.3.1 拉氏变换的定义

设函数 $f(t)$，t 为实变量，若满足：

① 当 $t < 0$ 时，$f(t) = 0$；

② 当 $t \geq 0$ 时，如果下面的线性积分

$$\int_0^\infty f(t)\mathrm{e}^{-st}\mathrm{d}t \quad (s \text{ 为复变量})$$

在 s 的某一邻域内收敛，则称其为函数 $f(t)$ 的拉氏变换，变换后的新函数是复变量 s 的函数，记为 $F(s)$ 或 $L[f(t)]$，即

$$F(s) = L[f(t)] = \int_0^\infty f(t)\mathrm{e}^{-st}\mathrm{d}t \tag{2-10}$$

通常称 $F(s)$ 为 $f(t)$ 的象函数，而 $f(t)$ 为 $F(s)$ 的原函数。

另外，又有拉氏反变换，定义为

$$f(t) = L^{-1}[F(s)] = \frac{1}{2\pi\mathrm{j}} \int_{\sigma-\mathrm{j}\infty}^{\sigma+\mathrm{j}\infty} F(s)\mathrm{e}^{st}\mathrm{d}s \tag{2-11}$$

即已知象函数 $F(s)$，可以通过式（2-10）运算求出原函数的时间表达式 $f(t)$，具体内容见本章 2.3.4 节。

表面看来，上述积分与反演积分运算很复杂，实际上，绝大多数典型函数都可以预先做成表格，函数变换只需查表即可，这与查对数运算表的过程十分类似。另外，从拉氏变换的定义来看，能利用拉氏变换的函数必须满足上述两个条件，这对于控制系统动态表达式中的变量时间函数一般是可以满足的。因为我们研究控制系统的动态过程，通常都是从加入某一扰动开始，令此时刻为零，即 $t < 0$ 时各变量时间函数值均为零，这一假设通常是符合工程实际情况的。另外，控制系统各变量的上述积分值也是有限值，即满足收敛条件，因此可以利用拉氏变换求解。

2.3.2 常见拉氏变换

（1）阶跃函数

阶跃函数的表达式为 $f(t) = \begin{cases} A & t \geq 0 \\ 0 & t < 0 \end{cases}$ A 为常量，则拉氏变换

$$F(s) = L[A(t)] = \int_0^\infty A\mathrm{e}^{-st}\mathrm{d}t = -\frac{A}{s}\mathrm{e}^{-st}\Big|_0^\infty = \frac{A}{s}$$

当 $A=1$ 时，即为单位阶跃函数，记为 $u(t)$，有

$$u(t) = 1(t) = \begin{cases} 1 & t \geq 0 \\ 0 & t < 0 \end{cases}$$

$$F(s) = L[u(t)] = L[1(t)] = \frac{1}{s} \tag{2-12}$$

（2）单位斜坡函数

单位斜坡函数的数学表达式为

$$f(t) = t \times 1(t) = \begin{cases} t & t \geqslant 0 \\ 0 & t < 0 \end{cases}$$

则拉氏变换

$$F(s) = L[t \times 1(t)] = \int_0^\infty t \times 1(t)\mathrm{e}^{-st}\mathrm{d}t = -\frac{t}{s}\mathrm{e}^{-st}\Big|_0^\infty + \int_0^\infty \frac{1}{s}f(t)\mathrm{e}^{-st}\mathrm{d}t = \frac{1}{s^2} \qquad (2\text{-}13)$$

（3）等加速度函数

等加速度函数的数学表达式为

$$f(t) = \frac{1}{2}t^2 \times 1(t)$$

则拉氏变换

$$F(s) = L[\frac{1}{2}t^2 \times 1(t)] = \int_0^\infty \frac{1}{2}t^2 \times 1(t)\mathrm{e}^{-st}\mathrm{d}t = \frac{1}{s^3} \qquad (2\text{-}14)$$

（4）指数函数 e^{-at}

拉氏变换

$$F(s) = L[\mathrm{e}^{-at}] = \int_0^\infty \mathrm{e}^{-at}\mathrm{e}^{-st}\mathrm{d}t = \frac{1}{s+a} \qquad (2\text{-}15)$$

（5）正弦函数和余弦函数 $\sin(\omega t)$、$\cos(\omega t)$

拉氏变换

$$F(s) = L[\sin(\omega t)] = \int_0^\infty \sin(\omega t)\mathrm{e}^{-st}\mathrm{d}t = \int_0^\infty \frac{1}{2\mathrm{j}}(\mathrm{e}^{\mathrm{j}\omega t} - \mathrm{e}^{-\mathrm{j}\omega t})\mathrm{e}^{-st}\mathrm{d}t = \frac{\omega}{s^2 + \omega^2} \qquad (2\text{-}16)$$

与此类似可求出余弦函数的拉氏变换

$$F(s) = L[\cos(\omega t)] = \int_0^\infty \cos(\omega t)\mathrm{e}^{-st}\mathrm{d}t = \frac{s}{s^2 + \omega^2} \qquad (2\text{-}17)$$

其他一些函数的拉氏变换和反变换可查阅拉氏变换表，常见拉氏变换见附录1附表1-1。

2.3.3　拉氏变换定理

常见的拉氏变换定理汇总如下。

（1）线性定理

设 $F_1(s) = L[f_1(t)]$，$F_2(s) = L[f_2(t)]$，a、b 均为常数，则有

$$L[af_1(t) + bf_2(t)] = aL[f_1(t)] + bL[f_2(t)] = aF_1(s) + bF_2(s) \qquad (2\text{-}18)$$

（2）微分定理

设 $F(s) = L[f(t)]$，则有

$$L\left[\frac{\mathrm{d}f(t)}{\mathrm{d}t}\right] = \int_0^\infty \left[\frac{\mathrm{d}f(t)}{\mathrm{d}t}\right]\mathrm{e}^{-st}\mathrm{d}t = sF(s) - f(0)$$

式中，$f(0)$ 是当 $t=0$ 时 $f(t)$ 的值。

证明：令

$$u = f(t), \quad \mathrm{d}u = \left[\frac{\mathrm{d}f(t)}{\mathrm{d}t}\right]\mathrm{d}t$$

$$\mathrm{d}v = \mathrm{e}^{-st}\mathrm{d}t \quad v = -\frac{1}{s}\mathrm{e}^{-st}$$

利用上述所令各值，按分部积分法公式，可得

$$F(s) = -\frac{1}{s}f(t)\mathrm{e}^{-st}\Big|_0^\infty + \frac{1}{s}\int_0^\infty\left[\frac{\mathrm{d}f(t)}{\mathrm{d}t}\right]\mathrm{e}^{-st}\mathrm{d}t = \frac{f(0)}{s} + \frac{1}{s}L\left[\frac{\mathrm{d}f(t)}{\mathrm{d}t}\right]$$

故有

$$L\left[\frac{\mathrm{d}f(t)}{\mathrm{d}t}\right] = sF(s) - f(0)$$

与此类似

$$L\left[\frac{\mathrm{d}^2 f(t)}{\mathrm{d}t^2}\right] = s^2 F(s) - sf(0) - f'(0)$$

$$L\left[\frac{\mathrm{d}^n f(t)}{\mathrm{d}t^n}\right] = s^n F(s) - s^{n-1}f(0) - s^{n-2}f'(0) - \cdots - f^{(n-1)}(0) \tag{2-19}$$

式中，$f(0), f'(0), \cdots, f^{(n-1)}(0)$ 为函数 $f(t)$ 及各阶导数在 $t=0$ 时的值。

当 $f(0) = f'(0) = \cdots = f^{(n-1)}(0) = 0$ 时，则有

$$L[\frac{\mathrm{d}^n f(t)}{\mathrm{d}t^n}] = s^n F(s) \tag{2-20}$$

（3）积分定理

设 $F(s) = L\left[f(t)\right]$，则有

$$L\left[\int_0^t f(t)\mathrm{d}t\right] = \frac{1}{s}F(s) + \frac{1}{s}f^{-1}(0)$$

$$L[\iint f(t)\mathrm{d}t^2] = \frac{1}{s^2}F(s) + \frac{1}{s^2}f^{(-1)}(0) + \frac{1}{s}f^{(-2)}(0)$$

$$L[\int\cdots\int f(t)\mathrm{d}t^n] = \frac{1}{s^n}F(s) + \frac{1}{s^n}f^{(-1)}(0) + \cdots + \frac{1}{s}f^{(-n)}(0) \tag{2-21}$$

式中，$f^{(-1)}(0), f^{(-2)}(0), \cdots, f^{(-n)}(0)$ 为 $f(t)$ 及各重积分在 $t=0$ 的值。

若 $f^{(-1)}(0) = f^{(-2)}(0) = \cdots f^{(-n)}(0) = 0$，则有

$$L[\int\cdots\int f(t)\mathrm{d}t^n] = \frac{1}{s^n}F(s) \tag{2-22}$$

（4）位移定理

位移定理又分两个方面：一是在时间坐标中有一个位移；另一个是在复数 s 坐标中有一位移。下面分别予以说明。

① 实位移定理。若 $F(s) = L[f(t)]$，则

$$L\big[f(t-\tau)\big] = e^{-\tau s} F(s) \tag{2-23}$$

此式说明，如果时域函数 $f(t)$ 平移 τ，则相当于复域中的象函数乘以 $e^{-\tau s}$，利用变量置换法可以得到证明，该定理又称延迟定理。

② 复位移定理。若 $F(s) = L\big[f(t)\big]$，则

$$L[e^{-st} f(t)] = F(s+a) \tag{2-24}$$

此式说明，一个指数函数乘以原函数 $f(t)$，其拉氏变换相当于象函数在复域中做位移 a，例如，若

$$L\big[\cos(\omega t)\big] = \frac{s}{s^2 + \omega^2}$$

则

$$L[e^{-at}\cos(\omega t)] = \frac{s+a}{(s+a)^2 + \omega^2}$$

（5）终值定理

若 $L\big[f(t)\big] = F(s)$，且 $t \to \infty$ 和 $s \to 0$ 时，各有极限存在，则有

$$\lim_{t \to \infty} f(t) = \lim_{s \to 0} sF(s) \tag{2-25}$$

证明： 由微分定理知

$$L\left[\frac{\mathrm{d}f(t)}{\mathrm{d}t}\right] = \int_0^\infty f'(t) e^{-st} \mathrm{d}t = sF(s) - f(0)$$

当 $s \to 0$，则 $e^{-st} \to 1$，于是上式左边得

$$\lim_{s \to 0} \int_0^\infty f'(t) e^{-st} \mathrm{d}t = \int_0^\infty f'(t) \mathrm{d}t = f(t)\bigg|_0^\infty = \lim_{t \to \infty} f(t) - f(0)$$

上式右边得

$$\lim_{s \to 0}\big[sF(s) - f(0)\big] = \lim_{s \to 0} sF(s) - f(0)$$

故有

$$\lim_{t \to \infty} f(t) = \lim_{s \to 0} sF(s)$$

注意：当 $t \to \infty$ 时，若 $f(t)$ 不存在极限，不能使用终值定理。例如，$f(t) = \sin(\omega t)$，终值定理便不适用。

（6）初值定理

若 $L[f(t)] = F(s)$，且 $t \to 0$ 和 $s \to \infty$ 时，各有极限存在，则有

$$\lim_{t \to 0} f(t) = \lim_{s \to \infty} sF(s) \tag{2-26}$$

此式可仿照终值定理得到证明。

（7）卷积定理

若原函数 $x(t)$ 和 $g(t)$ 的卷积为

$$\int_0^\infty x(t-\tau)g(\tau)\mathrm{d}\tau$$

则它的拉氏变换为

$$L\left[\int_0^\infty x(t-\tau)g(\tau)\mathrm{d}\tau\right]=X(s)G(s) \qquad (2\text{-}27)$$

证明：

由于

$$L\left[\int_0^\infty x(t-\tau)g(\tau)\mathrm{d}\tau\right]=\int_0^\infty\left[\int_0^\infty x(t-\tau)g(\tau)\mathrm{d}\tau\right]\mathrm{e}^{-st}\mathrm{d}t$$

$$=\int_0^\infty x(t-\tau)\mathrm{e}^{-s(t-\tau)}\mathrm{d}t\int_0^\infty g(\tau)\mathrm{e}^{-s\tau}\mathrm{d}\tau$$

令 $t-\tau=\sigma$ ，当 $\sigma<0$ 时， $x(t-\tau)=x(\sigma)=0$ ，则有

$$L\left[\int_0^\infty x(t-\tau)g(\tau)\mathrm{d}\tau\right]=X(s)G(s)$$

定理得证。

若进一步考虑，当 $\tau>t$ 时， $x(t-\tau)=0$ ，则上式还可写为

$$L\left[\int_0^t x(t-\tau)g(\tau)\mathrm{d}\tau\right]=X(s)G(s)$$

卷积定理表明，时域 $x(t)$ 与 $g(t)$ 卷积的拉氏变换等于复域 $X(s)$ 和 $G(s)$ 的乘积。

2.3.4 拉氏反变换

拉氏反变换的定义式已由式（2-11）给出

$$L^{-1}\left[F(s)\right]=f(t)=\frac{1}{2\pi\mathrm{j}}\int_{\sigma-\mathrm{j}\infty}^{\sigma+\mathrm{j}\infty}F(s)\mathrm{e}^{st}\mathrm{d}s$$

这是复变函数积分，一般很难计算，故由 $F(s)$ 求出 $f(t)$ 常用部分分式法。即首先将 $F(s)$ 分解成一些简单的有理函数之和，然后由拉氏变换表一一查出所对应的反变换函数，即得所求的原函数 $f(t)$ 。

$F(s)$ 通常是 s 的有理分式函数，其一般表达式为

$$F(s)=\frac{B(s)}{A(s)}=\frac{b_ms^m+b_{m-1}s^{m-1}+\cdots+b_1s+b_0}{a_ns^n+a_{n-1}s^{n-1}+\cdots+a_1s+a_0} \qquad (2\text{-}28)$$

式中， a_n ， a_{n-1} ，…， a_0 与 b_m ， b_{m-1} ，…， b_0 均为实数， m 与 n 为正数，且 $n>m$ 。

首先对 $F(s)$ 的分母多项式作因式分解，得

$$A(s)=(s-s_1)(s-s_2)\cdots(s-s_n)$$

式中， s_1 ， s_2 ，…， s_n 为 $A(s)=0$ 的根，下面分两种情况讨论：

（1）$A(s)=0$ 无重根

将 $F(s)$ 换写为 n 个部分分式之和的形式，即

$$F(s) = \frac{c_1}{s-s_1} + \frac{c_2}{s-s_2} + \cdots + \frac{c_i}{s-s_i} + \cdots + \frac{c_n}{s-s_n} = \sum_{i=1}^{n} \frac{c_i}{s-s_i}$$

式中，c_i 是常数，为 $s=s_i$ 极点处的留数。

若确定了每个部分分式中的待定常数 c_i，则由拉氏变换表可查得 $F(s)$ 的反变换为

$$L^{-1}[F(s)] = f(t) = L^{-1}\left(\sum_{i=1}^{n} \frac{c_i}{s-s_i}\right) = \sum_{i=1}^{n} c_i e^{s_i t}$$

c_i 可由下式求得，即

$$c_i = \lim_{s \to s_i}(s-s_i)F(s)$$

或

$$c_i = \frac{B(s)}{A'(s)}\bigg|_{s=s_i}$$

【例 2-3】 求 $F(s)$ 反变换。

$$F(s) = \frac{s+3}{(s+1)(s+2)}$$

解： $F(s)$ 的部分展开式为

$$F(s) = \frac{s+3}{(s+1)(s+2)} = \frac{c_1}{s+1} + \frac{c_2}{s+2}$$
$$c_1 = [(s+1)F(s)]_{s=-1} = 2$$
$$c_2 = [(s+2)F(s)]_{s=-2} = -1$$

所以

$$f(t) = L^{-1}[F(s)] = L^{-1}\left(\frac{2}{s+1}\right) + L^{-1}\left(\frac{-1}{s+2}\right) = 2e^{-t} - e^{-2t}$$

【例 2-4】 求 $F(s)$ 反变换。

$$F(s) = \frac{s^2 + 5s + 5}{s^2 + 4s + 3}$$

解： 由于 $F(s)$ 的分子、分母同阶，不能直接展成部分分式形式，故先分解为

$$F(s) = 1 + \frac{s+2}{s^2 + 4s + 3}$$

故原函数为

$$f(t) = L^{-1}[F(s)] = L^{-1}(1) + L^{-1}\left(\frac{s+2}{s^2 + 4s + 5}\right)$$

$$= \delta(t) + L^{-1}\left(\frac{\frac{1}{2}}{s+1} + \frac{\frac{1}{2}}{s+3}\right) = \delta(t) + \frac{1}{2}e^{-t} + \frac{1}{2}e^{-3t}$$

【例2-5】求 $F(s)$ 的原函数。

$$F(s) = \frac{s+3}{s^2 + 2s + 2}$$

解：令分母多项式 $A(s)=0$，可求得分母多项式方程的根为

$$s_1 = -1 + j1, \quad s_1 = -1 - j1$$

即共轭复根。

此时

$$F(s) = \frac{s+3}{(s-s_1)(s-s_2)} = \frac{s+3}{(s+1-j1)(s+1+j1)} = \frac{c_1}{s+1-j1} + \frac{c_2}{s+1+j1}$$

其中

$$c_1 = \lim_{s \to -1+j} (s+1-j1)F(s) = \frac{s+j}{2j}$$

$$c_2 = \lim_{s \to -1-j} (s+1+j1)F(s) = -\frac{2-j}{2j}$$

所以原函数为

$$f(t) = \frac{2+j}{2j} e^{(-1+j)t} - \frac{2-j}{2j} e^{(-1-j)t}$$

$$= \frac{1}{2j} e^{-t} [(2+j)e^{jt} - (2-j)e^{-jt}]$$

$$= \frac{1}{2j} e^{-t}(2\cos t + 4\sin t)j = e^{-t}(\cos t + 2\sin t)$$

（2）$A(s)=0$ 有重根

设是 s_1 为 m 重根，s_{m+1}，s_{m+2}，…，s_n 为单根，则 $F(s)$ 可展开为

$$F(s) = \frac{c_m}{(s-s_1)^m} + \frac{c_{m-1}}{(s-s_1)^{m-1}} + \cdots + \frac{c_1}{s-s_1} + \frac{c_{m+1}}{s-s_{m+1}} + \cdots + \frac{c_n}{s-s_n}$$

式中，c_{m+1}，…，c_n 为单根部分分式的待定常数，可按式（2-28）求得。重根待定系数 c_1，…，c_m 可按下面计算公式求得。

$$c_m = \lim_{s \to s_1}(s-s_1)^m F(s)$$

$$c_{m-1} = \lim_{s \to s_1}\frac{d}{ds}[(s-s_1)^m F(s)]$$

$$c_{m-j} = \frac{1}{j!}\lim_{s \to s_1}\frac{d^j}{ds^j}[(s-s_1)^m F(s)]$$

$$c_1 = \frac{1}{(m-1)!}\lim_{s \to s_1}\frac{d^{(m-1)}}{ds^{(m-1)}}[(s-s_1)^m F(s)]$$

将各待定常数求出后代入式 $F(s)$，求反变换，得

$$f(t) = L^{-1}[F(s)] = L^{-1}\left[\frac{c_m}{(s-s_1)^m} + \frac{c_{m-1}}{(s-s_1)^{m-1}} + \cdots + \frac{c_1}{s-s_1} + \frac{c_{m+1}}{s-s_{m+1}} + \cdots + \frac{c_n}{s-s_n}\right]$$

$$= \left[\frac{c_m}{(m-1)!}t^{m-1} + \frac{c_{m-1}}{(m-2)!}t^{m-2} + \cdots + c_2 t + c_1\right]e^{s_1 t} + \sum_{i=m+1}^{n} c_i e^{s_i t}$$

【例 2-6】求 $F(s)$ 的原函数。

$$F(s) = \frac{s^2 + 2s + 3}{(s+1)^3}$$

解：将 $F(s)$ 展开部分分式得

$$F(s) = \frac{c_3}{(s+1)^3} + \frac{c_2}{(s+1)^2} + \frac{c_1}{(s+1)}$$

式中

$$c_3 = [(s+1)^3 F(s)]_{s=-1} = (s^2 + 2s + 3)_{s=-1} s = 2$$

$$c_2 = \left\{\frac{d}{ds}[(s+1)^3 F(s)]\right\}_{s=-1} = \left[\frac{d}{ds}(s^2+2s+3)\right]_{s=-1} = 0$$

$$c_1 = \frac{1}{(3-1)!}\left\{\frac{d^2}{ds^2}\left[(s+1)^3 F(s)\right]\right\}_{s=-1} = \frac{1}{2}\left[\frac{d^2}{ds^2}(s^2+2s+3)\right]_{s=-1} = 1$$

$$f(t) = L^{-1}[F(s)] = L^{-1}\left[\frac{2}{(s+1)^3}\right] + L^{-1}\left[\frac{1}{s+1}\right] = (t^2+1)e^{-1} \quad t \geq 0$$

由上述例题可见，求 $F(s)$ 的原函数，关键要求出分母多项式方程的根，然后再用部分分式法。

2.3.5　用拉氏变换求解微分方程

求解步骤为：

① 对微分方程进行拉氏变换，将微分方程转换为以 s 为变量的代数方程，又称象方程。

② 求解象方程，得到输出的象函数。

③ 对输出象函数求拉氏反变换，得到微分方程的解。

【例 2-7】设有微分方程

$$\ddot{y} + 5\dot{y} + 6y = 6 \text{，初始条件为 } \dot{y}(0) = y(0) = 2$$

解：首先对上述方程两边求拉氏变换，得

$$s^2 y(s) - sy(0) - \dot{y}(0) + 5sy(s) - 5y(0) + 6y(s) = \frac{6}{s}$$

代入初始条件，求得

$$y(s) = \frac{2s^2 + 12s + 6}{s(s^2+5s+6)} = \frac{2s^2+12s+6}{s(s+2)(s+3)} = \frac{1}{s} - \frac{4}{s+3} + \frac{5}{s+2}$$

求反变换（查表）

$$y(t) = 1 - 4e^{-3t} + 5e^{-2t} \quad (t>0)$$

该解由两部分组成：稳态分量即终值 $y(\infty)$ 为 1；瞬态分量为 $(-4e^{-3t} + 5e^{-2t})$。可利用终值定理检验稳态解。

$$\lim_{t \to \infty} y(t) = \lim_{s \to 0} sy(s) = \lim_{s \to 0} \frac{2s^2 + 12s + 6}{(s+2)(s+3)} = 1$$

2.4 控制系统的传递函数

2.4.1 传递函数的定义

设线性定常系统的微分方程为

$$y^{(n)}(t) + a_{n-1}y^{(n-1)}(t) + \cdots + a_1 y(t) + a_0 y(t)$$
$$= b_m x^{(m)}(t) + b_{m-1}x^{(m-1)}(t) + \cdots + b_1 x(t) + b_0 x(t) \quad (n \geqslant m) \quad (2\text{-}29)$$

式中，$y^{(n)}(t)$ 表示 $\dfrac{\mathrm{d}^n y(t)}{\mathrm{d}t^n}$；$a_i$、$b_i$ 是表示系统结构的常数。

在零初始条件下，对上式进行拉氏变换，得

$$(s^n + a_{n-1}s^{n-1} + \cdots + a_1 s + a_0)Y(s) = (b_m s^m + b_{m-1}s^{m-1} + \cdots + b_1 s + b_0)X(s)$$

即
$$\frac{Y(s)}{X(s)} = \frac{b_m s^m + b_{m-1}s^{m-1} + \cdots + b_1 s + b_0}{s^n + a_{n-1}s^{n-1} + \cdots + a_1 s + a_0} \quad (n \geqslant m) \quad (2\text{-}30)$$

对于线性定常系统，传递函数定义为零初始条件下，输出拉氏变换 $Y(s)$ 与输入拉氏变换 $X(s)$ 之比，记为

$$G(s) = \frac{Y(s)}{X(s)} \quad (2\text{-}31)$$

$$Y(s) = G(s)X(s) \quad (2\text{-}32)$$

传递函数是描述线性系统（或环节）的一种方法，它反映了系统（或环节）的内部结构特性。由式（2-31）看出，输入信号 $X(s)$ 与 $G(s)$ 相乘等于输出信号 $Y(s)$。这就好像 $X(s)$ 经过 $G(s)$ 的传递后变成了输出信号 $Y(s)$，故称 $G(s)$ 为传递函数。

如果输入信号 $x(t)$ 是一个单位脉冲函数，即 $x(t) = \delta(t)$，则此时输出信号 $y(t)$ 称为单位脉冲响应，记作 $g(t)$。由于此时 $X(s)=L[\delta(t)]=1$，所以 $G(s) = \dfrac{Y(s)}{X(s)} = Y(s)$，而 $Y(s)=L[g(t)]$，由此可见

$$G(s) = L[g(t)] \quad (2\text{-}33)$$

对 $G(s)$ 求拉式反变换，有

$$g(t) = L^{-1}\left[G(s)\right] \quad (2\text{-}34)$$

式（2-33）表明，传递函数又可以定义为单位脉冲响应函数 $g(t)$ 的拉氏变换。而式（2-34）表明，传递函数 $G(s)$ 的原函数（拉氏反变换）即为单位脉冲响应。

上述结果说明，系统的单位脉冲响应 $g(t)$ 与传递函数 $G(s)$ 的关系是时域 t 到复域 s 的单值变换关系。如果已知系统的单位脉冲响应 $g(t)$，就可以根据卷积公式求解系统在任意输入 $x(t)$ 作用下的输出响应，即

$$y(t) = g(t) * x(t) = \int_0^t g(t-\tau)x(\tau)\mathrm{d}\tau = \int_0^t g(\tau)x(t-\tau)\mathrm{d}\tau \qquad (2\text{-}35)$$

根据卷积定理

$$L[g(t) * x(t)] = G(s)X(s)$$

即时域中卷积 $y(t)=g(t)*x(t)$ 对应于复域中的乘积 $Y(s)=G(s)X(s)$。

2.4.2 传递函数的性质和含义

① 传递函数是线性定常系统数学模型的另一种表达形式，它与系统微分方程是一一对应的。传递函数的形式完全取决于系统本身的结构和参数，与输入信号的形式无关，它是系统的动态数学模型。

对同一系统，若谈到传递函数，必须首先指明输入量和输出量，否则，所得到的传递函数形式可能不同。传递函数主要适用于单输入输出信号系统。对于多输入信号的系统，可以根据叠加原理对每个输入信号单独作用下的传递函数分别求取。

② 传递函数中分子多项式的阶次 m 不会大于分母多项式的阶次 n，即 $n \geqslant m$。这反映了一个物理系统的客观属性，任何系统都具有惯性。即任何系统的输出都不能立即完全复现输入信号，只有经过一段时间后，输出量才能达到输入量所期望的值。

③ 我们已知任何线性系统的传递函数都可以用 s 的有理分式函数表示，即

$$G(s) = \frac{b_0 s^m + b_1 s^{m-1} + \cdots + b_{m-1}s + b_m}{a_0 s^n + a_1 s^{n-1} + \cdots + a_{n-1}s + a_n} \qquad (n \geqslant m)$$

如果知道分子、分母的全部根，即实根（包括零根）或共轭复根，则上式可写成

$$G(s) = \frac{b_0(s-z_1)(s-z_2)\cdots(s-z_m)}{a_0(s-p_1)(s-p_2)\cdots(s-p_n)} \qquad (2\text{-}36)$$

把对应于实根 $z_i = -\omega_i$，$p_j = -\beta_j$ 的分子、分母的因式变换成

$$s - z_i = s + \omega_i = \frac{1}{\tau_i}(\tau_i s + 1), \quad s - p_j = s + \beta_j = \frac{1}{T_j}(T_j s + 1)$$

式中

$$\tau_i = \frac{1}{\omega_i}, T_j = \frac{1}{\beta_j}$$

对应共轭复根的分子因式可变换成

$$(s-z_i)(s-z_{i+1}) = s^2 + 2a_i s + (a_i^2 + \gamma_i^2) = \frac{1}{\tau_{ai}^2}(\tau_{ai}^2 s^2 + 2\zeta_{ai}\tau_{ai}s + 1)$$

式中

$$\tau_{ai} = \frac{1}{\sqrt{a_i^2 + \gamma_i^2}}, \zeta_{ai} = \frac{a_i}{\sqrt{a_i^2 + \gamma_i^2}}$$

同样对于共轭复根的分母因式有

$$(s-p_i)(s-p_{i+1}) = \frac{1}{T_{ni}^2}(T_{ni}^2 s^2 + 2\zeta_{ni}T_{ni}s + 1)$$

式中

$$T_{ni} = \frac{1}{\sqrt{a_i^2 + \gamma_i^2}}, \zeta_{ni} = \frac{a_i}{\sqrt{a_i^2 + \gamma_i^2}}$$

假设分母具有 v 个零根，则式（2-36）可以写成

$$G(s) = \frac{\prod_{i=1}^{x} K_i \prod_{i=1}^{\mu} (\tau_i s + 1) \prod_{i=1}^{n} (\tau_{ai}^2 s^2 + 2\zeta_{ai} \tau_{ai} s + 1)}{s^v \prod_{i=1}^{p} (T_i s + 1) \prod_{i=1}^{\infty} (T_{ni}^2 s^2 + 2\zeta_{ni} T_{ni} s + 1)} \tag{2-37}$$

可见，传递函数这种表达式含有六种因子，即六种典型构成环节。各环节与算式符号见表 2-1。

表 2-1   传递函数六种因子对应的环节算式符号

环节参数	算式符号	环节参数	算式符号
放大环节	K	二阶微分环节	$\tau^2 s^2 + 2\zeta\tau s + 1$
一阶微分环节	$\tau s + 1$	理想微分环节	s
积分环节	$\dfrac{1}{s}$	振荡环节	$\dfrac{1}{T^2 s^2 + 2\zeta Ts + 1}$
惯性环节	$\dfrac{1}{Ts + 1}$	延滞环节	$e^{-\tau s}$

2.4.3   典型环节的传递函数

任何复杂控制系统都可以看成是由若干个基本环节组合而成的，系统种类很多，构成环节的物理本质可能差别很大，可能是电气的、机械的，也可能是液压的、气动的等。但描述它们动态特性的数学模型——传递函数的形式却往往相同。而且从数学分析的观点看，任何一个复杂的系统都仅由有限的几个典型环节组成。

（1）比例环节（放大环节）

比例环节的输出量与输入量成固定比例关系，其特点是输出量能够不失真、不延迟，成比例地复现输入信号，其运动方程为

$$y(t) = kx(t)$$

对应的传递函数为 $$G(s) = \frac{Y(s)}{X(s)} = k \tag{2-38}$$

例如，图 2-12 所示的齿轮传动中，忽略啮合间隙，则主动齿轮与从动齿轮的转速之间有

$$Z_2 n_2 = Z_1 n_1$$

式中，n_2、Z_2 分别为从动齿轮的转速和齿数；n_1、Z_1 分别为主动齿轮的转速和齿数。于是有传递函数

$$G(s) = \frac{N_2(s)}{N_1(s)} = \frac{Z_1}{Z_2}$$

（2）惯性环节（非周期环节）

惯性环节的运动方程是

$$T\frac{\mathrm{d}y(t)}{\mathrm{d}t} + y(t) = kx(t)$$

对应的传递函数为

$$G(s) = \frac{Y(s)}{X(s)} = \frac{k}{Ts+1} \tag{2-39}$$

式中，T 为时间常数；k 为比例系数。

惯性环节的特点是输出量不能立即跟随输入量的变化，因为存在时间上的延迟。这是由于环节的惯性造成的，通常惯性环节都有一个储能元件和一个耗能元件。延迟时间的长短可以用时间常数 T 衡量。

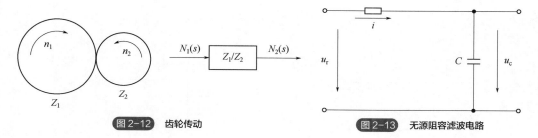

图 2-12　齿轮传动

图 2-13　无源阻容滤波电路

例如，无源阻容滤波电路，如图 2-13 所示，运动方程为

$$\begin{cases} u_{\mathrm{r}} = iR + \dfrac{1}{C}\int i\mathrm{d}t \\ u_{\mathrm{c}}(t) = \dfrac{1}{C}\int i\mathrm{d}t \end{cases}$$

消去中间变量，得

$$RC\frac{\mathrm{d}u_{\mathrm{c}}(t)}{\mathrm{d}t} + u_{\mathrm{c}}(t) = u_{\mathrm{r}}(t)$$

经拉氏变换后，有

$$RCsU_{\mathrm{c}}(s) + U_{\mathrm{c}}(s) = U_{\mathrm{r}}(s)$$

传递函数为

$$G(s) = \frac{U_{\mathrm{c}}(s)}{U_{\mathrm{r}}(s)} = \frac{1}{RCs+1} = \frac{1}{Ts+1}$$

式中，$T=RC$，为惯性时间常数。本系统储能元件为电容，耗能元件为电阻。

（3）积分环节

积分环节的动态方程为

$$y(t) = \frac{1}{T}\int x(t)\mathrm{d}t$$

显然，其传递函数为

$$G(s) = \frac{Y(s)}{X(s)} = \frac{1}{Ts} \quad\quad (2\text{-}40)$$

式中，T 为积分时间常数。

当输入 $x(t)$ 为单位阶跃函数时，即 $X(s) = \frac{1}{s}$，有

$$Y(s) = G(s)\frac{1}{s} = \frac{1}{Ts^2}$$

经拉氏反变换，可得单位阶跃响应 $y(t) = \frac{t}{T}$，如图 2-14 所示。

例如，由运算放大器组成的积分器，如图 2-15 所示，运动方程为

$$C\frac{\mathrm{d}}{\mathrm{d}t}u_c(t) = \frac{1}{R}u_r(t)$$

或

$$u_c(t) = \frac{1}{RC}\int u_r(t)\mathrm{d}t$$

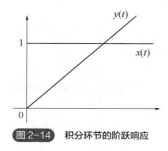

图 2-14　积分环节的阶跃响应

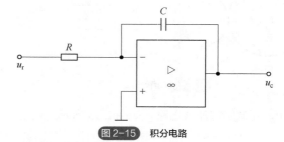

图 2-15　积分电路

传递函数为

$$G(s) = \frac{U_c(s)}{U_r(s)} = \frac{1}{RC} \times \frac{1}{s} = \frac{1}{Ts}$$

式中，$T=RC$ 为积分时间常数。

考虑到运算放大器的饱和特性，积分器的输出电压在恒定输入电压作用下不能无限制地增长，因此只适用于输出值低于饱和限幅值的范围。

（4）微分环节

理想微分环节的特点是，其输出量与输入量对时间的导数成正比，即

$$y(t) = T\frac{\mathrm{d}x(t)}{\mathrm{d}t}$$

其传递函数为

$$G(s) = \frac{Y(s)}{X(s)} = Ts \quad\quad (2\text{-}41)$$

微分环节的单位阶跃响应为

$$y(t) = T\frac{\mathrm{d}}{\mathrm{d}t}1(t) = T\delta(t)$$

这是一个脉冲面积（强度）为 T、宽度为零、幅值为无穷大的理想脉冲，显然在实际中是无法实现的。下面我们看实际的例子，对图 2-16 所示的 RC 电路，用运算阻抗法求传递函数。

$$G(s)=\frac{U_c(s)}{U_r(s)}=\frac{R}{R+\frac{1}{Cs}}=\frac{RCs}{RCs+1}=\frac{Ts}{Ts+1} \qquad (T=RC)$$

上式表明，此电路相当于一个微分环节与惯性环节的串联组合。

当 $T\ll1$ 时，才能近似得到 $G(s)\approx Ts$。

对于图 2-17 所示的 RC 电路，若以 $u(t)$ 为输入，$i(t)$ 为输出，则有

$$G(s)=\frac{I(s)}{U(s)}=\frac{R+\frac{1}{Cs}}{R\frac{1}{Cs}}=\frac{RCs+1}{R}=\frac{1}{R}(\tau s+1) \qquad (\tau=RC)$$

这是一个比例环节与微分环节的并联组合，称为一阶微分环节，或称为实用微分环节。

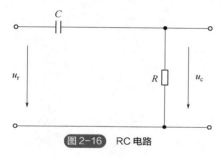

图 2-16 RC 电路

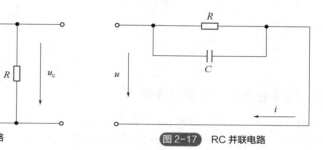

图 2-17 RC 并联电路

（5）振荡环节

振荡环节的动态方程为

$$T^2\frac{d^2}{dt^2}y(t)+\xi T\frac{d}{dt}y(t)+y(t)=kx(t)$$

其传递函数为

$$G(s)=\frac{Y(s)}{X(s)}=\frac{k}{T^2s^2+2\xi Ts+1} \qquad (2\text{-}42)$$

式中，T 为时间常数；ξ 为阻尼系数。

若令 $k=1$，$\omega_n=\frac{1}{T}$，则上式可写为

$$G(s)=\frac{\omega_n^2}{s^2+2\xi\omega_n s+\omega_n^2} \qquad (2\text{-}43)$$

式中，ω_n 为无阻尼自然振荡频率。

振荡环节一般含有两个储能元件。二阶振荡环节要求 $0\le\xi<1$，若 $\xi\ge1$ 则其阶跃响应呈单调上升，不再振荡了。此时相当于两个惯性环节的组合。

在例 2-1 中 RLC 电路已得出微分方程为

$$LC\frac{d^2u_c(t)}{dt^2}+RC\frac{du_c(t)}{dt}+u_c=u_r(t)$$

传递函数为

$$G(s) = \frac{U_c(s)}{U_r(s)} = \frac{1}{LCs^2 + RCs + 1} = \frac{\dfrac{1}{LC}}{s^2 + \dfrac{R}{L}Cs + \dfrac{1}{LC}}$$

若与典型二阶系统 $G(s) = \dfrac{\omega_n^2}{s^2 + 2\xi\omega_n s + \omega_n^2}$ 相比，可知 $\omega_n^2 = \dfrac{1}{LC}$，$\omega_n = \dfrac{1}{\sqrt{LC}}$，$\xi = \dfrac{R}{2}\sqrt{\dfrac{C}{L}}$。

在例 2-2 中 k-m-f 机械系统中，已得出微分方程为

$$m\frac{\mathrm{d}^2 y(t)}{\mathrm{d}t^2} + f\frac{\mathrm{d}y(t)}{\mathrm{d}t} + ky(t) = x(t)$$

传递函数为

$$G(s) = \frac{Y(s)}{X(s)} = \frac{1}{ms^2 + fs + k} = \frac{\dfrac{1}{m}}{s^2 + \dfrac{f}{m}s + \dfrac{k}{m}}$$

显然

$$\omega_n = \sqrt{\frac{k}{m}} \qquad \xi = \frac{f}{2\sqrt{km}}$$

（6）纯滞后环节（又称延滞环节）

在实际系统中除上述典型环节外，经常会遇到另一种环节，就是当输入信号加入系统后，它的输出端要隔一定时间后才能复现输入信号，如图 2-18 所示，当输入 $x(t)$ 为一个阶跃信号时，输出 $y(t)$ 要经过时间 τ 以后才复现阶跃信号，且幅值不衰减。在 $0<t<\tau$ 时间内，输出为零。这种环节称为延滞环节，τ 称为延滞时间。延滞环节的输出表示为 $y(t) = x(t-\tau)$，其传递函数为

$$G(s) = \frac{Y(s)}{X(s)} = \mathrm{e}^{-\tau s} \tag{2-44}$$

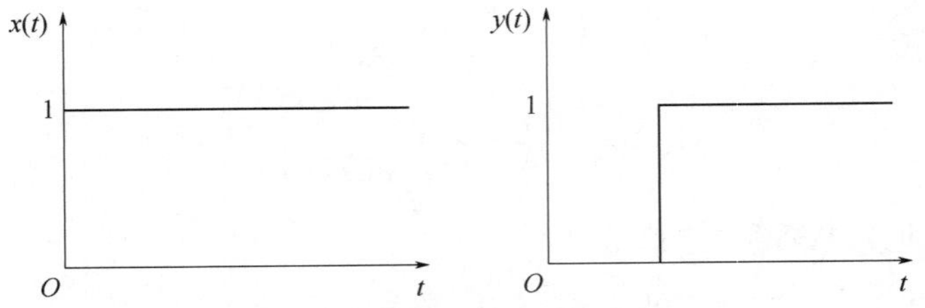

图 2-18 延滞环节的单位阶跃响应

延滞环节与惯性环节不同，它纯粹是由于距离而产生的传递滞后，因为它的动特性不像惯性环节那样慢慢上升，而在输入作用后，一段时间内没有输出，此后输出完全复现输入。

在生产实际中，有许多系统具有纯延时的特征，特别是一些气压、液压传动系统。在计算机控制系统中，由于运算需要时间，也会出现纯延滞现象。作为延滞环节的实例，图 2-19 为带钢厚度检测环节。带钢在点 A 车出时，产生厚度偏差 Δh_a，然而这一偏差直到在点 B 才被测厚仪检测到。若点 B 与点 A 距离为 L，带钢轧制速度为 v，则纯滞后时间 $\tau = \dfrac{L}{v}$。测厚信号 Δh_b 与

厚度偏差信号 Δh_a 之间的关系为 $\Delta h_b = \Delta h_a(t-\tau)$。此式表示，当 $t<\tau$ 时，$\Delta h_b = 0$；当 $t \geqslant \tau$ 时，$\Delta h_b = \Delta h_a$。若将 Δh_a 作为输入量 x，将 Δh_b 作为输出量 y，则有 $y(t) = x(t-\tau)$，$Y(s) = \mathrm{e}^{-\tau s} X(s)$，故 $G(s) = \dfrac{Y(s)}{X(s)} = \mathrm{e}^{-\tau s}$。

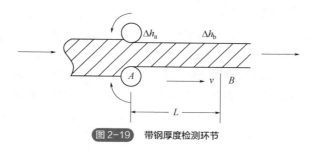

图 2-19　带钢厚度检测环节

　　上面讨论了几种典型基本环节的传递函数。将复杂的控制系统化成若干典型环节，再利用传递函数和下面要介绍的方框图来对系统进行分析与研究，这是一种重要的基本研究方法。不同的物理系统也可以得到相同形式的数学模型。我们把具有相同数学模型的各种物理系统称为相似系统，将作用相同的变量称为相似变量。例如，电网络中的 u、L、R（电压、电感、电阻）与弹簧阻尼系统中的 F、m、f（力、质量、黏性系数）互为相似变量，利用相似系统的概念，可以将一种物理系统的研究结论推广到其他相似系统中，同时可以为计算机仿真提供仿真模型的依据，简化了问题的研究。表 2-2 给出两种不同物理系统中的相似变量。

表 2-2　相似系统中的相似变量

RLC 电网络系统	机械系统
电压 u	力 F（力矩 M）
电感 L	质量 m（转动惯量 J）
电阻 R	黏性阻尼系数 f
电容的倒数 $1/C$	弹簧系数 k
电量 q	线位移 y（角位移 θ）
电流 i	速度 v（角速度 ω）

2.5　控制系统的结构图与信号流图

　　控制系统的结构图和信号流图都是描述系统各元部件之间信号传递关系的数学图形，它们表示了系统中各变量之间的因果关系以及对各变量所进行的运算，是控制理论中描述复杂系统的一种简便方法。与结构图相比，信号流图符号简单更便于绘制和应用，特别在系统的计算机模拟仿真研究以及状态空间法分析设计中，信号流图可以直接给出计算机模拟仿真程序和系统的状态方程描述，更显示出其优越性。但是信号流图只适用于线性系统，而结构图也可用于非线性系统。

2.5.1　系统结构图的组成和绘制

拓展视频

　　控制系统的结构图是由许多对信号进行单向运算的方框和一些信号流向线组成的，它包含如下四种基本单元：

① 信号线　是带有箭头的直线，箭头表示信号的流向，在直线旁标记信号的时间函数或象函数，如图2-20（a）所示。

② 引出点（或测量点）　表示信号引出或测量的位置，从同一位置引出的信号在数值和性质方面完全相同，如图2-20（b）所示。

③ 比较点（或综合点）　表示对两个以上的信号进行加减运算，符号+表示相加，符号−表示相减，符号+可省略不写，如图2-20（c）所示。

④ 方框（或环节）　表示对信号进行的数学变换，方框中写入元部件或系统的传递函数，如图2-20（d）所示。显然，方框的输出变量等于方框的输入变量与传递函数的乘积，即

$$C(s) = G(s)U(s)$$

因此，方框可视为单向运算的算子。

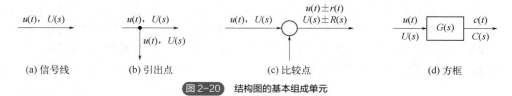

(a) 信号线　　　(b) 引出点　　　(c) 比较点　　　(d) 方框

图 2-20　结构图的基本组成单元

绘制系统结构图时，首先考虑负载效应分别列写系统各元/部件的微分方程或传递函数，并将它们用方框表示；然后，根据各元/部件的信号流向，用信号线依次将各方框连接便得到系统的结构图。因此，系统结构图实质上是系统原理图与数学方程两者的结合，既补充了原理图所缺少的定量描述，又避免了纯数学的抽象运算。从结构图上可以用方框进行数学运算，也可以直观了解各元/部件的相互关系及其在系统中所起的作用；更重要的是，从系统结构图可以方便地求得系统的传递函数。所以，系统结构图也是控制系统的一种数学模型。

要指出的是，虽然系统结构图是从系统元/部件的数学模型得到的，但结构图中的方框与实际系统的元/部件并非一一对应。一个实际元/部件可以用一个方框或几个方框表示；而一个方框也可以代表几个元/部件或是一个子系统，或是一个大的复杂系统。

【例 2-8】图 2-21 是一个电压测量装置，也是一个反馈控制系统。e_1 是待测量电压，e_2 是指示的电压测量值。如果 e_2 不同于 e_1，就产生误差电压 $e = e_1 - e_2$，经调制、放大以后，驱动两相伺服电动机运转，并带动测量指针移动，直至 $e_2 = e_1$。这时指针指示的电压值即是待测量的电压值。试绘制该系统的结构图。

解： 系统由比较电路、机械调制器、放大器、两相伺服电动机及指针机构组成。首先，考虑负载效应分别列写各元部件的运动方程，并在零初始条件下进行拉氏变换，于是有

比较电路　　　　　　　　$E(s) = E_1(s) - E_2(s)$

调制器　　　　　　　　　$U_-(s) = E(s)$

放大器　　　　　　　　　$U_a(s) = K_a E(s)$

两相伺服电机　　$M_m = -C_\omega s \Theta_m(s) + M_s, \ M_s = C_\omega U_a(s)$

$$M_m = J_m s^2 \Theta_m(s) + f_m s \Theta_m(s)$$

式中，M_m 是电动机转矩；M_s 是电动机堵转转矩；$U_a(s)$ 是控制电压；$\Theta_m(s)$ 是电动机角位移；C_ω 为阻尼系数；J_m 和 f_m 分别是折算到电动机上的总转动惯量及总黏性摩擦系数。

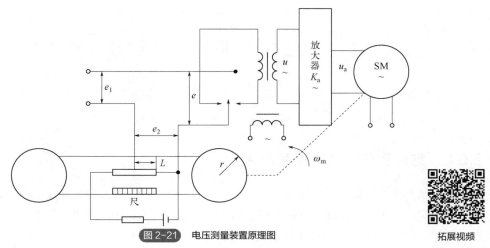

图 2-21　电压测量装置原理图

拓展视频

绳轮传动机构

$$L(s) = r\Theta_{\mathrm{m}}(s)$$

式中，r 是绳轮半径；L 是指针位移。

测量电位器

$$E_2(s) = K_1 L(s)$$

式中，K_1 是电位器传递系数。然后，根据各元件在系统中的工作关系，确定其输入量和输出量，并按照各自的运动方程分别画出每个元/部件的方框图，如图 2-22（a）～（g）所示。最后，用信号线按信号流向依次将各元件的方框连接起来，便得到系统结构图，如图 2-22（h）所示。如果两相伺服电动机直接用式

$$G(s) = \frac{\Theta_{\mathrm{m}}(s)}{U_{\mathrm{a}}(s)} = \frac{C_{\omega}}{s(J_{\mathrm{m}}s + f_{\mathrm{m}} + C_{\omega})} = \frac{K_{\mathrm{m}}}{s(T_{\mathrm{m}}s + 1)}$$

表示，则系统结构图可简化为图 2-22（i）。

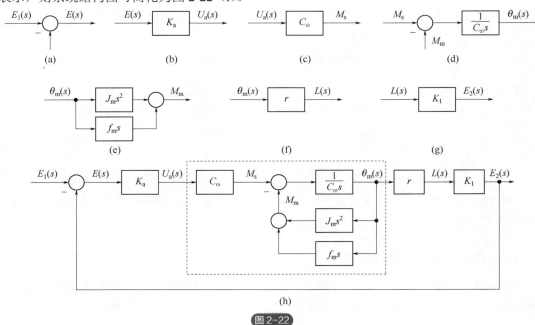

图 2-22

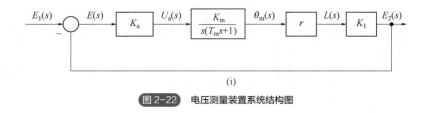

(i)

图2-22 电压测量装置系统结构图

2.5.2 结构图的等效变换和简化

由控制系统的结构图通过等效变换（或简化）可以方便地求取闭环系统的传递函数或系统输出量的响应。实际上，这个过程对应于由元件运动方程消去中间变量求取系统传递函数的过程。例如，在例 2-8 中，由两相伺服电动机三个方程式消去中间变量 M_m 及 M_s 得到传递函数 $\theta_m(s)/U_a(s)$ 的过程，对应于将图 2-22（h）虚线内的四个方框简化为图 2-22（i）中一个方框的过程。

一个复杂的系统结构图，其方框间的连接必然是错综复杂的，但方框间的基本连接方式只有串联、并联和反馈连接三种。因此，结构图简化的一般方法是移动引出点或比较点，交换比较点，进行方框运算将串联、并联和反馈连接的方框合并。在简化过程中应遵循变换前后变量关系保持等效的原则，具体而言，就是变换前后前向通路中传递函数的乘积应保持不变，回路中传递函数的乘积应保持不变。

（1）串联方框的简化（等效）

传递函数分别为 $G_1(s)$ 和 $G_2(s)$ 的两个方框，若 $G_1(s)$ 的输出量作为 $G_2(s)$ 的输入量，则 $G_1(s)$ 与 $G_2(s)$ 称为串联连接，如图 2-23（a）所示（注意，两个串联连接元件的方框图应考虑负载效应）。

(a) 方框串联   (b) 串联等效表示

图2-23 方框串联连接及其简化

由图 2-23（a），有

$$U(s) = G_1(s)R(s), C(s) = G_2(s)U(s)$$

由上两式消去 $U(s)$，得

$$C(s) = G_1(s)G_2(s)R(s) = G(s)R(s)$$ （2-45）

式中，$G(s) = G_1(s)G_2(s)$，是串联方框的等效传递函数，可用图 2-23（b）的方框表示。由此可知，两个方框串联连接的等效方框，等于各个方框传递函数之乘积。这个结论可推广到 n 个串联方框的情况。

（2）并联方框的简化（等效）

传递函数分别为 $G_1(s)$ 和 $G_2(s)$ 的两个方框，如果它们有相同的输入量，而输出量等于两个方框输出量的代数和，则 $G_1(s)$ 与 $G_2(s)$ 称为并联连接，如图 2-24（a）所示。

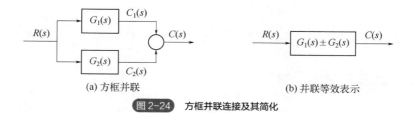

图2-24 方框并联连接及其简化

由图 2-24（a），有

$$C_1(s) = G_1(s)R(s), \ C_2(s) = G_2(s)R(s), \ C(s) = C_1(s) \pm C_2(s)$$

由上述三式消去 $C_1(s)$ 和 $C_2(s)$，得

$$C(s) = \left[G_1(s) \pm G_2(s) \right] R(s) = G(s)R(s) \qquad （2-46）$$

式中，$G(s) = G_1(s) \pm G_2(s)$，是并联方框的等效传递函数，可用图 2-24（b）的方框表示。由此可知，两个方框并联连接的等效方框，等于各个方框传递函数的代数和。这个结论可推广到 n 个并联连接方框的情况。

（3）反馈连接方框的简化（等效）

若传递函数分别为 $G(s)$ 和 $H(s)$ 的两个方框，按图 2-25（a）所示的形式连接，则称为反馈连接。"+"号为正反馈，表示输入信号与反馈信号相加；"−"号则表示相减，是负反馈。由图 2-25（a），有

$$C(s) = G(s)E(s), \ B(s) = H(s)C(s), \ E(s) = R(s) \pm B(s)$$

消去中间变量 $E(s)$ 和 $B(s)$，得

$$C(s) = G(s)\left[R(s) \pm H(s)C(s) \right]$$

$$C(s) \frac{G(s)}{1 \pm G(s)H(s)} R(s) = \Phi(s)R(s) \qquad （2-47）$$

式中

$$\Phi(s) = \frac{G(s)}{1 \pm G(s)H(s)} \qquad （2-48）$$

$\Phi(s)$ 称为闭环传递函数，是方框反馈连接的等效传递函数，式中负号对应正反馈连接，正号对应负反馈连接。式（2-47）可用图 2-25（b）的方框表示。

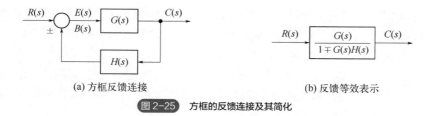

图2-25 方框的反馈连接及其简化

（4）比较点和引出点的移动

在系统结构图简化过程中，有时为了便于进行方框的串联、并联或反馈连接的运算，需要移动比较点或引出点的位置。这时应注意在移动前后必须保持信号的等效性，而且比较点和引出点之间一般不宜交换其位置。此外，"−"号可以在信号线上越过方框移动，但不能越过比较

点和引出点。

附录 2 汇集了结构图简化（等效变换）的基本规则，可供查用。

2.5.3　信号流图的组成及性质

信号流图起源于梅森利用图示法来描述一个或一组线性代数方程式，它是由节点和支路组成的一种信号传递网络。图中节点代表方程式中的变量，以小圆圈表示；支路是连接两个节点的定向线段，用支路增益表示方程式中两个变量的因果关系，因此支路相当于乘法器。

图 2-26（a）是有两个节点和一条支路的信号流图，其中两个节点分别代表电流 I 和电压 U，支路增益是电阻 R。该图表明，电流 I 沿支路传递并增大 R 倍而得到电压 U，即 $U = IR$，这正是众所熟知的欧姆定律，它决定了通过电阻 R 的电流与电压间的定量关系，如图 2-26（b）所示。图 2-27 是由五个节点和八条支路组成的信号流图，图中五个节点分别代表 x_1，x_2，x_3，x_4 和 x_5 五个变量，每条支路增益分别是 a，b，c，d，e，f，g 和 1。

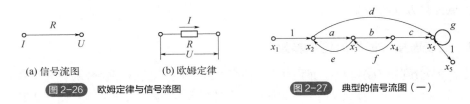

(a) 信号流图　　(b) 欧姆定律

图 2-26　欧姆定律与信号流图　　　　图 2-27　典型的信号流图（一）

由图可以写出描述五个变量因果关系的一组代数方程式：

$$x_1 = x_1$$
$$x_2 = x_1 + ex_3$$
$$x_3 = ax_2 + fx_4$$
$$x_4 = bx_3$$
$$x_5 = dx_2 + cx_4 + gx_5$$

上述每个方程式左端的变量取决于右端有关变量的线性组合。一般方程式右端的变量为原因，左端的变量作为右端变量产生的效果，这样，信号流图便能把各个变量之间的因果关系贯通起来。

至此，信号流图的基本性质可归纳如下：

① 节点标志系统的变量。一般节点自左向右顺序设置，每个节点标志的变量是所有流向该节点的信号代数和，而从同一节点流向各支路的信号均用该节点的变量表示。例如，图 2-27 中，节点 x_3 标志的变量是来自节点 x_2 和节点 x_4 的信号之和，它同时又流向节点 x_4。

② 支路相当于乘法器，信号流经支路时，被乘以支路增益而变换为另一信号。例如，图 2-27 中，来自节点 x_2 的变量被乘以支路增益 a，来自节点 x_4 的变量被乘以支路增益 f，自节点 x_3 流向节点 x_4 的变量被乘以支路增益 b。

③ 信号在支路上只能沿箭头单向传递，即只有前因后果的因果关系。

④ 对于给定的系统，节点变量的设置是任意的，因此信号流图不是唯一的。

在信号流图中，常使用以下名词术语：

① 源节点（或输入节点）　在源节点上，只有信号输出的支路（即输出支路），而没有信号输入的支路（即输入支路），它一般代表系统的输入变量，故也称输入节点。图 2-27 中的节点 x_1

就是源节点。

② 阱节点（或输出节点）　在阱节点上，只有输入支路而没有输出支路，它一般代表系统的输出变量，故也称输出节点。图 2-26 中的节点 U 就是阱节点。

③ 混合节点　在混合节点上，既有输入支路又有输出支路。图 2-27 中的节点 x_2、x_3　x_4、x_5 均是混合节点。若从混合节点引出一条具有单位增益的支路，可将混合节点变为阱节点，成为系统的输出变量，如图 2-27 中用单位增益支路引出的节点 x_5。

④ 前向通路　信号从输入节点到输出节点传递时，每个节点只通过一次的通路，叫前向通路。前向通路上各支路增益之乘积，称前向通路总增益，一般用 p_k 表示。在图 2-27 中，从源节点 x_1 到阱节点 x_5，共有两条前向通路：一条是 $x_1 \rightarrow x_2 \rightarrow x_3 \rightarrow x_4 \rightarrow x_5$，其前向通路总增益 $p_1 = abc$，另一条是 $x_1 \rightarrow x_2 \rightarrow x_5$，其前向通路总增益 $p_2 = d$。

⑤ 回路　起点和终点在同一节点，而且信号通过每一节点不多于一次的闭合通路称为单独回路，简称回路。回路中所有支路增益之乘积叫回路增益，用 L_a 表示。在图 2-27 中共有三个回路：一个是起于节点 x_2，经过节点 x_3 最后回到节点 x_2 的回路，其回路增益 $L_1 = ae$；第二个是起于节点 x_3，经过节点 x_4 最后回到节点 x_3 的回路，其回路增益 $L_2 = bf$；第三个是起于节点 x_5 并回到节 x_5 的自回路，其回路增益是 g。

⑥ 不接触回路　回路之间没有公共节点时，这种回路叫不接触回路。在信号流图中，可以有两个或两个以上不接触的回路。在图 2-27 中，有两对不接触的回路：一对是 $x_2 \rightarrow x_3 \rightarrow x_2$ 和 $x_5 \rightarrow x_5$；另一对是 $x_3 \rightarrow x_4 \rightarrow x_3$ 和 $x_5 \rightarrow x_5$。

2.5.4　信号流图的绘制

信号流图可以根据微分方程绘制，也可以从系统结构图按照对应关系得到。

（1）由系统微分方程绘制信号流图

任何线性方程都可以用信号流图表示，但含有微分或积分的线性方程，一般应通过拉氏变换，将微分方程或积分方程变换为 s 的代数方程后再画信号流图。绘制信号流图时，首先要对系统的每个变量指定一个节点，并按照系统中变量的因果关系，从左向右顺序排列；然后，用标明支路增益的支路，根据数学方程式将各节点变量正确连接，便可得到系统的信号流图，如图 2-28 所示。

（2）由系统结构图绘制信号流图

在结构图中，由于传递的信号标记在信号线上，方框则是对变量进行变换或运算的算子，因此，从系统结构图绘制信号流图时，只需在结构图的信号线上用小圆圈标示出传递的信号，便得到节点；用标有传递函数的线段代替结构图中的方框，便得到支路，于是，结构图也就变换为相应的信号流图了。例如，由图 2-22（h）的结构图绘制信号流图的过程示于图 2-28（a）、（b）中。

从系统结构图绘制信号流图时应尽量精简节点的数目。例如，支路增益为 1 的相邻两个节点，一般可以合并为一个节点，但对于源节点或阱节点却不能合并掉。例如，图 2-28（b）中的节点 M_s 和节点 M_m 可以合并成一个节点，其变量是 $M_s - M_m$；但源节点 E_1 和节点 E 却不允许合并。又如，在结构图比较点之前没有引出点（但在比较点之后可以有引出点）时，只需在比较点后设置一个节点便可，如图 2-29（a）所示；但若在比较点之前有引出点，就需在引出点和比较点各设置一个节点，分别标志两个变量，它们之间的支路增益是 1，如图 2-29（b）所示。

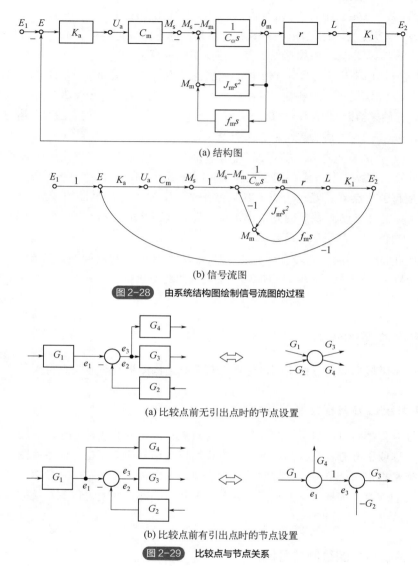

(a) 结构图

(b) 信号流图

图 2-28　由系统结构图绘制信号流图的过程

(a) 比较点前无引出点时的节点设置

(b) 比较点前有引出点时的节点设置

图 2-29　比较点与节点关系

2.5.5　梅森增益公式

　　一个复杂的系统信号流图经过简化可以求出系统的传递函数，而且结构图的等效变换规则亦适用于信号流图的简化，但这个过程毕竟还是很麻烦的。控制工程中常应用梅森（Mason）增益公式直接求取从源节点到阱节点的传递函数，而无须简化信号流图，这就为信号流图的广泛应用提供了方便。当然，由于系统结构图与信号流图之间有对应关系，梅森增益公式也可直接用于系统结构图。

　　梅森增益公式是按克莱姆（Cramer）法则求解线性联立方程式组时，将解的分子多项式及分母多项式与信号流图（即拓扑图）巧妙联系的结果。

在图 2-30 的典型信号流图中，变量 U_i 和 U_o 分别用源节点 U_i 和阱节点 U_o 表示，由图可得相应的一组代数方程式为

$$X_1 = aU_i + fX_2$$
$$X_2 = bX_1 + gX_3$$
$$X_3 = cX_2 + hX_4$$
$$X_4 = dX_3 + eU_i$$
$$U_o = X_4$$

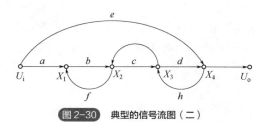

图 2-30 典型的信号流图（二）

经整理后，得

$$X_1 - fX_2 = aU_i$$
$$bX_1 - X_2 + gX_3 = 0$$
$$cX_2 - X_3 + hX_4 = 0$$
$$-dX_3 + X_4 = eU_i$$

现在用克莱姆法则求上述方程组的解 X_4（即变量 U_o），进而求出系统的传递函数 U_o/U_i。由克莱姆法则，方程式组的系数行列式为

$$\Delta = \begin{vmatrix} 1 & -f & 0 & 0 \\ b & -1 & g & 0 \\ 0 & c & -1 & h \\ 0 & 0 & -d & 1 \end{vmatrix} = 1 - dh - gc - fb + fbdh \tag{2-49}$$

$$\Delta_4 = \begin{vmatrix} 1 & -f & 0 & aU_i \\ b & -1 & g & 0 \\ 0 & c & -1 & 0 \\ 0 & 0 & -d & eU_i \end{vmatrix} = abcdU_i + eU_i(1 - gc - bf) \tag{2-50}$$

因此，$X_4 = U_o = \Delta_4/\Delta$，即有

$$\frac{U_o}{U_i} = \frac{X_4}{U_i} = \frac{abcd + e(1 - gc - bf)}{1 - dh - gc - fb + fbdh} \tag{2-51}$$

对上述传递函数的分母多项式及分子多项式进行分析后，可以得到它们与系数行列式 Δ、Δ_4 及信号流图之间的巧妙联系。首先可以发现，传递函数的分母多项式即是系数行列式 Δ，而且其中包含信号流图中的三个单独回路增益之和项，即 $-(fb+gc+dh)$，以及两个不接触的回路增益之乘积项，即 $fbdh$。这个特点可以用信号流图的名词术语写成如下形式：

$$\Delta = 1 - \sum L_a + \sum L_b L_c \tag{2-52}$$

式中，$\sum L_a$ 表示信号流图中所有单独回路的回路增益之和项，即 $\sum L_a = fb + gc + dh$；

$\sum L_b L_c$ 表示信号流图中每两个互不接触的回路增益之乘积的和项，即 $\sum L_b L_c = fbdh$。其次可以看到，传递函数的分子多项式与系数行列式 Δ_4 相对应，而且其中包含两条前向通路总增益之和项，即 $abcd+e$，以及与前向通路 e 不接触的两个单独回路的回路增益与该前向通路总增益之乘积的和项，即 $-(gce+bfe)$。这个特点也可以用信号流图的名词术语写成如下形式：

$$\frac{\Delta_4}{U_i} = \sum_{k=1}^{2} p_k - \sum_{i=2} p_i L_i \qquad (2-53)$$

式中，p_k 是第 k 条前向通路总增益，本例中共有两条前向通路，故 $\sum p_k = p_1 + p_2 = abcd + e$；$L_i$ 为与第 i 前向通路不接触回路的回路增益，本例中有两个回路与第二条前向通路不接触，故 $\sum p_2 L_2 = gce + bfe$。进一步分析还可以发现 L_i 与系数行列式 Δ 之间有着微妙的联系，即 L_i 是系数行列式 Δ 中与第 i 条前向通路不接触的所有回路的回路增益项。例如，第二条前向通路 e 与回路增益为 gc 和 bf 的两个回路均不接触，它正好是系数行列式 Δ 中的两项 $-(gc+fb)$。若前向通路与所有回路都接触时，则 $L_i = 0$。现令 $\Delta_i = 1 - L_i$，则传递函数分子多项式还可进一步简记为

$$\frac{\Delta_4}{U_i} = \sum_{k=1}^{2} p_k \Delta_k \qquad (2-54)$$

式中，Δ_k 是与第 k 条前向通路对应的余因子式，它等于系数行列式 Δ 中，去掉与第 k 条前向通路接触的所有回路的回路增益项后的余项式。本例中，$k=1$ 时，$p_1 = abcd$，$\Delta_1 = 1$；$k=2$ 时，$p_2 = e$，$\Delta_2 = 1 - gc - bf$。于是，使用信号流图的名词术语后，式（2-51）系统传递函数可写为

$$\frac{U_o}{U_i} = \frac{p_1 \Delta_1 + p_2 \Delta_2}{\Delta} = \frac{1}{\Delta} \sum_{k=1}^{2} p_k \Delta_k \qquad (2-55)$$

该表达式建立了信号流图的某些特征量（如前向通路总增益、回路增益等）与系统传递函数（或输出量）之间的直观联系，这就是梅森增益公式的雏形。根据这个公式，可以从信号流图上直接写出从源节点到阱节点的传递函数的输出量表达式。

推而广之，具有任意条前向通路及任意个单独回路和不接触回路的复杂信号流图，求取从任意源节点到任意阱节点之间传递函数的梅森增益公式记为

$$P = \frac{1}{\Delta} \sum_{k=1}^{n} p_k \Delta_k \qquad (2-56)$$

式中，P 为从源节点到阱节点的传递函数（或总增益）；n 为从源节点到阱节点的前向通路总数；p_k 为从源节点到阱节点的第 k 条前向通路总增益；Δ 为 $1 - \sum L_a + \sum L_b L_c - \sum L_d L_e L_f + \cdots$ 称为流图特征式，其中 $\sum L_a$ 为所有单独回路增益之和，$\sum L_b L_c$ 为所有互不接触的单独回路中，每次取其中两个回路的回路增益的乘积之和，$\sum L_d L_e L_f$ 为所有互不接触的单独回路中，每次取其中三个回路的回路增益的乘积之和；Δ_k 为流图余因子式，它等于流图特征式中除去与第 k 条前向通路相接触的回路增益项（包括回路增益的乘积项）以后的余项式。

2.6 控制系统建模实例

控制系统的数学模型由系统本身的结构参数决定，系统的输出由系统的数学模型、系统的

初始状态和输入信号决定。建立系统数学模型的目的，是在自动控制理论的基础上研究控制算法，根据模型仿真的结果，从理论上证明在一定的控制范围内算法的正确性和控制方法的合理性。而自动控制理论分析是在建立系统数学模型的基础上进行的，根据模型的仿真结果，能实时掌握系统的动态特性，控制系统仿真对保证生产的安全性、经济性和保持设备的稳定运行有着重要的意义。

Matlab 是自然科学和工程领域非常著名的一种计算和编程语言，它的应用领域包括数据分析、数值与符号计算、工程与科学计算、绘图、控制系统设计、航天工业、汽车工业、生物医学工程、语音处理、图像与数字信号处理、财务、金融分析、建模、仿真及样机开发、图形用户界面设计等。Matlab 语言特点见图 2-31。

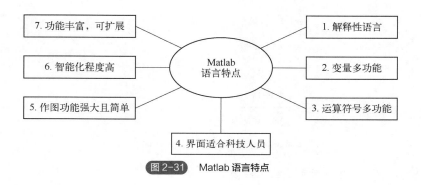

图 2-31 Matlab 语言特点

（1）系统传递函数的表达

传递函数模型中常用分子多项式（num）和分母多项式（den）共同表示一个系统（num，den）模型。

（2）tf()——建立传递函数模型

sys=tf（num，den）——建立由分子多项式（num）和分母多项式（den）构成的系统模型（sys）。

（3）zpk()——建立零极点模型

① sys=zpk（z，p，k）——建立由零点（z）、极点（p）和增益（k）构成的系统零极点模型（sys）。

② p=pole（sys）——给出系统（sys）的极点（p）。

③ z=zero（sys）——给出系统（sys）的零点（z）。

（4）series()、parallel()、feedback()——系统连接

① sys= series（sys1，sys2）——由系统（sys1、sys2）串联构建成系统（sys）。

② sys= parallel（sys1，sys2）——由系统（sys1、sys2）并联构建成系统（sys）。

③ sys=feedback（sysg，sysh，sign）——计算由前向通道（sysg）、反馈通道（sysh）构成系统 sys，sign 的取值有三个：+1 为正反馈，-1 为负反馈，缺省值为负反馈。

【例 2-9】在 Matlab 中表达系统

$$G(s) = \frac{2(s+2)(s+7)}{(s+3)(s+7)(s+9)}$$

解：对应有程序

```
z=[-2 -7];
p=[-3 -7 -9];
k=2;
sys=zpk(z, p, k)
```

Matlab 中运行结果为

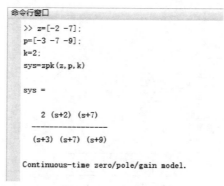

【例 2-10】 求图 2-32 所示系统的传递函数。

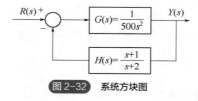

图 2-32 系统方块图

解：对应有程序

```
numh=[1 1];
denh=[1 2];
sysh=tf (numh, denh);
numg=[1];
deng=[500 0 0];
sysg=tf (numg, deng);
sys=feedback (sysg, sysh)
```

Matlab 中运行结果为

【例 2-11】电力牵引电机控制。

大部分现代列车和调度机车都采用电力牵引电机。牵引电机牵引轨道车辆系统的原理框图如图 2-33（a）所示，其中电枢控制电机采用大功率直流电机，其参数如表 2-3 所示；功率放大器采用差分放大器。要求建立控制系统的数学模型，计算系统的传递函数 $\Omega(s)/\Omega_d(s)$，并适当选择差分放大器的电阻 R_1、R_2、R_3、R_4。

解： 选择转速计来产生一个与输出速度成比例的电压 v_t，并将它作为差分放大器的一个输入，如图 2-33（b）所示。

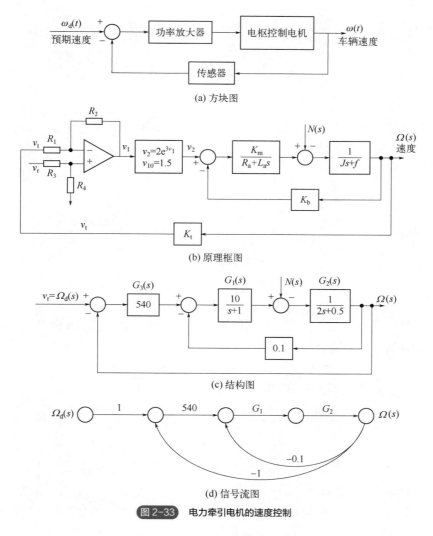

(a) 方块图

(b) 原理框图

(c) 结构图

(d) 信号流图

图 2-33　电力牵引电机的速度控制

表 2-3　大功率直流电机参数

$K_m=10$	$J=2$
$R_a=1$	$f=0.5$
$L_a=1$	$K_b=0.1$

功率放大器是非线性的，可近似表示为指数函数

$$v_2 = 2e^{3v_1} = g(v_1)$$

其正常工作点为 $v_{10} = 1.5\text{V}$ 。利用小偏差线性化的方法，可得

$$\Delta v_2 = \left. \frac{\mathrm{d}g(v_1)}{\mathrm{d}v_1} \right|_{v_{10}} \Delta v_1 = 540\Delta v_1$$

以小增量为新的变量，省去"Δ"符号，经拉氏变换后得

$$V_2(s) = 540V_1(s)$$

对于差分放大器，有

$$v_1 = \frac{1 + \dfrac{R_2}{R_1}}{1 + \dfrac{R_3}{R_4}} v_r - \frac{R_2}{R_1} v_t$$

通常，希望输入控制电压 v_r 在数值上与预期速度 $\omega_d(t)$ 相等。注意到车辆在稳定运行时有 $v_t = K_t\omega_t$ ，于是车辆稳定运行时有

$$v_1 = \frac{1 + \dfrac{R_2}{R_1}}{1 + \dfrac{R_3}{R_4}} v_r - \frac{R_2}{R_1} K_t\omega_t$$

其中 $v_1 = 0$ 。当 $K_t = 0.1$ 时，选择 $\dfrac{1 + R_2/R_1}{1 + R_3/R_4} = \dfrac{R_2}{R_1}K_t = 1$ ，求出

$$\frac{R_2}{R_1} = 10, \frac{R_3}{R_4} = 10$$

系统结构图如图 2-33（c）所示。利用图 2-33（d）给出的信号流图和梅森增益公式，可得系统闭环传递函数

$$\frac{\Omega(s)}{\Omega_d(s)} = \frac{540G_1(s)G_2(s)}{1 + 0.1G_1(s)G_2(s) + 540G_1(s)G_2(s)}$$

在上式中代入 $G_1(s) = \dfrac{10}{s+1}, G_2(s) = \dfrac{1}{2s+0.5}$ ，最后得

$$\frac{\Omega(s)}{\Omega_d(s)} = \frac{2700}{s^2 + 1.25s + 2700.75}$$

【例 2-12】磁盘驱动读取系统。

如图 2-34（a）所示，磁头安装在一个与手臂相连的簧片上，磁头读取磁盘上各点处不同的磁通量，并将信号提供给放大器。弹性金属制成的簧片保证磁头以小于 100nm 的间隙悬浮于磁盘之上，如图 2-34（b）所示。

解：磁盘驱动读取系统框图如图 2-35（a）所示，其中偏差信号是在磁头读取磁盘上预先录制的索引磁道时产生的。假定磁头足够精确，取传感器环节的传递函数 $H(s) = 1$ ，放大器增益为 K_a ，作为足够精确的近似，采用电枢控制直流电机模型来对永磁直流电机建模，有式

$$M_m = J_m \frac{\mathrm{d}^2\theta_m}{\mathrm{d}t^2} + f_m \frac{\mathrm{d}\theta_m}{\mathrm{d}t}$$

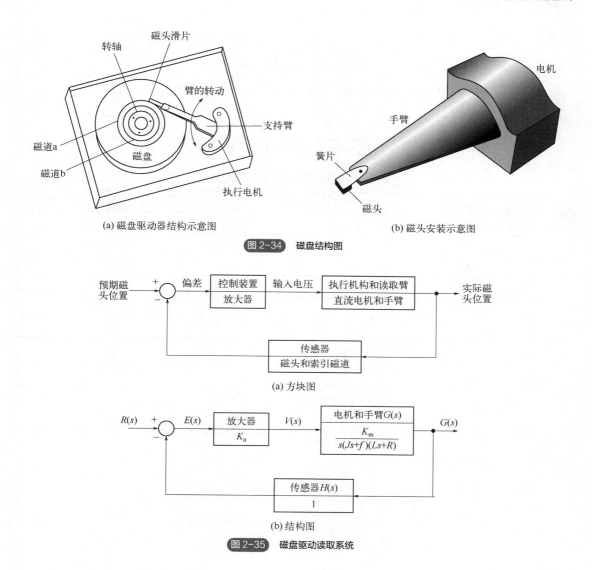

(a) 磁盘驱动器结构示意图　　　　　　(b) 磁头安装示意图

图 2-34　磁盘结构图

(a) 方块图

(b) 结构图

图 2-35　磁盘驱动读取系统

式中，θ_m 是电动机转子角位移；J_m 和 f_m 分别是折算到电动机轴上的总转动惯量和总黏性摩擦系数。

在空载下，令 $C_m = K_m$，$f_m = f$，$J_m = J$，$R_a = R$，$L_a = L$，可得永磁直流电机模型为

$$G(s) = \frac{K_m}{s(Js + f)(Ls + R)}$$

假定簧片是完全刚性的，不会出现明显的弯曲，则磁盘驱动读取系统的模型如图 2-35（b）所示。

磁盘驱动读取系统的典型参数如表 2-4 所示。由表 2-4 可得

$$G(s) = \frac{5000}{s(s + 20)(s + 1000)} \tag{2-57}$$

上式还可以改写为

$$G(s) = \frac{\dfrac{K_m}{fR}}{s(T_L s + 1)(Ts + 1)} \tag{2-58}$$

其中，$T_L = J/f = 50\text{ms}$；$T = L/R = 1\text{ms}$。由于 $T \ll T_L$，常常略去 T，可得

$$G(s) \approx \frac{\dfrac{K_m}{fR}}{s(T_L s + 1)} = \frac{0.25}{s(0.05s + 1)} = \frac{5}{s(s + 20)}$$

表 2-4 磁盘驱动读取系统典型参数

参数	符号	典型值
手臂与磁头的转动惯量	J	$1\text{NN} \cdot \text{m} \cdot \text{s}^2 / \text{rad}$
摩擦系数	f	$20\text{N} \cdot \text{m} \cdot \text{s} / \text{rad}$
放大器增益	K_a	$10 \sim 1000$
电枢电阻	R	1Ω
电机传递系数	K_m	$5\text{N} \cdot \text{m} / \text{A}$
电枢电感	L	1mH

利用 $G(s)$ 的二阶近似表示，该磁盘驱动读取系统的闭环传递函数为

$$\frac{C(s)}{R(s)} = \frac{K_a G(s)}{1 + K_a G(s)} = \frac{5K_a}{s^2 + 20s + 5K_a} \tag{2-59}$$

当取 $K_a = 40$ 时，有 $C(s) = \dfrac{200}{s^2 + 20s + 200} R(s)$，使用 Matlab 的函数 step 即可得该系统的阶跃响应曲线，如图 2-36 所示。

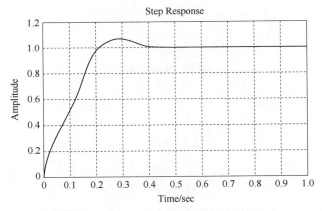

图 2-36 磁盘驱动读取系统的阶跃响应（Matlab）

Matlab 文本：

```
G=zpk([   ], [0-20-1000], 5000);
Ka =40; sys = feedback (Ka*G,1);
t=0: 0.01: 1; step (sys, t);
grid; axis ([0, 1, 0, 1.2])
```

2.7 本章小结

（1）控制系统基本定义

控制系统是指其能够接收外界的输入，并按照一定需求调节其输出的系统。

自动控制是指在无人干预的情况下，利用控制装置（或控制器）使被控对象（如机器设备或生产过程）的一个或多个物理量（如电压、速度、流量、液位等）在一定精度范围内自动地按照给定的规律变化。

（2）控制系统类型

按控制方式可分为开环控制、反馈控制、复合控制等；按系统功能可分为温度控制系统、压力控制系统，位置控制系统等；按元件类型可分为机械系统、电气系统、机电系统、液压系统、气动系统、生物系统等；按系统性能可分为线性系统和非线性系统、连续系统和离散系统、定常系统和时变系统、确定性系统和不确定性系统等；按输入量变化规律又可分为恒值控制系统、随动系统和程序控制系统等。

（3）控制系统性能要求

稳、快、准，即稳定性、快速性和准确性。

（4）线性系统基本特性

系统具有可叠加性和均匀性（或齐次性）。两个外作用同时加于系统所产生的总输出，等于各个外作用单独作用时分别产生的输出之和，且外作用的数值增大若干倍时，其输出亦相应增大同样的倍数。

（5）微分方程求解

经典法和拉普拉斯变换法。

① 拉氏变换定理　线性定理、微分定理、积分定理、位移定理、终值定理、初值定理、卷积定理等。

② 拉氏反变换

$$L^{-1}[F(s)] = f(t) = \frac{1}{2\pi j}\int_{\sigma-j\infty}^{\sigma+j\infty} F(s)e^{st}ds$$

（6）传递函数的定义

传递函数是描述线性系统（或环节）的一种方法，它反映了系统（或环节）的内部结构特性。由式 $Y(s)= G(s)X(s)$ 可以看出，输入信号 $X(s)$ 与 $G(s)$ 相乘等于输出信号 $Y(s)$。这就好像 $X(s)$ 经过 $G(x)$ 的传递后变成了输出信号 $Y(s)$，故称 $G(s)$ 为传递函数。

（7）传递函数的性质和含义

传递函数是线性定常系统数学模型的另一种表达形式，它与系统微分方程是一一对应的。传递函数的形式完全取决于系统本身的结构和参数,与输入信号的形式无关,它是系统的动态数学模型。

对同一系统,若谈到传递函数,必须首先指明输入量和输出量,否则所得到的传递函数形式可能不同。传递函数主要适用于单输入输出信号系统。对于多输入信号的系统,可以根据叠加原理对每个输入信号单独作用下的传递函数分别求取。

(8)典型环节的传递函数

经常分析传递函数的环节有:比例环节(放大环节)、惯性环节(非周期环节)、积分环节、微分环节、振荡环节、纯滞后环节。

(9)系统结构图的组成和绘制

控制系统的结构图是由许多对信号进行单向运算的方框和一些信号流向线组成的,它包含四种基本单元:信号线、引出点(或测量点)、比较点(或综合点)、方框(或环节)。

(10)结构图的等效变换和简化

串联方框的简化(等效)、并联方框的简化(等效)、反馈连接方框的简化(等效)、比较点和引出点的移动。

(11)信号流图的组成及性质

信号流图起源于梅森利用图示法来描述一个或一组线性代数方程式,它是由节点和支路组成的一种信号传递网络。图中节点代表方程式中的变量,以小圆圈表示;支路是连接两个节点的定向线段,用支路增益表示方程式中两个变量的因果关系,因此支路相当于乘法器。

信号流图的基本性质可归纳如下:

① 节点标志系统的变量。

② 支路相当于乘法器,信号流经支路时,被乘以支路增益而变换为另一信号。

③ 信号在支路上只能沿箭头单向传递,即只有前因后果的因果关系。

④ 对于给定的系统,节点变量的设置是任意的,因此信号流图不是唯一的。

在信号流图中,常使用以下名词术语:源节点(或输入节点)、阱节点(或输出节点)、混合节点、前向通路、回路、不接触回路。

(12)信号流图的绘制

由系统微分方程绘制信号流图;由系统结构图绘制信号流图。

(13)梅森增益公式

一个复杂的系统信号流图经过简化可以求出系统的传递函数,而且结构图的等效变换规则亦适用于信号流图的简化,但这个过程毕竟还是很麻烦的。控制工程中常应用梅森增益公式直接求取从源节点到阱节点的传递函数,而无须简化信号流图,这就为信号流图的广泛应用提供了方便。当然,由于系统结构图与信号流图之间有对应关系,梅森增益公式也可直接用于系统结构图。

梅森增益公式是按克莱姆(Cramer)法则求解线性联立方程式组时,将解的分子多项式及分母多项式与信号流图（即拓扑图）巧妙联系的结果。

📝 课后习题

1. 请说出什么是反馈控制系统。开环控制系统和闭环控制系统各有什么优缺点？

2. 请说明自动控制系统的基本性能要求。

3. 请给出传递函数的定义与一般的表现形式。如何由描述对象动态特性的微分方程式得到相应的状态空间表达式？

4. 什么是控制系统的结构图？如何利用结构图来进行控制系统的建模？

5. 在结构图中，各方块之间的基本连接形式有哪几种？从这几种基本连接形式出发，可归纳出哪些方块图简化的基本运算法则？

6. 结构图的等效变换有哪些基本运算法则？

7. 请说明信号流图的基本构成，并回答信号流图的基本运算规则有哪些。

8. 请简述梅森公式的应用。

9. 试列写出习题图 2-1 所示的机械系统的微分方程。

10. 求下列函数的拉氏变换。

（1）$f(t) = 3(1 - \sin t)$

（2）$f(t) = t e^{at}$

（3）$f(t) = \cos(3t - \dfrac{\pi}{4})$

11. 求下列函数的拉氏反变换。

（1）$F(s) = \dfrac{s-1}{(s+2)(s+5)}$

（2）$F(s) = \dfrac{s-6}{s^2(s+3)}$

（3）$F(s) = \dfrac{2s^2 - 5s + 1}{s(s^2+1)}$

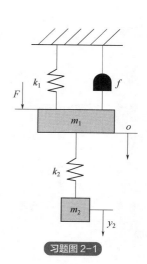

习题图 2-1

12. 试列写习题图 2-2 中无源网络的微分方程。

13. 试写出习题图 2-3 所示 RLC 串联电路的输入电压与输出电压之间的微分方程式，并求其传递函数。

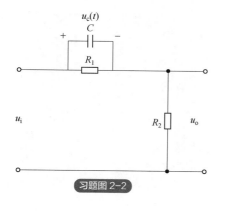

习题图 2-2

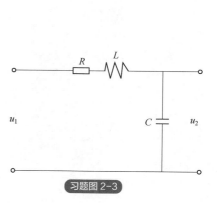

习题图 2-3

14. 试写出习题图 2-4 所示 RC 电路系统的微分方程式，并求其传递函数。

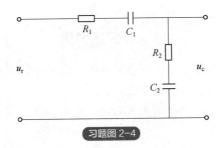

习题图 2-4

15. 习题图 2-5 所示是系统的结构图。

（1）通过结构图等效变换求 $\dfrac{C(s)}{R(s)}$；

（2）将结构图转化为信号流图，并运用梅森增益公式求出 $\dfrac{C(s)}{R(s)}$。

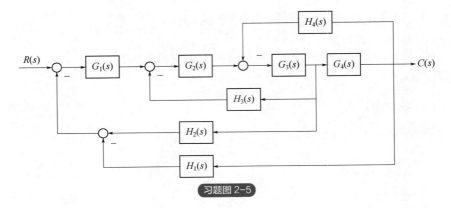

习题图 2-5

第 3 章

控制系统的信号与性能分析基础

本章思维导图

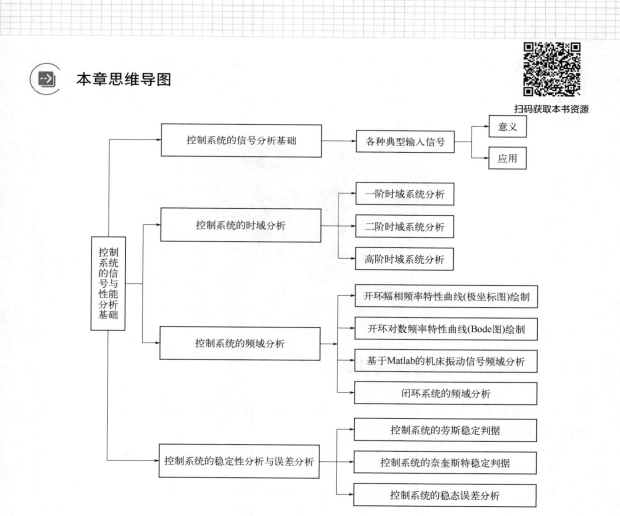

扫码获取本书资源

本章学习目标

1. 熟悉控制系统的信号分析，学习各种典型的输入信号。
2. 掌握一阶、二阶系统的时域分析，了解高阶系统的时域分析。
3. 学习并了解基于 Matlab 的机床多轴运动控制系统时域分析。
4. 熟悉开环辐相频率特性曲线（极坐标图）绘制。
5. 学习并掌握开环、闭环系统的频域分析。
6. 学习并了解基于 Matlab 的机床振动信号频域分析。
7. 学习并掌握控制系统的劳斯（Routh）稳定判据以及奈奎斯特（Nyquist）稳定判据。
8. 熟悉并掌握控制系统的稳态误差分析。

本章案例引入

在我们的日常生活中，身边一些常见的设备中其实都运用到了控制系统，比如我们天天都会看到的红绿灯就是典型地运用了 PLC 控制系统的设备之一。这些运用了控制系统的设备，让我们的日常生活更加便利。那么这些控制系统究竟是如何运作的，又包含着哪些控制机理呢？本章便会帮助大家更好地了解控制系统。

3.1 控制系统的信号分析基础

在工程实践中，作用于自动控制系统的信号是多种多样的，既有确定性信号，也有非确定性信号，如随机信号等。

为了便于系统的分析与设计，常选用几种确定性信号作为典型输入信号（表 3-1）。典型输入信号的选取原则是：

① 该信号的函数形式容易在实验室或现场中获得；
② 系统在这种信号作用下的性能可以代表实际工作条件下的性能；
③ 这种信号的函数表达式简单，便于计算。

工程设计中常用的典型输入信号有：阶跃函数、斜坡函数、抛物线函数、脉冲函数、正弦函数和伪随机函数等。

表 3-1　典型输入信号

典型输入信号	表达式	备注
阶跃函数	$f(t)=\begin{cases} A & t \geqslant 0 \\ 0 & t < 0 \end{cases}$　（A 为常量）	电路分析中，阶跃函数是研究动态电路阶跃响应的基础
斜坡函数	$f(t)=\begin{cases} At & t \geqslant 0 \\ 0 & t < 0 \end{cases}$　（A 为常量）	等速度函数
抛物线函数	$f(t)=\begin{cases} At^2 & t \geqslant 0 \\ 0 & t < 0 \end{cases}$　（A 为常量）	加速度函数
脉冲函数	$f(t)=\begin{cases} A/t & t \geqslant 0 \\ 0 & t < 0 \end{cases}$　（A 为常量）	一般用来表示信息或作为载波，如脉冲调制中的脉冲编码调制（PCM）、脉冲宽度调制（PWM）等，还可以作为各种数字电路、高性能芯片的时钟信号
正弦函数	$f(t)=A \sin(\omega t - \varphi)$	通常作为标准信号，用于电子学性能及参数测量。许多随动系统也在这种函数下工作，如：舰船的消摆系统，稳定平台的随动系统等

其中，使用正弦函数作为输入信号时，可以求得不同频率的正弦函数输入的稳态响应，称之为频率响应，利用频率响应来分析和设计自动控制系统，称为频域设计法。

3.2　控制系统的时域分析

在确定系统的数学模型后，便可以用几种不同的方法去分析控制系统的动态性能和稳态性能。

对于线性定常系统常用的分析方法有时域分析法、频域分析法和复域分析法（即根轨迹法），不同的方法有不同的特点和适用范围。时域分析法是一种直接在时间域中对系统进行分析的方法，有着较为直观、准确的优势，并且可以提供系统时间响应的全部信息。本节主要研究线性控制系统性能分析的时域分析法。

3.2.1　定义与概念

所谓时域分析法就是以时间为独立变量，对系统施加某一典型输入信号，通过研究系统的输入、输出时间响应来分析和评价系统的性能，因此又称为时间响应法。控制系统的时间响应即为描述系统微分方程的解，它取决于系统本身的参数和结构，同时还与系统的初始状态和输入信号的形式有关。

控制系统性能的评价分为动态性能指标和稳态性能指标两类。为了求解系统的时间响应，必须了解输入信号（即外作用）的解析表达式。然而，在一般情况下，控制系统的外加输入信号由于具有随机性而无法预先确定，故需要选择若干典型输入信号。

为了便于系统分析、比较与评价，在时域分析中常采用几种典型的信号（单位脉冲、单位阶跃、单位斜坡、单位加速度等）作为给定输入信号。

3.2.2 一阶时域系统分析

以一阶微分方程作为运动方程的控制系统，称为一阶系统。在工程实践中，一阶系统不乏其例。有些高阶系统的特性，常可用一阶系统的特性来近似表征。

一阶系统的微分方程及传递函数为

$$T\frac{\mathrm{d}c(t)}{\mathrm{d}t}+c(t)=r(t) \tag{3-1}$$

$$\frac{C(s)}{R(s)}=\frac{1}{Ts+1} \tag{3-2}$$

其系统框图如图 3-1 所示。

应当指出，具有同一运动方程或传递函数的线性系统，对同一输入信号的响应是相同的。当然，对于不同形式或不同功能的一阶系统，其响应特性的数学表达式具有不同的物理意义。

（1）一阶系统的单位阶跃响应

设一阶系统的输入信号为单位阶跃函数

$$r(t)=1(t), \ R(s)=\frac{1}{s}$$

则

$$C(s)=\frac{1}{Ts+1}\times\frac{1}{s}$$

取拉氏反变换，可得

$$c(t)=1-\mathrm{e}^{-\frac{1}{T}} \tag{3-3}$$

系统稳态值 $c=1$，由式（3-3）可以看出，一阶系统的单位阶跃响应是一条初始值为零，以指数规律上升到终值 $c(t)=1$ 的曲线，如图 3-2 所示。

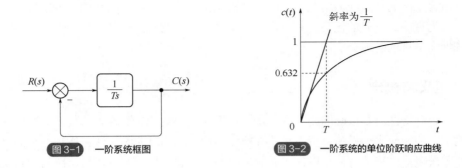

图 3-1　一阶系统框图　　　　图 3-2　一阶系统的单位阶跃响应曲线

这是一条指数曲线，其特点是在 $t=0$ 处曲线的斜率最大，其值为 $\frac{\mathrm{d}c(t)}{\mathrm{d}t}\Big|_{t=0}=\frac{1}{T}$。若保持此斜率变化，则当 $t=T$ 时，输出达到稳态值。但实际上经过 T 的时间输出只能上升到稳态值的 63.2%，而当 t 分别等于 $2T$、$3T$ 和 $4T$ 时，$c(1)$ 的数值将分别等于终值的 86.5%，95% 和 98.2%。根据这一特点，可用实验方法测定一阶系统的时间常数，或者判断所测系统是否属于一阶系统。

（2）一阶系统的单位脉冲响应

当输入信号为理想单位脉冲函数时，由于 $R(s)=1$，所以系统输出量的拉氏变换式与系统的传递函数相同，即 $C(s)=\dfrac{1}{Ts+1}$，这时系统的输出称为脉冲响应，其表达式为

$$c(t)=\frac{1}{T}\mathrm{e}^{-\frac{t}{T}},\ t\geqslant 0 \tag{3-4}$$

若令 t 分别等于 T、$2T$、$3T$ 和 $4T$，则可绘出一阶系统的单位脉冲响应曲线，如图 3-3 所示。

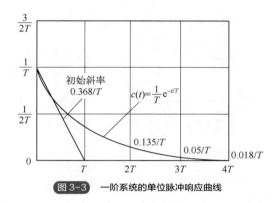

图 3-3　一阶系统的单位脉冲响应曲线

算出响应曲线的各处斜率为

$$\left.\frac{\mathrm{d}c(t)}{\mathrm{d}t}\right|_{t=0}=-\frac{1}{T^2},\left.\frac{\mathrm{d}c(t)}{\mathrm{d}t}\right|_{t=T}=-0.368\frac{1}{T^2},\left.\frac{\mathrm{d}c(t)}{\mathrm{d}t}\right|_{t\to\infty}=0$$

由图 3-3 可知，一阶系统的脉冲响应为单调下降的指数曲线。若定义该指数曲线衰减到其初始值的 5% 或 2% 所需的时间为脉冲响应调节时间，则仍有 $t=3T$ 或 $t=4T$。可以看出，系统的惯性越小，响应过程的快速性越好。

在初始条件为零的情况下，一阶系统的闭环传递函数与脉冲响应函数之间，包含着相同的动态过程信息。这一特点同样适用于其他各阶线性定常系统，因此常以单位脉冲输入信号作用于系统，根据被测定系统的单位脉冲响应，可以求得被测系统的闭环传递函数。

（3）一阶系统的单位斜坡响应

设系统的输入信号为单位斜坡函数，则由式（3-1）可以求得一阶系统的单位斜坡响应为

$$c(t)=(t-T)+Te^{-\frac{t}{T}},(t\geqslant 0) \tag{3-5}$$

式中，$(t-T)$ 为稳态分量；$Te^{-\frac{t}{T}}$ 为瞬态分量。

式（3-5）表明：一阶系统的单位斜坡响应的稳态分量，是一个与输入斜坡函数斜率相同但时间滞后 T 的斜坡函数，因此在位置上存在稳态跟踪误差，它的值正好等于时间常数 T。一阶系统单位斜坡响应的瞬态分量为衰减非周期函数。

根据式（3-5）绘出的一阶系统的单位斜坡响应曲线如图 3-4 所示。

比较图 3-2 和图 3-4 可以发现一个有趣的现象：在阶跃响应曲线中，输入量和输出量之间的位置误差随时间而减小，最后趋近于零。而在初始状态下，位置误差最大，响应曲线的初

始斜率也最大；在斜坡响应曲线中，输入量和输出量之间的位置误差随时间而增大，最后趋于常值 T，惯性越小，跟踪的准确度越高，而在初始状态下，初始位置和初始斜率均为零。这是因为

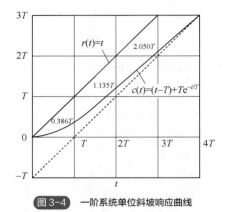

图 3-4　一阶系统单位斜坡响应曲线

$$\left.\frac{\mathrm{d}c(t)}{\mathrm{d}t}\right|_{t=0}=\left.1-\mathrm{e}^{-\frac{t}{T}}\right|_{t=0}=0$$

显然，在初始状态下，输入速度和输出速度之间误差最大。

（4）一阶系统的单位加速度响应

设系统的输入信号为单位加速度函数，则由式（3-1）可以求得一阶系统的单位加速度响应为

$$c(t)=\frac{1}{2}t^2-Tt+T^2(1-\mathrm{e}^{-\frac{t}{T}}),\ t>0 \tag{3-6}$$

系统的跟踪误差为

$$e(t)=r(t)-c(t)=Tt-T^2(1-\mathrm{e}^{-\frac{t}{T}}) \tag{3-7}$$

该式表明，跟踪误差随时间推移而增大，直至无限大。因此，一阶系统不能实现对加速度输入函数的跟踪。

【例 3-1】设温度计具有一阶惯性系统的暂态特性，现用温度计测量盛在容器中的水温，发现经过 1min 温度计才能显示出实际水温的 98%，试问：温度计显示出实际水温从 10% 变化到 90% 所需的时间 t 是多少？

解：温度计的传递函数为 $\frac{1}{Ts+1}$，其单位阶跃响应为

$$c(t)=1-\mathrm{e}^{-\frac{t}{T}}$$

由题可知，当 $t=60\mathrm{s}$ 时，$c(t)=0.98$，代入上式，可算得

$$T=60/\ln50=15.34\mathrm{s}$$

实际水温从 10% 变化到 90% 所需的时间可算出约为 $2.2T$，故实际上升时间为

$$t=2.2T=33.75\mathrm{s}$$

3.2.3 二阶时域系统分析

以二阶微分方程描述运动方程的控制系统，称为二阶系统。在控制工程中，不仅二阶系统的典型应用极为普遍，而且在一定条件下，不少高阶系统的特性可用二阶系统的特性来表征。因此，着重分析二阶系统及其计算方法，具有较大的实际意义。

典型二阶系统通常由一个惯性环节和一个积分环节串联组成，系统框图如图 3-5 所示。

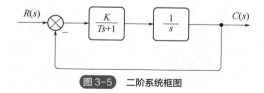

图 3-5 二阶系统框图

对应的微分方程为

$$T\frac{\mathrm{d}^2c(t)}{\mathrm{d}t^2} + \frac{\mathrm{d}c(t)}{\mathrm{d}t} + Kc(t) = Kr(t) \tag{3-8}$$

传递函数为

$$\frac{C(s)}{R(s)} = \frac{K}{Ts^2 + s + k} \tag{3-9}$$

令 $\dfrac{K}{T} = \omega_n^2, \dfrac{1}{T} = 2\xi\omega_n$，则有

$$\frac{C(s)}{R(s)} = \frac{\omega_n^2}{s^2 + 2\xi\omega_n s + \omega_n^2} \tag{3-10}$$

式中，ω_n 为无阻尼自然振荡角频率（固有频率）；ξ 为阻尼比。

由式（3-8）可得到二阶系统的特征方程为

$$s^2 + 2\xi\omega_n s + \omega_n^2 = 0$$

此方程的特征根为

$$-p_{1,2} = -\xi\omega_n \pm \omega_n\sqrt{\xi^2 - 1} \tag{3-11}$$

由式（3-11）可知，随着阻尼比 ξ 的取值不同，特征根也不同。

a. 当 $0 < \xi < 1$ 时，特征根为共轭复数，即 $-p_{1,2} = -\xi\omega_n \pm \mathrm{j}\,\omega_n\sqrt{\xi^2 - 1}$，此时二阶系统的传递函数极点是位于复数平面左半部的共轭复数极点，其极点分布与单位阶跃响应曲线如图 3-6（a）所示。此时该系统称为欠阻尼系统。

b. 当 $\xi = 1$ 时，具有两个相同的负实根，即 $-p_{1,2} = -\omega_n$，如图 3-6（b）所示。此时该系统称为临界阻尼系统。

c. 当 $\xi > 1$ 时，具有两个不等的负实根，即 $-p_{1,2} = -(\xi \pm \sqrt{\xi^2 - 1})\omega_n$，如图 3-6（c）所示。此时该系统称为过阻尼系统。

d. 当 $\xi = 0$ 时，两特征根为共轭纯虚根，即 $-p_{1,2} = \pm \mathrm{j}\,\omega_n$，如图 3-6（d）所示，呈等幅振荡状态。此时该系统称为无阻尼系统。

e. 当 $-1 < \xi < 0$ 时，特征根是位于右半平面的共轭复根，呈发散振荡状态，如图 3-6（e）所示。

f. 当 $\xi<-1$ 时，呈单调发散状态，如图3-6（f）所示。

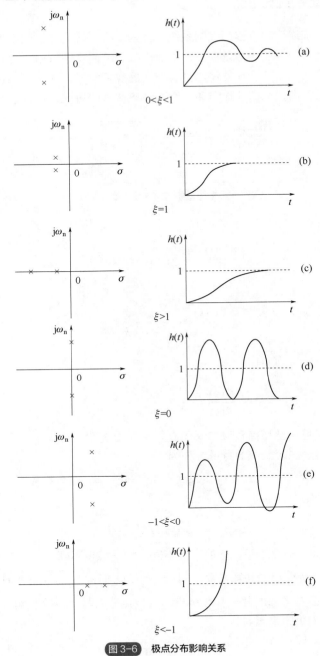

图 3-6 极点分布影响关系

下面对二阶系统的单位阶跃响应进行分析。

设系统的输入信号为单位阶跃函数，即 $r(t)=1(t)$，$R(s)=\dfrac{1}{s}$，则由式（3-10）可知

$$C(s)=\frac{\omega_n^2}{s^2+2\xi\omega_n s+\omega_n^2}\times\frac{1}{s}$$

（3-12）

下面根据式（3-12）分别讨论阻尼比 ξ 为不同情况时，二阶系统的单位阶跃响应，结果见图 3-7。

（1）过阻尼（$\xi>1$）

设输入信号为单位阶跃函数，且令

$$T_1=\frac{1}{\omega_n+(\xi-\sqrt{\xi^2-1})},\quad T_2=\frac{1}{\omega_n+(\xi+\sqrt{\xi^2-1})}$$

则过阻尼二阶系统的输出量拉氏变换为

$$C(s)=\frac{\omega_n^2}{s(s+1/T_1)(s+1/T_2)}$$

式中，T_1 和 T_2 为过阻尼二阶系统的时间常数，且有 $T_1>T_2$。对上式取拉氏反变换，可得

$$c(t)=1+\frac{e^{-t/T_1}}{T_2/T_1-1}+\frac{e^{-t/T_2}}{T_1/T_2-1},\quad t>0 \tag{3-13}$$

上式表明，响应特性包含着两个单调衰减的指数项，其代数和绝不会超过稳态值 1，因而过阻尼二阶系统的单位阶跃响应是非振荡的，通常称为过阻尼响应。

（2）临界阻尼（$\xi=1$）

设输入信号为单位阶跃函数，则系统输出量的拉氏变换可写为

$$C(s)=\frac{\omega_n^2}{s+(s+\omega_n)^2}=\frac{1}{s}-\frac{\omega_n}{(s+\omega_n)^2}-\frac{1}{s+\omega_n}$$

对上式取拉氏反变换，得临界阻尼二阶系统的单位阶跃响应为

$$c(t)=1-e^{-\omega_n t}(1+\omega_n t) \tag{3-14}$$

上式表明，当 $\xi=1$ 时，二阶系统的单位阶跃响应是稳态值为 1 的无超调单调上升过程，其变化率为

$$\frac{dC(t)}{dt}=\omega_n^2 t e^{-\omega_n t}$$

当 $t=0$ 时，响应过程的变化率为零；当 $t>0$ 时，响应过程的变化率为正，响应过程单调上升；当 $t\to0$ 时，响应过程的变化率趋于零，响应过程趋于常值 1。通常，临界阻尼情况下的二阶系统的单位阶跃响应称为临界阻尼响应。

（3）欠阻尼（$0<\xi<1$）

设输入信号为单位阶跃函数，则系统输出量的拉氏变换可写为

$$C(s)=\frac{\omega_n^2}{s^2+2\xi\omega_n s+\omega_n^2}\times\frac{1}{s}=\frac{1}{s}-\frac{s+\xi\omega_n}{(s+\xi\omega_n)^2+\omega_d^2}-\frac{\xi\omega_n}{(s+\xi\omega_n)^2+\omega_d^2}$$

对上式取拉氏反变换，得欠阻尼二阶系统的单位阶跃响应为

$$c(t)=1-\frac{1}{\sqrt{1-\xi^2}}e^{-\xi\omega_n t}\sin(\omega_d t+\beta),\quad t\geq0 \tag{3-15}$$

其中阻尼角 $\beta=\arctan\dfrac{\sqrt{1-\xi^2}}{\xi}$，阻尼振荡频率 $\omega_d=\sqrt{1-\xi^2}\,\omega_n$。

式（3-15）表明，欠阻尼二阶系统的单位阶跃响应由两部分组成：稳态分量为 1，表明系统在单位阶跃函数作用下不存在稳态位置误差；瞬态分量为阻尼正弦振荡项，其振荡频率为 ω_d，称为阻尼振荡频率。

下面将对欠阻尼（$0<\xi<1$）时暂态响应性能指标参数的定量计算讨论。

① 上升时间 t_r

根据定义，当 $t=t_r$ 时，$c(t_r)=1$，代入式（3-15）中，可求得

$$e^{-\xi\omega_n t_r}\left[\cos(\omega_d t_r)+\frac{\xi}{1-\xi^2}\sin(\omega_d t)\right]=0$$

即

$$\tan(\omega_d t_r)=-\frac{\sqrt{1-\xi^2}}{\xi}$$

解得

$$\omega_d t_r=\arctan\left(-\frac{\sqrt{1-\xi^2}}{\xi}\right)$$

由于上升时间 t_r 是 $c(t)$ 第一次达到稳态值的时间，故取 $\arctan(-\dfrac{\sqrt{1-\xi^2}}{\xi})=\pi-\beta$

故

$$t_r=\frac{\pi-\beta}{\omega_d}=\frac{\pi-\beta}{\omega_n\sqrt{1-\xi^2}} \tag{3-16}$$

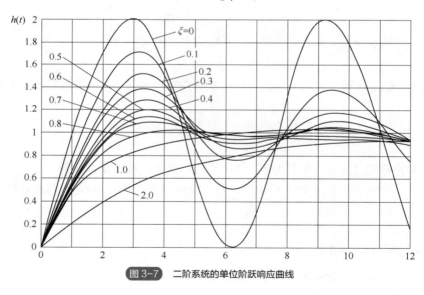

图 3-7　二阶系统的单位阶跃响应曲线

② 峰值时间 t_p

当出现第一个峰值时，响应曲线随时间的变化率为零。为求峰值时间 t_p，可将式（3-15）对时间求导，并令其为零，即

$$\left.\frac{dc(t)}{dt}\right|_{t=t_p}=0$$

可得
$$\tan(\omega_d t_p + \beta) = \frac{\sqrt{1-\xi^2}}{\xi} = \tan\beta, \quad \omega_d t_p = n\pi(n=0,1,2,3,\cdots)$$

由于 t_p 出现在第一次峰值时间，取 $n=1$，则有

$$t_p = \frac{\pi}{\omega_n\sqrt{1-\xi^2}} = \frac{\pi}{\omega_d} \tag{3-17}$$

③ 最大超调量 M_p

由于最大超调量发生在峰值时间，即 $t=t_p=\dfrac{\pi}{\omega_d}$

根据定义
$$M_p = \frac{c(t_p)-c(\infty)}{c(\infty)}\times100\%$$

由于

$$c(t_p) = 1 - e^{-\xi\omega_n t_p}\left[\cos(\omega_d t_p) + \frac{\xi}{\sqrt{1-\xi^2}}\sin(\omega_d t_p)\right] = 1 + e^{-\frac{\xi\pi}{\sqrt{1-\xi^2}}}$$

故
$$M_p = \frac{c(t_p)-c(\infty)}{c(\infty)}\times100\% = [c(t_p)-1]\times100\% = e^{-\frac{\xi\pi}{\sqrt{1-\xi^2}}}\times100\% \tag{3-18}$$

注意：最大超调量仅与阻尼系数有关。

④ 调整时间 t_s

根据调节时间的定义，当 $t \geqslant t_s$ 时，$\left|c(t)-c(\infty)\right| \leqslant c(\infty)\times\Delta\%$

即
$$\left|\frac{e^{-\xi\omega_n t}}{\sqrt{1-\xi^2}}\sin\left(\omega_d t + \arctan\frac{\sqrt{1-\xi^2}}{\xi}\right)\right| \leqslant \Delta\% \tag{3-19}$$

由于 $\pm\dfrac{e^{-\xi\omega_n t}}{\sqrt{1-\xi^2}}$ 是上式所表示的衰减正弦曲线的包络线，如图 3-8 所示，因此，可将上式改为

$$\frac{e^{-\xi\omega_n t}}{\sqrt{1-\xi^2}} \leqslant \Delta(t \geqslant t_s)$$

解得
$$t_s \geqslant \frac{1}{\xi\omega_n}\ln\frac{1}{\Delta\sqrt{1-\xi^2}}$$

当 Δ 取 0.02 时：
$$t_s \geqslant \frac{1}{\xi\omega_n}\ln\left(4 + \frac{1}{\sqrt{1-\xi^2}}\right) \tag{3-20}$$

当 Δ 取 0.05 时：
$$t_s \geqslant \frac{1}{\xi\omega_n}\ln\left(3 + \frac{1}{\sqrt{1-\xi^2}}\right) \tag{3-21}$$

当 $0<\xi<0.8$ 时，上面两式可近似取为

$$t_s \approx \frac{4}{\xi\omega_n}, \quad t_s \approx \frac{3}{\xi\omega_n}$$

根据式（3-20）、式（3-21）还可以作出 $\omega_n t_s$ 与 ξ 的关系曲线，如图 3-9 所示。由图可知，

当 $\xi=0.68$ 时（对应误差带为 $\Delta\pm0.05$），调节时间 t_s 最短。在设计二阶系统时，一般取 $\xi=0.707$ 为最佳阻尼比，此时系统不仅调节时间短，而且超调量 M_p 也不大。ξ 的取值一般在 $0.5\sim0.8$ 之间为宜。曲线中的不连续性，是因为 ξ 的微小变化引起了 t_s 的显著变化。

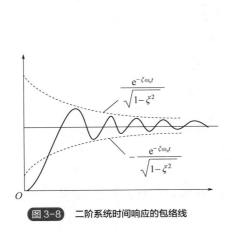

图 3-8　二阶系统时间响应的包络线

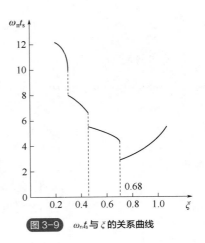

图 3-9　$\omega_n t_s$ 与 ξ 的关系曲线

⑤ 振荡次数 N

由式（3-15）可知，欠阻尼二阶系统的振荡周期为 $\dfrac{2\pi}{\omega_d}$。根据振荡次数定义

$$N=\frac{t_s \omega_d}{2\pi}$$

当 $0<\xi<0.8$ 时：由近似式 $t_s\approx\dfrac{4}{\xi\omega_n}$（$\Delta=0.02$）得

$$N=\frac{2\sqrt{1-\xi^2}}{\pi\xi} \tag{3-22}$$

由近似式 $t_s\approx\dfrac{3}{\xi\omega_n}$（$\Delta=0.05$）可得

$$N=\frac{1.5\sqrt{1-\xi^2}}{\pi\xi} \tag{3-23}$$

由上面两式可以看出，振荡次数 N 仅与阻尼比 ξ 有关。因此，振荡次数 N 的大小直接反映了系统阻尼特性。

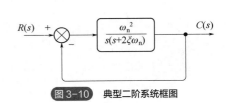

图 3-10　典型二阶系统框图

【例 3-2】典型二阶系统框图如图 3-10 所示。试求当 $\xi=0.6$、$\omega_n=5\,\text{rad}\cdot\text{s}^{-1}$ 时，系统在单位阶跃信号作用下的暂态响应性能指标 t_p、M_p 和 t_s。

解：由式（3-17）可知

$$t_p=\frac{\pi}{\omega_d}=\frac{\pi}{\omega_n\sqrt{1-\xi^2}}=0.785\text{s}$$

由式（3-18）可知

$$M_p=\text{e}^{-\frac{\xi\pi}{\sqrt{1-\xi^2}}}\times100\%=9.5\%$$

由近似式 $t_s \approx \dfrac{3}{\xi\omega_n}$ 可知

$$t_s \approx \frac{3}{\xi\omega_n} = 1\text{s}\ （\Delta = 0.05\ \text{时}）$$

【例 3-3】已知某角度随动系统开环传递函数为 $G(s) = \dfrac{5K}{s(s+34.5)}$，试计算 $K=200$ 时，闭环系统单位阶跃响应的性能指标 t_p、M_p 和 t_s。

解：$K = 200$，系统的闭环传递函数为

$$\Phi(s) = \frac{C(s)}{R(s)} = \frac{5K}{s^2 + 34.5s + 5K}$$

将 $K=200$ 代入，有

$$\Phi(s) = \frac{1000}{s^2 + 34.5s + 1000}$$

对照典型二阶系统标准式，可得

$$\omega_n^2 = 1000，\quad \omega_n = \sqrt{1000} = 31.6\text{rad}\cdot\text{s}^{-1}$$

$$\xi = \frac{34.5}{2\omega_n} = 0.545$$

由计算公式可求得

$$t_p = \frac{\pi}{\omega_d} = \frac{\pi}{\omega_n\sqrt{1-\xi^2}} = 0.12\text{s}$$

$$M_p = e^{-\frac{\xi\pi}{\sqrt{1-\xi^2}}} \times 100\% = 13\%$$

$$t_s \approx \frac{3}{\xi\omega_n} = 0.174\text{s}\ （\Delta = 0.05\ \text{时}）$$

【例 3-4】质量-阻尼-弹簧系统如图 3-11（a）所示，在质量块上施加阶跃作用力 $F(t)$、m 的时间响应，位移为 $y(t)$，系统框图如图 3-11（b）所示。试分析此动力学系统参数对阶跃响应性能指标的影响，并求出具有最佳阻尼比时参数应满足的条件。

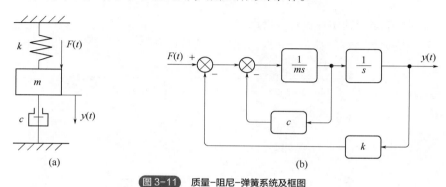

图 3-11　质量-阻尼-弹簧系统及框图

解：由框图简化原则可求出闭环等效传递函数为

$$\Phi(s) = \frac{Y(s)}{F(s)} = \frac{1}{ms^2 + cs + k} = \frac{\dfrac{1}{m}}{s^2 + \dfrac{c}{m}s + \dfrac{k}{m}}$$

对照标准式，有

$$\omega_n = \sqrt{\frac{k}{m}}, \quad \xi = \frac{c}{2\sqrt{km}}$$

由此可见，欲要求响应具有较好的平稳性，应使 ξ 加大，即加大阻尼 c，减小质量 m（k 一般由静态精度决定）；欲要求较好的快速性，应加大 ω_n，即减小质量 m。

总之，为了保持快速平稳的动态性能，应该减小质量 m，加大阻尼 c。对于工程上经常使用的部件（如阀门指针等），在外力作用下都可以看成是质量-阻尼-弹簧系统，所以为了提高动态性能指标，在技术上经常采用轻型材料或空心结构，以减小部件的质量，并采用加大面积、安放各种阻尼片等措施提高阻尼系数。

当要求系统具有最佳阻尼比时，可取

$$\xi = \frac{c}{2\sqrt{km}} = 0.707$$

3.2.4 高阶时域系统分析

在控制工程中，几乎所有的控制系统都是高阶系统，即用高阶微分方程描述的系统。对于不能用一、二阶系统近似的高阶系统来说，其动态性能指标的确定是较为复杂的。工程上常采用闭环主导极点的概念对高阶系统进行近似分析，或直接应用 Matlab 软件进行高阶系统分析。

（1）三阶系统的单位阶跃响应

下面以在 s 左半平面具有一对共轭复数极点和一个实极点的分布模式为例，分析三阶系统的单位阶跃响应。其闭环传递函数的一般形式为

$$\Phi(s) = \frac{C(s)}{R(s)} = \frac{\omega_n^2 s_0}{(s + s_0)(s^2 + 2\xi\omega_n s + \omega_n^2)} \tag{3-24}$$

式中，s_0 为三阶系统的闭环负实数极点。

当输入为单位阶跃函数，且 $0 < \xi < 1$ 时，输出量的拉氏变换为

$$C(s) = \frac{1}{s} + \frac{A}{s + s_0} + \frac{B}{s + \xi\omega_n - j\omega_n\sqrt{1-\xi^2}} + \frac{C}{s + \xi\omega_n - j\omega_n\sqrt{1-\xi^2}}$$

式中：

$$A = \frac{-\omega_n^2}{s_0^2 - 2\xi\omega_n s_0 + \omega_n^2}$$

$$B = \frac{s_0(2\xi\omega_n - s_0) - js_0(2\xi^2\omega_n - \xi s_0 - \omega_n)/\sqrt{1-\xi^2}}{2(2\xi^2\omega_n - \xi s_0 - \omega_n)^2 + (2\xi\omega_n - s_0)^2(1-\xi^2)}$$

$$C = \frac{s_0(2\xi\omega_n - s_0) + js_0(2\xi^2\omega_n - \xi s_0 - \omega_n)/\sqrt{1-\xi^2}}{2(2\xi^2\omega_n - \xi s_0 - \omega_n)^2 + (2\xi\omega_n - s_0)^2(1-\xi^2)}$$

对上式取拉氏反变换，且令 $b = \dfrac{s_0}{\xi\omega_n}$，则有

$$c(t) = 1 - \frac{1}{b\xi^2(b-2)+1}e^{-s_0 t} - \frac{e^{-\xi\omega_n t}}{b\xi^2(b-2)+1}\Big[b\xi^2(b-2)\cos(\omega_n\sqrt{1-\xi^2}t)\Big] +$$

$$\frac{b\xi[\xi^2(b-2)+1]}{\sqrt{1-\xi^2}}\sin(\omega_n t\sqrt{1-\xi^2}t)\ (t \geqslant 0) \tag{3-25}$$

当 $\xi=0.5$，$b\geqslant 1$ 时，三阶系统的单位阶跃响应曲线如图 3-12 所示。在式（3-25）中，由于

$$b\xi^2(b-2)+1 = \xi^2(b-1)^2 + (1-\xi^2) > 0$$

所以，不论闭环实数极点在共轭复数极点的左边还是右边，即 b 不论大于 1 或是小于 1，$e^{-s_0 t}$ 项的系数总是负数。因此，实数极点 $s=-s_0$ 可使单位阶跃响应的超调量下降，并使调节时间增加。

由图 3-12 可见，当系统阻尼比 ξ 不变时，随着实数极点向虚轴方向移动，即 b 值的下降，响应的超调量不断下降，而峰值时间、上升时间和调节时间则不断加长。在 $b\leqslant 1$ 时，即闭环实数极点的数值小于或等于闭环复数极点的实部数值时，三阶系统将表现出明显的过阻尼特性。

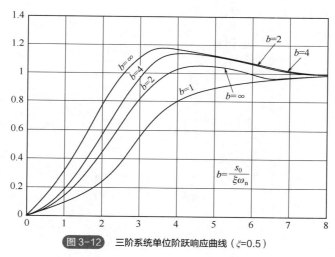

图 3-12　三阶系统单位阶跃响应曲线（$\xi=0.5$）

（2）高阶系统的单位阶跃响应

研究图 3-13 所示系统，其闭环传递函数为

$$\Phi(s) = \frac{C(s)}{R(s)} = \frac{G(s)}{1 + G(s)H(s)} \tag{3-26}$$

在一般情况下，$G(s)$ 和 $H(s)$ 都是 s 的多项式之比，故式（3-26）可以写为

$$\Phi(s) = \frac{M(s)}{D(s)} = \frac{b_0 s^m + b_1 s^{m-1} + \cdots + b_{m-1}s + b_m}{a_0 s^n + a_1 s^{n-1} + \cdots + a_{n-1}s + a_n},\ m \leqslant n \tag{3-27}$$

利用 Matlab 软件可以方便地求出式（3-27）所示高阶系统的单位阶跃响应，即先建立其高阶系统模型，再直接调用 step 命令即可。一般命令语句如下：

```
sys=tf([b0 b1 b2 b3…bm],[a0 a1 a2 a3…an]);          %高阶系统建模
step(sys);                                            %计算单位阶跃响应
```

其中，"b0，b1，b2，b3，…，bm"表示式（3-24）对应的分子多项式系数；"a0，a1，a2，a3，…，an"表示式（3-24）对应的分母多项式系数。

当采用解析法求解高阶系统的单位阶跃响应时，应将式（3-27）的分子多项式和分母多项式进行因式分解，再进行拉氏反变换。这种分解方法，可采用高次代数方程的近似求根法，也可以使用 Matlab 中的 *tf2zp* 命令。因此，式（3-27）可以表示为如下因式的乘积形式：

$$\Phi(s) = \frac{C(s)}{R(s)} = \frac{M(s)}{D(s)} = \frac{K\prod_{i=1}^{m}(s-z_i)}{\prod_{i=1}^{m}(s-s_i)} \tag{3-28}$$

式中，$K=\dfrac{b_0}{a_0}$；z_i 为 $M(s)=0$ 之根，称为闭环零点；s_i 为 $D(s)=0$ 之根，称为闭环极点。

【例3-5】设三阶系统闭环传递函数为

$$\Phi(s) = \frac{5(s^2+5s+6)}{s^3+6s^2+10s+8}$$

试确定其单位阶跃响应。

解：将已知的 $\Phi(s)$ 进行因式分解，可得

$$\Phi(s) = \frac{5(s+2)(s+3)}{(s+4)(s^2+2s+2)}$$

由于 $R(s)=\dfrac{1}{s}$，所以

$$C(s) = \frac{5(s+2)(s+3)}{s(s+4)(s^2+2s+2)}$$

其部分分式为

$$C(s) = \frac{A_0}{s} + \frac{A_1}{s+4} + \frac{A_2}{s+1+j} + \frac{\overline{A_2}}{s+1-j}$$

式中，A_2 与 $\overline{A_2}$ 共轭，可以算出

$$A_0 = \frac{15}{4}, \quad A_1 = -\frac{1}{4}, \quad A_2 = \frac{1}{4}(-7+j), \quad \overline{A_2} = \frac{1}{4}(-7-j)$$

对部分分式进行拉氏反变换，并设初始条件全部为零，得高阶系统的单位阶跃响应

$$c(t) = \frac{1}{4}[12 - e^{-4t} - 10\sqrt{2}e^{-t}\cos(t+\frac{44\pi}{45})]$$

其单位阶跃响应曲线如图3-13中实线所示。若改变例题3-5的闭环传递函数，使一闭环极点靠近虚轴，即令

$$\Phi(s) = \frac{0.625(s+2)(s+3)}{(s+0.5)(s^2+2s+2)}$$

$$\Phi(s) = \frac{0.625(s+2)(s+3)}{(s+0.5)(s^2+2s+2)}$$

其中，增益因子的改变是为了保持 $\Phi(0)$ 不变。绘制系统单位阶跃响应曲线如图 3-13 中虚线所示。若改变例题 3-5 闭环传递函数的零点位置，使

$$\Phi(s)=\frac{10(s+1)(s+3)}{(s+4)(s^2+2s+2)}$$

绘制其单位阶跃响应曲线如图 3-13 中点画线所示。

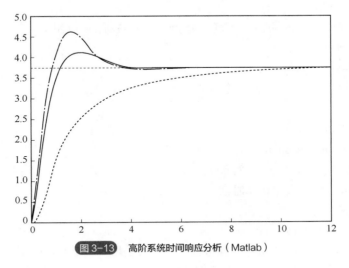

图 3-13　高阶系统时间响应分析（Matlab）

显然，对于稳定的高阶系统，闭环极点负实部的绝对值越大，其对应的响应分量衰减得越快；反之，则衰减缓慢。应当指出，系统时间响应的类型取决于闭环极点的性质和大小，但时间响应的形状却与闭环零点有关。

对于稳定的高阶系统，其闭环极点和零点在左半 s 开平面上虽有各种分布模式，但就距虚轴的距离来说，却只有远近之别。如果在所有的闭环极点中，距虚轴最近的极点周围没有闭环零点，而其他闭环极点又远离虚轴，那么距虚轴最近的闭环极点所对应的响应分量，随时间的推移衰减缓慢，在系统的时间响应过程中起主导作用，这样的闭环极点就称为闭环主导极点。闭环主导极点可以是实数极点，也可以是复数极点，或者是它们的组合。除闭环主导极点外，所有其他闭环极点由于其对应的响应分量随时间的推移迅速衰减，对系统的时间响应过程影响甚微，因而统称为非主导极点。

在控制工程实践中，通常要求控制系统既具有较快的响应速度，又具有一定的阻尼程度，此外，还要求减少死区、间隙和库仑摩擦等非线性因素对系统性能的影响。因此，高阶系统的增益常常调整到使系统具有一对闭环共轭主导极点。这时，可以用二阶系统的动态性能指标来估算高阶系统的动态性能。

3.2.5　基于 Matlab 的机床多轴运动控制系统时域分析

（1）稳定性分析

稳定性是控制系统的重要性能指标，也是系统设计过程中的首要问题。线性系统稳定的充分必要条件是：闭环系统特征方程的所有根均具有负实部。在 Matlab 中可以调用 roots 命令求

取特征根，进而判别系统的稳定性。

命令格式：**p=roots(den)**

（2）动态性能分析

① 单位脉冲响应。

命令格式：**y=impulse(sys,t)**

当不带输出变量 y 时，impulse 命令可直接绘制脉冲响应曲线；t 用于设定仿真时间，可缺省。

② 单位阶跃响应。

命令格式：**y=step(sys,t)**

当不带输出变量 y 时，step 命令可直接绘制阶跃响应曲线；t 用于设定仿真时间，可缺省。

③ 任意输入响应。

命令格式：**y=lsim(sys,u,t,x$_0$)**

当不带输出变量 y 时，lsim 命令可直接绘制响应曲线。其中 u 表示输入，x_0 用于设定初始状态，缺省时为 0，t 用于设定仿真时间，可缺省。

④ 零输入响应。

命令格式：**y=initial(sys,x$_0$,t)**

initial 命令要求系统 sys 为状态空间模型。当不带输出变量 y 时，initial 命令可直接绘制响应曲线。其中 x_0 用于设定初始状态，缺省时为 0；t 用于设定仿真时间，可缺省。

3.3　控制系统的频域分析

3.3.1　定义与概念

在前一节里介绍了控制系统的时域分析方法，这种方法以传递函数为基础，通过系统的时间响应来分析系统的性能，其特点是直观与逼真。然而，用解析方法求解系统的时间响应有时很困难，对于高阶系统就更加困难。因此，人们又以频率特性为基础，通过系统的频率响应来分析系统性能，该方法称为频率特性法或频率响应法，简称频域法。

频域法是经典控制理论中分析与设计系统的主要方法，它是以频率特性为基础的一种图解方法，这种方法可以根据系统的开环频率特性图直接去分析系统的闭环频率响应，同时还能判别某些环节及参数对系统性能的影响，进而指出改善系统性能的途径。频域分析与设计方法已经发展成为一种工程实用方法，应用十分广泛。

与其他方法相比，频域法还具有以下几个特点：

① 频率特性具有明确的物理意义，它可以用实验方法测定，这对于一些难以列出微分方程的元件或系统来说，具有特别重要的意义。

② 频域法是一种图解方法，具有简单、形象、计算量少的特点。

③ 频率特性的数学基础是傅里叶变换，它主要运用于线性定常系统，也可以有条件地推广应用到某些非线性系统中。

（1）基本概念

对于稳定的线性定常系统，其传递函数为 $G(s)$ ，若输入量为一正弦信号 $r(t) = A_r\sin(\omega t)$ ，则其输出响应的稳态分量也是同频率的正弦信号，但幅值、相位与输入不同，如图 3-14 所示。

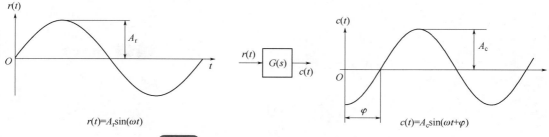

$r(t)=A_r\sin(\omega t)$　　　　　　　　　　　　　　$c(t)=A_c\sin(\omega t+\varphi)$

图 3-14　系统在正弦输入下的稳态响应（频率响应）

对于频率一定的谐波输入信号，输出与输入的振幅比 $A = A_c / A_r$ 和相位差 φ 是一定的。保持输入信号的幅值 A_r 不变，逐次改变输入信号的频率 ω ，则可测得一系列稳态输出的振幅 A_r 和相位差角 φ 。如果以角频率 ω 为横坐标，以纵坐标分别表示输出对输入的振幅比 A 和相位差角 φ ，则可绘出两条曲线 $A(\omega)$ 和 $\varphi(\omega)$ ，如图 3-15 所示。

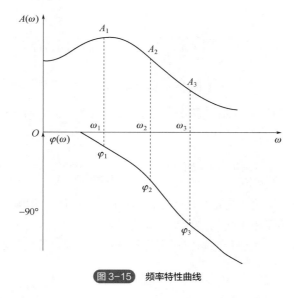

图 3-15　频率特性曲线

$A(\omega)$ 称为幅频特性，$\varphi(\omega)$ 称为相频特性，两者统称为频率特性。因此，频率特性是线性系统在谐波信号作用下的稳态反映，其稳态输出与输入的幅值比 $A(\omega)$ 是输入信号的频率 ω 的函数，它反映出稳态时系统幅值增益随 ω 变化的情况，即 $A(\omega) = \dfrac{A_c(\omega)}{A_r}$ 。稳态输出信号与输入信号的相位差 $\varphi(\omega)$ 描述了当 ω 变化时，系统的超前[$\varphi(\omega) > 0$]或滞后[$\varphi(\omega) < 0$]的特性，或称相移特性。

频率特性还可以将幅频特性 $A(\omega)$ 和相频特性 $\varphi(\omega)$ 合写为 $A(\omega) \angle \varphi(\omega)$ 或 $A(\omega)e^{j\varphi(\omega)}$ 的形式，因此频率特性又是 ω 的复变函数，其幅值为 $A(\omega)$ ，相位为 $\varphi(\omega)$ 。

下面我们通过一个具体的 RC 电路来进一步理解频率特性及其物理意义。

【例3-6】对于图 3-16 所示电路，可列出下列方程

$$u_r = Ri + u_c$$

$$u_c = \frac{1}{c}\int i\mathrm{d}t$$

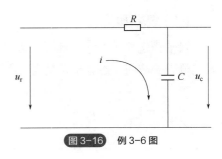

图 3-16　例 3-6 图

消去中间变量，可得

$$Tu_c + u_c = u_r$$

式中，$T=RC$，对上式求拉氏变换，可求得该电路的传递函数

$$G(s) = \frac{U_c(s)}{U_r(s)} = \frac{1}{T_s + 1} \tag{3-29}$$

设输入电压为谐波正弦函数 $u_r = U_{rm}\sin(\omega t)$，其拉氏变换为

$$U_r(s) = \frac{U_{rm}\omega}{s^2 + \omega^2}$$

将此式代入式（3-29），可得 $U_c(s) = \dfrac{1}{T_s + 1} \times \dfrac{U_{rm}\omega}{s^2 + \omega^2}$，将此式进行拉氏反变换，可得该电路的频率响应

$$u_c = \frac{U_{rm}T\omega}{1 + T^2\omega^2}\mathrm{e}^{\frac{-t}{T}} + \frac{U_{rm}}{\sqrt{1 + T^2\omega^2}}\sin\left[\omega t + \varphi(\omega)\right] \tag{3-30}$$

$$\varphi(\omega) = -\arctan(T\omega)$$

频率响应式（3-30）中第一项是暂态分量，第二项是稳态分量，当 $t\to\infty$ 时暂态分量趋于零，故 RC 电路的稳态响应为

$$\lim_{t\to\infty}u_c = \frac{U_{rm}}{\sqrt{1 + T^2\omega^2}}\sin\left[\omega t + \varphi(\omega)\right] = U_{rm}\left|\frac{1}{1 + \mathrm{j}\omega T}\right|\sin\left(\omega t + \angle\frac{1}{1 + \mathrm{j}\omega T}\right) \tag{3-31}$$

上述分析说明，当电路输入为正弦信号时，其输出稳态响应，即频率响应也是频率为 ω 的正弦信号，但幅值与相角发生了变化，其变化取决于 ω。

如果将输入正弦信号与输出稳态响应均用复数表示，并求得输出与输入的复数比，则有

$$G(\mathrm{j}\omega) = \frac{1}{1 + \mathrm{j}\omega T} = A(\omega)\mathrm{e}^{\mathrm{j}\varphi(\omega)} \tag{3-32}$$

式中：幅频特性

$$A(\omega) = \left|\frac{1}{1 + \mathrm{j}\omega T}\right| = \frac{1}{\sqrt{1 + T^2\omega^2}}$$

相频特性

$$\varphi(\omega) = \angle\frac{1}{1 + \mathrm{j}\omega T} = -\arctan\omega T$$

$G(\mathrm{j}\omega)$ 是该电路的频率特性，它是频率响应与输入正弦信号的复数比，由式（3-32）可见，令传递函数 $G(s)$ 中的 $s=\mathrm{j}\omega$，即可得到频率特性

$$G(\mathrm{j}\omega) = G(s)|_{s=\mathrm{j}\omega} \tag{3-33}$$

另外，式（3-32）中的 $G(\mathrm{j}\omega)$ 还可以分为实部和虚部，即

$$G(j\omega) = \frac{1}{1 + j\omega T} = \frac{1}{1 + \omega^2 T^2} - j\frac{\omega T}{1 + \omega^2 T^2} = X(\omega) + jY(\omega)$$

$X(\omega)$ 称为实频特性，$Y(\omega)$ 称为虚频特性。

（2）频率特性与传递函数的关系

例 3-6 中的式（3-33）已经揭示了传递函数和频率特性之间的关系，现在我们考虑更为一般的情况，并从理论上对这一结论做进一步推证。

设线性定常系统的传递函数为 $G(s)$，输入量与输出量分别是 $r(t)$ 和 $c(t)$，则有

$$G(s) = \frac{C(s)}{R(s)} = \frac{N(s)}{D(s)} = \frac{N(s)}{(s - p_1)(s - p_2)\cdots(s - p_n)} \tag{3-34}$$

式中，$N(s) = b_m^m + b_{m-1}s^{m-1} + \cdots + b_1 s + b_0$；$D(s) = s^n + a_{n-1}s^{n-1} + \cdots + a_0 s + a_1 s + a_0$；$p_2, \cdots, p_n$ 是系统的极点，假设它们都具有负实部，并且互不相同，即系统是稳定的。

设输入量是正弦信号 $r(t) = R\sin(\omega t)$，其拉氏变换为

$$R(s) = \frac{R\omega}{s^2 + \omega^2}$$

由式（3-34）可得

$$C(s) = \frac{N(s)}{(s - p_1)(s - p_2)\cdots(s - p_n)} \times \frac{R_0}{s^2 + \omega^2}$$

由于系统无重极点，故上式可写为

$$C(s) = \sum_{i=1}^{n} \frac{A_i}{s - p_i} + \left(\frac{B}{s - j\omega} + \frac{B^*}{s + j\omega}\right) \tag{3-35}$$

式中，p_i 为特征方程的根；A_i、B、B^*（B 与 B^* 为共轭复数）为待定系数。对上式求拉氏反变换，可得系统的输出响应为

$$c(t) = \sum_{i=1}^{n} A_i e^{p_i t} + \left(B e^{j\omega t} + B^* e^{-j\omega t}\right) \tag{3-36}$$

式中第一项是暂态分量，对于稳定系统由于 p_i 均具有负实部，因此当 $t \to \infty$ 时，将衰减为零，若系统有 k 重极点 p_i，则 $c(t)$ 中将含有 $t^k e^{p_i t}$ $(k=1, 2, \cdots, k-1)$ 这样一些项，当 $t \to \infty$ 时，这些项也趋于零。

因此系统的稳态响应为

$$\lim_{t \to \infty} c(t) = B e^{j\omega t} + B^* e^{-j\omega t} \tag{3-37}$$

待定系数 B 可确定为

$$B = G(s)\frac{R\omega}{(s - j\omega)(s + j\omega)}(s - j\omega)\Big|_{i=j\omega} = G(s)\frac{R\omega}{s + j\omega}\Big|_{i=j\omega} =$$

$$G(j\omega)\frac{R}{2j} = |G(j\omega)| e^{-j\angle G(j\omega)}\frac{R}{2j}$$

同理可得

$$B^* = G(-j\omega)\frac{R}{-2j} = |G(j\omega)| e^{-j\angle G(j\omega)}\frac{R}{2j}$$

将 B、B^* 代入式（3-37）中，则系统稳态响应为

$$c(t) = \left|G(j\omega)\right| R \frac{\mathrm{e}^{\mathrm{j}[\omega t + \angle G(j\omega)]} - \mathrm{e}^{-\mathrm{j}\omega t + \angle G(j\omega)}}{2\mathrm{j}} = \left|G(j\omega)\right| R\sin[\omega t + \angle G(j\omega)] \tag{3-38}$$

根据频率特性定义可知，系统的幅频特性与相频特性分别为

$$A(\omega) = \left|G(j\omega)\right|$$
$$\phi(\omega) = \angle G(j\omega) \tag{3-39}$$

或写为 $G(j\omega) = \left|G(j\omega)\right| \mathrm{e}^{\mathrm{j}\angle G(j\omega)}$，显然，这就证明了 $G(j\omega) = G(s)|_{s=j\omega}$ 这一结论。

由于 $G(j\omega)$ 是一复变函数，故又可写成实部与虚部之和的形式，即

$$G(j\omega) = \left|G(j\omega)\right| \mathrm{e}^{\mathrm{j}\angle G(j\omega)} = A(\omega)\mathrm{e}^{\mathrm{j}\varphi(\omega)}$$
$$= A(\omega)\cos\varphi(\omega) + \mathrm{j}A(\omega)\sin\varphi(\omega) = X(\omega) + \mathrm{j}Y(\omega) \tag{3-40}$$

式中，$X(\omega)$ 为实频特性；$Y(\omega)$ 为虚频特性。

另外，从数学意义上讲，拉氏变换与傅氏变换是等价的，因此，可以根据傅氏变换建立系统的频率特性数学模型，这一结论可以在下面得到推证。

线性定常系统的传递函数定义为零初始条件下输出与输入拉氏变换之比

$$G(s) = \frac{C(s)}{R(s)}$$

式中，σ 为 $G(s)$ 的收敛域，若系统稳定，则 σ 可取为零，如果 $r(t)$ 的傅氏变换存在，可令 $s = j\omega$，于是

$$g(t) = \frac{1}{2\pi} \int_{-\infty}^{\infty} G(j\omega)\mathrm{e}^{\mathrm{j}\omega t}\mathrm{d}\omega = \frac{1}{2\pi} \int_{-\infty}^{\infty} \frac{C(j\omega)}{R(j\omega)} \mathrm{e}^{\mathrm{j}\omega t}\mathrm{d}\omega$$

因此

$$G(j\omega) = \frac{C(j\omega)}{R(j\omega)} = G(s)|_{s=j\omega} \tag{3-41}$$

上式表明，系统的频率特性 $G(j\omega)$ 就是 $g(t)$ 的傅氏变换，即 $F[g(t)] = G(j\omega)$，它等于输出信号与输入信号的傅氏变换之比，而 $g(t) = F^{-1}G(j\omega)$。因此频率特性与传递函数和微分方程一样，都表征了系统的固有特性，是数学模型在频域、复域、时域的三种表示形式，而且它们之间可以互相转换，如图 3-17 所示。

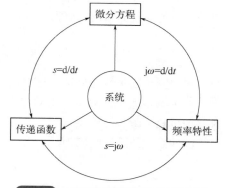

图 3-17　系统数学模型三种形式及相互关系

（3）频率特性的求法及图示方法

① 频率特性的求取方法　从前面的讨论中可以总结出频率特性的三种求法：

a. 根据系统的频率响应求取。已知系统的微分方程或传递函数，输入正弦函数，求其输出响应的稳态分量，即可得到频率响应的幅值与相位，然后根据频率特性的定义即可得到频率特性的表达式。

b. 根据传递函数令 $s= j\omega$，求取 $G(j\omega)$。

c. 通过实验测得。

② 频率特性的图示方法　频率特性 $G(j\omega)$ 是复变函数，可以用幅值和相角来表示，而幅值

$A(\omega)$ 与相角 $\varphi(\omega)$ 又是频率 ω 的函数，如果令 ω 从 $0 \to \infty$ 变化，则可以在坐标纸上绘制出幅值与相角随着 ω 变化的曲线，这种图示方法可以直观地反映出系统输出与输入之比随着频率变化的情况，还可以根据曲线的形状及特点来判断系统的稳定性和品质，以便对系统进行分析与综合，因此频率特性的图示方法是研究系统的一种重要方法。

频率特性的图示方法主要有以下三种：

a．幅相频率特性。当 ω 从 $0 \to \infty$ 变化时，在极坐标上表示出 $G(j\omega)$ 幅值与相角的关系图，因此又称极坐标图或乃奎斯特（Nyquist）图。

b．对数频率特性。对数频率特性由两幅图组成，一幅是对数幅频特性，另一幅是对数相频特性，两幅图横坐标均以频率 ω 按对数分度，即 $\lg\omega$，纵坐标用线性分度，分别表示幅值与相角，其中幅频特性以分贝（dB）为单位，即 $L(\omega)=20\lg\left|G(j\omega)\right|(\text{dB})$；相频特性 $\varphi(\omega)$ 以度或弧度表示。对数频率特性又称为伯德（Bode）图，是一种工程上广泛应用的频率响应图。

c．对数幅相频率特性。在感兴趣的频率范围内，以 ω 为参变量来表示对数幅值与相角关系的图，它实际上是将 Bode 图的两幅图合成为一幅图，主要用于闭环频率特性的求取和分析，对数幅相图又称为尼柯尔斯（Nichols）图。

以上三种图在系统分析与设计中都很有用，此外在实验分析中还会运用到频率特性谱图，包括实频图、虚频图等。

在例 3-2 的 RC 电路中，我们通过频率响应法已经求得系统的频率特性。若已知电路传递函数 $G(s)$，则可令 $s = j\omega$ 代入，求得 $G(j\omega)$，这样更为简捷、方便，即

$$G(j\omega) = G(s)\left|_{s=j\omega} = \frac{1}{Ts+1}\right|_{s=j\omega} = \frac{1}{1+j\omega T} = A(\omega)e^{j\varphi(\omega)}$$

$$\varphi(\omega) = \angle \frac{1}{1+j\omega T} = -\arctan T\omega$$

如果以 ω 为横坐标，令 ω 从 $0 \to \infty$ 变化，则可分别绘出 RC 电路的幅频和相频曲线，如图 3-18 所示。

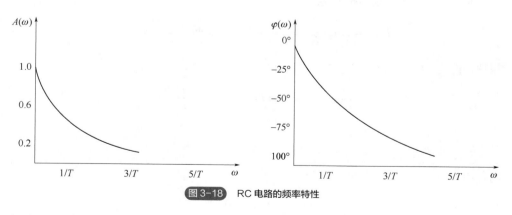

图 3-18 RC 电路的频率特性

由图可见，在低频段幅值衰减较小，相位滞后也很小，在高频段则相反，幅值衰减很大，相角滞后也很大，显然，该电路具有低通滤波特性。

如果将 $G(j\omega)$ 写成实部和虚部的形式，根据实频和虚频特性则可在复平面上以 ω 为参变量

绘制极坐标图，在本例中有

$$G(j\omega) = \frac{1}{1+j\omega T} = \frac{1}{1+\omega^2 T^2} - j\frac{\omega T}{1+\omega^2 T^2} = X(\omega) + jY(\omega)$$

以 $X(\omega)$ 为横坐标，以 $Y(\omega)$ 为纵坐标，根据上式可画出 RC 电路的极坐标图，如图 3-19 所示，图中当 ω 从 $0 \to \infty$ 变化时，$G(j\omega)$ 的轨迹为一半圆，从原点到轨迹上任一点连线所构成的向量，表示对应某一频率下频率特性 $G(j\omega)$ 的幅值 $A(\omega)$ 和相角 $\varphi(\omega)$，角度正方向规定逆时针为正，顺时针为负。

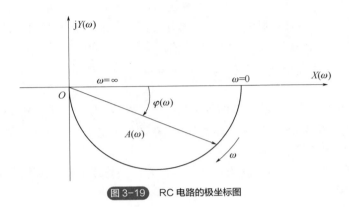

图 3-19　RC 电路的极坐标图

绘制 Bode 图要采用半对数坐标纸，在横坐标采用的对数分度中，当变量每增大 10 倍或减小至原来的 1/10 时，称为十倍频程（dec），坐标距离变化一个单位长度，十倍频程中的对数分度值如表 3-2 所示。

表 3-2　十倍频程中的对数分布

ω/ω_0	2	3	4	5	6	7	8	9	10
$\lg(\omega/\omega_0)$	0.301	0.477	0.602	0.699	0.788	0.854	0.903	0.954	1

对于 RC 电路，其对数幅频表达式为

$$L(\omega) = 20\lg\frac{1}{\sqrt{1+T^2\omega^2}} = 20\lg 1 - 20\lg\sqrt{1+T^2\omega^2} \qquad (3\text{-}42)$$

相频特性为

$$\varphi(\omega) = -\arctan(T\omega) = -\arctan\frac{\omega}{\omega_1} \qquad (3\text{-}43)$$

式中，$\omega_1 = \frac{1}{T}$。

当 $\omega << \omega_1 = \frac{1}{T}$ 时，或近似认为 $T\omega = 0$，则

$$L(\omega) \approx 20\lg 1 = 0\text{dB}$$

当 $\omega >> \omega_1 = \frac{1}{T}$ 时，$T\omega >> 1$，则

$$L(\omega) \approx 20\lg 1 - 20\lg(T\omega) = -20\lg(T\omega)$$

在 $\omega = \omega_1 = \dfrac{1}{T}$ 处

$$L(\omega) = 20\lg 1 - 20\lg\sqrt{2} = -3\text{dB}$$

根据上述分析，RC 电路的对数幅频特性可以近似地用渐近线表示， $\omega < \dfrac{1}{T}$ 部分为水平线，在 $\omega > \dfrac{1}{T}$ 部分为斜率等于-20dB/dec 的直线，在渐近线交接处的频率为 $\omega_1 = \dfrac{1}{T}$，此处渐近线的幅值误差为 3dB。

对数相频特性则只能给定若干 ω 值，根据式（3-43）逐点求出 $\varphi(\omega)$ 值，然后用平滑曲线连接，或用曲线模板绘制。RC 电路的 Bode 图如图 3-20 所示。

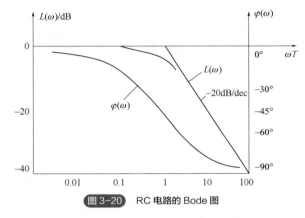

图 3-20 RC 电路的 Bode 图

Bode 图的优点主要是利用对数运算将频率特性幅值的乘除运算转化为加减运算，并通过渐近线用简便方法绘制近似的对数频率特性曲线，稍加修正即可得到实际曲线，大大简化了绘制过程。

3.3.2 开环辐相频率特性曲线（极坐标图）绘制

（1）典型环节的极坐标图

① 比例环节。

传递函数 $\qquad\qquad\qquad G(s) = K$

频率特性 $\qquad\qquad\qquad G(j\omega) = K$

显然，幅频特性 $\qquad\qquad |G(j\omega) = K$

相频特性 $\qquad\qquad \angle G(j\omega) = 0°$

实频特性恒为 K，虚频特性恒为零，均与频率 ω 无关，因此比例环节的极坐标图为实轴上一个定点，坐标为 $(K,\ j0)$，如图 3-21 所示。

② 惯性环节。

惯性环节的传递函数 $G(s) = \dfrac{K}{Ts+1}$

频率特性 $\quad G(j\omega) = \dfrac{K}{1+jT\omega} = \dfrac{K}{1+T^2\omega^2} - j\dfrac{KT\omega}{1+T^2\omega^2} = u + jv$

$$|G(\mathrm{j}\omega)| = \sqrt{u^2 + v^2} = \frac{K}{\sqrt{1 + T^2\omega^2}} \qquad (3\text{-}44\mathrm{a})$$

$$\angle G(\mathrm{j}\omega) = -\arctan\frac{v}{u} = -\arctan(T\omega) \qquad (3\text{-}44\mathrm{b})$$

可以证明，当 ω 从 $0 \to \infty$ 变化时，惯性环节的极坐标图为一半圆，如图 3-22 所示，由上面推导得知 $\dfrac{u}{v} = -T\omega$，将其代入实频特性表达式中，有

$$u = \frac{K}{1 + T^2\omega^2} = \frac{K}{1 + (\frac{u}{v})^2}$$

经简化配方，可得

$$(u - \frac{K}{2})^2 + v^2 = (\frac{K}{2})^2$$

这是一个圆的方程，圆心位于（$\dfrac{K}{2}, 0$），半径为 $\dfrac{K}{2}$。

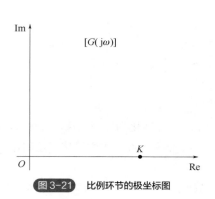

图 3-21　比例环节的极坐标图

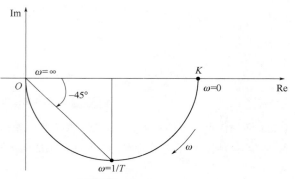

图 3-22　惯性环节的极坐标图

③ 积分环节。

传递函数
$$G(s) = \frac{1}{s}$$

频率特性
$$G(\mathrm{j}\omega) = \frac{1}{\mathrm{j}\omega} = -\mathrm{j}\frac{1}{\omega}$$

$$|G(\mathrm{j}\omega)| = \frac{1}{\omega} \qquad (3\text{-}45\mathrm{a})$$

$$\angle G(\mathrm{j}\omega) = -90° \qquad (3\text{-}45\mathrm{b})$$

由于 $\angle G(\mathrm{j}\omega) = -90°$ 为常数，而 $|G(\mathrm{j}\omega)|$ 随着 ω 增大而减小，因此，积分环节的极坐标图是与负轴重合的直线。

④ 振荡环节。

$$G(s) = \frac{1}{T^2 s^2 + 2\xi T s + 1} = \frac{\omega_n^2}{s^2 + 2\xi\omega_n s + \omega_n^2}$$

式中，ω_n 为自然振荡角频率，$\omega_n = \dfrac{1}{T}$。

幅、相频特性为

$$G(j\omega) = \frac{1}{1 + j2\xi T\omega - T^2\omega^2} = A(\omega)e^{j\varphi(\omega)} \qquad (3-46)$$

$$A(\omega) = |G(j\omega)| = \frac{1}{\sqrt{(1 - T^2\omega^2) + (2\xi T\omega)^2}} \qquad (3-47a)$$

$$\varphi(\omega) = \angle G(j\omega) = -\arctan\frac{2\xi T\omega}{1 - T^2\omega^2} \qquad (3-47b)$$

当 ω 从 $0 \to \infty$ 变化时，$G(j\omega)$ 极坐标图从 $(1, j0)$ 开始，而终于点 $(0, j0)$ 并与负实轴相切，曲线与虚轴交点可以由式（3-46）算出，当 $\omega = \frac{1}{T} = \omega_n$ 时，得 $G(j\omega_n) = -j\frac{1}{2\xi}$，即 $\omega_n = \frac{1}{2\xi}$，$\xi$ 的值不同，曲线形状也不同，在阻尼比 ξ 较小时（$\xi < 0.707$），$G(j\omega)$ 将随 ω 变化而出现峰值，此时所对应的频率称为谐振频率 ω，其大小可由下式求出。

由 $\dfrac{\mathrm{d}|G(j\omega)|}{\mathrm{d}\omega} = 0$，可得

$$\omega_r = \omega_n\sqrt{1 - 2\xi^2} \qquad (3-48)$$

在 $\omega = \omega_r$ 处出现的峰值，称为谐振峰值 M_r，将 ω_r 代入式（3-47a），可求得

$$M_r = |G(j\omega_r)| = \frac{1}{2\xi\sqrt{1 - \xi^2}} \qquad (3-49)$$

⑤ 微分环节。根据积分、惯性、振荡环节的绘制过程，同样可以绘制出微分 $G(s) = s$、一阶微分 $G(s) = 1 + \tau s$、二阶微分 $G(s) = \tau^2 s^2 + 2\xi\tau s + 1$ 环节的幅相频率特性，显然它们之间成倒数关系，其极坐标图如图 3-23 所示。

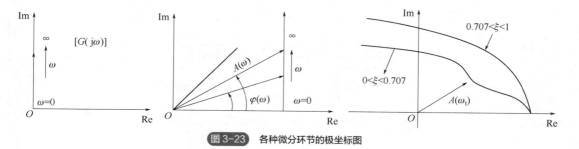

图 3-23 各种微分环节的极坐标图

⑥ 延滞环节。

传递函数为

$$G(s) = e^{-\tau s}$$

延滞环节的频率特性为

$$G(j\omega) = e^{-j\tau\omega}$$

显然 $|G(j\omega)| = 1$（常数），$\angle G(j\omega) = -\tau\omega$，因此延滞环节的极坐标图是一单位圆，如图 3-24 所示。

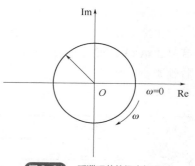

图 3-24 延滞环节的极坐标图

（2）开环系统的极坐标图

开环频率特性通常都是由若干个典型环节串联组成的。

设开环传递函数为

$$G(s) = G_1(s)G_2(s)\cdots G_n(s)$$

开环频率特性为

$$G(j\omega) = G_1(j\omega)G_2(j\omega)\cdots G_n(j\omega) =$$

$$A_1(\omega)e^{j\varphi_1(\omega)} A_2(\omega)e^{j\varphi_2(\omega)}\cdots A_n(\omega)e^{j\varphi_n(\omega)} = A(\omega)e^{j\varphi(\omega)}$$

显然

$$A(\omega) = A_1(\omega)A_2(\omega)\cdots A_n(\omega) \tag{3-50a}$$

$$\varphi(\omega) = \varphi_1(\omega) + \varphi_2(\omega) + \cdots + \varphi_n(\omega) \tag{3-50b}$$

令 ω 从 $0\to\infty$ 变化，则可以计算出各 ω 值下 $A(\omega)$ 和 $\varphi(\omega)$ 的数据，于是系统的幅、相频特性极坐标图即可绘出。

绘制准确的极坐标图是比较麻烦的，这里主要介绍根据工程需要绘制概略极坐标图方法，绘制概略图形的一般步骤为：

① 由 $G(j\omega)$ 求出它的幅频特性 $|G(j\omega)|$ 和相频特性 $\angle G(j\omega)$，以及它的实频特性 $\mathrm{Re}[G(j\omega)]$ 和虚频特性 $\mathrm{Im}[G(j\omega)]$ 表达式。

② 求出特征点，包括：起点 $\omega=0$、终点 $\omega=\infty$ 与实轴交点 $\mathrm{Re}[G(j\omega)]=0$、与虚轴交点 $\mathrm{Im}[G(j\omega)]=0$，并标注在极坐标图上。

③ 根据 $G(j\omega)$ 的变化趋势和所在象限及单调性，绘制出曲线的大致形状。

下面结合实例说明绘制过程。

【例 3-7】 已知开环传递函数为

试绘制极坐标图。

$$G(s) = \frac{K}{s(Ts+1)}$$

解：

$$G(j\omega) = \frac{K}{j\omega(jT\omega+1)} = K\frac{1}{j\omega(1+j\omega T)}$$

$$= \frac{-KT}{1+T^2\omega^2} - j\frac{K}{\omega(1+T^2\omega^2)} = u(\omega) + jv(\omega)$$

$$\angle G(j\omega) = -90° - \arctan T\omega$$

$$|G(j\omega)| = \frac{K}{\omega\sqrt{1+T^2\omega^2}}$$

由上式可列出数据表，如表 3-3 所示。由表中数据可绘出极坐标略图，如图 3-25（a）所示，若根据 $u(\omega)$、$v(\omega)$ 可绘出较准确的图形，如图 3-25（b）所示，图（a）与（b）略有差别，但特性是一致的。

表 3-3　例 3-7 中数据表

项目	$\angle G(j\omega)$	$\lvert G(j\omega) \rvert$	$u(\omega)$	$v(\omega)$
数值	$-90°$	∞	$-kT$	$-\infty$
	$-180°$	0	0	0

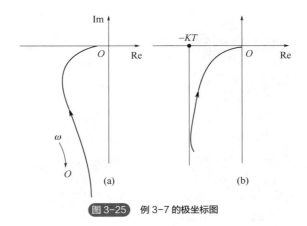

图 3-25　例 3-7 的极坐标图

【例 3-8】已知 $G(s) = \dfrac{1}{(T_1 s + 1)(T_2 s + 1)(T_3 s + 1)}$，绘制极坐标图。

解： 列数据表，如表 3-4 所示，根据表中数据绘制的极坐标图，如图 3-26 所示。

表 3-4　例 3-8 中数据表

项目	$\angle G(\mathrm{j}\omega)$	$|G(\mathrm{j}\omega)|$
数值	0°	1
	−270°	0

【例 3-9】已知
$$G(s) = \frac{\omega_n^2}{s(s^2 + 2\xi\omega_n s + \omega_n^2)}$$

解：
$$令\ G_1(s) = \frac{1}{s} \qquad G_2(s) = \frac{\omega_n^2}{s^2 + 2\xi\omega_n s + \omega_n^2}$$

则
$$G(s) = G_1(s)G_2(s)$$

根据表 3-5，绘制频率特性极坐标略图，如图 3-27（a）所示。

本例中积分环节个数 u 为 1，若分列取 $u=2$，3，4，则根据积分环节的相角，可将图 3-27 的曲线分别绕原点旋转−90°、−180° 和−270°，即可得到相应极坐标图，如图 3-27（b）所示。

【例 3-10】已知 $G(s) = \dfrac{K(T_1 s + 1)}{s(T_2 s + 1)}(T_1 > T_2)$，试绘制极坐标图。

解：

$$G(\mathrm{j}\omega) = \frac{K(1 + \mathrm{j}T_1\omega)}{\mathrm{j}\omega(1 + \mathrm{j}T_2\omega)} = \frac{K(T_1 - T_2)}{1 + T_2^2\omega^2} - \mathrm{j}\frac{K(1 + T_1 T_2\omega^2)}{\omega(1 + T_2^2\omega^2)}$$

$$|G(\mathrm{j}\omega)| = \frac{K\sqrt{1 + T_1^2\omega^2}}{\omega\sqrt{1 + T_2^2\omega^2}}$$

$\angle G(\mathrm{j}\omega) = \arctan(T_1\omega) - 90° - \arctan(T_2\omega)$ 而且 $T_1 > T_2$，$\mathrm{Re}[\,G(\mathrm{j}\omega)\,] > 0$，$\mathrm{Im}[\,G(\mathrm{j}\omega)\,] < 0$ 曲线在第四象限，频率特性的极坐标图如图 3-28 所示，列数据表如表 3-6 所示。

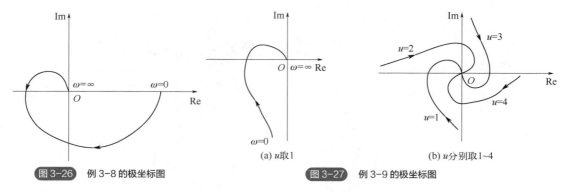

图 3-26 例 3-8 的极坐标图

(a) u取1

(b) u分别取1~4

图 3-27 例 3-9 的极坐标图

由图可见，若传递函数有零点（即有一阶微分环节），则曲线会发生弯曲，相位可能非单调变化。

由以上实例不难看出极坐标图的形状特点：

① 传递函数中积分个数决定了曲线的起始角。

② 传递函数中增加一个非零极点，当 $\omega \to \infty$ 时，将使曲线终点相角多转 $-90°$。

③ 传递函数中增加一个零点，使曲线的相角在高频部分逆时针转 $90°$。

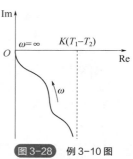

图 3-28 例 3-10 图

表 3-5　例 3-9 中数据表

项目	$\angle G_1(j\omega)$	$\angle G_2(j\omega)$	$\angle G(j\omega)$	$|G(j\omega)|$
数值	$-90°$	$0°$	$-90°$	∞
	$-90°$	$-180°$	$-270°$	0

表 3-6　例 3-10 中数据表

项目	$\angle G(j\omega)$	$|G(j\omega)|$
数值	$-90°$	∞
	$-90°$	0

幅相频率特性可以在一张图上描绘出系统在整个频率域的特性，为分析系统性能提供方便，特别是为研究系统在频域内的稳定判据提供了基础，其缺点是无法由图形准确表示出系统由哪些环节组成，以及各环节的作用。另外，当环节较多时，绘制图形较烦琐。然而，计算机辅助设计软件将使绘制过程轻而易举。

3.3.3　开环对数频率特性曲线（Bode 图）绘制

（1）典型环节的 Bode 图

① 比例环节。

比例环节的频率特性为

$$G(j\omega) = K$$

拓展视频

显然，它与频率无关，其对应的幅频特性和相频特性为

$$L(\omega) = 20\lg K$$

$$\varphi(\omega) = 0^\circ$$

其 Bode 图如图 3-29 所示。

② 积分、微分环节 $(\mathrm{j}\omega)^{\mp 1}$。

$\dfrac{1}{\mathrm{j}\omega}$ 的对数幅频与相频特性为

$$L(\omega) = -20\lg\omega$$

$$\varphi(\omega) = -90^\circ$$

$\mathrm{j}\omega$ 的对数幅频与相频特性为

$$L(\omega) = 20\lg\omega$$

$$\varphi(\omega) = 90^\circ$$

不难看出，两条曲线均在 $\omega=1$ 处通过 0dB 线，斜率分别为−20dB/dec（−20 分贝/十倍频）和 20dB/dec，相频特性分别为−90° 直线和 90° 直线，如图 3-30 所示，图中①为积分环节，②为微分环节的 Bode 图。

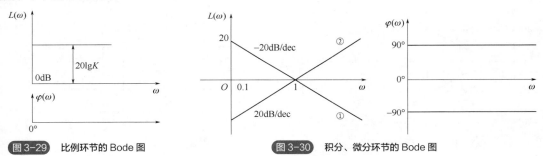

图 3-29　比例环节的 Bode 图　　　　图 3-30　积分、微分环节的 Bode 图

③ 惯性环节与一阶微分环节 $(1+\mathrm{j}\omega T)^{\mp 1}$。

惯性环节 $(1+\mathrm{j}\omega T)^{-1}$ 的对数幅频与相频特性表达式分别为

$$L(\omega) = -20\lg\sqrt{1+(\frac{\omega}{\omega_1})^2} \tag{3-51a}$$

$$\varphi(\omega) = -\arctan\frac{\omega}{\omega_1} \tag{3-51b}$$

式中，$\omega = \dfrac{1}{T}; \omega T = \dfrac{\omega}{\omega_1}$。

当 $\omega < \omega_1$ 时，略去式（3-51a）中的 $(\dfrac{\omega}{\omega_1})^2$ 项，则有 $L(\omega) = -20\lg 1 = 0\mathrm{dB}$，这表示 $L(\omega)$ 的低频渐近线是 0dB 水平线。

当 $\omega > \omega_1$ 时，略去式（3-51a）中的 1 项，则有 $L(\omega) = -20\lg\left(\dfrac{\omega}{\omega T}\right)$，此式表示 $L(\omega)$ 高频部

分的渐近线是斜率为−20dB/dec 的直线，两条渐近线的交点频率，称为转折频率 $\omega_1 = \dfrac{1}{T}$，或称

转角频率。图 3-31 中曲线①绘出对数幅频特性的渐近线与精确曲线以及相频曲线。由图可见，

最大幅值误差发生在 $\omega_1 = \dfrac{1}{T}$ 处，它近似等于−3dB（见例 3-6 RC 电路），可用图 3-32 所示的误

差曲线来进行修正。由于一阶微分环节 $(1+\mathrm{j}\omega T)$ 与惯性环节 $(1+\mathrm{j}\omega T)^{-1}$ 互为倒数，即

$20\lg|1+\mathrm{j}\omega T| = -20\lg\dfrac{1}{|1+\mathrm{j}\omega T|}$ ；$\angle(1+\mathrm{j}\omega T) = -\angle\dfrac{1}{1+\mathrm{j}\omega T}$ ，因此，它们以横轴为对称轴，一阶微

分环节的 Bode 图如图 3-31 中曲线②所示。

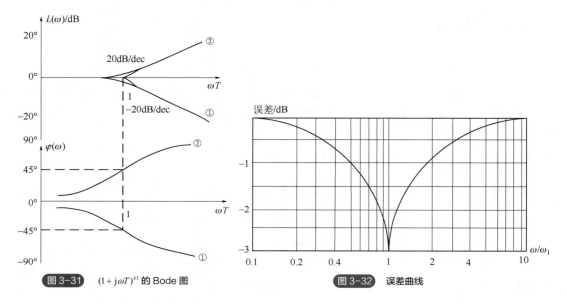

图 3-31　$(1+\mathrm{j}\omega T)^{\mp 1}$ 的 Bode 图　　　　图 3-32　误差曲线

④ 振荡环节与二阶微分环节 $[1+2\xi Tj\omega+(\mathrm{j}\omega T)^2]^{\mp 1}$。
振荡环节的频率特性

$$G(\mathrm{j}\omega) = \frac{1}{1-\left(\dfrac{\omega}{\omega_\mathrm{n}}\right)^2 + \mathrm{j}2\xi\left(\dfrac{\omega}{\omega_\mathrm{n}}\right)} \quad \text{其中} \quad \omega_\mathrm{n} = \frac{1}{T}$$

它的对数幅频特性

$$L(\omega) = -20\lg\sqrt{\left[1-\left(\dfrac{\omega}{\omega_\mathrm{n}}\right)^2\right]^2 + \left(2\xi\dfrac{\omega}{\omega_\mathrm{n}}\right)^2} \tag{3-52a}$$

相频特性

$$\varphi(\omega) = -\arctan\frac{2\xi\omega/\omega_\mathrm{n}}{1-(\omega/\omega_\mathrm{n})^2} \tag{3-52b}$$

当 $\dfrac{\omega}{\omega_\mathrm{n}} \ll 1$ 时，略去式（3-52a）中的 $\left(\dfrac{\omega}{\omega_\mathrm{n}}\right)^2$ 和 $2\xi\dfrac{\omega}{\omega_\mathrm{n}}$ 项，则有

$$L(\omega) \approx -20\lg 1 = 0\mathrm{dB}$$

此式表示 $L(\omega)$ 的低频渐近线是一条 0dB 的水平线。

$$L(\omega) = -20\lg(\frac{\omega}{\omega_n})^2 = -40\lg\frac{\omega}{\omega_n}$$

当 $\frac{\omega}{\omega_n} \gg 1$ 时，略去该式中的 1 和 $2\xi\frac{\omega}{\omega_n}$ 两项，则有

$$L(\omega) = -20\lg(\frac{\omega}{\omega_n})^2 = -40\lg\frac{\omega}{\omega_n}$$

此式表示 $L(\omega)$ 的高频渐近线是一条斜率为-40dB 的直线。

显然，当 $\frac{\omega}{\omega_n} = 1$，即 $\omega = \omega_n$ 时是两条渐近线的相交点，而 ω_n 称为振荡环节的转折频率。

由于振荡环节的对数幅频特性不仅与 $\frac{\omega}{\omega_n}$ 有关，而且与阻尼比 ξ 有关，因此在转折频率附近一般不能简单地用渐近线近似代替对数幅频特性曲线，否则会引起较大误差，图 3-33 给出当 ξ 为不同值时对数幅频特性的准确曲线和渐近线，由图可见，在 $\xi<0.707$ 时，曲线出现峰值，ξ 值越小，峰值越大，它与渐近线之间的误差越大。在必要时，可以用图 3-34 所示的误差曲线进行修正。

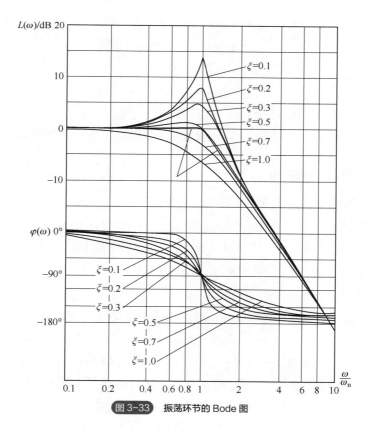

图 3-33　振荡环节的 Bode 图

由式（3-52b）可知，相角 $\varphi(\omega)$ 也是 $\frac{\omega}{\omega_n}$ 和 ξ 的函数，当 $\omega=0$ 时，$p(\omega) = 0$；当 $\omega \to \infty$ 时，$\varphi(\omega) = -180°$；当 $\omega = \omega_n$ 时，不管 ξ 值的大小，ω_n 总是等于-90°，而且相频特性曲线以 $\omega = \omega_n$

点（拐点）呈斜对称，如图3-33所示。

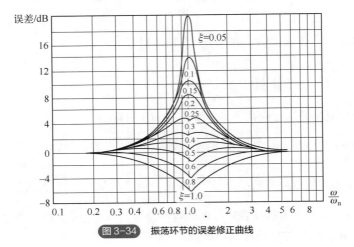

图 3-34　振荡环节的误差修正曲线

⑤ 延滞环节。

延滞环节的频率特性

$$G(\mathrm{j}\omega) = \mathrm{e}^{-\mathrm{j}\omega} = A(\omega)\mathrm{e}^{\mathrm{j}\varphi(\omega)}$$

式中

$$A(\omega) = 1, \quad \varphi(\omega) = -\tau\omega$$

因此

$$L(\omega) = 20\lg|G(\mathrm{j}\omega)| = 0 \tag{3-53a}$$

$$\varphi(\omega) = -\tau\omega \tag{3-53b}$$

上式表明，延滞环节的对数幅频特性为0dB线，而与ω无关，相频特性的滞后相角与ω成正比，当$\omega \to \infty$时，滞后相角也$\to \infty$，这对于系统的稳定性是不利的，延滞环节的Bode图如图3-35所示。

（2）开环系统的Bode图

设开环系统由n个环节串联组成，系统频率特性为

$$G(\mathrm{j}\omega) = G_1(\mathrm{j}\omega)G_2(\mathrm{j}\omega)\cdots G_n(\mathrm{j}\omega)$$

$$= A_1(\omega)\mathrm{e}^{\mathrm{j}\varphi_1(\omega)}A_2(\omega)\mathrm{e}^{\mathrm{j}\varphi_2(\omega)}\cdots A_n(\omega)\mathrm{e}^{\mathrm{j}\varphi_n(\omega)} = A(\omega)\mathrm{e}^{\mathrm{j}\varphi(\omega)}$$

式中

$$A(\omega) = A_1(\omega)A_2(\omega)\cdots A_n(\omega)$$

取对数后，有

$$L(\omega) = 20\lg A_1(\omega) + 20\lg A_2(\omega) + \cdots + 20\lg A_n(\omega) \tag{3-54a}$$

$$\varphi(\omega) = \varphi_1(\omega) + \varphi_2(\omega) + \cdots + \varphi_n(\omega) \tag{3-54b}$$

$A_i(\omega)(i = 1,2,\cdots, n)$表示各典型环节的幅频特性，$L_i(\omega)$和$\varphi_i(\omega)$分别表示各典型环节的对数幅频特性和相频特性，因此，只要我们能作出$G(\mathrm{j}\omega)$所包含的各典型环节的对数幅频和相频曲线，然后，按式（3-54）对它们分别进行代数相加，就可以求得开环系统的Bode图。实际上，在熟悉了对数幅频特性后，可以采用更为简捷的办法直接画出开环系统的Bode图，具体步骤如下：

① 计算组成开环频率表达式各典型环节的转折频率，并将它们的频率值由小到大依次标在频率轴上。

② 绘制开环对数幅频特性的渐近线，由于系统在低频段的频率特性为 $\dfrac{k}{(j\omega)^u}$，因此，低频起始段渐近线表现为过点（1，20lg$K$）、斜率为−20udB/dec 的直线，u 为积分环节数。

③ 随后沿频率增大的方向每遇到一个转折频率就改变一次斜率，其规律是遇到惯性环节的转折频率，则斜率变化量为−20dB/dec；遇到一阶微分环节的转折频率，斜率变化量为 20dB/dec；遇到振荡环节的转折频率，斜率变化量为−40dB/dec 等，渐近线的最后一段（即高频段）的斜率为−20(n−m)dB/dec，其中 n 为开环传递函数 $G(s)$ 的极点数，m 为 $G(s)$ 的零点数。

④ 作出用分段直线表示的渐近线后，如果需要，可按照各典型环节的误差曲线对相应段的渐近线进行修正，即可得到精确的对数幅频特性曲线。

⑤ 绘制相频特性曲线，根据 $p(\omega)$ 表达式，在低、中、高频区域中各选择若干频率点进行计算，然后连成曲线（或按典型环节分别绘出各环节的相频特性曲线，再沿频率增大的方向逐点相加，最后将相加点连接成曲线）。

下面通过实例说明开环系统 Bode 图的绘制过程。

【例 3-11】已知 0 型系统开环传递函数 $G(s)=\dfrac{K}{(T_1 s+1)(T_2 s+1)}$，试绘制开环系统的 Bode 图。

解： 此系统开环对数幅频和相频特性为

$$L(\omega)=20\lg K-20\lg\sqrt{1+T_1^2\omega^2}-20\lg\sqrt{1+T_2^2\omega^2}$$

$$\varphi(\omega)=-\arctan(T_1\omega)-\arctan(T_2\omega)$$

根据上式可以首先画出各环节的对数幅频和相频特性，如图 3-36 虚线所示，然后再将它们相加，便可得到开环系统的 Bode 图，如实线所示，显然这样做太烦琐。事实上，由于惯性、振荡和一、二阶微分等环节对数幅频渐近线在小于转折频率时全为 0dB，因此开环对数幅频渐近线在最低转折频率之前完全由比例（开环增益 K）和积分环节决定，即低频起始段取决于 $\dfrac{k}{(j\omega)^u}$，在本例中由于是 0 型系统，无积分环节（u=0），所以低频段为 20lg$K$ 的水平线。

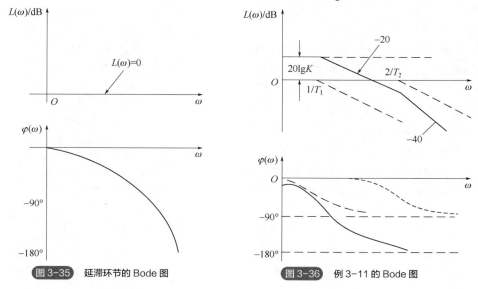

图 3-35　延滞环节的 Bode 图　　　　图 3-36　例 3-11 的 Bode 图

因此，只要能确定低频起始段的斜率和位置，以及线段的转折频率和转折后线段斜率的变化，就可以由低频到高频，将开环特性曲线一气呵成画出，而不必先一一画出各环节的特性，再逐段相加。如果按照简捷步骤绘制 Bode 图，将使绘制过程大为简化，这也是 Bode 图在工程上得到广泛应用的主要原因之一。

【例 3-12】已知开环传递函数

$$G(s) = \frac{64(s+2)}{s(s+0.5)(s^2+3.2s+64)}$$

试绘制开环系统的 Bode 图。

解： 为了便于绘制，首先将 $G(s)$ 化为时间常数表达式，即

$$G(s) = \frac{4\left(\dfrac{s}{2}+1\right)}{s(2s+1)\left(\dfrac{s^2}{64}+0.05s+1\right)}$$

此系统由比例环节、积分环节、惯性环节、一阶微分环节和振荡环节共 5 个环节组成。

确定转折频率：

惯性环节时间常数 $T_1 = 2$，转折频率 $\omega_1 = \dfrac{1}{T_1} = 0.5$；

一阶微分环节时间常数 $\dfrac{1}{T_2} = \dfrac{1}{2}$，转折频率 $\omega_2 = \dfrac{1}{T_2} = 2$；

振荡环节时间常数 $T_3 = \dfrac{1}{8}$，转折频率 $\omega_3 = \dfrac{1}{T_3} = 8$。

本例是 I 型系统，即有一个积分环节，低频起始段由 $\dfrac{K}{s} = \dfrac{4}{s}$ 决定：

$$20\lg K = 20\lg 4 = 12\text{dB}$$

在确定了转折频率和 $20\lg K$ 值之后，按下面步骤绘制 Bode 图，得到图 3-37。

① 过 $(1,20\lg K)$ 点作一条斜率为 -20dB/dec 的直线，此即为低频段的渐近线。

② 在 $\omega_1 = 0.5$ 处，将渐近线斜率由 -20dB/dec 变为 -40dB/dec，这是惯性环节作用的结果。

③ 在 $\omega_2 = 2$ 处，由于一阶微分环节的作用使渐近线斜率又增加 20dB/dec，即由原来的 -40dB/dec 变为 -20dB/dec。

④ 在 $\omega_3 = 8$ 处，由于振荡环节的作用，渐近线斜率改变 -40dB/dec 形成了 -60dB/dec 的线段。

⑤ 若有必要，可利用误差曲线修正，此处省略。

⑥ 相频特性，比例环节相角恒为零，积分环节相角恒为 $-90°$，一阶微分、振荡、惯性环节的相频曲线，如图 3-37 中①、②、③所示，开环系统的相频曲线由相加求代数和得到，如曲线④所示。

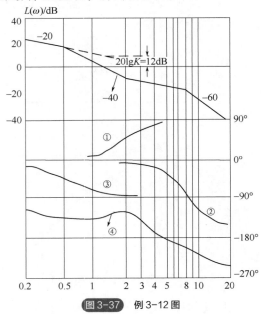

图 3-37　例 3-12 图

3.3.4　基于 Matlab 的机床振动信号频域分析

目前 Matlab 软件已经成为控制领域最流行的设计和计算工具之一。本节将介绍运用 Matlab 进行控制系统分析的过程。本节涉及的命令都是基于 Matlab6.5 版本的，在学习本部分内容之前，读者最好已掌握基本的 Matlab 使用方法。

（1）伯德图

命令格式：**[mag，phase，ω] = bode(sys)**

当缺省输出变量时，bode 命令可直接绘制伯德图；否则，将只计算幅值和相角，并将结果分别存放在向量 mag 和 phase 中。另外，margin 命令也可以绘制伯德图，并直接得出幅值裕度、相角裕度及其对应的截止频率、穿越频率。

命令格式：**[Gm，Pm，Ωcg，Ωcp] = margin(sys)**

当缺省输出变量时，margin 命令可直接绘制伯德图，并且将幅值裕度、相角裕度及其对应的截止频率、穿越频率标注在图形标题端。

（2）尼柯尔斯图

命令格式：**[mag，phase，ω] = nichols(sys)**

当缺省输出变量时，nichols 命令可直接绘制尼柯尔斯图。

（3）奈奎斯特图

命令格式：**[re，im，ω] = nyquist(sys)**

当缺省输出变量时，nyquist 命令可直接绘制奈奎斯特图。

（4）综合运用（系统稳定性的频域分析）

【例 3-13】已知单位负反馈系统的开环传递函数为

$$G(s) = \frac{1280s + 640}{s^4 + 24.2s^3 + 1604.81s^2 + 320.24s + 16}$$

试绘制其伯德图、尼柯尔斯图和奈奎斯特图，并判别闭环系统的稳定性。

解：Matlab 程序：example4.m

```
1    G=tf([1280 640], [1 24.2 1604.81 320.24 16]);
2    %建立开环系统模型
3    figure(1);
4    margin(G);
5    %绘制伯德图，计算幅值裕度、相角裕度
6    %及其对应的截止频率、穿越频率
7    figure(2);
8    nichols(G);
9    %绘制尼柯尔斯图
10   ngrid;axis([-270 0 -40 40]);
11   %设定尼柯尔斯图坐标范围，并绘制网格
12   figure(3)
13   nyquist(G);
14   %绘制奈奎斯特图
15   axis equal
16   %调整纵横坐标比例，保持原形
```

在 Matlab 中运行文件 example4.m 后，得系统伯德图、尼柯尔斯图和奈奎斯特图分别如图 3-38 图 3-40 所示，其中"+"号表示（−1，j0）点所在的位置。

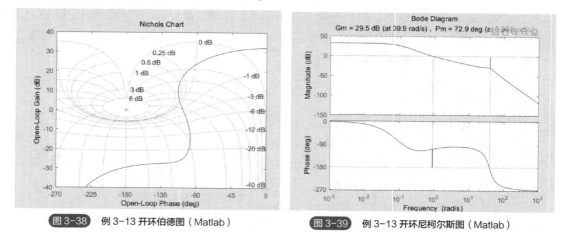

<table>
<tr><td>图 3-38　例 3-13 开环伯德图（Matlab）</td><td>图 3-39　例 3-13 开环尼柯尔斯图（Matlab）</td></tr>
</table>

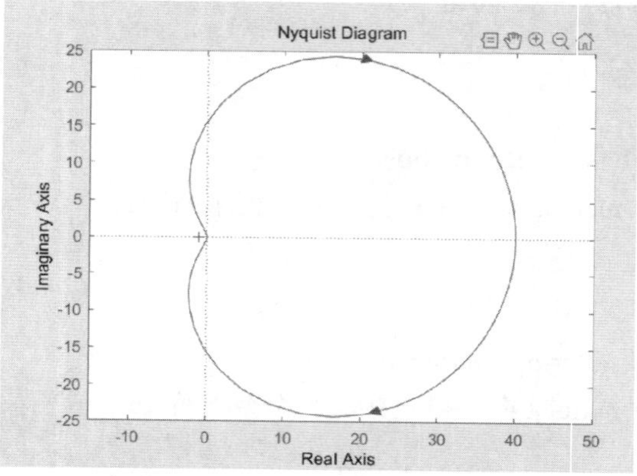

图 3-40　例 3-13 开环奈奎斯特图（Matlab）

由于系统无右半平面的开环极点，从图 3-40 可以看出，奈奎斯特曲线不包围（−1，j0）点，系统稳定。另外，由图 3-38 可得系统的幅值裕度 $h = 29.5\text{dB}$、相角裕度 $\gamma = 72.9°$，相应的截止频率 $\omega_\text{c} = 0.904\text{rad/s}$，穿越频率 $\omega_\text{x} = 39.9\text{rad/s}$。由奈氏判据知，系统闭环稳定。

3.3.5　闭环系统的频域分析

闭环频域性能指标是控制系统设计的主要指标形式之一，通过绘制闭环频率特性来估算和评价系统的动态性能，在一些科技文献中还经常使用这种方法。

（1）闭环频率特性及特征量

设单位反馈系统的开环频率特性为 $G(\text{j}\omega)$，则闭环频率特性为

$$\varphi(\text{j}\omega) = \frac{C(\text{j}\omega)}{R(\text{j}\omega)} = \frac{G(\text{j}\omega)}{1 + G(\text{j}\omega)} = M(\omega)\text{e}^{\text{j}\alpha(\omega)}$$

通过上式可以逐点取 ω 值算出相应幅频值 $M(\omega)$ 相频值 $\alpha(\omega)$，从而绘出闭环频率特性曲

线。图 3-41 给出两种幅频曲线 1 和 2，曲线 2 表示闭环频率特性幅值随 ω 增加而单调减少。曲线 1 有波峰，我们主要结合曲线 1 讨论有关特征量。

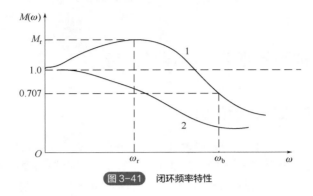

图 3-41　闭环频率特性

① 零频值 $M(0)$　对于单位反馈系统，若系统为无静差系统，即积分环节 $v \geqslant 1$，则在阶跃输入下稳态时（即 $\omega \to 0$），有

$$M(0) = \lim_{\omega \to 0}|\varphi(j\omega)| = 1$$

若系统为有差系统，则稳态时，有

$$M(0) = \lim_{\omega \to 0}|\varphi(j\omega)| = \frac{K}{1+K} < 1$$

式中，K 为系统开环增益。因此通过零频值 $M(0)$ 是否为 1 可以反映出系统跟随阶跃输入时稳态误差的不同。对于 Ⅰ 型及 Ⅰ 型以上的系统，$M(0)=1$，故为无差系统；对于 0 型系统，由于 $M(0)<1$，故为有差系统，$M(0)$ 值越接近于 1，稳态误差越小。

② 带宽频率 ω（又称截止频率）　在幅频特性 $M(\omega)$ 曲线上，对应幅值等于 $0.707M(0)$ 的频率 ω_b 称为系统的带宽频率，而 $0 \ll \omega \ll \omega_b$ 称为系统的带宽。在闭环对数幅频特性 $20\lg M(\omega)$ 曲线上，幅值由 0dB 下降到 -3dB 时对应的频率为 ω_b。

ω_b 是闭环频率特性的一项重要指标，ω_b 大，表明系统频带宽，反应速度快，动态特性好，但易引入噪声干扰；ω_b 小，则频带窄，只能通过低频信号，动态特性缓慢，但抑制高频干扰能力强，因此 ω_b 的选择要综合考虑。

③ 谐振峰值 M_r 和峰值频率 w_t　闭环幅频特性的最大值 M_r，称为谐振峰值，它反映系统的相对稳定性。一般说来，M_r 的值越大，系统阶跃响应的最大超调量也越大。通常希望 M_r 值在 $10 \sim 14$ 范围内（$0 \sim 3$dB），相当于 $0.4 < \xi < 0.7$。

谐振峰值出现时的频率称为谐振频率 ω，它在一定程度上可以反映系统的快速性，ω_r 越大，暂态响应越快，对于弱阻尼系统，ω_r 与 ω_p 的值很接近。

（2）非单位反馈系统的闭环频率特性

设非单位反馈系统的闭环频率特性为

$$\varphi(j\omega) = \frac{C(j\omega)}{R(j\omega)} = \frac{G(j\omega)}{1+G(j\omega)H(j\omega)}$$

$$= \frac{1}{H(j\omega)} \times \frac{G(j\omega)H(j\omega)}{1+G(j\omega)H(j\omega)}$$

显然，上式右边的后一项相当于前向通道为 $G(j\omega)H(j\omega)$ 的单位反馈系统，因此可以按单位反馈系统先求出此项，然后再乘以 $\dfrac{1}{H(j\omega)}$ ，即可得到 $\varphi(j\omega)$ 。

3.4 控制系统的稳定性分析与误差分析

3.4.1 控制系统的性能分析基础

自动控制系统的稳定性是自动控制理论研究的主要课题之一。控制系统能在实际中应用的首要条件就是必须稳定，一个不稳定的系统是不能工作的。经典控制理论为我们提供了多种判别系统稳定性的准则，也称为系统的稳定性判据。劳斯（Routh）判据和赫尔维茨（Hurwitz）判据是依据闭环系统特征方程式对系统的稳定性做出判别，它是一种代数判据。奈奎斯特判据是依据系统的开环奈奎斯特图与坐标上（-1，j0）点之间的位置关系对闭环系统的稳定性作出判别，这是一种几何判据。伯德图判据实际上是奈奎斯特判据的另一种描述法，它们之间有着相互对应的关系。但在描述系统的相对稳定性与稳态裕度这些概念时，伯德图判据显得更为清晰、直观，从而获得广泛采用。本章着重讨论上述四种判据的准则与方法。

（1）控制系统稳定性的基本概念

① 稳定性概念 控制系统在扰动信号作用下，偏离了原来的平衡状态，当扰动消失后，系统能以足够的精度恢复到原来的平衡状态，则系统是稳定的；否则，系统是不稳定的。图 3-42 所示系统 1 在扰动消失后，它的输出能回到原来的平衡状态，该系统稳定；而系统 2 的输出呈等幅振荡，系统处于临界状态；系统 3 的输出发散，故不稳定。

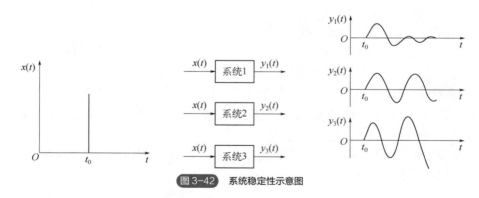

图 3-42 系统稳定性示意图

控制系统的稳定性是由系统本身的结构所决定的，而与输入信号的形式无关。

② 系统稳定的条件 稳定性研究的问题是扰动作用去除后系统的运动情况，它与系统的输入信号无关，只取决于系统本身的特征，因而可用系统的脉冲响应函数来描述。

设线性系统在初始条件为零时，作用一个理想单位脉冲 $x(t)=\delta(t)$ ，这时系统的输出增量为 $y(t)$ 。这相当于系统在扰动信号作用下，输出信号偏离原平衡工作点。若 $t\to\infty$ ，脉冲响应

$$\lim_{t\to\infty} y(t) = 0$$

（3-55）

即输出增量收敛于原平衡点，则线性系统是稳定的。

设线性定常系统输入为 $x(t)$，输出为 $y(t)$，线性定常系统的动态特性可用下面的常系数线性微分方程来描述。

设系统的闭环传递函数为

$$\Phi(s) = \frac{Y(s)}{X(s)} = \frac{b_m s^m + b_{m-1} s^{m-1} + \cdots + b_1 s + b_0}{a_n s^n + a_{n-1} s^{n-1} + \cdots + a_1 s + a_0}$$

$$= \frac{K \prod_{i=1}^{m} (s + z_i)}{\prod_{j=1}^{q} (s + p_j) \prod_{k=1}^{r} (s^2 + 2\zeta_k \omega_{nk} s + \omega_{nk}^2)} \qquad (3\text{-}56)$$

为便于分析，假定闭环传递函数有 q 个相异的实数极点及 r 对不相同的共轭复数极点，当输入单位脉冲函数时，$X(s)=1$，所以输出的拉氏变换式为

$$Y(s) = \sum_{j=1}^{q} \frac{A_j}{s + p_j} + \sum_{k=1}^{r} \frac{B_k s + C_k}{s^2 + 2\zeta_k \omega_{nk} s + \omega_{nk}^2}$$

上式的拉氏反变换为

$$y(t) = \sum_{j=1}^{q} A_j e^{-p_j t} + \sum_{k=1}^{r} B_k e^{-\zeta_k \omega_{nk} t} \cos(\omega_{dk} t) + \sum_{k=1}^{r} \frac{C_k - \zeta_k \omega_{nk} B_k}{\omega_{dk}} e^{-\zeta_k \omega_{nk} t} \sin(\omega_{dk} t) \qquad (3\text{-}57)$$

如果所有闭环极点都在[s]平面的左半面内，即系统的特征方程式根的实部都为负，当 $t \to \infty$ 时，方程式（3-57）中的指数项 $e^{-p_j t}$ 和阻尼指数项 $e^{-\zeta_k \omega_{nk} t}$ 将趋近于零，即 $y(t) \to 0$，所以系统是稳定的。

图 3-43 为闭环极点的稳定根和不稳定根的分布图，即闭环特征方程式的根位于复平面的左侧对应的闭环系统是稳定的，位于复平面的右侧对应的闭环系统是不稳定的。

图 3-44 为系统特征方程式极点不同时，输入脉冲信号时对应的响应曲线。从图中可以看出，位于复平面左侧的极点

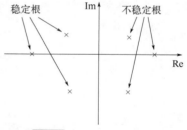

图 3-43　稳定根和不稳定根

响应曲线都收敛；位于虚轴上的极点，响应为等幅振荡；位于复平面右侧的极点响应曲线为发散，对应的系统为不稳定。位于复平面左侧的极点，距离虚轴越远，响应曲线收敛越快，越靠近虚轴收敛越慢；极点的虚部数值越大，其响应振荡的频率也就越快。

由此可见，系统稳定的充要条件是特征方程的根均具有负的实部，或者说闭环系统特征方程式的根全部位于[s]平面的左半平面内。一旦特征方程出现正根时，系统就不稳定。

应该指出，这里的特征方程实际上就是系统闭环传递函数的分母多项式为零，即

$$a_n s^n + a_{n-1} s^{n-1} + \cdots + a_1 s + a_0 = 0$$

例如某单位反馈系统的开环传递函数 $G(s) = \dfrac{K}{s(Ts+1)}$，则系统的闭环传递函数为

$$\Phi(s) = \frac{G(s)}{1 + G(s)} = \frac{K}{Ts^2 + s + K}$$

特征方程式为

$$Ts^2 + s + K = 0$$

特征根为

$$s_{1,2} = \frac{-1 \pm \sqrt{1-4TK}}{2T}$$

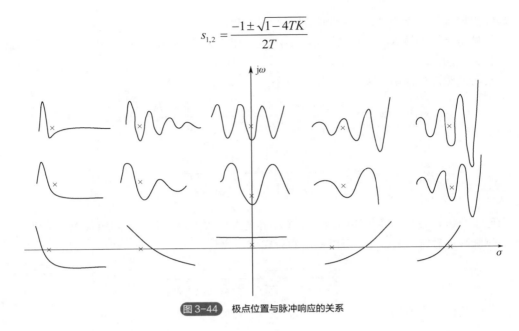

图 3-44 极点位置与脉冲响应的关系

因为特征方程根具有负实部，该闭环系统稳定。

（2）控制系统的稳态误差概念

控制系统的方块图如图 3-45 实线部分所示。偏差信号 $E(s)$ 是指参考输入信号 $X(s)$ 和反馈信号 $B(s)$ 之差，即

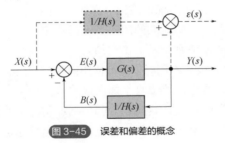

图 3-45 误差和偏差的概念

$$E(s) = X(s) - B(s) = X(s) - H(s)Y(s) = \frac{1}{1+G(s)H(s)}X(s) \tag{3-58}$$

误差信号 $\varepsilon(s)$ 是指被控量的期望值 $Y_d(s)$ 和被控量的实际值 $Y(s)$ 之差，即

$$\varepsilon(s) = Y_d(s) - Y(s) \tag{3-59}$$

由控制系统的工作原理知，当偏差 $E(s)$ 等于零时，系统将不进行调节。此时被控量的实际值与期望值相等。于是由式（3-58）得被控量的期望值为

$$Y_d(s) = \frac{1}{H(s)}X(s) \tag{3-60}$$

将式（3-60）代入式（3-59）求得误差为

$$\varepsilon(s) = \frac{1}{H(s)}X(s) - Y(s) = \frac{X(s) - H(s)Y(s)}{H(s)} \tag{3-61}$$

由式（3-58）和式（3-61）得误差与偏差的关系为

$$\varepsilon(s) = \frac{1}{H(s)} E(s) \tag{3-62}$$

图 3-45 所示系统中，虚线部分就是误差所处的位置。由图 3-45 可知误差信号是不可测量的，只有数学意义。对于单位反馈系统，误差和偏差是相等的。对于非单位反馈系统，误差不等于偏差。但由于偏差和误差之间具有确定性的关系，故往往也把偏差作为误差的度量。

对式（3-62）进行拉氏反变换，可求得系统的误差 $\varepsilon(t)$。对于稳定的系统，在瞬态过程结束后，瞬态分量基本消失，而 $\varepsilon(t)$ 的稳态分量就是系统的稳态误差。应用拉氏变换的终值定理，很容易求出稳态误差：

$$\varepsilon_{ss} = \lim_{t \to \infty} \varepsilon(t) = \lim_{s \to 0} s\varepsilon(s) = \lim_{s \to 0} s\frac{E(s)}{H(s)} \tag{3-63}$$

3.4.2 控制系统的劳斯稳定判据

判别系统是否稳定，就是要确定系统特征方程根是否全部具有负的实部，或者说特征根是否全部位于[s]平面的虚轴左侧。这样就面临着两种选择：一是解特征方程确定特征根，这对于高阶系统来说是困难的；二是讨论根的分布，研究特征方程是否包含右根及有几个右根。劳斯（Routh）稳定判据是基于特征方程根的分布与系数间的关系来判别系统的稳定性，无须解特征方程而能迅速判定根的分布情况，它们是简单而实用的稳定性判据。

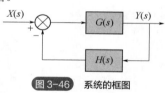

（1）劳斯稳定判据

① 劳斯稳定判据的必要条件　设系统框图如图 3-46 所示，其闭环传递函数为

图3-46　系统的框图

$$\Phi(s) = \frac{Y(s)}{X(s)} = \frac{G(s)}{1 + G(s)H(s)}$$

设开环传递函数为

$$G(s)H(s) = \frac{B(s)}{A(s)}$$

则

$$1 + G(s)H(s) = 1 + \frac{B(s)}{A(s)} = \frac{A(s) + B(s)}{A(s)}$$

系统的特征方程式可表示为

$$\begin{aligned}
D(s) &= A(s) + B(s) = a_n s^n + a_{n-1} s^{n-1} + \cdots + a_1 s + a_0 \\
&= a_n(s^n + \frac{a_{n-1}}{a_n} s^{n-1} + \cdots + \frac{a_1}{a_n} s + \frac{a_0}{a_n}) \\
&= a_n(s - s_1)(s - s_2) \cdots (s - s_n) = 0
\end{aligned} \tag{3-64}$$

式中，$s_1, s_2, \cdots, s_{n-1}, s_n$ 为系统的特征根。

将式（3-64）的因式展开，由对应系数相等，可求得根与系数的关系为

$$\left.\begin{array}{l} \dfrac{a_{n-1}}{a_n} = -(s_1 + s_2 + \cdots + s_n) \\[3mm] \dfrac{a_{n-2}}{a_n} = s_1 s_2 + s_1 s_3 + \cdots + s_{n-1} s_n \\[3mm] \dfrac{a_{n-3}}{a_n} = -(s_1 s_2 s_3 + s_1 s_2 s_4 + \cdots + s_{n-2} s_{n-1} s_n) \\[3mm] \vdots \\[2mm] \dfrac{a_0}{a_n} = (-1)^n (s_1 s_2 s_3 s_4 \cdots s_{n-2} s_{n-1} s_n) \end{array}\right\} \qquad (3\text{-}65)$$

从式（3-65）可知，要使全部特征根 s_1，$s_2,\cdots$，s_{n-1}，s_n 均具有负实部，就必须满足以下两个条件：

a．特征方程的各项系数 $a_i(i=0，1，2，\cdots，n)$ 都不等于零。因为若有一个系数为零，则必出现实部为零的特征根或实部有正有负的特征根，才能满足式（3-65）。此时系统为临界稳定（根在虚轴上）或不稳定（根的实部为正）。

b．特征方程的各项系数 a_i 的符号都相同，才能满足式（3-65），按照惯例，a_i 一般取正值（如果全部系数为负，可用−1乘方程两边，使它们都变成正值）。

上述两个条件可归结为系统稳定的一个必要条件，即特征方程的各项系数 $a_i>0$。

以上只是系统稳定的必要条件而非充要条件。

② 劳斯稳定判据的充要条件　特征方程系数的劳斯阵列如下：

$$\begin{array}{c|ccccc} s^n & a_n & a_{n-2} & a_{n-4} & a_{n-6} & \cdots \\ s^{n-1} & a_{n-1} & a_{n-3} & a_{n-5} & a_{n-7} & \cdots \\ s^{n-2} & b_1 & b_2 & b_3 & & \cdots \\ s^{n-3} & c_1 & c_2 & & \cdots & \\ \vdots & \vdots & \vdots & \vdots & & \\ s^1 & d_1 & & & & \\ s^0 & e_1 & & & & \end{array}$$

在上面的劳斯阵列中，b_i、c_i、d_i、e_i 的计算公式如下：

$$b_1 = \frac{a_{n-1}a_{n-2} - a_n a_{n-3}}{a_{n-1}}, \quad b_2 = \frac{a_{n-1}a_{n-4} - a_n a_{n-5}}{a_{n-1}}, \quad b_3 = \frac{a_{n-1}a_{n-6} - a_n a_{n-7}}{a_{n-1}}$$

$$c_1 = \frac{b_1 a_{n-3} - a_{n-1} b_2}{b_1}, \quad c_2 = \frac{b_1 a_{n-5} - a_{n-1} b_3}{b_1}, \quad c_3 = \frac{b_1 a_{n-7} - a_{n-1} b_4}{b_1}$$

$$\vdots$$

劳斯阵列的计算顺序是由上两行组成新的一行。例如由第1行与第2行可组成第3行，在第2行和第3行的基础上产生第4行，这样计算直到只有零为止。一般情况下可以得到一个 $n+1$ 行的劳斯阵列，而最后两行每行只有一个元素，每行计算到出现零元素为止。

把 a_n，a_{n-1}，b_1，$c_1,\cdots$，d_1，e_1 称为劳斯阵列中的第一列元素。劳斯稳定判据的充分且必要条件是：

a．系统特征方程的各项系数皆大于零，即 $a_i>0$；

b．罗斯阵列第一列元素符号一致，则系统稳定，否则系统不稳定。

第一列元素符号改变次数就是特征方程中所包含的右根数目。

【例3-14】某一系统的闭环传递函数为

$$\frac{Y(s)}{X(s)} = \frac{G(s)}{1+G(s)H(s)} = \frac{6s+4}{s^4+7s^3+17s^2+17s+6}$$

试用劳斯判据判别系统的稳定性。

解： 闭环系统的特征方程式

$$1+G(s)H(s) = s^4+7s^3+17s^2+17s+6 = 0$$

劳斯阵列为

$$
\begin{array}{llll}
s^4 & 1 & 17 & 6 \\
s^3 & 7 & 17 & \\
s^2 & 14.58 & 6 & \\
s^1 & 14.12 & & \\
s^0 & 6 & &
\end{array}
$$

由于特征方程式的系数以及第一列的所有元素都为正，因而系统是稳定的。

【例3-15】设单位反馈控制系统的开环传递函数为

$$G(s) = \frac{K}{s(s+1)(s+2)}$$

试确定 K 值的闭环稳定范围。

解： 其单位反馈系统的闭环传递函数为

$$\frac{Y(s)}{X(s)} = \frac{G(s)}{1+G(s)} = \frac{K}{s^3+3s^2+2s+K}$$

特征方程式为

$$s^3+3s^2+2s+K = 0$$

劳斯阵列为

$$
\begin{array}{lll}
s^3 & 1 & 2 \\
s^2 & 3 & K \\
s^1 & \dfrac{6-K}{3} & \\
s^0 & K &
\end{array}
$$

由稳定条件得

$$\left. \begin{array}{l} \dfrac{6-K}{3} > 0 \\ K > 0 \end{array} \right\}$$

因此 K 的稳定范围为 $0 < K < 6$。

【例3-16】设单位反馈系统的开环传递函数为

$$G(s) = \frac{K}{s\left(\dfrac{s}{3}+1\right)\left(\dfrac{s}{6}+1\right)}$$

若要求闭环特征方程式的根的实部均小于 -1，问 K 值应取在什么范围？如果要求根的实部均小于–2，情况又如何？

解： 系统的特征方程式为

$$s^3 + 9s^2 + 18s + 18K = 0$$

令 $u = s + 1$，得 u 的特征方程：

$$u^3 + 6u^2 + 3u + (18K - 10) = 0$$

$$
\begin{array}{ccc}
u^3 & 1 & 3 \\
u^2 & 6 & 18K - 10 \\
u^1 & \dfrac{14 - 9K}{3} & \\
u^0 & 18K - 10 &
\end{array}
$$

所以 $5/9 < K < 14/9$，闭环特征方程式的根的实部均小于–1。

若要求实部小于–2，令 $u = s + 2$，得到新的特征方程：

$$u^3 + 3u^2 - 6u + (18K - 8) = 0$$

由稳定条件知：由于特征方程式系数符号不一致，不论 K 取何值，都不能使原特征方程的根的实部均小于–2。

③ 劳斯判据的特殊情况

a．某行的第一列元素为零，而其余项不为零的情况。

如果在计算劳斯阵列的各元素值时，出现某行第一列元素为零则在计算下一行的各元素值时将出现无穷大而无法继续进行计算。为克服这一困难，计算时可用无穷小正数 ε 来代替零元素，然后继续进行计算。

【例 3-17】设有特征方程为

$$s^4 + 2s^3 + s^2 + 2s + 1 = 0$$

试判断系统的稳定性。

解： 劳斯阵列如下：

$$
\begin{array}{ccc}
s^4 & 1 & 1 \quad 1 \\
s^3 & 2 & 2 \\
s^2 & \varepsilon(\varepsilon \approx 0) & 1 \\
s^1 & 2 - \dfrac{2}{\varepsilon} & \\
s^0 & 1 &
\end{array}
$$

此时第三行第一列元素为零，用一无限小 ε 代替 0，然后计算其余各项，得到劳斯阵列如上，观察第一列各项数值，当 $\varepsilon \to 0$ 时，则

$$2 - \frac{2}{\varepsilon} \to -\infty$$

由于第一列有的元素为负值，且第一列的元素符号有两次变化，表明特征方程在 $[s]$ 平面的右半平面内有两个根，该闭环系统是不稳定系统。

b．某行全部元素值为零的情况。

如果劳斯阵列中某一行各元素均为零，说明系统的特征根中，有对称于复平面原点的根存

在，这些根应具有以下情况：

ⅰ．存在两个符号相异、绝对值相同的实根（系统响应单调发散，系统不稳定）；

ⅱ．存在实部符号相异、虚部数值相同的两对共轭复根（系统响应振荡发散，系统不稳定）；

ⅲ．存在一对共轭纯虚根（系统自由响应会维持某一频率的等幅振荡，系统临界稳定）；

ⅳ．以上几种根的组合。

在这种情况下，劳斯阵列表将在全为零的一行处中断，为了构造完整的劳斯阵列，以具体确定使系统不稳定根的数目和性质，可将全为零一行的上一行的各项组成一个"辅助方程式 $A(s)$"。将方程式对 s 求导，用求导得到的各项系数来代替为零的一行系数，然后继续按照劳斯阵列表的列写方法，计算余下各行直至计算完 $n+1$ 行为止。

由于根对称于复平面的原点，故辅助方程式的次数总是偶数，它的最高方次就是特征根中对称复平面原点的根的数目。而这些大小相等、符号相反的特征根，可由辅助方程 $A(s)=0$ 求得。

【例 3-18】设某一系统的特征方程式为

$$s^6 + 2s^5 + 8s^4 + 12s^3 + 20s^2 + 16s + 16 = 0$$

试判断系统的稳定性。

解：特征方程各项系数为正，列出劳斯阵列表如下：

$$
\begin{array}{llllll}
s^6 & 1 & 8 & 20 & 16 & \\
s^5 & (2 & 12 & 16) & & \\
s^5 & 1 & 6 & 8 & & （各元素除以2后的值）\\
s^4 & (2 & 12 & 16) & & \\
s^4 & 1 & 6 & 8 & & （各元素除以2后的值）\\
s^3 & 0 & 0 & & &
\end{array}
$$

取出全部为零元素前一行的元素，得到辅助方程为

$$A(s) = s^4 + 6s^2 + 8 = 0$$

将 $A(s)$ 对 s 求导得到

$$\frac{\mathrm{d}A(s)}{\mathrm{d}s} = 4s^3 + 12s$$

以上式的系数代替全部为零的一行，然后继续作出劳斯阵列表为

$$
\begin{array}{lllll}
s^6 & 1 & 8 & 20 & 16\\
s^5 & 1 & 6 & 8 &\\
s^4 & 1 & 6 & 8 &\\
s^3 & (4 & 12) & &\\
s^3 & 1 & 3 & & （各元素除以4后的值）\\
s^2 & 3 & 8 & &\\
s^1 & 1/3 & & &\\
s^0 & 8 & & &
\end{array}
$$

从劳斯阵列表的第一列可以看出，各项并无符号变化，因此特征方程无正根。但因行出现全为零的情况，可见必有共轭虚根存在，这可通过求解辅助方程 $A(s)$ 得到

$$s^4 + 6s^2 + 8 = 0$$

此式的两对共轭虚根为

$$s_{1,2} = \pm j\sqrt{2}, s_{3,4} = \pm j2$$

这两对根同时也是原方程的根，它们位于虚轴上，因此该控制系统处于临界状态。

（2）赫尔维茨稳定判据

设线性系统的特征方程为

$$D(s) = a_0 s^n + a_1 s^{n-1} + \cdots + a_{n-1}s + a_n = 0, \quad a_0 > 0 \qquad (3\text{-}66)$$

则使线性系统稳定的必要条件是：在特征方程式（3-66）中各项系数为正数。

上述判断稳定性的必要条件是容易证明的，因为根据代数方程的基本理论，下列关系式成立：

$$\frac{a_1}{a_0} = -\sum_{i=1}^{n} s_i \qquad \frac{a_2}{a_0} = \sum_{\substack{i,j=1 \\ i \neq j}}^{n} s_i s_j$$

$$\frac{a_3}{a_0} = -\sum_{\substack{i,j,k=1 \\ i \neq j \neq k}}^{n} s_i s_j s_k \qquad \frac{a_n}{a_0} = (-1)^n \prod_{i=1}^{n} s_i$$

在上述关系式中，所有比值必须大于零，否则系统至少有一个正实部根。然而，这一条件是不充分的，因为各项系数为正数的系统特征方程，完全可能拥有正实部的根。式中，s_i，s_j，s_k 表示系统特征方程的根。

根据赫尔维茨稳定判据，线性系统稳定的充分必要条件应是：由系统特征方程式（3-66）各项系数所构成的主行列式

$$\Delta_n = \begin{vmatrix} a_1 & a_3 & a_5 & \cdots & 0 & 0 \\ a_0 & a_2 & a_4 & \cdots & 0 & 0 \\ 0 & a_1 & a_3 & \cdots & 0 & 0 \\ 0 & a_0 & a_2 & \cdots & 0 & 0 \\ 0 & 0 & a_1 & \cdots & 0 & 0 \\ 0 & 0 & a_0 & \cdots & 0 & 0 \\ \vdots & \vdots & \vdots & & \vdots & \vdots \\ 0 & 0 & 0 & \cdots & a_n & 0 \\ 0 & 0 & 0 & \cdots & a_{n-1} & 0 \\ 0 & 0 & 0 & \cdots & a_{n-2} & a_n \end{vmatrix}$$

及其顺序主子式 $\Delta_n =$（$i=1,2,\cdots,n-1$）全部为正，即

$$\Delta_1 = a_1 > 0, \Delta_2 = \begin{vmatrix} a_1 & a_3 \\ a_0 & a_2 \end{vmatrix} > 0, \Delta_3 = \begin{vmatrix} a_1 & a_3 & a_5 \\ a_0 & a_2 & a_4 \\ 0 & a_1 & a_3 \end{vmatrix} > 0, \cdots, \Delta_n > 0$$

对于 $n \leqslant 4$ 的线性系统，其稳定的充分必要条件还可以表示为如下简单形式：

① $n = 2$：特征方程的各项系数为正。

② $n = 3$：特征方程的各项系数为正，且 $a_1 a_2 - a_0 a_3 > 0$。

③ $n = 4$：特征方程的各项系数为正，且 $\Delta_2 = a_1 a_2 - a_0 a_3 \gg 0$，以及 $\Delta_2 > a_1^2 a_4 / a_3$。

当系统特征方程的次数较高时，应用赫尔维茨稳定判据的计算工作量较大。有人已证明：在特征方程的所有系数为正的条件下，若所有奇次顺序赫尔维茨行列式方正，则所有偶次顺序赫尔维茨行列式亦必为正；反之亦然。这就是李纳德-戚帕特稳定判据。

【例 3-19】 设某单位反馈系统的开环传递函数为

$$G(s) = \frac{K(s+1)}{s(Ts+1)(2s+1)}$$

试用赫尔维茨稳定判据确定使闭环系统稳定的 K 及 T 的取值范围。

解：由题意得闭环系统特征方程为

$$D(s) = 2Ts^3 + (2+T)s^2 + (1+K)s + K = 0$$

由于要求特征方程各项系数为正，即

$$2T > 0, 2+T > 0, 1+K > 0, \ K > 0$$

故得 K 及 T 的取值下限：$T > 0$ 和 $K > 0$。

由于还要求 $\varDelta_2 > 0$，可得 K 及 T 的取值上限：

$$T < \frac{2(K+1)}{K-1}, K < \frac{T+2}{T-2}$$

此时，为了满足 $T > 0$ 及 $K > 0$ 的要求，由上限不等式知，K 及 T 的取值互为条件，不能联立求解。于是，使闭环系统稳定的 K 及 T 的取值范围应是

$$\begin{cases} K > 0 & 0 < T \leqslant 2 \\ 0 < K < \dfrac{T+2}{T-2} & T > 2 \end{cases} \text{和} \begin{cases} T > 0 & 0 < K \leqslant 1 \\ 0 < T < \dfrac{2(K+2)}{K-1} & K > 1 \end{cases}$$

对于高阶系统来说，尽管采用李纳德-戚帕特判据后，可以减少一半计算工作量，但仍然感到不便。这时，可以考虑采用劳斯稳定判据来判别系统的稳定性。

3.4.3　控制系统的奈奎斯特稳定判据

（1）奈奎斯特（Nyquist）稳定判据的数学基础

复变函数中的幅角原理是奈氏判据的数学基础，幅角原理用于控制系统的稳定性的判定还需选择辅助函数和闭合曲线。

① 幅角原理　设 s 为复数变量，$F(s)$ 为 s 的有理分式函数。对于 [s] 平面上任意一点 s，通过复变函数 $F(s)$ 的映射关系，在 $F(s)$ 平面上可以确定关于 s 的象。在 [s] 平面上任选一条闭合曲线 $\varGamma$。不通过 $F(s)$ 的任一零点和极点，令 s 从闭合曲线 $\varGamma$ 上任一点 A 起，顺时针沿 $\varGamma$ 运动一周，再回到 A 点，则相应地，$F(s)$ 平面上亦从点 $F(A)$ 起，到 $F(A)$ 点止亦形成一条闭合曲线 $\varGamma_F$。为讨论方便，取 $F(s)$ 为下述简单形式：

$$F(s) = \frac{(s-z_1)(s-z_2)}{(s-p_1)(s-p_2)} \tag{3-67}$$

式中，z_1, z_2 为 $F(s)$ 的零点；p_1, p_2 为 $F(s)$ 的极点。

不失一般性，取 [s] 平面上 $F(s)$ 的零点和极点以及闭合曲线的位置如图 3-47（a）所示，$\varGamma$ 包围 $F(s)$ 的零点 z_1 和极点 p_1。

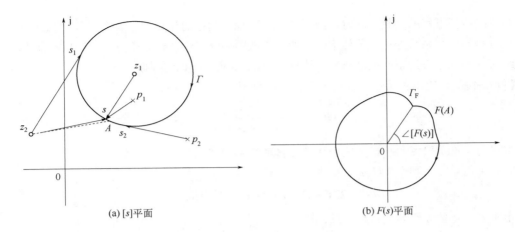

(a) [s]平面   (b) F(s)平面

图 3-47   s 和 F(s)平面的映射关系

设复变量 s 沿闭合曲线 Γ 顺时针运动一周，研究 F(s)相角的变化情况

$$\delta\angle[F(s)] = \oint_\Gamma \angle[F(s)]ds \tag{3-68}$$

因为

$$\angle[F(s)] = \angle(s-z_1)+\angle(s-z_2)-\angle(s-p_1)-\angle(s-p_2) \tag{3-69}$$

因而

$$\delta\angle[F(s)] = \delta\angle(s-z_1)+\delta\angle(s-z_2)-\delta\angle(s-p_1)-\delta\angle(s-p_2) \tag{3-70}$$

由于 z_1 和 p_1 被 Γ 所包围，故按复平面向量的相角定义，逆时针旋转为正，顺时针旋转为负，有

$$\delta\angle(s-z_1) = \delta\angle(s-p_1) = -2\pi$$

而对于零点 z_2，由于 z_2 未被 Γ 所包围，过 z_2 作两条直线与闭合曲线 Γ 相切，设 s_1,s_2 为切点，则在 Γ 的 s_1s_2 段，$s-z_2$ 的角度减小，在 Γ 的 s_2s_1 段，角度增大，且有

$$\delta\angle(s-z_2) = \oint_\Gamma \angle(s-z_2)ds = \int_{\Gamma s_1s_2}\angle(s-z_2)ds + \int_{\Gamma s_2s_1}\angle(s-z_2)ds = 0$$

p_2 未被 Γ 包围，同理可得 $\delta\angle(s-p_2)=0$。

上述讨论表明，当 s 沿[s]平面任意闭合曲线 Γ 运动一周时，F(s)绕 F(s)平面原点的圈数只和 F(s)被闭合曲线 Γ 所包围的极点和零点的代数和有关。上例中 $\delta\angle[F(s)]=0$，因而，形成如下幅角原理。

幅角原理：设 s 平面闭合曲线 Γ 包围 F(s)的 Z 个零点和 P 个极点，则 s 沿 Γ 顺时针运动一周时，在 F(s)平面上，F(s)闭合曲线 Γ 包围原点的圈数

$$R = P - Z \tag{3-71}$$

$R<0$ 和 $R>0$ 分别表示 Γ_F 顺时针包围和逆时针包围 F(s) 平面的原点，$R=0$ 表示不包围 F(s) 平面的原点。

② 复变函数 F(s)的选择   控制系统的稳定性判定是利用已知开环传递函数来判定闭环系统的稳定性。为应用幅角原理，选择复变函数

$$F(s) = 1+G(s)H(s) = 1+\frac{B(s)}{A(s)} = \frac{A(s)+B(s)}{A(s)} \tag{3-72}$$

由式（3-72）可知，$F(s)$ 具有以下特点：

a. $F(s)$ 的零点为闭环传递函数的极点，$F(s)$ 的极点为开环传递函数的极点。

b. 因为开环传递函数分母多项式的阶次一般大于或等于分子多项式的阶次，故 $F(s)$ 的零点和极点数相同。

c. s 沿闭合曲线 Γ 运动一周所产生的两条闭合曲线 Γ_F 和 Γ_{GH} 只相差常数 1，即闭合曲线 Γ_F 可由 Γ_{GH} 沿实轴正方向平移一个单位长度获得。闭合曲线 Γ_F 包围 $F(s)$ 平面原点的圈数等于闭合曲线 Γ_{GH} 包围 $F(s)$ 平面$(-1，j0)$点的圈数，其几何关系如图 3-48 所示。

由 $F(s)$ 的特点可以看出，$F(s)$ 取上述特定形式具有两个优点：其一是建立了系统的开环极点和闭环极点与 $F(s)$ 的零极点之间的直接联系；其二是建立了闭合曲线 Γ 和闭合曲线 Γ_{GH} 之间的转换关系。在已知开环传递函数 $G(s)H(s)$ 的条件下，上述优点为幅角原理的应用创造了条件。

③ [s]平面闭合曲线 Γ 的选择　系统的闭环稳定性取决于系统闭环传递函数极点即 $F(s)$ 的零点的位置，因此当选择[s]平面闭合曲线 Γ 包围[s]平面的右半平面时，若 $F(s)$ 在[s]右半平面的零点数 $Z=0$，则闭环系统稳定。考虑到前述闭合曲线 Γ 应不通过 $F(s)$ 的零极点的要求，Γ 可取图 3-48 所示的两种形式。

当 $G(s)H(s)$ 无虚轴上的极点时，见图 3-49（a），[s]平面闭合曲线 Γ 由两部分组成。

a. $s = \infty e^{j\theta}$，$\theta \in [-90°，0°]$，即圆心为原点、第Ⅳ象限中半径为无穷大的 1/4 圆，$s = j\omega$，$\omega \in (-\infty，0]$，即负虚轴。

b. $s = j\omega$，$\omega \in (-\infty，0]$，即正虚轴，$s = \infty e^{j\theta}$，$\theta \in [0°，90°]$，即圆心为原点、第Ⅰ象限中半径为无穷大的 1/4 圆。

当 $G(s)H(s)$ 在虚轴上有极点时，为避开开环虚极点，在图 3-49（a）所选闭合曲线 Γ 的基础上加以扩展，构成图 3-49（b）所示的闭合曲线 Γ。

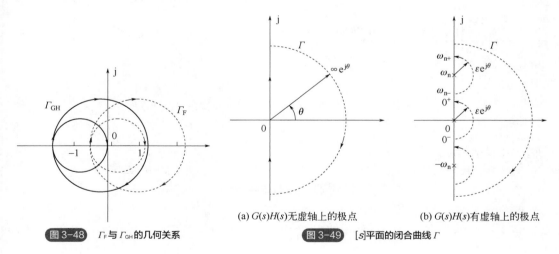

图 3-48　Γ_F 与 Γ_{GH} 的几何关系　　　　　**图 3-49**　[s]平面的闭合曲线 Γ

(a) $G(s)H(s)$无虚轴上的极点　　(b) $G(s)H(s)$有虚轴上的极点

c. 开环系统含有积分环节时，在原点附近，取 $s = \varepsilon e^{j\theta}$（$\varepsilon$ 为正无穷小量），$\theta \in [-90°，90°]$，即圆心为原点、半径为无穷小的半圆。

d. 开环系统含有等幅振荡环节时，在 $\pm j\omega_n$ 附近，取 $s = \pm j\omega_n + \varepsilon e^{j\theta}$（$\varepsilon$ 为正无穷小量），$\theta \in [-90°，90°]$，即圆心为 $\pm j\omega_n$、半径为无穷小的半圆。

按上述 Γ 曲线，函数 $F(s)$ 位于[s]右半平面的极点数即开环传递函数 $G(s)H(s)$ 位于[s]右半平面的极点数 P 应不包括 $G(s)H(s)$ 位于[s]平面虚轴上的极点数。

④ $G(s)H(s)$闭合曲线的绘制　由图3-49知，[s]平面闭合曲线Γ关于实轴对称，鉴于$G(s)H(s)$为实系数有理分式函数，故闭合曲线Γ_{GH}亦关于实轴对称，因此只需绘制Γ_{GH}在$\text{Im}\,s \geqslant 0, s \in \Gamma$对应的曲线段，得$G(s)H(s)$的半闭合曲线，称为奈奎斯特曲线，仍记为$\Gamma_{GH}$。

a. $G(s)H(s)$无虚轴上极点。

Γ_{GH}在$s = j\omega, \omega \in [0, +\infty)$时，对应开环幅相特性曲线。

Γ_{GH}在$s = \infty e^{j\theta}, \theta \in [0°, 90°]$时，对应原点（$n>m$时）或（$K^*$, j0）点（$n=m$时），$K^*$为系统开环根轨迹增益。

b. $G(s)H(s)$有虚轴极点。当开环系统含有积分环节（环节个数v）时，设

$$G(s)H(s) = \frac{1}{s^v} G_1(s); v > 0, |G_1(j0)| \neq \infty \tag{3-73}$$

有　　　　$$A(0_+) = \infty, \varphi(0_+) = \angle[G(j0_+)H(j0_+)] = v \times (-90°) + \angle[G_1(j0_+)] \tag{3-74}$$

于是在原点附近，闭合曲线Γ为$s = \varepsilon e^{j\theta}, \theta \in [0°, 90°]$，且有$G_1(\varepsilon e^{j\theta}) = G_1(j0)$，故

$$G(s)H(s)\big|_{s=\varepsilon e^{j\theta}} \approx \infty e^{j\{\angle(\frac{1}{\varepsilon^v e^{j\theta v}}) + \angle[G_1(\varepsilon e^{j\theta})]\}} = \infty e^{j\{v \times (-\theta) + \angle[G_1(j0)]\}} \tag{3-75}$$

对应的曲线为从$G_1(j0)$点起，半径为∞、圆心角为$v \times (-\theta)$的圆弧，即可从$G(j0_+)H(j0_+)$点起逆时针作半径无穷大、圆心角为$v \times 90°$的圆弧，如图3-50（a）中虚线所示。

当开环系统含有等幅振荡环节时，设

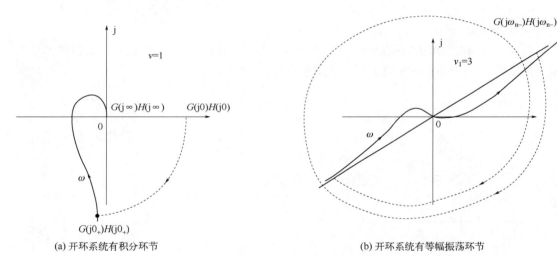

(a) 开环系统有积分环节　　　　　　　　(b) 开环系统有等幅振荡环节

图 3-50　F(s)平面的半闭合曲线

$$G(s)H(s) = \frac{1}{(s^2 + \omega_n^2)^{v_1}} G_1(s) \tag{3-76}$$

考虑s在$j\omega_n$附近沿Γ运动时，Γ_{GH}的变化为

$$s = j\omega_n + \varepsilon e^{j\theta}; \qquad \theta \in [-90°, 90°] \tag{3-77}$$

因为ε为正无穷小量，所以式（3-76）可写为

$$G(s)H(s) = \frac{1}{(2j\omega_n \varepsilon e^{j\theta} + \varepsilon^2 e^{j2\theta})^{v1}} G_1(j\omega_n + \varepsilon e^{j\theta}) \approx \frac{e^{-j(\theta+90°)v_1}}{(2\omega_n \varepsilon)^{v_1}} G(j\omega_n) \tag{3-78}$$

故有
$$\begin{cases} A(s) = \infty \\ \varphi(s) = \begin{cases} \angle[G_1(j\omega_n)] & \theta = -90°, 即\, s = j\omega_{n-} \\ \angle[G_1(j\omega_n)] - (\theta + 90°)v_1 & \theta \in (-90°, 90°) \\ \angle[G_1(j\omega_n)] - v_1 \times 180° & \theta = 90°, 即\, s = j\omega_{n+} \end{cases} \end{cases} \tag{3-79}$$

因此，s 沿 Γ 在 $j\omega_n$ 附近运动时，对应的 Γ_{GH} 闭合曲线为半径无穷大、圆心角等于 $v_1 \times 180°$ 的圆弧，即应从 $G(j\omega_{n-})H(j\omega_{n-})$ 点起以半径为无穷大顺时针作 $v_1 \times 180°$ 的圆弧至 $G(j\omega_{n+})H(j\omega_{n+})$ 点，如图 3-50（b）中虚线所示。上述分析表明，半闭合曲线 Γ_{GH} 由开环幅相特性曲线和根据开环虚轴极点所补作的无穷大半径的虚线圆弧两部分组成。

⑤ 闭合曲线 Γ_F 包围原点圈数 R 的计算　根据半闭合曲线 Γ_{GH} 可获得 Γ_F 包围原点的圈数 R。设 N 为 Γ_{GH} 穿越 $(-1, j0)$ 点左侧负实轴的次数，N_+ 表示正穿越的次数和（从上向下穿越），N_- 表示负穿越的次数和（从下向上穿越），则

$$R = 2N = 2(N_+ - N_-) \tag{3-80}$$

在图 3-51 中，虚线为按系统型次 v 或等幅振荡环节数 v_1 补作的圆弧，点 A、B 为奈氏曲线与负实轴的交点，按穿越负实轴上 $(-\infty, -1)$ 段的方向，分别有：

图 3-51（a），A 点位于 $(-1, j0)$ 点左侧，Γ_{GH} 从下向上穿越，为一次负穿越，故 $N_- = 1$，$N_+ = 0$，$R = -2N_- = -2$。

图 3-51（b），A 点位于 $(-1, j0)$ 点的右侧，$N_+ = N_- = 0$，$R = 0$。

图 3-51（c），A，B 点均位于 $(-1, j0)$ 点左侧，而在 A 点处 Γ_{GH} 从下向上穿越，为一次负穿越；B 点处则 Γ_{GH} 从上向下穿越，为一次正穿越，故有 $N_+ = N_- = 1$，$R = 0$。

图 3-51（d），A，B 点均位于 $(-1, j0)$ 点左侧，A 点处 Γ_{GH} 从下向上穿越，为一次负穿越，B 点处 Γ_{GH} 从上向下运动至实轴并停止，为半次正穿越，故 $N_- = 1$，$N_+ = \dfrac{1}{2}$，$R = -1$。

图 3-51（e），A，B 点均位于 $(-1, j0)$ 点的左侧，A 点对应 $\omega = 0$，随 ω 增大，Γ_{GH} 离开负实轴，为半次负穿越，而 B 点处为一次负穿越，故有 $N_- = \dfrac{3}{2}$，$N_+ = 0$，$R = -3$。

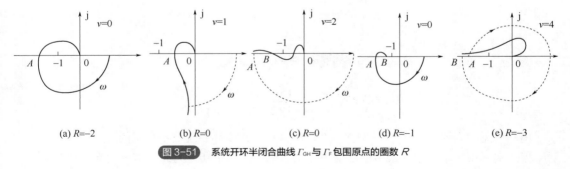

图 3-51　系统开环半闭合曲线 Γ_{GH} 与 Γ_F 包围原点的圈数 R

Γ_F 包围原点的圈数 R 等于 Γ_{GH} 包围 $(-1, j0)$ 点的圈数。计算 R 的过程中应注意正确判断 Γ_{GH} 穿越 $(-1, j0)$ 点左侧负实轴时的方向、半次穿越和虚线圆弧所产生的穿越次数。

（2）奈奎斯特稳定判据

奈奎斯特稳定判据简称为奈氏判据，它是利用系统开环奈奎斯特图判断闭环系统稳定性的频率域图解方法。它从代数判据中脱颖而出，故可以说它是一种几何判据。

利用奈氏判据也不必求取闭环系统的特征根，而是通过系统开环频率特性 $G(j\omega)H(j\omega)$ 曲线来分析闭环系统的稳定性。由于系统的频率特性可以用实验方法得到，所以奈氏判据对那些无法用分析法获得传递函数的系统来说，具有重要的意义。另外，奈氏判据还能表明系统的稳定裕度即相对稳定性，进而指出改善系统稳定性的途径。

如图 3-46 的闭环系统，其传递函数为 $\dfrac{Y(s)}{X(s)} = \dfrac{G(s)}{1+G(s)H(s)}$，这个系统是否稳定，可用奈奎斯特稳定判据判别，其判据为：在开环传递函数 $G(s)H(s)$ 中，令 $s = j\omega$，当 ω 在 $-\infty \sim +\infty$ 范围内变化时，可画出闭合的极坐标图（奈奎斯特图），它以逆时针方向绕（-1，$j0$）点的圈数为 N，假定开环极点在[s]右半平面的个数为 P，当满足于 $N=P$ 的关系时，闭环系统是稳定的。若 ω 在 $0 \sim +\infty$ 范围内变化时，当满足 $2N=P$ 的关系时，闭环系统是稳定的。

如图 3-52 所示为两个系统的开环极坐标图，对应图 3-52（a）的开环传递函数为

$$G(s)H(s) = \frac{15s^2 + 9s + 1}{(s-1)(2s-1)(3s+1)}$$

由图可见，极坐标图当频率 ω 由 $-\infty$ 变化到 $+\infty$ 时，以逆时针绕（-1，$j0$）点 2 圈，即 $N=2$，由上面 $G(s)H(s)$ 可以看出，开环传递函数有 2 个极点在[s]右半平面，即 $P=2$。由于极坐标图的转向是逆时针的，又由于 $N=P$，所以对应的闭环系统是稳定的。

而对应图 3-52（b）的开环传递函数为

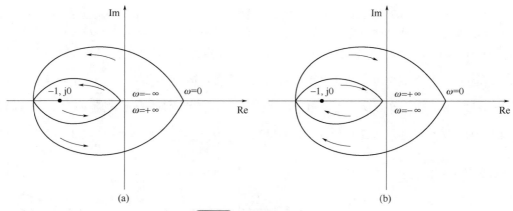

图 3-52 两系统的极坐标图

$$G(s)H(s) = \frac{15s^2 + 9s + 1}{(s+1)(2s+1)(1-3s)}$$

由图可见，$N = -2$，$P = 1$，即 $N \neq P$，所以对应的闭环系统是不稳定的。

但在实际系统中，用得最多的是最小相位系统，因而 $P=0$，为此，这种闭环系统若稳定，必须 $N=0$。又因为 ω 变化时，频率 ω 由 $-\infty$ 变化到 0，再由 0 变化到 $+\infty$ 时，所对应的奈奎斯特图是对称的，所以只研究 $0 \sim +\infty$ 时这一频率段即可。

如果系统在开环状态下是稳定的，闭环系统稳定的充要条件是：它的开环极坐标图不包围（-1，$j0$）点，如图 3-53（a）所示。反之，若曲线包围（-1，$j0$）点，则闭环系统将是不稳定的，如图 3-53（b）所示。若曲线通过（-1，$j0$）点，则闭环系统处于临界状态，如图 3-53（c）所示。

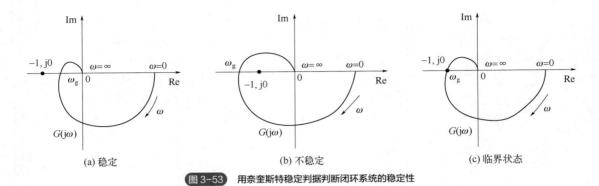

(a) 稳定　　　　　　　　(b) 不稳定　　　　　　　　(c) 临界状态

图 3-53　用奈奎斯特稳定判据判断闭环系统的稳定性

【例 3-20】已知两单位反馈系统的开环传递函数分别为

$$G_1(s) = \frac{K_1}{(T_1 s + 1)(T_2 s + 1)(T_3 s + 1)}$$

$$G_2(s) = \frac{K_2}{(T_1 s + 1)(T_2 s + 1)(T_3 s + 1)}$$

其开环极坐标曲线分别如图 3-54（a）、（b）所示，试用奈氏判据分别判断对应的闭环系统的稳定性。

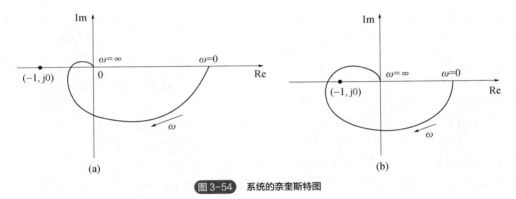

(a)　　　　　　　　　　(b)

图 3-54　系统的奈奎斯特图

解：系统 1，由开环传递函数 $G_1(s)$ 的表达式知，$P=0$ 开环稳定。由图 3-54（a）可见，开环奈奎斯特图没有包围（−1，j0）点，因此闭环系统稳定。

系统 2，由开环传递函数 $G_2(s)$ 的表达式知，$P=0$ 开环稳定。由图 3-54（b）可见，开环奈奎斯特图包围了（−1，j0）点，根据奈氏判据该系统闭环不稳定。

【例 3-21】某个单位负反馈系统的开环系统奈氏曲线如图 3-55（a）~（d）所示。并已知各系统开环不稳定特征根的个数 P，试判别各闭环系统的稳定性。

解：图 3-55（a）、（b）所示两个系统的 $P=0$，故由奈氏判据判定，系统闭环稳定。图 3-55（c）开环幅相特性曲线包围（−1，j0）点，故由奈氏判据可判定，其闭环系统不稳定。图 3-55（d）由于 $P=2$，而 ω 是从 $0 \to \infty$ 变化的，当 ω 从 $-\infty \to +\infty$ 变化时，$N=2$，故由奈氏判据知，闭环稳定。

在应用奈氏判据时要注意下述几点：

a．要仔细确定开环右极点的数目 P，特别注意，虚轴上的开环极点要按左极点处理；

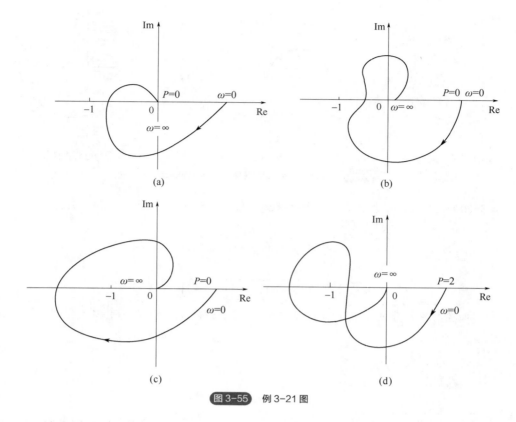

图 3-55　例 3-21 图

b. 要仔细确定开环奈氏曲线围绕点（−1，j0）的圈数 N，这在频率特性曲线比较复杂时，不易清晰地看出，为此引出"穿越"的概念。

所谓"穿越"，即奈氏曲线 $G(j\omega)H(j\omega)$ 穿过点（−1，j0）左边的实轴 $(-1,-\infty)$。若奈氏曲线由上而下穿过点（−1，j0）左边的实轴，称"正穿越"（相角增大），用 N_+ 表示；若奈氏曲线由下而上穿越，称"负穿越"（相角减小），用 N_- 表示。穿过点（−1，j0）左边实轴一次，则穿越数为 1，若奈氏曲线始于[图 3-56（a）]或止于[图 3-56（b）]点（−1，j0）以左的实轴 $(-1,-\infty)$ 上，则穿越数为 1/2，称"半次穿越"。

正穿越一次，对应着奈氏曲线 $G(j\omega)H(j\omega)$ 绕点（−1，j0）逆时针转动一圈；负穿越一次，对应着奈氏曲线 $G(j\omega)H(j\omega)$ 绕点（−1，j0）顺时针转动一圈。

奈奎斯特利用穿越法判据判断闭环系统稳定的充要条件是，当 ω 由 0 变化到 ∞ 时，$G(j\omega)H(j\omega)$ 曲线的正负穿越之差为 $P/2$（P 为开环传递函数在[s]右半平面的极点数），即 $N_+ - N_- = P/2$。

据此可以判定图 3-56（a）所示系统，虽然开环不稳定，但闭环稳定（$N_+ - N_- = 1/2 - 0 = P/2$）。图 3-56（b）所示系统，虽然开环稳定，但闭环不稳定（$N_+ - N_- = 0 - 1/2 \neq P/2$）。

当开环传递函数含有积分环节 $1/s^2$（即含有落在原点的极点），其开环奈氏曲线不和实轴封闭，难以说明在零附近变化时的奈氏曲线的变化，以及它们是否包围了临界点（−1，j0），如图 3-57 中实线所示。为此，可以作辅助圆（如图 3-57 中虚线所示），这就很容易看出图中曲线是否包围临界点（−1，j0）。辅助圆的做法是以无穷大为半径，从 $G(j\omega)H(j\omega)$ 端实轴起顺时针补画无穷大半径、圆心角为 $290°$ 的圆弧至 $G(0^+)H(0^+)$。

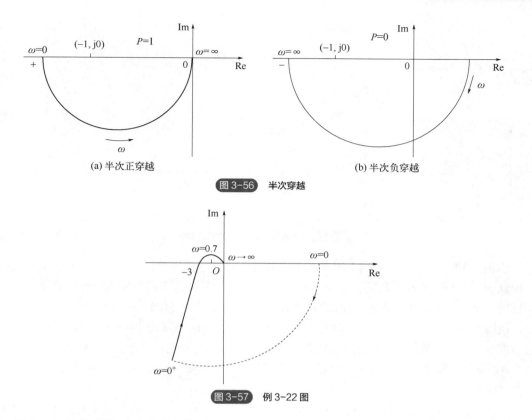

(a) 半次正穿越   (b) 半次负穿越

图 3-56   半次穿越

图 3-57   例 3-22 图

【例 3-22】若系统开环传递函数为

$$G(s)H(s) = \frac{4.5}{s(2s+1)(s+1)}$$

试用奈氏判据判别其闭环系统的稳定性。

解：画出开环系统奈氏图，如图 3-57 所示。从图中可知，$N = -1$，而由 $G(s)H(s)$ 表达式可知 $P = 0$。根据奈氏判据有

$$P - 2N = 0 - 2 \times (-1) = 2$$

所以，闭环系统不稳定。

（3）稳定裕度

在线性控制系统中，劳斯判据主要用来判断系统是否稳定。而对于系统稳定的程度如何以及是否具有满意的动态过程，劳斯判据无法确定。

上述分析表明，系统参数对系统稳定性是有影响的。适当选取系统的某些参数，不但可以使系统获得稳定，而且可以使系统具有良好的动态响应。

由奈奎斯特稳定判据可以推知：对于开环稳定（$P=0$）的闭环稳定系统，开环频率特性的奈奎斯特曲线距点（$-1, j0$）越远，则闭环系统的稳定性越高；曲线距点（$-1, j0$）越近，则其闭环系统的稳定性越低。

图 3-58 是系统开环奈奎斯特曲线对（$-1, j0$）点的位置与对应的系统单位阶跃响应示意图。图中各系统均为开环稳定（$P=0$）。

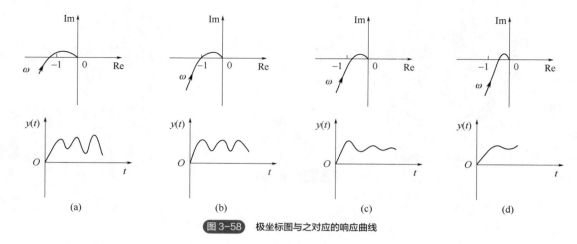

图 3-58 极坐标图与之对应的响应曲线

由图 3-58（a）可见，当开环频率特性的极坐标曲线包围（-1, j0）点时，对应闭环系统单位阶跃响应发散，闭环不稳定；由图 3-58（b）可见，当开环奈奎斯特曲线通过（-1, j0）点时，对应闭环系统单位阶跃响应呈等幅振荡；当开环奈奎斯特曲线不包围（-1, j0）点时，闭环系统稳定。由图 3-58（c）、（d）可见，开环奈奎斯特曲线距（-1, j0）点的远近程度不同，闭环系统稳定的程度也不同。这便是通常所说的系统的相对稳定性，通常以稳定裕度来表示系统的相对稳定性。

① 稳态裕度极坐标的表示　稳定裕度用相位裕度 γ 和幅值裕度 K_g 来定量描述，如图 3-59 所示。

a. 相位裕度 γ。在图 3-59（a）和（b）中，以原点为圆心，以单位值为半径，可作单位圆，它必然通过（-1, j0）点，并与奈奎斯特曲线交于 A 点，连接 O、A 点得 $\overline{OA}$，$\overline{OA}$ 与负虚轴的夹角 γ 称为相位裕度，大小为

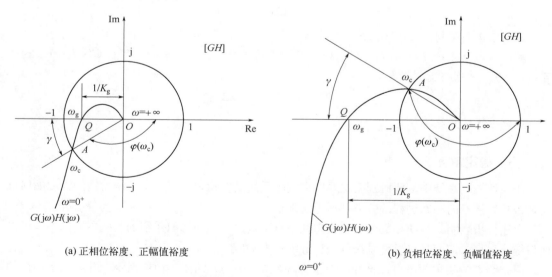

(a) 正相位裕度、正幅值裕度　　　　　　(b) 负相位裕度、负幅值裕度

图 3-59 表示稳定性裕度的奈奎斯特图

$$\gamma = \varphi(\omega_c) - (-180°) = \varphi(\omega_c) + 180°$$

式中，ω_c 为 A 点对应的频率，称为剪切频率或幅值穿越频率，这一频率对应的幅值为 1。相位裕度 γ 的物理意义是，如果 $\varphi(\omega_c)$ 滞后 γ 时，系统将处于临界状态。因此，相位裕度 γ

又可以称为相位稳定性储备。

b. 幅值裕度 K_g。开环奈奎斯特曲线与负实轴相交于 Q 点，这一点的频率 ω_g 对应的幅值为 $\left|G(j\omega_g)H(j\omega_g)\right|$，其倒数定义为幅值裕度 K_g，即

$$K_g = \frac{1}{\left|G(j\omega_g)H(j\omega_g)\right|}$$

式中，ω_g 为相位穿越频率，对应这点的频率的相角为−180°。

幅值裕度 K_g 的物理意义是：如果将开环增益放大 K_g 倍，系统将处于临界稳定状态。因此，幅值裕度又称为增益裕度。

由前面分析可见：

a. 对于闭环稳定系统，应有 $\gamma>0$，且 $K_g>1$；对于不稳定系统，有 $\gamma<0$，且 $K_g<1$。

b. 系统的稳定程度要由 γ、K_g 两项指标来衡量，通常，为了得到满意的性能，希望 K_g、γ 越大，系统的稳定性越好。但稳定裕度过大会影响系统的其他性能，如响应的快速性等。工程上一般取：

$$K_g = (6 \sim 20)\text{dB}$$
$$\gamma = 30° \sim 60°$$

② 稳定裕度伯德图表示　相位裕度和幅值裕度也可以在伯德图中表示，如图 3-59（a）、（b）所示。

此时，幅值裕度 K_g 的分贝值为

$$K_g = 20\lg K_g = 20\lg \frac{1}{\left|G(j\omega_g)H(j\omega_g)\right|}(\text{dB})$$

对于闭环稳定系统，应有 $\gamma>0$，且 $K_g>1$ 即 $K_g>0(\text{dB})$。如图 3-59（a）所示，在伯德图上，γ 必在−180°线以上；K_g 在 0dB 线以下。

对于不稳定系统，有 $\gamma<0$，$K_g<1$ 即 $K_g<0(\text{dB})$。如图 3-59（b）所示，此时，γ 在极坐标图的负实轴以上。在伯德图上，γ 在 180°线以下；K_g 在 0dB 线以上。

3.4.4　控制系统的稳态误差分析

评价一个系统的性能包括瞬态性能和稳态性能两大部分。瞬态响应的性能指标可以评价系统的快速性和稳定性，系统的准确性指标要用误差来衡量。系统的误差又可分为稳态误差和动态误差两部分。本节主要研究控制系统的稳态误差的概念及计算方法。

稳态误差的大小与系统所用的元件精度、系统的结构参数和输入信号的形式都有密切的关系。这里研究的稳态误差基于系统的元件都是理想化的，即不考虑元件精度对整个系统精度的影响。

（1）输入引起的稳态误差

① 误差传递函数与稳态误差　首先讨论单位反馈控制系统，如图 3-60 所示。其闭环传递函数为

$$\frac{Y(s)}{X(s)} = \frac{G(s)}{1+G(s)}$$

误差为

$$\varepsilon(s) = E(s) = \frac{1}{1+G(s)} X(s)$$

式中，$\dfrac{1}{1+G(s)}$ 称为误差传递函数。

根据终值定理，系统的稳态误差为

$$\varepsilon_{ss} = e_{ss} = \lim_{t \to \infty} e(t) = \lim_{s \to 0} sE(s) = \lim_{s \to 0} s \frac{1}{1+G(s)} X(s) \tag{3-81}$$

这就是求取输入引起的单位反馈系统稳态误差的方法。

如果为非单位反馈系统，如图 3-61 所示，其偏差的传递函数为

$$\frac{E(s)}{X(s)} = \frac{1}{1+G(s)H(s)}$$

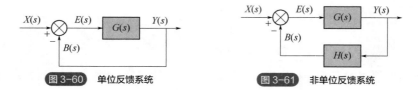

图 3-60　单位反馈系统　　　　图 3-61　非单位反馈系统

稳态偏差为

$$e_{ss} = \lim_{s \to 0} sE(s) = \lim_{s \to 0} s \frac{1}{1+G(s)H(s)} X(s)$$

系统的稳态误差为

$$\varepsilon_{ss} = \lim_{s \to 0} s\varepsilon(s) = \lim_{s \to 0} \frac{1}{H(s)} \times \frac{1}{1+G(s)H(s)} X(s) \tag{3-82}$$

即

$$\varepsilon_{ss} = \frac{e_{ss}}{H(0)} \tag{3-83}$$

从式（3-81）和式（3-82）可以看出，系统的稳态误差取决于系统的结构参数和输入信号的性质。

② 静态误差系数　图 3-60 所示的单位反馈系统，其开环传递函数为

$$G(s) = \frac{K(\tau_1 s+1)(\tau_2 s+1)\cdots(\tau_m s+1)}{s^N (T_1 s+1)(T_2 s+1)\cdots(T_n s+1)}$$

系统按开环传递函数所包含的积分环节的数目不同，即 $N=0$，$N=1$，$N=2$，分别称为 0 型、Ⅰ 型、Ⅱ 型系统。Ⅱ 型以上的系统则很少，因为此时系统稳定性将变差。

a. 静态位置误差系数 K_p。系统对阶跃输入 $X(s) = \dfrac{R}{s}$ 的稳态误差称为位置误差，即

$$\varepsilon_{ss} = \lim_{s \to 0} \frac{1}{1+G(s)} \times \frac{R}{s} = \frac{R}{1+\lim\limits_{s \to 0} G(s)}$$

静态位置误差系数 K_p 定义为

$$K_p = \lim_{s \to 0} G(s) = G(0)$$

故
$$\varepsilon_{ss} = \frac{R}{1+K_p}$$

由于系统的结构不同，系统的开环传递函数 $G(s)$ 是不同的，因而 K_p 也就不同。

ⅰ．0 型系统（$N=0$）。静态位置误差系数为

$$K_p = \lim_{s \to 0} G(s) = \lim_{s \to 0} \frac{K(\tau_1 s+1)(\tau_2 s+1)\cdots(\tau_m s+1)}{s^N(T_1 s+1)(T_2 s+1)\cdots(T_n s+1)} = K$$

稳态误差 $\varepsilon_{ss} = \dfrac{R}{1+K}$。

ⅱ．Ⅰ型系统（$N=1$）。静态位置误差系数为

$$K_p = \lim_{s \to 0} G(s) = \lim_{s \to 0} \frac{K(\tau_1 s+1)(\tau_2 s+1)\cdots(\tau_m s+1)}{s^N(T_1 s+1)(T_2 s+1)\cdots(T_n s+1)} = \infty$$

稳态误差 $\varepsilon_{ss} = 0$。

ⅲ．Ⅱ型系统（$N=2$）。静态位置误差系数为 $K_p = \infty$，稳态误差 $\varepsilon_{ss} = 0$。

图 3-62 所示为单位反馈控制系统的单位阶跃响应曲线，其中图 3-62（a）为 0 型系统，图 3-62（b）为Ⅰ型或高于Ⅰ型系统。

从上述可知，0 型系统对于阶跃输入具有稳态误差，只要开环放大系数足够大，该稳态误差可以足够小。但是过高的开环放大系数会使系统变得不稳定，所以，如果要求控制系统对阶跃输入没有稳态误差，则系统必须是Ⅰ型或高于Ⅰ型。

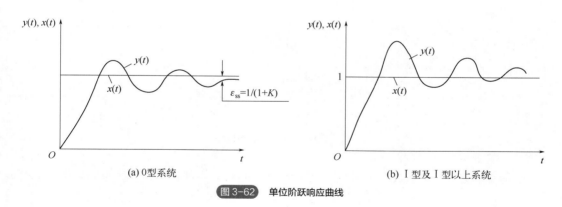

(a) 0型系统　　　　　　　　　　　　(b) Ⅰ型及Ⅰ型以上系统

图 3-62　单位阶跃响应曲线

b．静态速度误差系数 K_v。系统对斜坡输入 $X(s) = \dfrac{R}{s^2}$ 的稳态误差称为速度误差，即

$$\varepsilon_{ss} = \lim_{s \to 0} \frac{1}{1+G(s)} \times \frac{R}{s^2} = \frac{R}{\lim_{s \to 0} sG(s)}$$

静态速度误差系数 K_v 定义为

$$K_v = \lim_{s \to 0} sG(s)$$

故
$$\varepsilon_{ss} = \frac{R}{K_v}$$

ⅰ．0型系统（N=0）。静态速度误差系数为

$$K_v = \lim_{s \to 0} sG(s) = \lim_{s \to 0} s\frac{K(\tau_1 s+1)(\tau_2 s+1)\cdots(\tau_m s+1)}{s^N(T_1 s+1)(T_2 s+1)\cdots(T_n s+1)} = 0$$

稳态误差 $\varepsilon_{ss} = \infty$ 。

ⅱ．Ⅰ型系统（N=1）。静态速度误差系数为

$$K_v = \lim_{s \to 0} sG(s) = \lim_{s \to 0} s\frac{K(\tau_1 s+1)(\tau_2 s+1)\cdots(\tau_m s+1)}{s^N(T_1 s+1)(T_2 s+1)\cdots(T_n s+1)} = K$$

稳态误差 $\varepsilon_{ss} = \dfrac{R}{K}$ 。

ⅲ．Ⅱ型系统（N=2）。静态速度误差系数为

$$K_v = \lim_{s \to 0} sG(s) = \lim_{s \to 0} s\frac{K(\tau_1 s+1)(\tau_2 s+1)\cdots(\tau_m s+1)}{s^N(T_1 s+1)(T_2 s+1)\cdots(T_n s+1)} = \infty$$

稳态误差 $\varepsilon_{ss} = 0$ 。

图 3-63 为单位反馈系统对单位斜坡输入的响应曲线。

上述分析表明，0型系统不能跟踪斜坡输入；Ⅰ型系统能跟踪斜坡输入，但有一定的稳态误差［图 3-63（b）］，开环放大系数 K 越大，稳态误差越小；Ⅱ型或高于Ⅱ型的系统能够准确地跟踪斜坡输入，稳态误差为零［图 3-63（c）］。

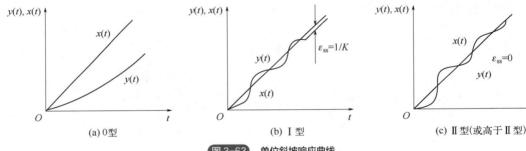

图 3-63　单位斜坡响应曲线

c．静态加速度误差系数 K_a 。系统对加速度输入 $X(s) = \dfrac{R}{s^3}$ 的稳态误差称为加速度误差，即

$$\varepsilon_{ss} = \lim_{s \to 0} \frac{1}{1+G(s)} \times \frac{R}{s^3} = \frac{R}{\lim_{s \to 0} s^2 G(s)}$$

静态加速度误差系数 K_a 定义为

$$K_a = \lim_{s \to 0} s^2 G(s)$$

故

$$\varepsilon_{ss} = \frac{R}{K_a}$$

ⅰ．0型系统（N=0）。静态加速度误差系数为

$$K_a = \lim_{s \to 0} s^2 G(s) = \lim_{s \to 0} s^2 \frac{K(\tau_1 s+1)(\tau_2 s+1)\cdots(\tau_m s+1)}{s^N(T_1 s+1)(T_2 s+1)\cdots(T_n s+1)} = 0$$

稳态误差 $\varepsilon_{\mathrm{ss}} = \infty$。

ⅱ．Ⅰ型系统（$N=1$）。静态加速度误差系数为

$$K_{\mathrm{a}} = \lim_{s \to 0} s^2 G(s) = \lim_{s \to 0} s^2 \frac{K(\tau_1 s + 1)(\tau_2 s + 1)\cdots(\tau_m s + 1)}{s^N (T_1 s + 1)(T_2 s + 1)\cdots(T_n s + 1)} = 0$$

稳态误差 $\varepsilon_{\mathrm{ss}} = \infty$。

ⅲ．Ⅱ型系统（$N=2$）。静态加速度误差系数为

$$K_{\mathrm{a}} = \lim_{s \to 0} s^2 G(s) = \lim_{s \to 0} s^2 \frac{K(\tau_1 s + 1)(\tau_2 s + 1)\cdots(\tau_m s + 1)}{s^N (T_1 s + 1)(T_2 s + 1)\cdots(T_n s + 1)} = K$$

稳态误差 $\varepsilon_{\mathrm{ss}} = \dfrac{R}{K}$。

图 3-64 为Ⅱ型单位反馈系统对单位加速度输入信号的响应曲线和加速度误差。由以上讨论可知，0 型和Ⅰ型系统都不能跟踪加速度输入信号；Ⅱ型系统能够跟踪加速度输入信号，但有一定的稳态误差，其值与开环放大系数 K 成反比。

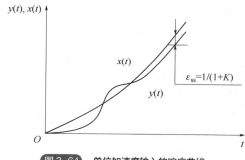

图 3-64　单位加速度输入的响应曲线

各种类型系统对 3 种典型输入信号的稳态误差列于表 3-7。

表 3-7　单位反馈系统稳态误差 $\varepsilon_{\mathrm{ss}}$

系统类型	输入信号		
	阶跃 $x(t)=R$	斜坡 $x(t)=Rt$	加速度 $x(t)=0.5Rt^2$
0 型	$R/(1+K)$	∞	∞
Ⅰ型	0	R/K	∞
Ⅱ型	0	0	R/K

③ 其他输入信号时的误差　如果系统承受除 3 种典型信号之外的某一信号输入，此信号 $x(t)$ 在 $t=0$ 点附近可以展开成泰勒级数为

$$x(t) = x(0) + x'(0)t + \frac{1}{2!}x''(0)t^2 + \cdots + \frac{x^{(n)}(0)}{n!}t^n$$

$$= R_0 + R_1 t + \frac{1}{2}R_2 t^2 + \cdots + \frac{1}{n!}R_n t^n$$

如果信号变化较为缓慢，其高阶项为微量，可以忽略，取到二次项，输入信号为

$$x(t) = R_0 + R_1 t + \frac{1}{2}R_2 t^2$$

这样，可以把输入信号看作阶跃函数、斜坡函数和加速度函数的合成，根据线性系统的叠加原理，则对应于每种输入函数的稳态误差可由表 3-7 查出，最后将这些误差叠加起来就可以得到总稳态误差。

小结：

a．同一系统，在输入信号不同时，系统的稳态误差不同。

b．稳态误差、速度误差、加速度误差分别对应阶跃、斜坡、加速度输入时所引起的输出上的误差。

c．对于单位反馈控制系统，稳态误差等于稳态偏差。

d．对于非单位反馈控制系统，先求出稳态偏差，再按式（3-83）求出稳态误差。

e．如为 3 种典型信号之外的某一输入信号，可把输入信号在时间 $t = 0$ 附近展开成泰勒级数，这样，可把控制信号看成几个典型信号之和，系统的稳态误差可看成是上述典型信号分别作用下的误差之和。

（2）存在扰动时的稳态误差

控制系统除给定输入作用外，还经常有各种扰动输入，因此，在扰动作用下的稳态误差值的大小，反映了系统的抗干扰能力。

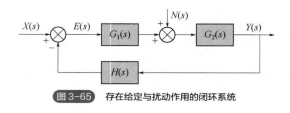

图 3-65　存在给定与扰动作用的闭环系统

下面研究图 3-65 所示的系统，该系统同时受到输入信号 $X(s)$ 和扰动信号 $N(s)$ 的作用，它们所引起的稳态误差，要在输入端度量并叠加。

求输入信号 $X(s)$ 作用下的稳态偏差 e_{ssx} ，可令 $N(s) = 0$ ，则

$$E_X(s) = \frac{X(s)}{1 + G_1(s)G_2(s)H(s)}$$

因此

$$e_{ssx} = \lim_{s \to 0} sE(s) = \lim_{s \to 0} \frac{sX(s)}{1 + G_1(s)G_2(s)H(s)}$$

求扰动信号 $N(s)$ 引起的稳态误差 e_{ssn} ，可令 $X(s)=0$ ，先求输出信号对扰动输入信号的传递函数

$$G_N(s) = \frac{Y_N(s)}{N(s)} = \frac{G_2(s)}{1 + G_1(s)G_2(s)H(s)}$$

则系统在扰动信号作用下的偏差为

$$E_N(s) = 0 + Y_N(s)H(s) = -\frac{G_2(s)H(s)}{1 + G_1(s)G_2(s)H(s)}N(s)$$

$$e_{ssx} = \lim_{s \to 0} sE_N(s) = \lim_{s \to 0} s\left[\frac{-G_2(s)H(s)}{1 + G_1(s)G_2(s)H(s)}N(s)\right]$$

系统在输入信号和扰动信号作用下的总偏差为

$$E(s) = E_X(s) + E_N(s) = \frac{X(s) - G_2(s)H(s)N(s)}{1 + G_1(s)G_2(s)H(s)}$$

总的稳态偏差为

$$e_{ss} = e_{ssx} + e_{ssn}$$

因此，系统总误差为

$$\varepsilon_{ss} = \frac{1}{H(0)} e_{ss}$$

【例 3-23】设单位反馈控制系统的开环传动函数是 $G(s) = \dfrac{100}{(0.2s+1)(s+10)}$，试分别求输入 $x(t) = 2(t)$ 和 $x(t) = 2 + 2t + t^2$ 时，系统的稳态误差。

解：首先将开环传递函数化成标准形式，即

$$G(s) = \frac{100}{(0.2s+1)(s+10)} = \frac{10}{(0.2s+1)(0.1s+1)}$$

从上式可知，系统为 0 型系统，$K=10$，有如下两种情况：

a. 当输入 $x(t) = 2(t)$ 时，系统的稳态误差为

$$e_{ss} = \frac{R}{1+k} = \frac{2}{11}$$

b. 当 0 型系统在输入 $1(t)$，$t, \dfrac{1}{2} t^2$ 信号作用下的稳态误差分别为 $\dfrac{1}{1+K}$，∞，∞，故根据线性叠加原理，系统的稳态误差为

$$e_{ss} = \frac{2}{1+10} + \infty + \infty = \infty$$

【例 3-24】如图 3-66 所示系统，当单位斜坡输入时，试推导出稳态误差 e_{ss} 与 K，F 的关系。

解：此题可用两种方法求解。

a. 系统的开环传递函数为

$$G(s)H(s) = \frac{k}{s(Js+F)} = \frac{\dfrac{k}{F}}{s\left(\dfrac{Js}{F}+1\right)}$$

系统为 I 型系统，且为单位斜坡输入，查表 3-7 可得

$$e_{ss} = \frac{1}{K} = \frac{F}{k}$$

b. 系统的闭环误差传递函数为

$$\frac{E(s)}{X(s)} = \frac{1}{1+G(s)H(s)} = \frac{1}{1+\dfrac{k}{s(Js+F)}} = \frac{Js^2 + Fs}{Js^2 + Fs + k}$$

输入为单位斜坡函数 $X(s) = \dfrac{1}{s^2}$ 时，代入上式中，得

$$E(s) = \frac{Js^2 + Fs}{Js^2 + Fs + k} \times \frac{1}{s^2}$$

得稳态误差为

$$e_{ss} = \lim_{s \to 0} s \frac{Js^2 + Fs}{Js^2 + Fs + k} \times \frac{1}{s^2} = \frac{F}{k}$$

【例 3-25】如图 3-67 所示系统，当输入信号 $x(t) = 1(t)$，干扰 $n(t) = 1(t)$ 时，求系统总的稳态误差 e_{ss}。

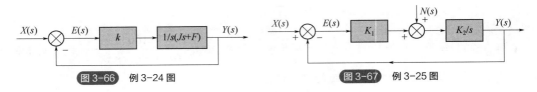

图 3-66　例 3-24 图　　　　　图 3-67　例 3-25 图

解：因为是单位反馈，稳态误差 e_{ss} 和稳态偏差 ε_{ss} 相等。

对于具有给定输入与扰动输入而引起总的稳态偏差 e_{ss}，可分别求引起的稳态偏差 e_{ssx}、e_{ssn}，再按叠加原理，即可得到

$$e_{ss} = e_{ssx} + e_{ssn}$$

先求由给定输入引起的稳态误差

$$e_{ssx} = \lim_{s \to 0} s \frac{1}{1 + K_1 \dfrac{K_2}{s}} \times \frac{1}{s} = 0$$

再求干扰引起的稳态误差

$$e_{ssn} = \lim_{s \to 0} s \frac{-\dfrac{K_2}{s}}{1 + K_1 \dfrac{K_2}{s}} \times \frac{1}{s} = -\frac{1}{K_1}$$

得

$$e_{ss} = e_{ssx} + e_{ssn} = 0 - \frac{1}{K_1} = -\frac{1}{K_1}$$

（3）减小稳态误差的方法

① 提高系统的开环增益　从表 3-7 看出：0 型系统跟踪单位阶跃信号、Ⅰ型系统跟踪单位斜坡信号、Ⅱ型系统跟踪恒加速信号时，其系统的稳态误差均为常值，且都与开环放大倍数 K（即开环增益）有关。若增大开环放大倍数 K，则系统的稳态误差可以显著下降。

提高开环放大倍数 K 固然可以使稳态误差下降，但 K 值取得过大会使系统的稳定性变坏，甚至造成系统不稳定。

② 增加系统的型号数　从表 3-7 看出：开环传递函数（就是系统前向通道传递函数）中没有积分环节（即 0 型系统）时，跟踪阶跃输入信号引起的稳态误差为常值；若开环传递函数中含有一个积分环节（Ⅰ型系统），跟踪阶跃输入信号引起的稳态误差为零；若开环传递函数中含有两个积分环节（即Ⅱ型系统），则系统跟踪阶跃输入信号、斜坡输入信号引起的稳态误差为零。

由上面的分析，粗看起来好像系统型号愈高，系统稳态性能愈好。因此，如果只考虑稳态精度，情况的确是这样。但若开环传递函数中含有的积分环节数过多，会降低系统的稳定性，以至于系统不稳定。在控制工程中，反馈控制系统的设计往往需要在稳态误差与稳定性要求之间进行折中。一般控制系统开环传递函数中的积分环节个数最多不超过 2。

③ 复合控制　如图 3-68（a）所示的闭环控制系统，为使稳态误差减小，还可以引进一补偿装置 $G_c(s)$，给定量 $X(s)$ 通过这一环节，对系统进行开环控制。这样引入的补偿信号与偏差信号 $E(s)$ 一起，对系统进行复合控制，如图 3-68（b）所示。

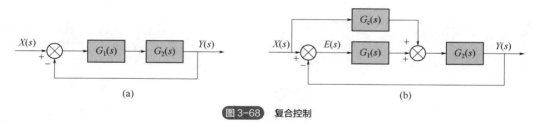

图 3-68　复合控制

图 3-68（b）中复合控制的闭环传递函数为

$$\frac{Y(s)}{X(s)} = \frac{\left[G_1(s) + G_c(s)\right]G_2(s)}{1 + G_1(s)G_2(s)} \tag{3-84}$$

又知

$$E(s) = X(s) - Y(s) \tag{3-85}$$

由式（3-84）得

$$Y(s) = \frac{G_1(s)G_2(s) + G_c(s)G_2(s)}{1 + G_1(s)G_2(s)} X(s)$$

代入式（3-85）后得

$$E(s) = X(s) - \frac{G_1(s)G_2(s) + G_c(s)G_2(s)}{1 + G_1(s)G_2(s)} X(s) = \frac{1 - G_c(s)G_2(s)}{1 + G_1(s)G_2(s)} X(s)$$

如使 $E(s) = 0$，则得

$$1 - G_c(s)G_2(s) = 0$$

故

$$G_c(s) = \frac{1}{G_2(s)} \tag{3-86}$$

因而如满足式（3-86）的条件，稳态误差为零，即 $Y(s) = X(s)$，输出再现输入量，按式（3-86）来选择补偿环节 $G_c(s)$，这个条件又称为按给定输入的不变性条件。

④ 前馈控制　为了消除由于扰动输入而引起的稳态误差，可以采用前馈控制。

图 3-69（a）为某一闭环控制系统方块图，可以把扰动输入 $N(s)$ 经一补偿装置 $G_c(s)$ 送到输入端而与给定输入信号 $X(s)$ 共同控制这一系统，这种控制称为前馈控制。它可以消除由于扰动输入而引起的稳态误差。由图 3-69（b）可以得到

$$Y(s) = G_2(s)[N(s) + E(s)G_1(s)] \tag{3-87}$$

$$E(s) = X(s) - Y(s) - G_2(s)N(s) \tag{3-88}$$

把式（3-88）代入式（3-87）中，整理后得到

$$Y(s) = \frac{G_1(s)G_2(s)}{1 + G_1(s)G_2(s)} X(s) + \frac{\left[1 - G_1(s)G_c(s)\right]G_2(s)}{1 + G_1(s)G_2(s)} N(s) \tag{3-89}$$

由式（3-89）可以看出，输出量由给定输入量 $X(s)$ 与扰动输入量 $N(s)$ 决定。为消除扰动影响，只要

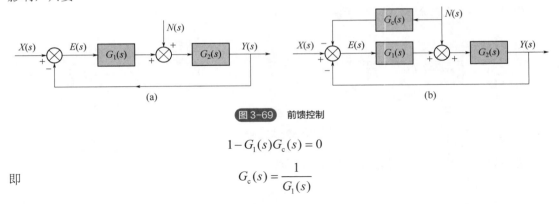

图 3-69 前馈控制

$$1 - G_1(s)G_c(s) = 0$$

即

$$G_c(s) = \frac{1}{G_1(s)}$$

3.4.5 控制系统稳定性分析实例

（1）劳斯稳定判据的应用

在线性控制系统中，劳斯判据主要用来判断系统的稳定性。如果系统不稳定，则这种判据并不能直接指出使系统稳定的方法；如果系统稳定，劳斯判据也不能保证系统具备满意的动态性能。换句话说，劳斯判据不能表明系统特征根在[s]平面上相对于虚轴的距离。由高阶系统单位脉冲响应表达式可见，若负实部特征方程式的根紧靠虚轴，则由于 $|s_j|$ 或 $\xi_k\omega_k$ 的值很小，系统动态过程将具有缓慢的非周期特性或强烈的振荡特性。为了使稳定的系统具有良好的动态响应，我们常常希望在[s]左半平面上系统特征根的位置与虚轴之间有一定的距离。为此，可在[s]左半平面上作一条 $s = -a$ 的垂线，而 a 是系统特征根位置与虚轴之间的最小给定距离，通常称为给定稳定度，然后用新变量 $s_1 = s + a$ 代入原系统特征方程，得到一个以 s_1 为变量的新特征方程，对新特征方程应用劳斯稳定判据，可以判别系统的特征根是否全部位于 $s = -a$ 垂线之左。此外，应用劳斯稳定判据还可以确定系统一个或两个可调参数对系统稳定性的影响，即确定一个或两个使系统稳定，或使系统特征根全部位于 $s = -a$ 垂线之左的参数取值范围。

【例 3-26】设比例-积分控制系统如图 3-70 所示。其中，K_1 为与积分器时间常数有关的待定参数。已知参数 $\xi = 0.2$ 及 $\omega_n = 86.6$，试用劳斯稳定判据确定使闭环系统稳定的 K_1 取值范围。如果要求闭环系统的极点全部位于 $s = -1$ 垂线之左，问 K_1 值范围又应取多大？

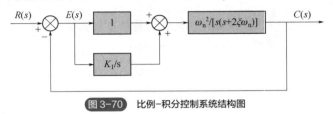

图 3-70 比例-积分控制系统结构图

解： 根据图 3-70 可写出系统的闭环传递函数为

$$\Phi(s) = \frac{\omega_n^2(s + K_1)}{s^3 + 2\xi\omega_n s^2 + \omega_n^2 s + K_1\omega_n^2}$$

因而，闭环特征方程为

$$D(s) = s^3 + 2\xi\omega_n s^2 + \omega_n^2 s + K_1\omega_n^2 = 0$$

代入已知的 ξ 与 ω_n，得

$$D(s) = s^3 + 34.6s^2 + 7500s + 7500K_1 = 0$$

相应的劳斯表为

$$
\begin{array}{c|cc}
s^3 & 1 & 7500 \\
s^2 & 34.6 & 7500K_1 \\
s^1 & \dfrac{34.6 \times 7500 - 7500K_1}{34.6} & 0 \\
s^0 & 7500K_1 &
\end{array}
$$

根据劳斯稳定判据，令劳斯表中第一列各元为正，求得 K_1 的取值范围为

$$0 < K_1 < 34.6$$

当要求闭环极点全部位于 $s = -1$ 垂线之左时，可令 $s = s_1 - 1$，代入原特征方程，得到新特征方程：

$$(s_1 - 1)^3 + 34.6(s_1 - 1)^2 + 7500(s_1 - 1) + 7500K_1 = 0$$

整理得

$$s_1^3 + 31.6s_1^2 + 7433.8s_1 + (7500K_1 - 7466.4) = 0$$

相应的劳斯表为

$$
\begin{array}{c|cc}
s_1^3 & 1 & 7433.8 \\
s_1^2 & 31.6 & 7500K_1 - 7466.4 \\
s_1^1 & \dfrac{31.6 \times 7433.8 - (7500K_1 - 7466.4)}{31.6} & 0 \\
s_1^0 & 7500K_1 - 7466.4 &
\end{array}
$$

令劳斯表中第一列各元为正，使得全部闭环极点位于 $s = -1$ 垂线之左的 K_1 取值范围为

$$1 < K_1 < 32.3$$

如果需要确定系统其他参数，例如时间常数对系统稳定性的影响，方法类似。一般说来，这种待定参数不能超过两个。有关系统稳定性分析及参数选择对系统稳定性的影响问题，可以利用 Matlab 软件来解决。

（2）虚轴上有开环极点时的奈氏判据

如果开环传递函数 $G(s)H(s)$ 在虚轴上有极点，因为幅角定理要求奈氏轨线不能经过 $F(s)$ 的奇点，为了在这种情况下应用奈氏判据，可以对奈氏轨线略作修改。使其沿着半径为无穷小（$r \to 0$）的半圆绕过虚轴上的极点。当系统串联有积分环节时，则开环系统在坐标原点处有极点，此时相应的奈氏轨线可以修改为图 3-71 所示，图中的小半圆绕过了位于坐标原点的极点，当 $r \to 0$ 时 $F(s)$ 在[s]平面右半部的零点和极点

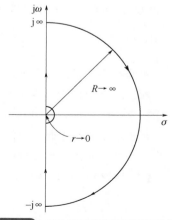

图 3-71　开环含有积分环节时的奈氏轨线

仍被奈氏轨线所包围，只是将原点划到了左半部，以便适应奈氏判据的要求。

设系统开环传递函数为

$$G(s)H(s) = \frac{K\prod\limits_{i=1}^{m}(T_i s + 1)}{s^{\nu}\prod\limits_{j=1}^{n-\nu}(T_j s + 1)}$$

式中，ν 为串联积分环节的数目，当沿着无穷小半圆逆时针方向移动时，有 $s = \lim\limits_{r \to 0} r e^{j\theta}$，映射到 [$GH$] 平面的曲线可以按下式求得

$$G(s)H(s)\Big|_{s=\lim\limits_{r\to 0} re^{j\theta}} = \frac{K\prod\limits_{i=1}^{m}(T_i s + 1)}{s^{\nu}\prod\limits_{j=1}^{n-\nu}(T_j s + 1)}\Bigg|_{s=\lim\limits_{r\to 0} re^{j\theta}} = \lim\limits_{r\to 0}\frac{K}{r^{\nu}}e^{j\nu\theta} = \infty e^{j\nu\theta}$$

由上述分析可见，当 s 沿小半圆从 $\omega = 0^-$ 变化到 $\omega = 0^+$ 时，θ 角沿逆时针方向从 $-\frac{\pi}{2}$ 经 $0°$ 变化到 $\frac{\pi}{2}$，这时 [GH] 平面上的映射曲线将沿着无穷大半径按顺时针方向从 $\frac{\pi}{2}\nu$ 转到 $-\frac{\pi}{2}\nu$。

上述结论是针对最小相位系统推导出来的，概括来讲，无论是对于最小相位系统还是非最小相位系统，若开环传递函数有 ν 个积分环节（ν 个 $s=0$ 的极点），那么当 s 沿小半圆从 $\omega = 0^-$ 变化到 $\omega = 0^+$ 时，其映射曲线是 [GH] 平面半径为无穷大，沿顺时针转过 $180°\nu$ 的圆弧。

【例 3-27】已知开环传递函数为

$$G(s)H(s) = \frac{K}{s(Ts+1)}$$

其中 $K > 0$、$T > 0$，绘制奈氏图并判别系统的稳定性。

解：该系统 $G(s)H(s)$ 在坐标原点处有一个极点，为 Ⅰ 型系统，因此其奈氏轨线如图 3-72 所示，当 s 沿无穷小半圆从 $\omega = 0^-$ 到 $\omega = 0^+$ 移动时，在 [GH] 平面上映射曲线为半径 $R \to \infty$ 的半圆，与 $G(s)H(s)$ 的奈氏图相连接后的封闭曲线如图 3-72 所示，此系统开环传递函数在 [s] 右半平面无极点，即 $p=0$，$G(s)H(s)$ 的奈氏曲线不包围点 $(-1, j0)$，即 $N = 0$。所以闭环系统是稳定的。

【例 3-28】已知开环传递函数为

$$G(s)H(s) = \frac{K(s+3)}{s(s-1)}$$

试绘制奈氏图，并分析闭环系统的稳定性。

解：由于 $G(s)H(s)$ 在 [s] 平面上右半部有一极点，故 $p=1$，其奈氏图如图 3-73 所示，图中可见当 ω 从 $-\infty$ 到 $+\infty$ 变化时，奈氏曲线逆时针包围点 $(-1, j0)$ 一周，因此闭环系统是稳定的。

由于本系统是非最小相位系统，因此当 ω 从 $\omega = 0^-$ 经过原点到 $\omega = 0^+$ 变化时，映射到 [GH] 平面上是半径为无穷大按顺时针从 $\omega = 0^-$ 转到 $\omega = 0^+$ 的圆弧，即顺时针转过 $180°$（$\nu=1$）。

【例 3-29】已知系统的开环传函为

$$G(s)H(s) = \frac{K(T_2 s + 1)}{s^2(T_1 s + 1)}$$

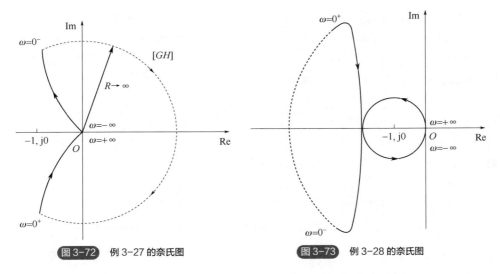

图 3-72 例 3-27 的奈氏图   图 3-73 例 3-28 的奈氏图

试分析 T_1 和 T_2 的相对大小对系统稳定性的影响，并绘制相应的奈氏图。

解： 开环频率特性

$$G(\mathrm{j}\omega)H(\mathrm{j}\omega) = \frac{K(\mathrm{j}\omega T_2 + 1)}{(\mathrm{j}\omega^2)(\mathrm{j}\omega T_1 + 1)}$$

由 $G(\mathrm{j}\omega)H(\mathrm{j}\omega)$ 可知：

当 $\omega = 0$ 时，$\left|G(\mathrm{j}\omega)H(\mathrm{j}\omega)\right| = \infty$，$\angle G(\mathrm{j}\omega)H(\mathrm{j}\omega) = -180°$

当 $\omega = \infty$ 时，$\left|G(\mathrm{j}\omega)H(\mathrm{j}\omega)\right| = 0$，$\angle G(\mathrm{j}\omega)H(\mathrm{j}\omega) = -180°$

对于任意 ω，有

$$\angle G(\mathrm{j}\omega)H(\mathrm{j}\omega) = -180° - \arctan(T_1\omega) + \arctan(T_2\omega)$$

$$\left|G(\mathrm{j}\omega)H(\mathrm{j}\omega)\right| = \frac{K\sqrt{(T_2\omega)^2 + 1}}{\omega^2\sqrt{(T_1\omega)^2 + 1}}$$

根据以上两式可以绘制出，当 $T_1 < T_2$、$T_1 = T_2$、$T_1 > T_2$ 三种情况下的奈氏图，如图 3-74 所示。

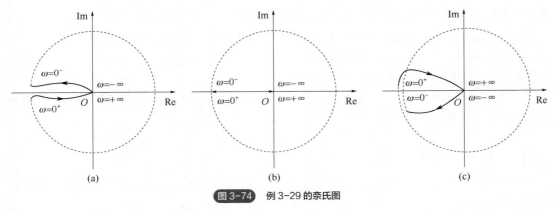

图 3-74 例 3-29 的奈氏图

① $T_1 < T_2$，当 $\omega = 0^+$ 时 $\angle G(\mathrm{j}\omega)H(\mathrm{j}\omega)$ 位于第三象限，大于 $-180°$，当 ω 从 $-\infty$ 到 $+\infty$ 变化时，$G(\mathrm{j}\omega)H(\mathrm{j}\omega)$ 曲线不包围点 $(-1, \mathrm{j}0)$，因此闭环系统稳定，如图 3-74（a）所示。

② $T_1 = T_2$，此时 $G(\mathrm{j}\omega)H(\mathrm{j}\omega)$ 曲线穿过点 $(-1, \mathrm{j}0)$，闭环系统临界稳定，如图 3-74 所示。

③ $T_1 > T_2$，当 $\omega = 0^+$ 时，$\angle G(j\omega)H(j\omega)$ 位于第二象限，小于 $-180°$，当 ω 从 $-\infty$ 到 $+\infty$ 变化时，$G(j\omega)H(j\omega)$ 曲线顺时针包围点（-1，$j0$）两周，说明有两个闭环极点位于[s]的右半平面上，闭环系统不稳定，如图 3-74（c）所示。

【例 3-30】已知系统开环传递函数为

$$G(s)H(s) = \frac{4s+1}{s^2(s+1)(2s+1)}$$

试分析系统的稳定性

解： 当 $\omega = 0$ 时 $\qquad\qquad \angle G(j\omega)H(j\omega) = -180°$

当 $\omega = +\infty$ 时 $\qquad\qquad \angle G(j\omega)H(j\omega) = -270°$

因此，奈氏曲线穿过负实轴，在交点处

$$\angle G(j\omega)H(j\omega) = -180° + \arctan(4\omega) - \arctan\omega - \arctan(2\omega) = -180°$$

由此式求出交点处 $\omega = \dfrac{\sqrt{2}}{4}$，而 $\left|G(j\omega)H(j\omega)\right|_{\omega=\frac{\sqrt{2}}{4}}$

$= 10.6$，开环系统奈氏图如图 3-75 所示。

此为 Ⅱ 型系统，当 ω 由 $\omega = 0^-$ 经原点到 $\omega = 0^+$ 移动时，奈氏曲线顺时针转过 2π 角度，当 ω 由 $-\infty$ 到 $+\infty$ 时，奈氏曲线顺时针包围点（-1，$j0$）两周，即 $N = 2$，$P = 0$。由 $N = Z - P$ 得 $Z = 2$，故有两个极点在[s]平面的右半部分，闭环系统不稳定。

关于奈氏判据的几点说明：

① 奈氏判据是基于幅角定理通过开环频率特性曲线（奈氏图）相对于点（-1，$j0$）的包围情况来判别

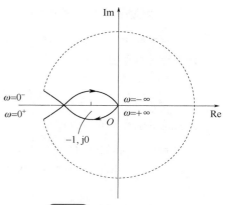

图 3-75 例 3-30 的奈氏图

闭环系统的稳定性。这是因为闭环特征多项式为 $F(s) = 1 + G(s)H(s)$，而 $F(s)$ 包围[F]平面原点的情况与 $G(s)H(s)$ 在[GH]平面包围点（-1，$j0$）的情况完全相同，因此用 $G(j\omega)H(j\omega)$ 曲线包围点（-1，$j0$）的情况同样可以反映闭环系统的固有特性。

② 用奈氏判据判别闭环系统稳定性的基本公式是 $N = Z - P$，判别步骤如下：首先要确定开环是否稳定，即 P 为多少，然后要作出开环频率特性 $G(j\omega)H(j\omega)$ 的奈氏图，根据其围绕点（-1，$j0$）的情况确定包围周数 N，$N > 0$ 表示顺时针旋转，$N < 0$ 表示逆时针旋转，最后再根据 $N = Z - P$（即 $Z = N + P$）确定 Z 是否为零，$Z = 0$ 表示闭环系统稳定，$Z \neq 0$ 表示闭环系统不稳定，Z 的数值等于闭环极点在[s]右半平面的数目。

③ 开环频率特性 $G(j\omega)H(j\omega)$ 的奈氏图是以实轴为对称的，因此一般只需给出 ω 由 0 到 $+\infty$ 变化的曲线即可判别闭环稳定性。

（3）伯德图判据

利用开环频率特性 $G(j\omega)H(j\omega)$ 的极坐标图（奈奎斯特图）来判别闭环系统稳定性的方法是奈奎斯特判据的方法。现若将开环极坐标图改画为开环对数坐标图，即伯德图，也同样可以利用它来判别系统的稳定性。这种方法有时称为对数频率特性判据，简称对数判据或伯德判据，它实质上是奈奎斯特判据的引申。

开环伯德图与开环极坐标图有如下对应关系：

① 奈奎斯特图上的单位圆相当于伯德图上的 0dB 线，即对数幅频特性图的横轴。因为此时

$$20\lg\left|G(\mathrm{j}\omega)H(\mathrm{j}\omega)\right| = 20\lg 1 = 0\mathrm{dB}$$

② 奈奎斯特上的负实轴相当于伯德图上的 $-180°$ 线，即对数相频特性图的横轴。因为此时相位 $\angle G(\mathrm{j}\omega)H(\mathrm{j}\omega)$ 均为 $-180°$。

由以上对应关系，极坐标图也可画成伯德图，如图 3-59（a）可画成图 3-76（a），图 3-59（b）可画成图 3-76（c）。

由图 3-76（b）可见，$G(\mathrm{j}\omega)H(\mathrm{j}\omega)$ 曲线顺时针包围点 $(-1, \mathrm{j}0)$，即曲线先在 ω_g 时交于负实轴，后在 ω_c 时才交于单位圆，亦即在伯德图[即图 3-76（d）]中，对数相频特性先在 ω_g 时交于 $-180°$ 线，对数幅频特性后在 ω_c 时交于 0dB 线。图 3-76（a），图 3-76（c）的情况则相反。

根据奈奎斯特判据和此种对应关系，伯德图数判据可表述如下：

① 对开环稳定的系统 $(P=0)$，在 ω 从 0 变化到 $+\infty$ 时，在 $L(\omega) \geqslant 0$ 的区间，若相频特性曲线 $\varphi(\omega)$ 不穿越 $-180°$ 线，则闭环系统稳定，如图 3-76（c）所示；否则闭环系统不稳定，如图 3-76（d）所示。

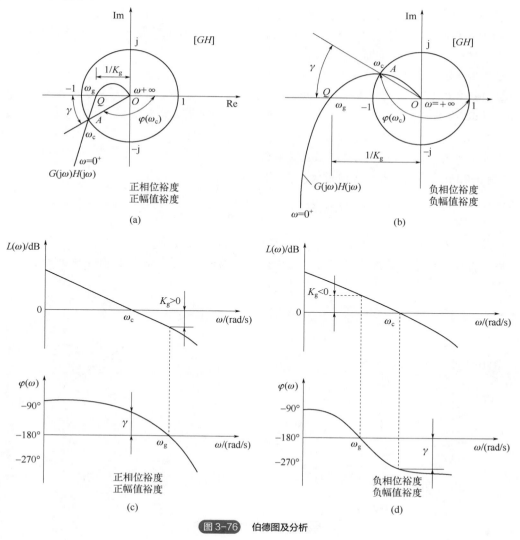

图 3-76　伯德图及分析

② 对开环不稳定的系统（$P \neq 0$），在 ω 从 0 变化到 $+\infty$ 时，在 $L(\omega) \geq 0$ 的区间，相频特性曲线 $\varphi(\omega)$ 在 $-180°$ 线上正、负穿越次数之差为 $N = P/2$ 次，则闭环系统是稳定的。

【例 3-31】试用伯德图的稳定判据判断图 3-77 所示系统的稳定性。

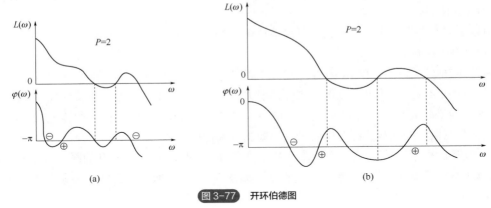

图 3-77 开环伯德图

解： ① 图 3-77（a）所示系统，根据已知条件，系统的开环右极点数 $P=2$。由图可知，在 $L(\omega) \geq 0\mathrm{dB}$ 的所有频率段内相频特性曲线对 $-180°$ 线的正穿越次数为 1 次，负穿越数为 2 次，故总的穿越次数为 1 次负穿越，$N = -1$。

根据伯德图稳定判据，$N \neq P/2$，故闭环系统不稳定。

② 图 3-77（b）所示系统，根据已知条件，系统的开环右极点数 $P=2$。由图可知，在 $L(\omega) \geq 0\mathrm{dB}$ 的所有频段内相频特性曲线对 $-180°$ 线的正穿越次数为 2 次，负穿越次数为 1 次，故总的穿越次数为 1 次正穿越，$N=1$。

根据伯德图稳定判据，$N=P/2$，故闭环系统稳定。

【例 3-32】某系统的开环传递函数为

$$G(s)H(s) = \frac{K}{s(s+1)(0.2s+1)}$$

试分别求 $K=2$ 和 $K=20$ 时，系统的幅值裕度 K_g 和相位裕度 γ。

解： 由开环传递函数知，系统开环稳定。分别绘制 $K=2$ 和 $K=20$ 时系统的伯德图，如图 3-78（a）、（b）所示。

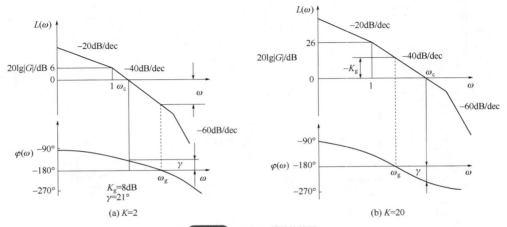

图 3-78 不同 K 值的伯德图

由图可见：

当 $K = 2$ 时，$K_g = 8\text{dB}$；$\gamma = 21°$。

当 $K = 20$ 时，$K_g = -12\text{dB}$；$\gamma = -30°$。

显然，$K = 20$ 时闭环系统不稳定。$K = 2$ 时系统是稳定的，此时相位裕度 γ 较小，小于30°，因此系统不具备满意的相对稳定性。

通过此例可以看出，利用伯德图求取相对稳定性具有下列优点：

① 伯德图可以由渐近线的方法绘出，故比较简便易行；

② 省去了计算 ω_c、ω_g 的繁杂过程；

③ 由于开环伯德图由各伯德图叠加而成，因此在伯德图上容易确定哪些环节是造成不稳定的主要因素，从而对其参数重新加以选择或修正；

④ 在需要调整开环增益 K 时，只需将对数幅频特性曲线上下平移即可，这样可很容易地看出增益 K 取何值时才能使系统稳定。

（4）奈氏稳定判据用于滞后系统稳定性分析

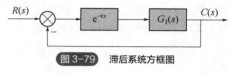

图3-79 滞后系统方框图

滞后系统的方框图如图3-79所示，系统开环传递函数为

$$G(s) = G_1(s)e^{-\tau s} \tag{3-90}$$

开环频率特性为

$$G(j\omega) = G(j\omega)e^{-j\tau\omega} \tag{3-91}$$

开环幅频与相频特性分别为

$$|G(j\omega)| = |G_1(j\omega)| \tag{3-92}$$

$$\angle G(j\omega) = \angle G_1(j\omega) - \tau\omega \tag{3-93}$$

由式（3-92）与式（3-93）可见，滞后系统的开环幅频特性与不考虑滞后环节的开环幅频特性完全相同，而滞后系统的开环相频特性则是不考虑滞后环节时的开环相频特性 $G_1(j\omega)$ 与 $\tau\omega$ 之差。因此，滞后环节对系统的影响主要表现在相移上。

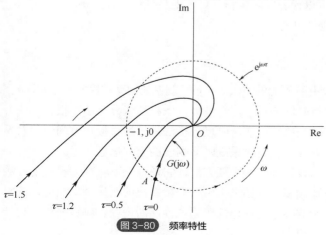

图3-80 频率特性

现设 $G_1(j\omega) = \dfrac{1}{s(s+1)}$，试分析滞后时间 τ 对稳定性的影响，图3-80绘出当 τ 取不同值时的奈氏图。

图中随着滞后时间常数 τ 由 0 逐渐增大，奈氏曲线的相位移也沿着顺时针方向逐渐增大，对于这种情况同样可以根据滞后系统的奈氏曲线对点（-1，j0）的包围次数和方向来判定系统是否稳定。例如对图3-80，除了滞后环节外，$G(s)$ 的极点全部在[s]平面右半部，即 $P=0$，

则对于某个 τ 值若使奈氏曲线正好通过点（-1，j0），则为临界稳定，若大于此 τ 值（如 $\tau = 1.5$），

则为不稳定，若小于此 τ 值（如 $\tau=0.5$），则系统稳定。

对于临界 τ 值的求取，可以采用如下办法。

该系统闭环特性方程为 $1+G_1(s)\mathrm{e}^{-\tau s}=0$，将 $G_1(s)$ 代入，可得

$$\frac{1}{s(s+1)}\mathrm{e}^{\tau s}=-1$$

或写为

$$\frac{1}{s(s+1)}=-\mathrm{e}^{\tau s}$$

其频率特性为

$$G_1(\mathrm{j}\omega)=\frac{1}{\mathrm{j}\omega(\mathrm{j}\omega+1)}=-\mathrm{e}^{\mathrm{j}\omega\tau}$$

根据上式，将 $G_1(\mathrm{j}\omega)$ 和 $-\mathrm{e}^{\mathrm{j}\omega\tau}$ 的奈氏图同时画在图 3-80 中，两条曲线交于点 A，根据 $|G_1(\mathrm{j}\omega)|=1$ 的条件求出点 A 对应的角频率 $\omega=0.75\,\mathrm{rad/s}$，而 $-\mathrm{e}^{\mathrm{j}\omega\tau}$ 曲线在该点对应的 $\tau\omega=52°=0.9\mathrm{rad}$，由于点 A 是两曲线交点，故它们应具有相同的角频率，即 $\omega\tau=0.75\tau=0.9$，于是求得 $\tau=1.2\mathrm{s}$。

由图可知，当 $\tau>1.2\mathrm{s}$ 时，系统不稳定；当 $\tau<1.2\mathrm{s}$ 时，系统稳定；当 $\tau=1.2\mathrm{s}$ 时，系统处于临界稳定状态，出现持续等幅振荡。

3.5 本章小结

（1）控制系统的信号分析基础

在工程实践中，作用于自动控制系统的信号是多种多样的，既有确定性信号，也有非确定性信号，如随机信号。为了便于系统的分析与设计，常选用几种确定性信号作为典型输入信号。典型输入信号的选取原则是：

① 该信号的函数形式容易在实验室或现场中获得；

② 系统在这种信号作用下的性能可以代表实际工作条件下的性能；

③ 这种信号的函数表达式简单，便于计算。

（2）控制系统的分析方法

在确定系统的数学模型后，便可以用几种不同的方法去分析控制系统的动态性能和稳态性能。

对于线性定常系统常用的分析方法有时域分析法、频域分析法和复域分析法（根轨迹法）。不同的方法有不同的特点和适用范围，但是比较而言，时域分析法是一种直接在时间域中对系统进行分析的方法，较为直观、准确，并且可以提供系统时间响应的全部信息。

频域分析法是经典控制理论中分析与设计系统的主要方法，它是以频率特性为基础的一种图解方法，这种方法可以根据系统的开环频率特性图形去直接分析系统的闭环频率响应，同时还能判别某些环节及参数对系统性能的影响，进而指出改善系统性能的途径。频域分析与设计方法已经发展成为一种工程实用方法，应用十分广泛。

与其他方相比，频域分析法具有以下几个特点：

① 频率特性具有明确的物理意义，它可以用实验方法测定，这对于一些难于列写微分方程的元件或系统来说，具有特别重要的意义。

② 频域法是一种图解方法，具有简单、形象、计算量少的特点。

③ 频率特性的数学基础是傅里叶变换，它主要运用于线性定常系统，也可以有条件地推广应用到某些非线性系统中。

（3）控制系统的稳定性分析与误差分析

自动控制系统的稳定性是自动控制理论研究的主要课题之一。控制系统能在实际中应用的首要条件就是必须稳定。一个不稳定的系统是不能工作的。经典控制理论为我们提供了多种判别系统稳定性的准则，也称为系统的稳定性判据。劳斯（Routh）判据和赫尔维茨（Hurwitz）判据依据闭环系统特征方程式对系统的稳定性做出判别，它是一种代数判据。奈奎斯特判据是依据系统的开环奈奎斯特图与坐标上（−1,j0）点之间的位置关系对闭环系统的稳定性做出判别，这是一种几何判据。伯德图判据实际上是奈奎斯特判据的另一种描述法，它们之间有着相互对应的关系。但在描述系统的相对稳定性与稳态裕度这些概念时，伯德图判据显得更为清晰、直观，从而获得广泛采用。

📝 课后习题

1. 设温度计为一惯性环节，把温度计放入被测物体中，在 1min 内能指示出稳态值的 98%，求此温度计的时间常数。

2. 典型二阶系统的单位阶跃响应曲线如习题图 3-1 所示，试求其开环传递函数。

3. 已知单位反馈系统的开环传递函数为 $G(s) = \dfrac{K}{s(Ts+1)}$，试求在下列条件下系统单位阶跃响应的超调量和调节时间。

（1）K=4.5，T=1s　　（2）K=1，T=1s　　（3）K=0.16，T=1s

4. 系统框图如习题图 3-2 所示，试求当 a=0 时，系统的 ξ 及 ω_n 值；若要求 ξ=0.7，试确定 a 值。

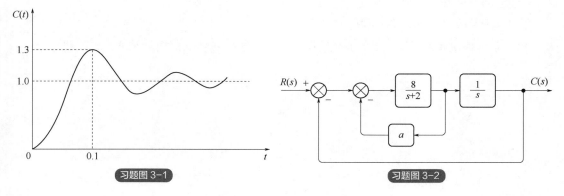

习题图 3-1　　　　　　　　　　　　　　　　习题图 3-2

5. 已知系统的特征方程如下，试用代数稳定判据检验其稳定性。

（1）$s^4 + 2s^3 + 8s^2 + 4s + 3 = 0$

（2）$s^4 + 2s^3 + s^2 + 4s + 2 = 0$

（3）$s^5 + s^4 + 3s^3 + 9s^2 + 16s + 10 = 0$

（4）$s^6 + 3s^5 + 5s^4 + 9s^3 + 8s^2 + 6s + 4 = 0$

6. 已知下列单位反馈系统的开环传递函数，确定使系统稳定的 K 值范围。

（1）$G(s) = \dfrac{K}{(s+1)(0.1s+1)}$

（2）$G(s) = \dfrac{K}{s^2(0.1s+1)}$

（3）$G(s) = \dfrac{K}{s(s+1)(0.5s+1)}$

7. 已知单位反馈系统的开环传递函数为 $G(s) = \dfrac{K(s+1)}{s^3 + as^2 + 2s + 1}$，试确定 K 和 a 取何值时，系统将维持 ω=2rad/s 持续振荡。

8. 单位反馈系统的开环传递函数为 $G(s) = \dfrac{K}{s(T_1 s+1)(T_2 s+1)}$，试求：

（1）使系统稳定时 K 的取值范围。

（2）要求系统的特征根位于 s=−1 垂线的左侧，K 值的取值范围。

9. 系统的负载变化往往是系统的主要干扰，已知系统如习题图3-3所示，试分析扰动 $N(s)$ 对系统输出和稳态误差的影响。

10. 已知系统输入为不同频率的正弦函数 $A\sin(\omega t)$，其稳态输出响应为 $B\sin(\omega t + \varphi)$，试求该系统的频率特性。

11. 质量、弹簧、阻尼系统如习题图3-4所示。已知 m= 1kg，k 为弹簧刚度；c 为阻尼系数。若外力 $f(t)$=2sin(2t)，由实验测得稳态响应 $y(t)$=sin(2t−π/2)，试确定 h 和 c。

12. 设单位反馈系统开环传递函数为 $G(s)$=10/s+1，当系统作用有以下输入信号时，求系统的稳定输出。

（1）$r(t) = \sin(t + 30°)$

（2）$r(t) = 2\cos(2t - 45°)$

（3）$r(t) = \sin(t + 30°) - 2\cos(2t - 45°)$

13. 系统框图如习题图3-5所示，现作用有输入信号 $r(t)$ =sin(2t)，试求系统的稳态输出，系统传递函数如下：

（1）$G(s) = \dfrac{5}{s+1}, H(s) = 1$

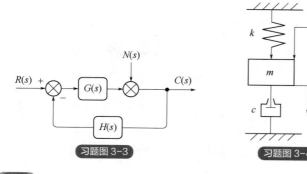

习题图 3-3

习题图 3-4

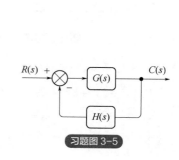

习题图 3-5

（2）$G(s) = \dfrac{5}{s}, H(s) = 1$

（3）$G(s)\dfrac{5}{s+1}, H(s) = 2$

14. 已知单位反馈系统开环传递函数，试绘制其极坐标图和对数坐标图（Bode 图）。

（1）$G(s) = \dfrac{1}{s(s+1)}$

（2）$G(s) = \dfrac{1}{(1+s)(1+2s)}$

（3）$G(s) = \dfrac{1}{s(1+s)(1+2s)}$

（4）$G(s) = \dfrac{1}{s^2(1+s)(1+2s)}$

15. 已知单位反馈系统的开环传递函数为 $G(s) = \dfrac{10}{s(0.1s+1)(0.5s+1)}$，试绘制系统的极坐标图和 Bode 图，并求相角裕度和增益裕度。

16. 绘制 $C(s) = \dfrac{1}{s-1}$ 环节的 Bode 图，并与惯性环节 $G(s) = \dfrac{1}{s+1}$ 的 Bode 图进行比较。

17. 画出下列系统的极坐标图与 Bode 图并进行比较。

（1）$G(s) = \dfrac{T_1 s + 1}{T_2 s + 1}$ $(T_1 > T_2 > 0)$

（2）$G(s) = \dfrac{T_1 s - 1}{T_2 s + 1}$ $(T_1 > T_2 > 0)$

（3）$G(s) = \dfrac{-T_1 s + 1}{T_2 s + 1}$ $(T_1 > T_2 > 0)$

18. 根据下列开环频率特性判断闭环的稳定性。

（1）$G(j\omega)H(j\omega) = \dfrac{10}{(1+j\omega)(1+2\omega)(1+j3\omega)}$

（2）$G(j\omega)H(j\omega) = \dfrac{10}{(j\omega)(1+j0.1\omega)(1+j0.2\omega)}$

（3）$G(j\omega)H(j\omega) = \dfrac{2}{(j\omega)^2(1+j0.1\omega)(1+j10\omega)}$

19. 根据习题图 3-6 中所示的系统框图绘制系统的 Bode 图，并求使系统稳定的 K 值范围。

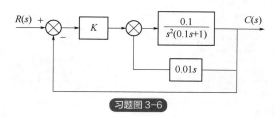

习题图 3-6

20．已知系统特征方程为

$$3s^4 + 10s^3 + 5s^2 + s + 2 = 0$$

试用劳斯稳定判据和赫尔维茨稳定判据确定系统的稳定性。

21．试求系统在[s]右半平面的根数及虚根值，已知系统特征方程如下：

（1） $s^5 + 3s^4 + 12s^3 + 24s^2 + 32s + 48 = 0$

（2） $s^6 + s^5 + 3s^4 + 12s^3 + 24s^2 + 32s + 48 = 0$

（3） $s^5 + 3s^4 + 12s^3 + 20s^2 + 35s + 25 = 0$

22．已知单位反馈系统的开环传递函数为

$$G(s) = \frac{K(0.5s+1)}{s(s+1)(0.5s^2+s+1)}$$

试确定系统稳定时的 K 值范围。

23．已知系统结构图如习题图 3-7 所示，试用劳斯稳定判据确定能使系统稳定的反馈参数 τ 的取值范围。

24．已知单位反馈系统的开环传递函数分别为

（1） $G(s) = \frac{100}{(0.1s+1)(s+5)}$

（2） $G(s) = \frac{50}{s(0.1s+1)(s+5)}$

（3） $G(s) = \frac{10(2s+1)}{s^2(s^2+6s+100)}$

试求输入分别为 $r(t)=2t$ 和 $r(t)=2+2t+t^2$ 时，系统的稳态误差。

25．已知单位反馈系统的开环传递函数分别为

（1） $G(s) = \frac{50}{(0.1s+1)(2s+1)}$

（2） $G(s) = \frac{K}{s(s^2+4s+200)}$

（3） $G(s) = \frac{10(2s+1)(4s+1)}{s^2(s^2+2s+10)}$

试求位置误差系数 K_p，速度误差系数 K_v，加速度误差系数 K_a。

26．设单位反馈系统的开环传递函数 $G(s)=1/(Ts)$。试用动态误差系统法求出当输入信号分别为 $r(t)=t^2/2$ 和 $r(t)=\sin 2t$ 时，系统的稳态误差。

27．设控制系统如习题图 3-8 所示。其中

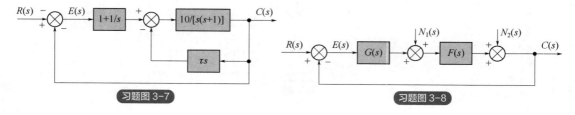

习题图 3-7　　　　　　　　　　　习题图 3-8

$$G(s) = K_p + \frac{K}{s}, \quad F(s) = \frac{1}{Js}$$

输入 $R(s)$ 以及扰动 $N_1(s)$ 和 $N_2(s)$ 均为单位阶跃函数。试求：

（1）在 $R(s)$ 作用下系统的稳态误差；

（2）在 $N_1(s)$ 作用下系统的稳态误差；

（3）在 $N_1(s)$ 和 $N_2(s)$ 同时作用下系统的稳态误差。

28. 设闭环传递函数的一般形式为

$$\Phi(s) = \frac{G(s)}{1 + G(s)H(s)} = \frac{b_m s^m + b_{m-1} s^{m-1} + \cdots + b_1 s + b_0}{s^n + a_{n-1} s^{n-1} + \cdots + a_1 s + a_0}$$

误差定义取 $e(t) = r(t) - c(t)$。试证：

（1）系统在阶跃信号输入下，稳态误差为零的充分条件是：$b_0 = a_0$，$b_i = 0(i=1,2,\cdots,m)$；

（2）系统在斜坡信号输入下，稳态误差为零的充分条件是：$b_0 = a_0$，$b_1 = a_1$，$b_i = 0(i=2,3,\cdots,m)$。

29. 设随动系统的微分方程为

$$T_1 \frac{d^2 c(t)}{dt^2} + \frac{dc(t)}{dt} = K_2 u(t), \quad u(t) = K_1[r(t) - b(t)]$$

$$T_2 \frac{db(t)}{dt} + b(t) = c(t)$$

式中，T_1，T_2 和 K_2 为正常数。若要求 $r(t)=1+t$ 时，$c(t)$ 对 $r(t)$ 的稳态误差不大于正常数 ε_0，试问 K_1 应满足什么条件？已知全部初始条件为零。

30. 机器人应用反馈原理控制每个关节的方向。由于负载的改变以及机械臂伸展位置的变化，负载对机器人会产生不同的影响。例如，机械爪抓持负载后，就可能使机器人产生偏差。已知机器人关节指向控制系统如习题图 3-9 所示，其中负载扰动力矩为 $1/s$。要求：

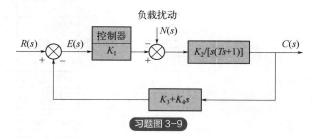

习题图 3-9

（1）当 $R(s)=0$ 时，确定 $N(s)$ 对 $C(s)$ 的影响，指出减少此种影响的方法；

（2）当 $N(s)=0$，$R(s)=\frac{1}{s}$ 时，计算系统在输出端定义的稳态误差，指出减少此种稳态误差的方法。

第 4 章

智能控制算法基础

本章思维导图

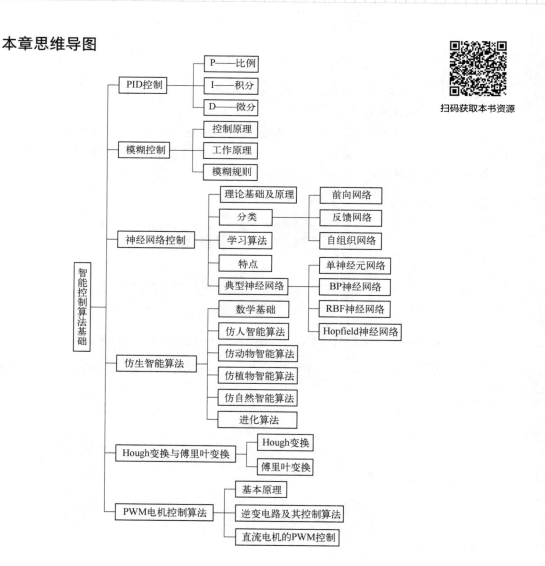

本章学习目标

1. 熟悉 PID 控制、模糊控制，掌握其控制原理；
2. 熟悉神经网络与仿生智能算法；
3. 了解 Hough 变换与傅里叶变换，熟悉 PWM 电机控制算法。

本章案例引入

在日常生活中，我们经常会遇到一些需要控制的情况，比如在开车时控制车速和方向、在打游戏时控制游戏角色、在做家务时控制自身的方向和力度等。这些情况下，我们需要通过控制算法来实现对某些物理量（比如速度、力等）的精确控制。那么，什么是控制算法呢？简单来说，控制算法就是用来控制某个系统状态的一系列数学模型和计算方法。在本章中，我们将介绍几种常见的控制算法。

4.1　PID 控制

什么是 PID？

P——比例：相当于变化率，数值越大，变化越快。

I——积分：相当于积分器，控制更贴近目标量，不到目标量就增加，超过目标量就减小。

D——微分：相当于阻尼器，数值越大，控制越硬。

PID 的出现已经有一百多年的历史了，其实际应用很常见，比如四轴飞行器、平衡小车、汽车的定速巡航、3D 打印机上的温度控制器等。在类似于需要将某一个物理量"保持稳定"的场合（比如维持平衡，稳定温度、转速等），PID 都会派上大用场。

自从计算机进入控制领域，用数字计算机代替模拟调节器组成的计算机控制系统，不仅可以用软件实现 PID 控制算法，而且可以利用计算机的逻辑功能，使 PID 控制更加灵活。数字 PID 控制在生产过程中是一种普遍采用的控制方法，在机电、冶金、机械、化工等行业中获得了广泛的应用。将偏差的比例（P）、积分（I）和微分（D）通过线性组合构成控制量，对被控对象进行控制的系统，称为 PID 控制器。

在模拟控制系统中，控制器最常用的控制规律是 PID 控制，模拟 PID 控制系统原理框图如图 4-1 所示。系统由模拟 PID 控制器和被控制对象（被控对象）组成。

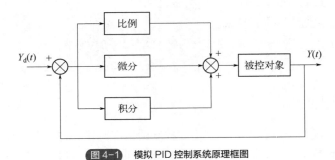

图 4-1　模拟 PID 控制系统原理框图

PID 控制器是一种线性控制器，它根据给定值 $Y_d(t)$ 与实际输出值 $Y(t)$ 构成控制偏差

$$Error(t) = Y_d(t) - Y(t) \tag{4-1}$$

PID 的控制规律为

$$G(s) = \frac{U(s)}{E(s)} = k_P \left(1 + \frac{1}{T_I s} + T_D s \right) \tag{4-2}$$

式中，k_P 为比例系数；T_I 为积分时间常数；T_D 为微分时间常数。

简而言之，PID 控制器各校正环节的作用如下：

① 比例环节（P）：成比例地反映控制系统的偏差信号 $Error(t)$，偏差一旦产生，控制器即产生控制作用，以减少偏差。

② 积分环节（I）：主要用于消除静差，提高系统的无差度。积分作用的强弱取决于积分时间常数 T_I，T_I 越大积分作用越弱，反之则越强。

③ 微分环节（D）：反映偏差信号的变化趋势（变化速率），并能在偏差信号变得太大之前，在系统中引入一个有效的早期修正信号，从而加快系统的动作速度，减少调节时间。

下面以机械手独立 PD 控制为例进行介绍。

（1）控制律设计

当忽略重力和外加干扰时，采用独立的 PD 控制，能满足机械手定点控制要求。

设 n 节关节机械手方程为

$$D(q)q + C(q)q = \tau \tag{4-3}$$

式中，$D(q)$ 为 $n×n$ 阶正定惯性矩阵；$C(q)$ 为 $n×n$ 阶离心力和哥氏力项。

（2）仿真实例

针对被控对象式，选二关节机械手系统（不考虑重力、摩擦力和干扰），其动力模型为

$$D(q)q + C(q,\dot{q})q = \tau \tag{4-4}$$

其中

$$D(q) = \begin{bmatrix} p_1 + p_2 + 2p_3 \cos q_2 & p_2 + p_3 \cos q_2 \\ p_2 + p_3 \cos q_2 & p_2 \end{bmatrix} \tag{4-5}$$

$$C(q,\dot{q}) = \begin{bmatrix} -p_3 \dot{q}_2 \sin q_2 & -p_3(\dot{q}_1 + \dot{q}_2)\sin q_2 \\ p_3 \dot{q}_1 \sin q_2 & 0 \end{bmatrix} \tag{4-6}$$

取 $p = [2.90\,0.76\,0.87\,3.04\,0.87]^\mathrm{T}$，$q_0 = [0\ 0]^\mathrm{T}$，$\dot{q}_0 = [0\ 0]^\mathrm{T}$

完全不受外力没有任何干扰的机械手系统是不存在的，独立的 PD 控制只能作为基础来考虑分析，但对它的分析是有重要意义的。

（3）仿真程序

① Simulink 主程序：chapl4-1sim.mdl，见图 4-2。

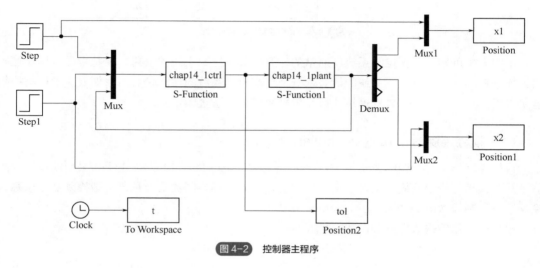

图 4-2　控制器主程序

② 控制器子程序：chap14-1ctrl.m（见附录 3）。
③ 被控对象子程序：chap14-1plant.m（见附录 3）。
④ 作图子程序：chap14-1plot.m（见附录 3）。

4.2　模糊控制

4.2.1　模糊控制原理

模糊控制是以模糊集理论、模糊语言变量和模糊逻辑推理为基础的一种智能控制方法，它从行为上模仿人的模糊推理和决策过程。该方法首先将操作人员或专家的经验编成模糊规则，然后将来自传感器的实时信号模糊化，将模糊化的信号作为模糊规则的输入，完成模糊推理，将推理后得到的输出量加到执行器上。

模糊控制的基本原理框图如图 4-3 所示。它的核心部分为模糊控制器，如图中点画线框中所示，模糊控制器的控制规律由计算机的程序来实现。实现模糊控制算法的过程描述如下：

微型计算机经中断采样获取被控量的精确值，然后将此量与给定值比较的误差信号 E 作为模糊控制器的一个输入量，把误差信号 E 的精确量进行模糊化，变成模糊量。误差 E 的模糊量可用相应的模糊语言表示，得到误差 E 的模糊语言集合的一个子集 $\underline{e}$（$\underline{e}$ 是一个模糊矢量），再由 $\underline{e}$ 和模糊控制规则 $\underline{R}$（模糊算子）根据推理的合成规则进行模糊决策，得到模糊控制量

$$\underline{u} = \underline{e} \circ \underline{R} \tag{4-7}$$

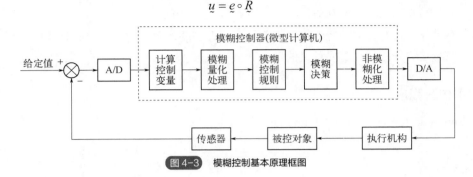

图 4-3　模糊控制基本原理框图

由图 4-3 可知，模糊控制系统与通常的计算机数字控制系统的主要差别是采用了模糊控制器。模糊控制器是模糊控制系统的核心，一个模糊控制系统的性能优劣，主要取决于模糊控制器所采用的模糊规则、合成推理算法以及模糊决策的方法等因素。

（1）模糊控制器（fuzzy controller，FC）

模糊控制器也称为模糊逻辑控制器（fuzzy logic controller，FLC），由于所采用的模糊控制规则是由模糊理论中的模糊条件语句来描述的，因此模糊控制器是一种语言型控制器，也称为模糊语言控制器（fuzzy language controller，FLC）。

模糊控制器的组成框图如图 4-4 所示。

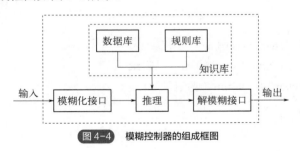

图 4-4　模糊控制器的组成框图

（2）模糊化接口（fuzzy interface）

模糊控制器的输入必须通过模糊化才能用于控制输出的求解，因此它实际上是模糊控制器的输入接口。它的主要作用是将真实的确定量输入转换为一个模糊矢量。对于一个模糊输入变量 e，将其模糊子集通常做如下方式划分：

e={负大，负小，零，正小，正大}={NB，NS，ZO，PS，PB}；

e={负大，负中，负小，零，正小，正中，正大}={NB，NM，NS，ZO，PS，PM，PB}；

e={大，负中，负小，零负，零正，正小，正中，正大}={NB，NM，NS，NZ，PZ，PS，PM，PB}。

用三角形隶属度函数表示，如图 4-5 所示。

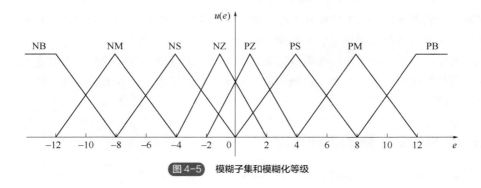

图 4-5　模糊子集和模糊化等级

（3）知识库（knowledge base，KB）

知识库由数据库和规则库两部分组成。

① 数据库（data base，DB）：数据库所存放的是所有输入、输出变量的全部模糊子集的隶属度矢量值（即经过论域等级离散化以后对应值的集合），若论域为连续域，则为隶属度函数。在规则推理的模糊关系方程求解过程中，向"推理机"提供数据。

② 规则库（rule base，RB）：模糊控制器的规则是基于专家知识或手动操作人员长期积累的经验，它是按人的直觉推理的一种语言表达形式。模糊规则通常由一系列的关键词连接而成，如 if-then、else、also、end、or 等，关键词必须经过"翻译"才能将模糊规则数值化。最常用的关系词为 if-then、also，对于多变量模糊控制系统，还有 and 等。例如，某模糊控制系统输入变量为 e（误差）和 ec（误差变化），它们对应的语言变量为 E 和 EC，可给出一组模糊规则：

R：IF E is NB and EC is NB then U is PB

R：IF E is NB and EC is NS then U is PM

通常把 if 部分称为"前提部"，而 then 部分称为"结论部"，其基本结构可归纳为 If A and B then C，其中 A 为论域 U 上的一个模糊子集，B 是论域 V 上的一个模糊子集。根据人工控制的经验，可离线组织其控制决策表 R，R 是笛卡儿乘积集 U×V 上的一个模糊子集，则某一时刻其控制量由下式给出

$$C = (A \times B) \circ R \tag{4-8}$$

式中，×为模糊直积运算；。为模糊合成运算。

规则库是用来存放全部模糊控制规则的，在推理时为"推理机"提供控制规则。由上述可知，规则条数和模糊变量的模糊子集划分有关，划分越细，规则条数越多，但并不代表规则库的准确度越高，规则库的"准确性"还与专家知识的准确度有关。

（4）推理与解模糊接口（inference and defuzzy-interface）

推理是模糊控制器中，根据输入模糊量和模糊控制规则，完成模糊推理来求解模糊关系方程并获得模糊控制量的功能部分。在模糊控制中，考虑到推理时间，通常采用运算较简单的推理方法。最基本的有 zadeh 近似推理，它包含正向推理和逆向推理两类。正向推理常用于模糊控制中，而逆向推理一般用于知识工程学领域的专家系统中。

推理结果的获得，表示模糊控制的规则推理已经完成。但是，至此所获得的结果仍是一个模糊矢量，不能直接用来作为控制量，还必须做一次转换，求得清晰的控制量输出，即解模糊，通常把输出端具有转换作用的部分称为解模糊接口。

综上所述，模糊控制器实际上就是依靠计算机（或单片机）来构成的，它的绝大部分功能都是由计算机程序来完成。随着专用模糊芯片的研究和开发，也可以由硬件逐步取代各组成单元的软件功能。

4.2.2 模糊控制系统的工作原理

如图 4-6 所示，以水位的模糊控制为例，设有一个水箱，通过调节阀可向内注水和向外抽水。设计一个模糊控制器，通过调节阀门将水位稳定在固定点附近。按照日常的操作经验，可以得到如下基本的控制规则：

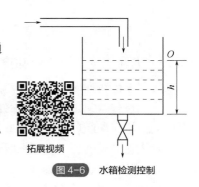

拓展视频

图 4-6 水箱检测控制

① 若水位高于 O 点，则向外排水，差值越大，排水越快；
② 若水位低于 O 点，则向内注水，差值越大，注水越快。

根据上述经验，可按下列步骤设置一维模糊控制器：

（1）确定观测量和控制量

定义理想液位 O 点的水位为 h_0，实测的水位高度为 h，选择液位差

$$e = \Delta h = h_0 - h \tag{4-9}$$

将当前水位对于 O 点的偏差 e 作为观测量。

（2）输入量和输出量的模糊化

将偏差 e 分为 5 级，分别为负大（NB）、负小（NS）、零（ZO）、正小（PS）和正大（PB），并根据偏差 e 的变化范围分为七个等级，分别是-3、-2、-1、0、+1、+2 和+3，从而得到水位变化模糊表，如表 4-1 所示。

表 4-1 水位变化 e 划分表

隶属度		变化等级						
		-3	-2	-1	0	1	2	3
模糊集	PB	0	0	0	0	0	0.5	1
	PS	0	0	0	0	1	0.5	0
	ZO	0	0	0.5	1	0.5	0	0
	NS	0	0.5	1	0	0	0	0
	NB	1	0.5	0	0	0	0	0

控制量 u 为调节阀门开度的变化，将其分为 5 个等级，分别为负大（NB）、负小（NS）、零（ZO）、正小（PS）和正大（PB）。并根据 u 的变化范围划分等级：-4、-3、-2、-1、0、+1、+2、+3 和+4，从而得到控制量的模糊划分表，如表 4-2 所示。

表 4-2　控制量 u 变化划分表

隶属度		变化等级						
		−3	−2	−1	0	1	2	3
模糊集	PB	0	0	0	0	0	0	0.5
	PS	0	0	0	0	0.5	1	0.5
	ZO	0	0	1	1	0.5	0	0
	NS	0.5	0.5	0	0	0	0	0
	NB	0.5	0.5	0	0	0	0	0

4.2.3　模糊规则的描述

根据日常的经验，设计以下模糊规则：

Rule1：若 e 负大，则 u 正大

Rule2：若 e 负小，则 u 正小

Rule3：若 e 为 0，则 u 为 0

Rule4：若 e 正小，则 u 负小

Rule5：若 e 正大，则 u 负大

上述规则采用 IF A THEN B 的形式来描述：

Rule1：if e=NB then u=NB

Rule2：if e=NS then u=NS

Rule3：if e=ZO then u=ZO

Rule4：if e=PS then u=PS

Rule5：if e=PB then u=PB

根据上述经验规则，可得模糊控制表，如表 4-3 所示。

表 4-3　模糊控制规则表

若（IF）	NBe	NSe	ZOe	PSe	PBe
则（THEN）	PBu	PSu	ZOu	NSu	NBu

（1）求模糊关系

模糊控制规则是一个多条语句，它可以表示为 U×V 上的模糊子集，即模糊关系 R，

$$R = (NBe \times NBu) \bigcup (NSe \times NSu) \bigcup (ZOe \times ZOu) \bigcup (PSe \times PSu) \bigcup (PBe \times PBu) \tag{4-10}$$

其中规则内的模糊集运算取交集，规则间的模糊集运算取并集。

$$NBe \bigcap NBu = \begin{bmatrix} 1 \\ 0.5 \\ 0 \\ 0 \\ 0 \\ 0 \\ 0 \end{bmatrix} \bigcap [1\ 0.5\ 0\ 0\ 0\ 0\ 0] = \begin{bmatrix} 1.0 & 0.5 & 0 & 0 & 0 & 0 & 0 \\ 0.5 & 0.5 & 0 & 0 & 0 & 0 & 0 \\ 0 & 0 & 0 & 0 & 0 & 0 & 0 \\ 0 & 0 & 0 & 0 & 0 & 0 & 0 \\ 0 & 0 & 0 & 0 & 0 & 0 & 0 \\ 0 & 0 & 0 & 0 & 0 & 0 & 0 \\ 0 & 0 & 0 & 0 & 0 & 0 & 0 \end{bmatrix} \tag{4-11}$$

$$\mathrm{NS}e \cap \mathrm{NS}u = \begin{bmatrix} 0 \\ 0.5 \\ 1 \\ 0 \\ 0 \\ 0 \\ 0 \end{bmatrix} \cap \begin{bmatrix} 0 & 0.5 & 1 & 0.5 & 0 & 0 & 0 & 0 & 0 \end{bmatrix}$$

（4-12）

$$= \begin{bmatrix} 0 & 0 & 0 & 0 & 0 & 0 & 0 & 0 & 0 \\ 0 & 0.5 & 0.5 & 0.5 & 0 & 0 & 0 & 0 & 0 \\ 0 & 0.5 & 1.0 & 0.5 & 0 & 0 & 0 & 0 & 0 \\ 0 & 0 & 0 & 0 & 0 & 0 & 0 & 0 & 0 \\ 0 & 0 & 0 & 0 & 0 & 0 & 0 & 0 & 0 \\ 0 & 0 & 0 & 0 & 0 & 0 & 0 & 0 & 0 \\ 0 & 0 & 0 & 0 & 0 & 0 & 0 & 0 & 0 \end{bmatrix}$$

$$\mathrm{ZO}e \cap \mathrm{ZO}u = \begin{bmatrix} 0 \\ 0 \\ 0.5 \\ 1.0 \\ 0.5 \\ 0 \\ 0 \end{bmatrix} \cap \begin{bmatrix} 0 & 0 & 0 & 0.5 & 1 & 0.5 & 0 & 0 & 0 \end{bmatrix}$$

（4-13）

$$= \begin{bmatrix} 0 & 0 & 0 & 0 & 0 & 0 & 0 & 0 & 0 \\ 0 & 0 & 0 & 0.5 & 0.5 & 0.5 & 0 & 0 & 0 \\ 0 & 0 & 0 & 0.5 & 1.0 & 0.5 & 0 & 0 & 0 \\ 0 & 0 & 0 & 0.5 & 0.5 & 0.5 & 0 & 0 & 0 \\ 0 & 0 & 0 & 0 & 0 & 0 & 0 & 0 & 0 \\ 0 & 0 & 0 & 0 & 0 & 0 & 0 & 0 & 0 \\ 0 & 0 & 0 & 0 & 0 & 0 & 0 & 0 & 0 \end{bmatrix}$$

$$\mathrm{PS}e \cap \mathrm{PS}u = \begin{bmatrix} 0 \\ 0 \\ 0 \\ 0 \\ 1.0 \\ 0.5 \\ 0 \end{bmatrix} \cap \begin{bmatrix} 0 & 0 & 0 & 0 & 0 & 0.5 & 1.0 & 0.5 & 0 \end{bmatrix}$$

（4-14）

$$= \begin{bmatrix} 0 & 0 & 0 & 0 & 0 & 0 & 0 & 0 & 0 \\ 0 & 0 & 0 & 0 & 0 & 0 & 0 & 0 & 0 \\ 0 & 0 & 0 & 0 & 0 & 0 & 0 & 0 & 0 \\ 0 & 0 & 0 & 0 & 0 & 0 & 0 & 0 & 0 \\ 0 & 0 & 0 & 0 & 0 & 0.5 & 1.0 & 0.5 & 0 \\ 0 & 0 & 0 & 0 & 0 & 0.5 & 0.5 & 0.5 & 0 \\ 0 & 0 & 0 & 0 & 0 & 0 & 0 & 0 & 0 \end{bmatrix}$$

$$\text{PB}e \cap \text{PB}u = \begin{bmatrix} 0 \\ 0 \\ 0 \\ 0 \\ 0 \\ 0.5 \\ 1.0 \end{bmatrix} \cap \begin{bmatrix} 0 & 0 & 0 & 0 & 0 & 0 & 0 & 0.5 & 1.0 \end{bmatrix}$$

$$= \begin{bmatrix} 0 & 0 & 0 & 0 & 0 & 0 & 0 & 0 & 0 \\ 0 & 0 & 0 & 0 & 0 & 0 & 0 & 0 & 0 \\ 0 & 0 & 0 & 0 & 0 & 0 & 0 & 0 & 0 \\ 0 & 0 & 0 & 0 & 0 & 0 & 0 & 0 & 0 \\ 0 & 0 & 0 & 0 & 0 & 0 & 0 & 0 & 0 \\ 0 & 0 & 0 & 0 & 0 & 0 & 0 & 0.5 & 0.5 \\ 0 & 0 & 0 & 0 & 0 & 0 & 0 & 0.5 & 1.0 \end{bmatrix}$$

(4-15)

由以上 5 个模糊矩阵求并集（即隶属函数最大值），得

$$R = \begin{bmatrix} 1.0 & 0.5 & 0 & 0 & 0 & 0 & 0 & 0 & 0 \\ 0.5 & 0.5 & 0.5 & 0.5 & 0 & 0 & 0 & 0 & 0 \\ 0 & 0.5 & 1.0 & 0.5 & 0.5 & 0.5 & 0 & 0 & 0 \\ 0 & 0 & 0 & 0.5 & 1.0 & 0.5 & 0 & 0 & 0 \\ 0 & 0 & 0 & 0.5 & 0.5 & 0.5 & 1.0 & 0.5 & 0 \\ 0 & 0 & 0 & 0 & 0 & 0.5 & 0.5 & 0.5 & 0.5 \\ 0 & 0 & 0 & 0 & 0 & 0 & 0 & 0.5 & 1.0 \end{bmatrix}$$

(4-16)

（2）模糊决策

模糊控制器的输出为误差向量和模糊关系的合成，即

$$u = e \circ R \tag{4-17}$$

当误差 e 为 NB 时，$e = [1.0\ \ 0.5\ \ 0\ \ 0\ \ 0\ \ 0\ \ 0]$，控制器输出为

$$u = e \circ R$$

$$= [1\ \ 0.5\ 0\ 0\ 0\ 0\ 0] \circ \begin{bmatrix} 1.0 & 0.5 & 0 & 0 & 0 & 0 & 0 & 0 & 0 \\ 0.5 & 0.5 & 0.5 & 0.5 & 0 & 0 & 0 & 0 & 0 \\ 0 & 0.5 & 1.0 & 0.5 & 0.5 & 0.5 & 0 & 0 & 0 \\ 0 & 0 & 0 & 0.5 & 1.0 & 0.5 & 0 & 0 & 0 \\ 0 & 0 & 0 & 0.5 & 0.5 & 0.5 & 1.0 & 0.5 & 0 \\ 0 & 0 & 0 & 0 & 0 & 0.5 & 0.5 & 0.5 & 0.5 \\ 0 & 0 & 0 & 0 & 0 & 0 & 0 & 0.5 & 1.0 \end{bmatrix}$$

(4-18)

$$= [1\ \ 0.5\ \ 0.5\ \ 0.5\ \ 0\ 0\ 0\ 0\ 0]$$

（3）控制量的反模糊化

由模糊决策可知，当误差为负大时，实际液位远高于理想液位，$e = \text{NB}$，控制器的输出为

一模糊向量，可表示为

$$u = \frac{1}{-4} + \frac{0.5}{-3} + \frac{0.5}{-2} + \frac{0.5}{-1} + \frac{0}{0} + \frac{0}{+1} + \frac{0}{+2} + \frac{0}{+3} + \frac{0}{+4} \qquad (4\text{-}19)$$

如果按照"隶属于最大原则"进行反模糊化，选择控制量为 $u = -4$，即阀门的开关度应小一些，减少进水量。

按照上述步骤，设计水箱液位模糊控制的 Matlab 仿真程序见附录 4。取 flag=1，可得到模糊系统的规则库并可实现模糊控制的动态仿真。模糊控制响应表见表 4-4，取偏差 $e = -3$，通过仿真程度可得 $u = -3.1481$。

表 4-4　模糊控制响应表

e	−3	−2	−1	0	1	2	3
u	−3	−2	−1	0	1	2	3

4.3　神经网络控制

4.3.1　神经网络控制的历史

神经网络的研究已经有几十年的历史了。1943 年，McCulloch 和 Pits 提出了神经元数学模型；1950—1980 年为神经网络的形成期，有少量成果，如 1975 年，Albus 提出了人脑记忆模型——CMAC 网络；1976 年，Grossberg 提出了用于无导师指导下模式分类的自组织网络；1980 年以后为神经网络的发展期，1982 年，Hopfield 提出了 Hopfield 网络，解决了回归网络的学习问题；1986 年，美国 Rumelhart 等提出了 BP 网络，该网络是一种按照误差逆向传播算法训练的多层前馈神经网络，为神经网络的应用开辟了广阔的发展前景。

将神经网络引入控制领域就形成了神经网络控制。神经网络控制是从机理上对人脑生理系统进行简单结构模拟的一种新兴智能控制方法，具有并行机制、模式识别、记忆和自学习能力的特点，它能够学习与适应不确定系统的动态特性，有很强的鲁棒性和容错性等。采用神经网络可充分逼近任意复杂的非线性系统，基于神经网络逼近的自适应神经网络控制是神经网络控制的更高形式。神经网络控制在控制领域有广泛的应用。

神经网络的发展历程经过以下四个阶段：

（1）启蒙期（1890—1969 年）

1890 年，W. James 发表专著《心理学》，讨论了脑的结构和功能。1943 年，心理学家 W. S. McCulloch 和数学家 W. Pitts 提出了描述脑神经细胞动作的数学模型，即 M-P 模型（第一个神经网络模型），他们通过 M-P 模型提出了神经元的形式化数学描述和网络结构方法，证明了单个神经元能执行逻辑功能，从而开创了人工神经网络研究的时代。1949 年，心理学家 Hebb 实现了对脑细胞之间相互影响的数学描述，从心理学的角度提出了至今仍对神经网络理论有着重要影响的 Hebb 学习法则。1958 年，E.Rosenblatt 提出了描述信息在人脑中储存和记忆的数学模型，即著名的感知机模型（perceptron）。1962 年，Widrow 和 Hoff 提出了自适应线性神经网络，即 Adaline 网络，并提出了网络学习新知识的方法，即 Widrow 和 Hoff 学习规则（也称 δ 学习规则），并用电路进行了硬件设计。

（2）低潮期（1969—1982 年）

受当时神经网络理论研究水平的限制，简单的线性感知器无法解决线性不可分的两类样本的分类问题，如简单的线性感知器不可能实现"异或"的逻辑关系等，加之受到冯•诺依曼式计算机发展的冲击等因素的影响，神经网络的研究陷入低谷。但在美国、日本等国家，仍有少数学者继续着网络模型和学习算法的研究，提出了许多有意义的理论和方法。例如，1969 年，Grossberg 提出了至今为止最复杂的 ART 神经网络；1972 年，Kohonen 提出了自组织映射的 SOM 模型。

（3）复兴期（1982—1986 年）

1982 年，美国物理学家 Hoppield 提出了 Hoppield 神经网络模型，该模型通过引入能量函数，给出了网络稳定性判断，实现了问题优化求解。1984 年，他用此模型成功地解决了旅行商路径优化问题（TSP），这一成果的取得使神经网络的研究取得了突破性进展。

1986 年，在 Rumelhart 和 McCelland 等出版的 *Parallel Distributed Processing* 一书中，提出了一种著名的多层神经网络模型，即 BP 网络，该网络是迄今为止应用最普遍的神经网络，已被用于解决大量实际问题。

（4）新链接机制时期（1986 年至今）

1988 年，Broomhead 和 Lowe 在所发表的论文 *Multivariable functional inter polation and adaptive networks* 中初步探讨了 RBF 用于神经网络设计与应用于传统插值领域的不同特点，进而提出了一种三层结构的 RBF 神经网络。

深度学习的概念由 Hinton 等人于 2006 年提出，其概念源于人工神经网络的研究。含多隐层的多层感知器就是一种深度学习结构。通过深度学习组合低层特征形成更加抽象的高层来表示属性类别或特征，以发现数据的分布式特征表示。深度学习是机器学习研究中的一个新的领域，其动机在于建立、模拟人脑进行分析学习的神经网络，它模仿人脑的机制来解释数据，如图像、声音和文本。

神经网络从理论走向应用领域，出现了神经网络芯片和神经计算机。神经网络的主要应用领域有模式识别与图像处理（语音、指纹、故障检测和图像压缩等）、控制与优化、预测与管理（市场预测、风险分析）及通信等。

4.3.2　神经网络理论基础及原理

模糊控制从人的经验出发，解决了智能控制中人类语言的描述和推理问题，尤其是一些不确定性语言的描述和推理问题，从而在机器模拟人脑的感知、推理等智能行为方面迈出了重大的一步。然而，模糊控制在处理数值数据、自学习能力等方面还远没有达到人脑的境界。人工神经网络从另一个角度出发，即从人脑的生理学和心理学着手，通过人工模拟人脑的工作机理来实现机器的部分智能行为。

人工神经网络（简称神经网络，neural network）是模拟人脑思维方式的数学模型。神经网络是在现代生物学研究人脑组织成果的基础上提出的，用来模拟人类大脑神经网络的结构和行为，它从微观结构和功能上对人脑进行抽象和简化，是模拟人类智能的一条重要途径，反映了人脑功能若干基本特征，如并行信息处理、学习、联想、模式分类和记忆等。

人工神经网络是 20 世纪 80 年代以来人工智能领域兴起的研究热点，它从信息处理角度对人脑神经元网络进行抽象化，建立某种简单模型，按不同的连接方式组成不同的网络。神经网络是一种运算模型，由大量的节点（或称神经元）相互连接构成。每个节点代表一种特定的输出函数，称为激励函数（activation function）。每两个节点间的连接都代表一个对于通过该连接信号的加权值，称为权重，相当于人工神经网络的记忆。网络的输出则根据网络的连接方式、权重值和激励函数的不同而不同。而网络自身通常都是对自然界某种算法或者函数的逼近，也可能是对一种逻辑策略的表达。

随着神经网络的研究不断深入，其在模式识别、智能机器人、自动控制、预测估计、生物、医学和经济等领域已成功地解决了许多现代计算机难以解决的实际问题，表现出了良好的智能特性。

神经网络控制是将神经网络与控制理论相结合而发展起来的智能控制方法，它已成为智能控制的一个新的分支，为解决复杂的非线性、不确定和不确知系统的控制问题开辟了新途径。

神经生理学和神经解剖学的研究表明，人脑极其复杂，由大量神经元交织在一起的网状结构构成。人脑能完成智能和思维等高级活动，为了能利用数学模型来模拟人脑的活动，引出了神经网络的研究。

单个神经元的解剖图如图 4-7 所示，神经系统的基本构造是神经元（神经细胞），它是处理人体内各部分之间相互信息传递的基本单元。每个神经元都由一个细胞体，一个连接其他神经元的轴突和一些向外伸出的其他较短分支——树突组成。轴突的功能是将本神经元的输出信号（兴奋）传递给其他的神经元，其末端的许多神经末梢使输出信号可以同时传送给多个神经元。树突的功能是接收来自其他神经元的输出信号。神经元细胞体将接收到的所有信号进行简单处理后，由轴突输出。神经元的轴突与其他神经元神经末梢相连的部分称为突触。

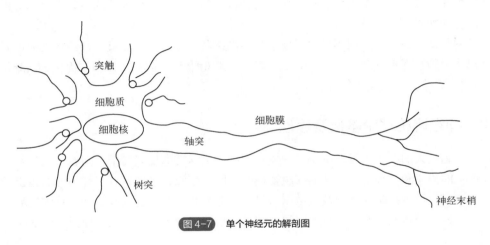

图 4-7　单个神经元的解剖图

神经元由下面 4 部分构成。

① 细胞体（主体部分）：包括细胞质、细胞膜和细胞核。

② 树突：用于为细胞体传入信息。

③ 轴突：为细胞体传出信息，其末端是轴突末梢，含传递信息的化学物质。

④ 突触：是神经元之间的接口。

通过树突和轴突，神经元之间实现了信息的传递。

神经网络的研究主要分为 3 个方面的内容，即神经元模型、神经网络结构和神经网络学习算法。

4.3.3　神经网络的分类

人工神经网络是以数学手段来模拟人脑神经网络的结构和特征的系统。利用人工神经元可以构成各种不同拓扑结构的神经网络，从而实现对生物神经网络的模拟。

目前神经网络模型的种类相当丰富，已有约 40 种，其中典型的有多层前向传播网络（BOP 网络）、Hopfield 网络、CMAC 小脑模型、ART 自适应共振理论、BAM 双向联想记忆、SOM 自组织网络、Blotzman 机网络和 Madaline 网络等。

根据神经网络的连接方式，神经网络可分为下面 3 种形式。

（1）前向网络

如图 4-8 所示，神经元分层排列，组成输入层、隐含层和输出层。每一层的神经元只接收前一层神经元的输入。输入模式经过各层的顺次变换后，由输出层输出。在各神经元之间不存在反馈。感知器和误差反向传播网络采用前向网络形式。这种网络实现信号从输入空间到输出空间的变换，它的信息处理能力来自简单非线性函数的多次复合。网络结构简单，易于实现。BP 网络是一种典型的前向网络。

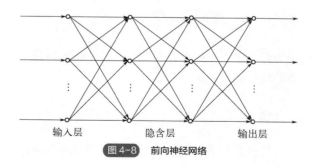

图 4-8　前向神经网络

（2）反馈网络

网络结构如图 4-9 所示，该网络结构在输出层到输入层之间存在反馈，即每一个输入节点都有可能接收来自外部的输入和来自输出神经元的反馈。这种神经网络是一种反馈动力学系统，它需要工作一段时间才能达到稳定。Hopfield 神经网络是反馈网络中最简单且应用最广泛的模型，它具有联想记忆的功能，如果将 Lyapunov 函数定义为寻优函数，Hopfield 神经网络还可以解决寻优问题。

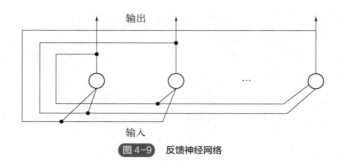

图 4-9　反馈神经网络

（3）自组织网络

网络结构如图 4-10 所示。Kohonen 网络是最典型的自组织网络。Kohonen 认为，当神经网络在接收外界输入时，网络将会分成不同的区域，不同区域具有不同的响应特征，即不同的神经元以最佳方式响应不同性质的信号激励，从而形成一种拓扑意义上的特征图，该图实际上是一种非线性映射。这种映射是通过无监督的自适应过程完成的，所以也称为自组织特征图。

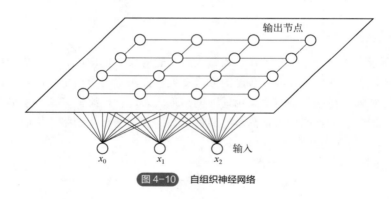

图 4-10　自组织神经网络

Kohonen 网络通过无导师的学习方式进行权值的学习，稳定后的网络输出就对输入模式生成自然的特征映射，从而达到自动聚类的目的。

4.3.4　神经网络学习算法

神经网络学习算法是神经网络智能特性的重要标志，神经网络通过学习算法，实现了自适应、自组织和自学习的能力。

目前神经网络的学习算法有多种，按有无教师（导师）分类，可分为有教师学习（supervised learning）、无教师学习（unsupervised learning）和再励学习（reinforcement learning）等。在有教师的学习方式中，网络的输出和期望的输出（即教师信号）进行比较，然后根据两者之间的差异调整网络的权值，最终使差异变小，如图 4-11 所示。在无教师的学习方式中，输入模式进入网络后，网络按照预先设定的规则（如竞争规则）自动调整权值，使网络最终具有模式分类等功能，如图 4-12 所示。再励学习是介于上述两者之间的一种学习方式。

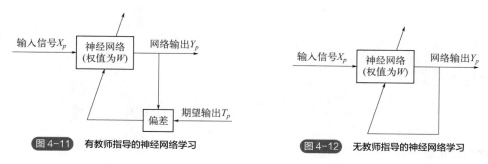

图 4-11 有教师指导的神经网络学习   图 4-12 无教师指导的神经网络学习

下面介绍两个基本的神经网络学习算法。

（1）Hebb 学习规则

Hebb 学习规则是一种联想式学习算法。生物学家 D.O.Hebbian 基于对生物学和心理学的研究，认为两个神经元同时处于激发状态时，它们之间的连接强度将得到加强，这一论述的数学描述被称为 Hebb 学习规则，即

$$w_{ij}(k+1) = w_{ij}(k) + I_i I_j \tag{4-20}$$

式中，$w_{ij}(k)$ 为连接从神经元 i 到神经元 j 的当前权值；I_i 和 I_j 为神经元的激活水平。

Hebb 学习规则是一种无教师的学习方法，它只根据神经元连接间的激活水平改变权值，因此，这种方法又称为相关学习或并联学习。

（2）Delta(δ)学习规则

误差准则函数为

$$E = \frac{1}{2}\sum_{p=1}^{P}(d_p - y_p)^2 = \sum_{p=1}^{P}E_p \tag{4-21}$$

式中，d_p 代表期望的输出（教师信号）；y_p 为网络的实际输出，$y_p = f(WX_p)$；W 为网络所有权值组成的向量：

$$\boldsymbol{W} = (\omega_0, \omega_1, \cdots, \omega_n)^{\mathrm{T}} \tag{4-22}$$

X_p 为输入模式：

$$\boldsymbol{X}_p = (x_{p0}, x_{p1}, \cdots, x_{pn})^{\mathrm{T}} \tag{4-23}$$

其中，训练样本数为 $p = 1, 2, \cdots, P$。

神经网络学习的目的是通过调整权值 W，使误差准则函数最小。这种方法的数学表达式为

$$\Delta \boldsymbol{W} = \eta \left(-\frac{\partial E}{\partial \omega_i} \right) \tag{4-24}$$

$$\frac{\partial E}{\partial \omega_i} = \sum_{p=1}^{P} \frac{\partial E_p}{\partial \omega_i} \tag{4-25}$$

其中

$$E_p = \frac{1}{2}(d_p - y_p)^2 \qquad (4\text{-}26)$$

令 $\theta_p = \boldsymbol{W} \boldsymbol{X}_p$ ，则

$$\frac{\partial E_p}{\partial \omega_i} = \frac{\partial E_p}{\partial \theta_p} \times \frac{\partial \theta_p}{\partial \omega_i} = \frac{\partial E_p}{\partial y_p} \times \frac{\partial y_p}{\partial \theta_p} x_{ip} = -(d_p - y_p) f'(\theta_p) x_{ip} \qquad (4\text{-}27)$$

$\boldsymbol{W}$ 的修正规则为

$$\Delta \boldsymbol{W} = \eta \sum_{p=1}^{P} (d_p - y_p) f'(\theta_p) x_{ip} \qquad (4\text{-}28)$$

上式称为 δ 学习规则，又称误差修正规则。

4.3.5 神经网络的特点

（1）神经网络特征

① 能逼近任意非线性函数。
② 信息的并行分布式处理与存储。
③ 可以多输入、多输出。
④ 便于用超大规模集成电路（VISI）或光学集成电路系统实现，或用现有的计算机技术实现。
⑤ 能进行学习，以适应环境的变化。

（2）神经网络三要素

① 神经元（信息处理单元）的特性。
② 神经元之间相互连接的拓扑结构。
③ 为适应环境而改善性能的学习规则。

（3）神经网络控制的研究领域

① 基于神经网络的系统辨识。
a. 将神经网络作为被辨识系统的模型，可在已知常规模型结构的情况下估计模型的参数。
b. 利用神经网络的线性、非线性特性，可建立线性、非线性系统的静态、动态、逆动态及预测模型，实现非线性系统的建模和辨识。
② 神经网络控制器。
神经网络作为实时控制系统的控制器，对不确定、不确知系统及扰动进行有效的控制，使控制系统达到所要求的动态、静态特性。
③ 神经网络与其他算法相结合。
将神经网络与专家系统、模糊逻辑、遗传算法等相结合，可设计新型智能控制系统。

④ 优化计算。

在常规的控制系统中，常遇到求解约束优化问题，神经网络为这类问题的解决提供了有效的途径。

目前，神经网络控制已经在多种控制结构中得到应用，如 PID 控制、模型参考自适应控制、前馈反馈控制、内模控制、预测控制和模糊控制等。

4.3.6　典型神经网络

根据神经网络的连接方式，神经网络可分为 3 种形式，即前馈型神经网络（前向网络）、反馈型神经网络（反馈网络）和自组织网络，其中前两种可用于控制系统的设计。典型的前馈型神经网络主要有单神经元网络、BP 神经网络和 RBF 神经网络，反馈型神经网络主要有 Hopfield 神经网络。

（1）单神经元网络

如图 4-13 所示，θ_i 为阈值，x_j 为输入信号，$j = 1, \cdots, n$，w_j 为表示连接权系数，s_i 为外部输入信号，图 4-13 中的模型可描述为

$$Net_i = \sum_j w_j x_j + s_i - \theta_i \tag{4-29}$$

$$y_i = f(Net_i) \tag{4-30}$$

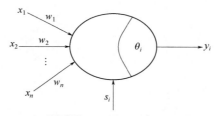

图 4-13　单神经元结构模型

常用的神经元非线性特性有以下 4 种。

① 阈值型。

$$f(Net_i) = \begin{cases} 1 & Net_i > 0 \\ 0 & Net_i \leqslant 0 \end{cases} \tag{4-31}$$

阈值型函数如图 4-14 所示。

② 分段线性型。

分段线性函数表达式为

$$f(Net_i) = \begin{cases} 0 & Net_i > Net_{i0} \\ kNet_i & Net_{i0} < Net_i < Net_{il} \\ f_{max} & Net_i \geqslant Net_{il} \end{cases} \tag{4-32}$$

分段线性函数如图 4-15 所示。

③ 函数型。

有代表性的有 Sigmoid 型和高斯型函数。Sigmoid 型函数表达式为

$$f(Net_i) = \frac{1}{1+e^{-\frac{Net_i}{T}}}$$ （4-33）

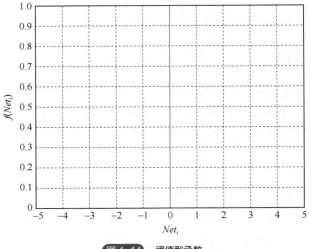

图4-14 阈值型函数

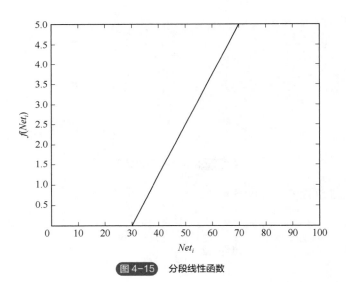

图4-15 分段线性函数

Sigmoid 函数如图4-16 所示。

由于单神经元网络结构简单，不具有非线性映射的能力，因此无法应用于控制系统设计中。

（2）BP 神经网络

1986 年，Rumelhart 等提出了误差反向传播神经网络，简称 BP（back propagation）网络，该网络是一种单向传播的多层前向网络。

误差反向传播的 BP 算法简称 BP 算法，其基本思想是最小二乘法。它采用梯度搜索技术，使网络的实际输出值与期望输出值的误差均方值为最小。

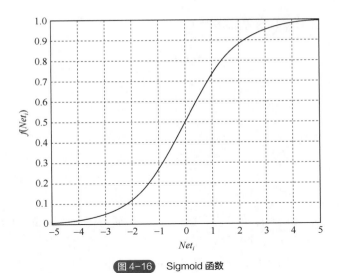

图 4-16　Sigmoid 函数

BP 网络具有以下几个特点：

① BP 网络是一种多层网络，包括输入层、隐层（隐含层）和输出层；

② 层与层之间采用全互联方式，同一层神经元之间不连接；

③ 权值通过 δ 学习算法进行调节；

④ 神经元激发函数为 S 函数；

⑤ 学习算法由正向传播和反向传播组成；

⑥ 层与层的连接是单向的，信息的传播是双向的。

含一个隐含层的 BP 网络结构如图 4-17 所示，图中 i 为输入层神经元，j 为隐层神经元，k 为输出层神经元。

二输入单输出的 BP 网络如图 4-18 所示。

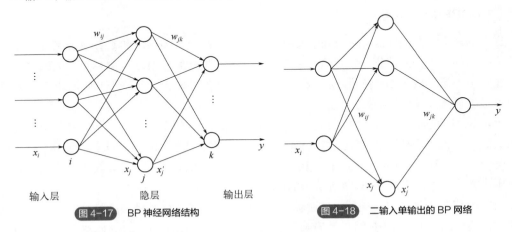

图 4-17　BP 神经网络结构　　　　图 4-18　二输入单输出的 BP 网络

BP 算法输入信息由输入层到隐层逐层处理，并传向输出层，每层神经元（节点）的状态只影响下一层神经元的状态。

隐层神经元的输入为所有输入的加权之和

$$x_j = \sum_i w_{ij} x_i \tag{4-34}$$

隐层神经元的输出 x'_j 采用 S 函数激发 x_j

$$x'_j = f(x_j) = \frac{1}{1+\mathrm{e}^{-x_j}}\tag{4-35}$$

则

$$\frac{\partial x'_j}{\partial x_j} = x'_j(1-x'_j)$$

输出层神经元的输出

$$y = \sum_j w_{jk} x'_j\tag{4-36}$$

BP 网络的优点如下：

① 只要有足够多的隐层和隐层节点，BP 网络可以逼近任意的非线性映射关系。

② BP 网络的学习算法属于全局逼近算法，具有较强的泛化能力。

③ BP 网络输入和输出之间的关联信息分布地存储在网络的连接权中，个别神经元的损坏只对输入和输出的关系有较小的影响，因而 BP 网络具有较好的容错性。

BP 网络的主要缺点如下：

① 待寻优的参数多，收敛速度慢。

② 目标函数存在多个极值点，按梯度下降法进行学习，很容易陷入局部极小值。

③ 难以确定隐层及隐层节点的数目。目前，如何根据特定的问题来确定具体的网络结构尚无很好的方法，仍需根据经验来试凑。

由于 BP 网络具有很好的逼近非线性映射的能力，在控制系统设计中，可采用 BP 神经网络实现未知函数的逼近。理论上，3 层 BP 网络能够逼近任何一个非线性函数，但由于 BP 网络是全局逼近网络，具有双层权值，收敛速度慢，易于陷入局部极小，很难满足控制系统的高度实时性要求。

（3）RBF 神经网络

径向基函数（radial basis function，RBF）神经网络是由 J.Moody 和 C.Darken 在 20 世纪 80 年代末提出的一种神经网络，它是具有单隐层的 3 层前馈网络。RBF 网络模拟了人脑中局部调整、相互覆盖接收域（或称感受域，receptive field）的神经网络结构，已证明 RBF 网络能以任意精度逼近任意连续函数。

RBF 网络的学习过程与 BP 网络的学习过程类似，两者的主要区别在于二者使用不同的作用函数。BP 网络中隐层使用的是 Sigmoid 函数，其值在输入空间中无限大的范围内为非零值，因而是一种全局逼近的神经网络。而 RBF 网络中的作用函数是高斯函数，其值在输入空间中有限范围内为非零值，因而 RBF 网络是局部逼近的神经网络。

RBF 网络是一种 3 层前向网络，由输入到输出的映射是非线性的，而隐层空间到输出空间的映射是线性的，而且 RBF 网络是局部逼近的神经网络，因而采用 RBF 网络可大大加快学习速度并避免局部极小问题，适合于实时控制的要求。采用 RBF 网络构成神经网络控制方案，可有效提高系统的精度、鲁棒性和自适应性。

① 网络结构　多输入单输出的 RBF 网络结构如图 4-19 所示。

在 RBF 神经网络中，$x=[x_1\ x_2\ \cdots\ x_n\ ]^\mathrm{T}$ 为网络输入，h_j 为隐层第 j 个神经元的输出，即

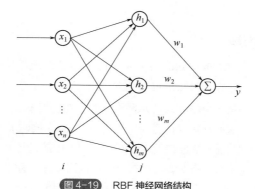

图 4-19 RBF 神经网络结构

$$h_j = \exp\left(-\frac{\left\|x - c_j\right\|^2}{2b_j^2}\right), j = 1, 2, \cdots, m \tag{4-37}$$

式中，$c_j = [c_{j1}, \cdots, c_{jn}]$ 为第 j 个隐层神经元的中心点矢量值，高斯函数的宽度矢量为 $b = [b_1, \cdots, b_m]^T$；$b_j > 0$ 为隐含层神经元的高斯函数的宽度。

网络的权值为

$$w = [w_1, \cdots, w_m]^T \tag{4-38}$$

RBF 网络的输出为

$$y = w_1 h_1 + w_2 h_2 + \cdots + w_m h_m \tag{4-39}$$

由于 RBF 网络只调节权值，因此，RBF 网络较 BP 网络有算法简单、运行时间快的优点。但由于 RBF 网络中，输入空间到输出空间是非线性的，而隐层空间到输出空间是线性的，因而其非线性能力不如 BP 网络。

② 控制系统设计中 RBF 网络的逼近　RBF 网络可对任意未知非线性函数进行任意精度的逼近。在控制系统设计中，采用 RBF 网络可实现对未知函数的逼近。

例如，为了估计未知函数 $f(x)$，可采用如下 RBF 网络算法进行逼近：

$$h_j = g\left(\left\|x - c_{ij}\right\|^2 \big/ b_j^2\right) \tag{4-40}$$

$$f = \boldsymbol{W}^{*T} \boldsymbol{h}(x) + \varepsilon \tag{4-41}$$

式中，x 为网络输入；i 为输入层节点；j 为隐层节点；$\boldsymbol{h} = [h_1, h_2, \cdots, h_n]^T$ 为隐层的输出；$\boldsymbol{W}^*$ 为理想权值；ε 为网络的逼近误差，$|\varepsilon| \leqslant \varepsilon_N$；$g(\bullet)$ 为高斯基函数。

在控制系统设计中，可采用 RBF 网络对未知函数进行逼近。一般可采用系统状态作为网络的输入，网络输出为

$$\hat{f}(x) = \hat{\boldsymbol{W}}^T \boldsymbol{h}(x) \tag{4-42}$$

式中，$\hat{\boldsymbol{W}}$ 为估计权值。

在控制系统设计中，定义 $\tilde{\boldsymbol{W}} = \hat{\boldsymbol{W}} - \boldsymbol{W}^*$，$\hat{\boldsymbol{W}}$ 的调节可在闭环的 Lyapunov 函数的稳定性分析中进行设计。

在实际的控制系统设计中，为了保证网络的输入值处于高斯函数的有效范围，应根据网络的输入值的实际范围确定高斯函数中心点坐标向量 $\boldsymbol{c}$；为了保证高斯函数的有效映射，需要将高斯函数的宽度 b_j 取适当的值。

（4）Hopfield 神经网络

1986 年，美国物理学家 J.J.Hopfield 利用非线性动力学系统理论中的能量函数方法研究反馈人工神经网络的稳定性，提出了 Hopfield 神经网络，并建立了求解优化计算问题的方程。

基本的 Hopfield 神经网络是一个由非线性元件构成的全连接型单层反馈系统，Hopfield 网络中的每一个神经元都将自己的输出通过连接权传送给所有其他神经元，同时又都接收所有其他神经元传递过来的信息。Hopfield 神经网络是一个反馈型神经网络，网络中的神经元在 t 时刻的输出状态实际上间接地与自己的 $t-1$ 时刻的输出状态有关，其状态变化可以用差分方程来描述。反馈型网络的一个重要特点就是它具有稳定状态，网络达到稳定状态的时候，也就是它的能量函数达到最小的时候。

Hopfield 神经网络的能量函数不是物理意义上的能量函数，而是在表达形式上与物理意义上的能量概念一致，表征网络状态的变化趋势，并可以依据 Hopfield 工作运行规则不断进行状态变化，最终能够达到的某个极小值的目标函数。网络收敛就是指能量函数达到极小值。如果把一个最优化问题的目标函数转换成网络的能量函数，把问题的变量对应于网络的状态，那么 Hopfield 神经网络就能够用于解决优化组合问题。

Hopfield 工作时，各个神经元的连接权值是固定的，更新的只是神经元的输出状态。Hopfield 神经网络的运行规则为：首先从网络中随机选取一个神经元 u_i 进行加权求和，再计算 u_i 的第 $t+1$ 时刻的输出值。除 u_i 以外的所有神经元的输出值保持不变，直至网络进入稳定状态。

Hopfield 神经网络模型是由一系列互联的神经单元组成的反馈型网络，如图 4-20 所示，其中虚线框内为一个神经元，u_i 为第 i 个神经元的状态输入，R_i 与 C_i 分别为输入电阻和输入电容，I_i 为输入电流，w_{ij} 为第 j 个神经元到第 i 个神经元的连接权值。u_i 为神经元的输出，是神经元状态变量的非线性函数。

对于 Hopfield 神经网络第 i 个神经元，采用微分方程建立其输入输出关系，即

$$\begin{cases} C_i \dfrac{\mathrm{d}u_i}{\mathrm{d}t} = \sum_{j=i}^{n} w_{ij} v_i - \dfrac{u_i}{R_i} + I_i \\ v_i = g(u_i) \end{cases} \tag{4-43}$$

其中 $i = 1, 2, \cdots, n$ 。

函数 $g(x)$ 为双曲函数，一般取为

$$g(x) = \rho \frac{1 - \mathrm{e}^{-x}}{1 + \mathrm{e}^{-x}} \tag{4-44}$$

Hopfield 网络的动态特性要在状态空间中考虑，分别令 $\boldsymbol{u} = [u_1, u_2, \cdots, u_n]^{\mathrm{T}}$ 为具有 n 个神经元的 Hopfield 神经网络的状态向量，$\boldsymbol{V} = [v_1, v_2, \cdots, v_n]^{\mathrm{T}}$ 为输出向量，$\boldsymbol{I} = [I_1, I_2, \cdots, I_n]^{\mathrm{T}}$ 为网络的输入向量。

为了描述 Hopfield 网络的动态稳定性，定义能量函数为

$$E = -\frac{1}{2} \sum_i \sum_j w_{ij} v_i v_j + \sum_i \frac{1}{R_i} \int_0^{v_i} g_i^{-1}(v) \mathrm{d}v + \sum_i I_i v_i \tag{4-45}$$

取权值矩阵对称，则根据相关文献的分析，可得

$$\frac{\mathrm{d}E}{\mathrm{d}t} = -\sum_i C_i \frac{\mathrm{d}g^{-1}(v_i)}{\mathrm{d}v_i} \left(\frac{\mathrm{d}v_i}{\mathrm{d}t} \right)^2 \tag{4-46}$$

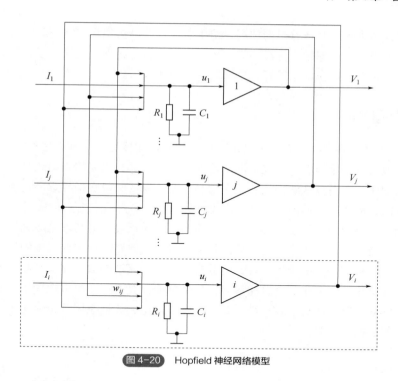

图 4-20　Hopfield 神经网络模型

由于 $C_i > 0$，双曲函数是单调上升函数，显然它的反函数 $g^{-1}(v_i)$ 也为单调上升函数，即有 $\dfrac{\mathrm{d}g^{-1}(v_i)}{\mathrm{d}v_i} > 0$，则可得到 $\dfrac{\mathrm{d}E}{\mathrm{d}t} \leqslant 0$，即能量函数 E 具有负的梯度，当且仅当 $\dfrac{\mathrm{d}v_i}{\mathrm{d}t} = 0$ 时，$\dfrac{\mathrm{d}E}{\mathrm{d}t} = 0$ $(i = 1, 2, \cdots, n)$。由此可见，随着时间的推移，网络的解在状态空间中总是朝着能量 E 减少的方向运动。网络最终输出向量 V 为网络的稳定平衡点，即 E 的极小点。

Hopfield 网络在优化计算中得到了成功应用，有效地解决了著名的旅行商路径优化问题（TSP 问题），Hopfield 网络在智能控制和系统辨识中也有广泛的应用。

4.4　仿生智能算法

英国生物学家、进化论创始人达尔文在其 1859 年出版的名著 *The Origin of Species* 中指出，大自然以"物竞天择，适者生存"的原则，通过漫长的进化时间，在择优方面比人类要高明得多。自然界一直是人类创造力的丰富源泉，人类认识事物的能力来源于与自然界的相互作用。自从有人类社会以来，人类通过模拟自然界中生物体的结构、功能、行为，发明了很多技术、方法和工具，用于解决社会生活中的实际问题。自然界中的许多自适应优化现象不断给人以启示：生物体和自然生态系统通过自身的演化使许多在人类看起来高度复杂的优化问题得到完美的解决。

仿生智能计算（biologically inspired computing，其缩写为 bio-inspired computing）是自然计算（natural computing）的一个重要分支，这里的"自然"包括生物系统、生态系统和物质系统，因此，自然计算是一个广义范畴。维基百科给出了其简明定义："利用计算机来模拟自然，同时通过对自然的模拟来改进对计算机的使用。"仿生智能计算以仿生学、数学和计算机科学为基础，涉及物理学、生理学、心理学、神经科学、控制科学、智能科学、系统科学、社会学和管理科学等众多学科，具有自适应、自组织、自学习等特性和能力。

4.4.1 数学基础

马克思认为："一种科学只有在成功地运用数学时，才算达到了真正完善的地步。"研究算法的建模、收敛性等理论问题，不仅对深入理解算法机理具有重要的理论意义，而且对改进算法、编写算法程序、应用算法解决实际问题均具有非常重要的现实指导意义。因此，所有的仿生智能计算方法都应考虑它们的收敛性等理论问题。

仿生智能计算有着坚实的生物学基础和鲜明的认知学意义，但其理论研究还有待于进一步深入和完善。目前，在分析仿生智能计算的收敛性等理论问题时，主要采用的理论工具是随机过程中的 Markov 链理论，基于这一理论的分析在对遗传算法的数学建模及收敛性研究中发挥了重要作用。蚁群算法、人工蜂群算法等新兴仿生智能计算方法在收敛性理论分析和证明时也大多采用了 Markov 链。此外，鞅（特别是离散鞅）理论、线性系统理论为仿生智能算法的理论分析提供了新的研究工具。

（1）Markov 链理论

一般而言，仿生智能计算在演化过程中不断迭代更新，不断产生新的候选解，并按照某种模式朝着最优解的方向演化。每一种演化机制都与当前的状态密切相关，而与以前的种群状态无关。因此，许多仿生智能计算方法均可看作一个齐次 Markov 链。

Markov 性质：$X = \{X_0, X_1, \cdots, X_t, \cdots\}$，其中 X_t 表示 t 时刻的随机变量，并且每个随机变量的取值空间相同。如果 X_t 只依赖于 X_{t-1}，而不依赖于 $\{X_0, X_1, \cdots, X_{t-2}\}$，则称这一性质为 Markov 性，即 $P(X_t \mid X_0, X_1, \cdots, X_{t-1}) = P(X_t \mid X_{t-1}), t = 1, 2, \cdots$。换句话说，过去所有的信息都已经被保存到了现在的状态，未来与过去无关，只和当下息息相关。

例如：Markov 链在天气预测中的应用。

比如说，今天下雨了，那么明天的天气会怎么样呢？

如图 4-21 所示：今天下雨，明天继续下雨的可能性为 0.8；今天下雨，明天下雪的可能性为 0.02；今天下雨，明天晴天的可能性为 0.18。也就是说，只要知道今天是下雨，就能知道明天天气的可能性，而不用去管前天是什么天气。

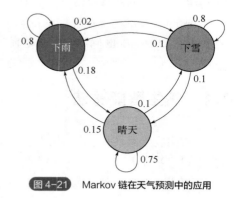

图 4-21 Markov 链在天气预测中的应用

Markov 链的等价性质 1 若 A 为任意形如 $\{X_0(\omega) = i_0, X_1(\omega) = i_1, \cdots, X_{n-1}(\omega) = i_{n-1}\}$ 的事件的并，即 $A = \bigcup_k \{X_0 = i_{0,k}, X_1 = i_{1,k}, \cdots, X_{n-1} = i_{n-1,k}\}$

则有
$$P(X_{n+1} = j \mid A, X_n = i) = P(X_{n+1} = j \mid X_n = i) \tag{4-47}$$

Markov 链的等价性质 2 对于随机过程在时刻 $n+1$ 及其以后的时刻所确定的事件 B 及等价性质 1 中的事件 A，有

$$P(B \mid A, X_n = i) = P(B \mid X_n = i) \tag{4-48}$$

或
$$P(AB \mid X_n = i) = P(A \mid X_n = i)P(B \mid X_n = i) \tag{4-49}$$

其含义为：如果过程在时刻 n 处于状态 i，则不管它以前处于什么状态，过程以后处于什么状态的条件概率是一样的，这就引出了 Markov 链的又一条等价性质。

Markov 链的等价性质 3　Markov 链在已知"现在"的条件下，"将来"与"过去"是条件独立的。

Markov 链的等价性质 4　对 Markov 链 $\{X_n\}$ 及 $\forall m \geqslant 1, n \geqslant 0$ 及任意状态 $i, j, i_0, \cdots, i_{n-1}$ 有
$$P(X_{n+m} = j \mid X_n = i, X_{n-1} = i_{n-1}, \cdots, X_0 = i_0) = P(X_{n+m} = j \mid X_n = i) \tag{4-50}$$

Markov 链的等价性质 5　对状态空间 S 上的任意有界实值函数 f，有
$$E[f(X_{n+1}) \mid X_0 = i_0, \cdots, X_n = i_n] = E[f(X_{n+1}) \mid X_n = i_n] \tag{4-51}$$

Markov 链的等价性质 6　对于常见的实数集合 Λ 及由随机序列 X_m 在时刻 n 及其后的信息所决定的随机变量 Y_n，恒有
$$P(Y_n \in \Lambda \mid X_0 = i_0, \cdots, X_n = i_n) = P(Y_n \in \Lambda \mid X_n = i_n) \tag{4-52}$$

或
$$E(Y_n \mid X_0 = i_0, \cdots, X_n = i_n) = E(Y_n \mid X_n = i_n) \tag{4-53}$$

齐次 Markov 链：假设转移概率分布 $P(X_t \mid X_{t-1})$ 与 t 无关，也就是说不同时刻的转移概率是相同的，则称该 Markov 链为时间齐次的 Markov 链，即
$$P(X_{t+s} \mid X_{t-1+s}) = P(X_t \mid X_{t-1}), t = 1, 2, \cdots, s = 1, 2, \cdots \tag{4-54}$$

转移概率矩阵：通过 markov 链的模型转换，可以将事件的状态转换成概率矩阵（又称状态分布矩阵），如下例：

图 4-22 中有 A 和 B 两个状态，A 到 A 的概率是 0.3；A 到 B 的概率是 0.7；B 到 B 的概率是 0.1；B 到 A 的概率是 0.9。

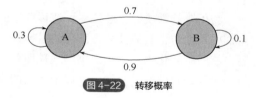

图 4-22　转移概率

若初始状态在 A，求 2 次运动后状态还在 A 的概率是多少？

$$P = A \to A \to A + A \to B \to A = 0.3 \times 0.3 + 0.7 \times 0.9 = 0.72$$

如果想求 2 次运动后的状态概率分别是多少，初始状态和终止状态未知时怎么办呢？这时就要引入转移概率矩阵，可以非常直观地描述所有的概率。

$$P = \begin{array}{c} \\ A \\ B \end{array} \begin{pmatrix} A & B \\ 0.3 & 0.7 \\ 0.9 & 0.1 \end{pmatrix}$$

2 次运动后：

$$P = \begin{array}{c} \\ A \\ B \end{array} \begin{pmatrix} A & B \\ 0.3 & 0.7 \\ 0.9 & 0.1 \end{pmatrix} \begin{array}{c} \\ A \\ B \end{array} \begin{pmatrix} A & B \\ 0.3 & 0.7 \\ 0.9 & 0.1 \end{pmatrix}$$

$$= \begin{array}{c} \\ A \\ B \end{array} \begin{pmatrix} A & B \\ 0.3 \times 0.3 + 0.7 \times 0.9 & 0.3 \times 0.7 + 0.7 \times 0.1 \\ 0.9 \times 0.3 + 0.1 \times 0.9 & 0.9 \times 0.7 + 0.1 \times 0.1 \end{pmatrix}$$

$$= \begin{pmatrix} & A & B \\ A & 0.72 & 0.28 \\ B & 0.36 & 0.64 \end{pmatrix}$$

有了状态矩阵，可以轻松得出以下结论：

初始状态 A，2 次运动后状态为 A 的概率是 0.72；

初始状态 A，2 次运动后状态为 B 的概率是 0.28；

初始状态 B，2 次运动后状态为 A 的概率是 0.36；

初始状态 B，2 次运动后状态为 B 的概率是 0.64。

有了概率矩阵，即便求运动 n 次后的各种概率，也能非常方便地求出。

（2）鞅与鞅列

定义 4-1 将一个随机序列 $\{Y_n \mid n \geq 0\}$ 作为一系列"历史事件"的参照，记 $Y_n \equiv \{Y_0, \cdots, Y_n\}$，则随机变量集合 $\bar{\Phi}(Y_n)$（即其非线性信息空间）成为 n 前历史，代表 n 前有用信息。对另一个随机序列 $\{X_n \mid n \geq 0\}$，如果对 $\forall n$，都有 $X_n \in \bar{\Phi}(Y_n)$，则称 $\{X_n \mid n \geq 0\}$ 为 (Y_n) 可知的。如果随机变量 $\eta \in \bar{\Phi}(Y_n)$，则称 η 为 Y_n 可知的。

鞅列：如果对 $\forall n, E(|Y_n|) < \infty$，且对 $\forall m$ 有 $E(Y_{n+m} \mid Y_n) = Y_n$，则称随机序列 Y_n 为鞅列。如果 $\{X_n\}$ 为 (Y_n) 可知的，且对 $\forall n, E(|X_n|) < \infty, \forall m$ 有 $E(X_{n+m} \mid Y_n) = X_n$，则称 X_n 为 (Y_n) 鞅列。

由于 $\{X_n\}$ 为 (Y_n) 可知的，故而由条件期望的性质可知，若 X_n 是 (Y_n) 鞅列，则 X_n 也是鞅列。

如果上面两等式中的"="分别改为"$\geq$"与"$\leq$"，则对应的随机序列分别称为下鞅列，或上鞅列。

利用鞅的性质，已经证明了遗传算法的几乎必然（almost surely，A.S.）收敛性。鞅方法也为证明其他仿生智能计算方法提供了一条新的途径，其证明思路是：首先要把讨论的收敛性问题中的序列转化为某一个上鞅列或鞅序列，然后证明这样的鞅序列满足鞅收敛定理的条件，获得鞅序列的收敛性，再转化为原来序列的收敛性。

（3）模式定理

遗传算法是模拟达尔文生物进化论中自然选择和遗传学机理的生物进化过程的计算模型，是一种通过模拟自然进化过程搜索最优解的方法，最初由美国密歇根大学的 Holland 教授于 1975 年在其颇有影响的学术著作 *Adaptation in Natural and Artificial Systems* 中首次提出。Holland 所提出的遗传算法通常为简单遗传算法或标准遗传算法，遗传操作包括三个基本遗传算子（genetic operator）：选择（selection）、交叉（crossover）和变异（mutation）。遗传算法是目前研究最为深入、影响度最大、应用最广、理论相对最为成熟的一种仿生智能计算方法，很多新兴仿生智能计算方法的开山之作中都或多或少借鉴了遗传算法的进化思想。

设符号"*"取值为 0 或 1，即 $* \in \{0,1\}$。于是，字符串"*0001"代表了在基因位 2、3、4、5 位具有形式"0001"的所有字符串，即 00001 和 10001。这时，也称 00001 和 10001 按"*0001"具有结构相似性。

定义 4-2 **模式**（schema）：基于字符串 $\{0,1,*\}$ 产生的字符串称为模式，其中，符号"*"称为通配符或无关符。

例如，模式 $H = *1**0$ 描述如下集合内的字符串：
$$\{01000,01010,01100,01110,11000,11010,11100,11110\}$$

上述集合内的字符串按模式"$*1**0$"具有结构相似性，也称具有模式 H。

定义 4-3　模式阶（schema order）：设 $H \in \tilde{S} = \{0,1,*\}^l$ 是一个模式，则称 H 中确定位置的个数为该模式阶，记为 $o(H)$；称 H 中第一个确定位置（简称模式位）到最后一个确定位置之间的距离（即占有的位数）为该模式的定义距，记为 $\delta(H)$。

例如，设模式 $H = 011*1*$，则
$$o(H) = 4, \delta(H) = 4$$

模式定理的证明

记 $G(t)$ 是第 t 代种群，且在进化过程中种群个体的数目不变。记
$$T[H,\boldsymbol{G}(t)] = \{A \in \boldsymbol{G}(t) \mid A\text{具有模式}H\} \tag{4-55}$$

$\boldsymbol{G}(t)$ 为具有模式 H 的所有个体的集合。所谓个体具有模式 H，是指个体 A 在 H 的基因位上（除通配符 $*$）对应的基因值相同。即 $G(t)$ 中具有模式 H 的个体数目为
$$m(H,t) = |T[H,G(t)]| \tag{4-56}$$

设 $G(t)$ 中个体的总数为 N，即 $|G(t)| = N$，其个体编号依次为 $1,2,\cdots,N$。第 i 号个体 A_i 的适应度函数值为 $f_i = f(A_i)$，选择概率为
$$p_i = \frac{f_i}{\sum_{j=1}^{N} f_j} \tag{4-57}$$

式中，$f(x)$ 是适应度函数。称
$$\bar{f} = \frac{1}{N}\sum_{j=1}^{N} f_i \tag{4-58}$$

为 $\boldsymbol{G}(t)$ 中个体的平均适应度，而称
$$\overline{f(H)} = \frac{1}{m(H,t)}\sum_{A \in T[H,\boldsymbol{G}(t)]} f(A) \tag{4-59}$$

为 $\boldsymbol{G}(t)$ 中全部具有模式 H 的个体的平均适应度。

引理 4-1　设遗传过程按选择概率 p_i 进行选择，则经过选择操作后具有模式 H 的个体的期望数目为
$$m_1(H,t+1) = E[m(t+1)] = m(H,t)\frac{\overline{f(H)}}{\bar{f}} \tag{4-60}$$

而且如果模式 H 的平均适应度 $\overline{f(H)}$ 高于种群平均适应度，则具有模式 H 的个体数量呈指数级增长。

引理 4-2　设杂交操作采用单点随机杂交方式，即随机选取杂交起始位，并按杂交概率 p_c 交换位后基因，则第 $t+1$ 代模式 H 保留下来的概率为
$$p_c(H,t+1) \geqslant 1 - \frac{p_c\delta(H)}{l-1}[1 - p(H,t)] \tag{4-61}$$

式中，l 为染色体上总的基因位数；$p(H,t)$ 为第 t 代中模式 H 出现的概率。

引理 4-3　设基因变异的概率为 p_m ，则经变异操作后第 $t+1$ 代中模式 H 生存的概率为

$$p_2(H,t+1) \geqslant 1 - p_m o(H) \tag{4-62}$$

定理 4-1　在如上引理的条件下，有

$$m(H,t+1) = m(H,t)\left\{1 - \frac{p_c \delta(H)}{l-1}[1 - p(H,t) - p_m o(H)]\right\}\frac{\overline{f(H)}}{\overline{f}} \tag{4-63}$$

定理 4-2　**模式定理**：在遗传算子选择、杂交和变异的作用下，具有低阶、短定义距及平均适应度高于群体适应度的模式，其个体的个数在子代中呈指数级增长。

定义 4-4　**积木块**：具有低阶、短定义距及高适应度的模式。

定义 4-5　**积木块假设**：在许多遗传算法的设计中，积木块具有重要的指导作用。一种假设认为，低阶、短阶、高平均适应度的模式（积木块）在遗传算子的作用下，相互结合能生成高阶、长距、高平均适应度的模式，从而最终可生成全局最优解，称之为积木块假设。

4.4.2　仿人智能算法

拓展视频

4.4.2.1　免疫算法

"免疫"原由拉丁文"immunis"而来，其原意为"免除税收（exception from charges）"，也包含"免于疫患"之意。免疫学是研究生物体对抗原物质免疫应答性及其方法的生物医学科学。免疫学研究在医学领域具有特殊地位。20 世纪，诺贝尔生理学或医学奖对它的褒奖达 18 次之多；首届诺贝尔奖就授予免疫学成就；20 世纪 70 年代之后，免疫学每隔 10 年就有 3 次获诺贝尔奖。

免疫系统是哺乳动物抵御外来有害物质侵害的防御系统，动物一生始终处于复杂多变、充满危机的自然环境中，但它们能够平安无事地进行正常的生命活动，免疫系统起着重要作用。免疫系统是由具有免疫功能的器官、组织、细胞和分子组成的生理网络。人体的免疫系统分为先天性免疫系统和适应性免疫系统。先天性免疫是与生俱有的，有能力识别侵入体内的各种微生物；适应性免疫是后天形成的，也称获得性免疫，它是由免疫系统中淋巴细胞受病原体（抗原）的刺激、诱导后而形成的。免疫系统对自身也具有免疫能力，它能抑制过多抗体的产生。免疫系统有能力产生很多种抗体，但实际上系统只需根据抗原的种类和数目产生适量的相关抗体。根据免疫网络理论，每个细胞系的 B 型淋巴细胞识别出感受器的遗传类型后，相互之间便构成了链接的网络，从而只产生所需数量的抗体，免疫系统的控制机制可完成这一调节功能。如果抗原的刺激激活了某细胞系中的细胞并开始繁殖，则其他能识别这种基因类型的细胞系也被激活并开始繁殖。如果这一过程连续地进行，就构成了对自身的免疫，并通过所有淋巴细胞的作用实现了内部调节机制。

人工免疫算法正是基于生物免疫抗体（antibody）产生记忆系统学习机理的产物（图 4-23）。这方面的研究最初从 20 世纪 80 年代中期的免疫学研究发展而来，1991 年，比利时学者 Bersini 和法国学者 Varela 首次使用人工免疫算法来解决问题。人工免疫算法依据的主要免疫学原理包括免疫网络理论、克隆选择原理、免疫学习机制等。在使用人工免疫算法解决问题时，一般各个步骤有其对应形式：抗原对应于所求问题的数据输入；抗体对应于所求问题的最优解；亲和力（affinity）对应于对解的评估和对结合强度的评估；记忆细胞分化对应于保留优化解；抗体

促进和抑制对应于优化解的促进及非优化解的删除；抗体产生对应于优化解的出现等。

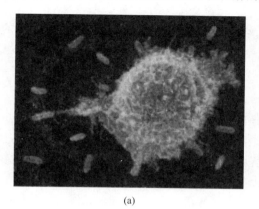 

(a)   (b)

图 4-23 人工免疫算法思想来源

（1）免疫系统基本概念

生物免疫系统的主要功能是识别"自己"与"非己"成分，并能破坏和排斥"非己"成分，而对"自己"成分能免疫耐受，不发生排斥反应，以维持机体的自身免疫稳定。下面先给出免疫学中的有关基本概念。

a. 免疫应答：指免疫系统识别并消灭侵入机体的病原体的过程。

b. 抗原（Ag）：指能够诱导免疫系统发生免疫应答，并能与免疫应答的产物在体内或体外发生特异性反应的物质。

c. 表位：指抗原分子表面的决定抗原特异性的特殊化学基团，又称为抗原决定簇。

d. 淋巴细胞：指能够特异地识别和区分不同抗原决定簇的细胞，主要包括 T 细胞和 B 细胞两种。

e. 受体：指位于 B 细胞表面的可以识别特异性抗原表位的免疫球蛋白。

f. 抗体（Ab）：指免疫系统受到抗原刺激后，识别该抗原的 B 细胞转化为浆细胞并合成和分泌可以与抗原发生特异性结合的免疫球蛋白。

g. 匹配：指抗原表位与抗体或 B 细胞受体形状的互补程度。

h. 亲和力：指抗原表位与抗体或 B 细胞受体之间的结合力，抗原表位与抗体或 B 细胞受体匹配得越好，二者之间的亲和力越高。

i. 免疫耐受：指免疫活性细胞接触抗原性物质时所表现的一种特异性无应答状态。

j. 免疫应答成熟：指记忆淋巴细胞比初次应答的淋巴细胞具有更高亲和力的现象。

（2）免疫系统的组织结构

免疫器官是免疫细胞发生发育和产生效应的部位，免疫细胞主要在骨髓和胸腺中产生，从其产生到成熟并进入免疫循环，需要经历一系列复杂变化。免疫细胞主要包括淋巴细胞、吞噬细胞，淋巴细胞又分为 B 淋巴细胞和 T 淋巴细胞。

B 淋巴细胞是由骨髓产生的有抗体生成能力的细胞，其受体是膜结合抗体，抗原与这些膜抗体分子相互作用可引起 B 细胞活化、增殖，最终分化成浆细胞以分泌抗体。

T 淋巴细胞产生于骨髓，再迁移到胸腺并分化成熟。T 细胞可分为辅助性 T 细胞（Th）和细胞毒性 T 细胞（CTL），它们只识别暴露于细胞表面并与主要组织相容性复合体（MHC）相结合的抗原肽链，并进行应答。在对抗原刺激的应答中，Th 细胞分泌细胞因子，促进 B 细胞的增殖与分化，而 CTL 则直接攻击和杀死内部带有抗原的细胞。

吞噬细胞起源于骨髓，成熟和活化后，产生形态各异的细胞类型，能够吞噬外来颗粒（如微生物、大分子，甚至损伤或死亡的自身组织）。

（3）免疫机制

免疫系统的功能是免疫细胞对内外环境的抗原信号做出免疫应答反应。免疫应答是指免疫活性细胞对抗原分子的识别、活化、增殖、分化，以及最终发生免疫效应的一系列复杂的生物学反应过程，包括先天性免疫应答和适应性免疫应答两种。先天性免疫应答是生物在种系发展和进化过程中逐渐形成的天然防御机制，包括吞噬细胞对侵入机体的细菌和微生物的吞噬作用，以及皮肤机体内表皮等生理屏障。适应性免疫应答不是天生就有的，而是个体在发育过程中接触抗原后发展而形成的，只对该特异抗原有作用而对其他抗原不起作用的免疫力，包括体液免疫和细胞免疫。

20 世纪 50 年代，著名的免疫学家 Burnet 提出了关于抗体形成的克隆选择学说，该学说得到了大量的实验证明，合理地解释了适应性免疫应答机理。克隆选择理论认为抗原的识别能够刺激淋巴细胞增殖并分化为效应细胞。受抗原刺激的淋巴细胞的增殖过程称为克隆扩增。B 细胞和 T 细胞都能进行克隆扩增，不同的是 B 细胞在克隆扩增中要发生超突变，即 B 细胞受体发生高频变异，并且其效应细胞产生抗体，而 T 淋巴细胞不发生超突变，其效应细胞是淋巴因子、T_K 或 T_H 细胞。B 淋巴细胞的超突变能够产生 B 细胞的多样性，同时也可以产生与抗原亲和力更高的 B 细胞。B 细胞在克隆选择过程中的选择和变异导致了 B 细胞的免疫应答具有进化和自适应的性质。

当抗原侵入机体时，B 细胞的适应性免疫应答能够产生抗体，如图 4-24 所示。如果抗原表位与某一 B 细胞受体的形状互补，则二者之间会产生亲和力而相互结合，在 T 细胞发出的第二信号作用下，该 B 细胞被活化。活化 B 细胞进行增殖（分裂），增殖 B 细胞会发生超突变，一方面产生了 B 细胞的多样性，另一方面也可以产生与抗原亲和力更高的 B 细胞。

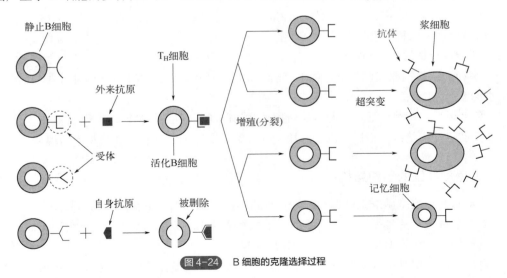

图 4-24　B 细胞的克隆选择过程

免疫系统通过若干世代的选择和变异来提高 B 细胞与抗原的亲和力。产生的高亲和力 B 细胞进一步分化为抗体分泌细胞，即浆细胞，浆细胞产生大量的活性抗体用以消灭抗原。同时，高亲和力 B 细胞也分化为长期存在的记忆细胞。记忆细胞在血液和组织中循环但不产生抗体，当与该抗原类似的抗原再次侵入机体时，记忆细胞能够快速分化为浆细胞以产生高亲和力的抗体。记忆细胞的亲和力要明显高于初始识别抗原的 B 细胞的亲和力，即发生免疫应答成熟。

（4）免疫系统的学习及优化机理

从信息处理的观点看，生物免疫系统是一个并行的分布自适应系统，具有多种信息处理机制，它能够识别自己和非己，通过学习、记忆解决识别、优化和分类问题。

① 免疫应答中识别、学习、记忆的机理　免疫系统中的每个 B 细胞的特性由其表面的受体形状唯一决定。体内 B 细胞的多样性巨大，可以达到 $10^7 \sim 10^8$ 数量级。若 B 细胞的受体与抗原结合点的形状可用 L 个参数来描述，则每个 B 细胞可表示为 L 维空间中的一点，整个 B 细胞库都分布在这 L 维空间中，称此空间为形状空间。抗原在形状空间中用其表位的互补形状来描述。

形状空间的示意图如图 4-25 所示，B 细胞与抗原的亲和力大小可用它们在形状空间的距离定量表示。B 细胞与抗原距离越近，B 细胞受体与抗原表位形状的互补程度越大，于是二者之间的亲和力就越高。对于某一侵入机体的抗原 Ag_1 与 Ag_2，当体内的 B 细胞与它们的亲和力达到某一门限时 B 细胞才能被激活。被激活的 B 细胞大约为 B 细胞总数的万分之一到万分之十。这些被激活的 B 细胞分布在以抗原为中心，以 ε 为半径的球形域内，这一球形域称为该抗原的刺激球。

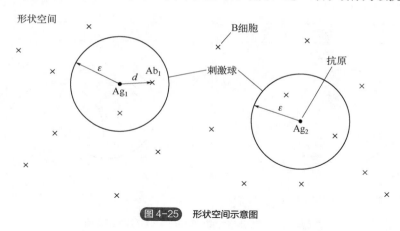

图 4-25　形状空间示意图

根据 B 细胞和抗原的表达方式的不同，形状空间可分为欧氏形状空间和海明形状空间。假设抗原 Ag 与 B 细胞 Ab，分别用向量 $(ag_1, ag_2, \cdots, ag_L)$ 和 $(ab_1, ab_2, \cdots, ab_L)$ 描述，若每个分量为实数，则它们所在的形状空间为欧几里得（以下简称"欧氏"）形状空间，抗原与 B 细胞之间的亲和力可表示为

$$\text{Affinity}(Ag_1, Ab_1) = \sqrt{\sum_{i=1}^{L} (ab_i - ag_i)^2} \tag{4-64}$$

若 B 细胞和抗原的每个分量为二进制数，则它们所在的形状空间为海明形状空间，B 细胞和抗原之间的亲和力可表示为

$$\text{Affinity}(Ag_1, Ab_1) = \sum_{i=1}^{L} \delta, \text{其中} \delta = \begin{cases} 1 & ab_i \neq ag_i \\ 0 & \text{其他} \end{cases} \tag{4-65}$$

生物适应性免疫应答中蕴含着学习与记忆原理，可通过 B 细胞和抗原在形状空间中的相互

作用来说明。如图 4-26（a）所示，对于侵入机体的抗原 Ag_1，其刺激球内的 B 细胞 Ab_1、Ab_2 被活化。如图 4-26（b）所示，被活化 B 细胞进行克隆扩增，产生的子 B 细胞发生变化以寻求亲和力更高的 B 细胞，经过若干世代的选择和变化，产生了高亲和性 B 细胞，这些 B 细胞分化为浆细胞以产生抗体消灭抗原。因此，B 细胞是通过学习过程来提高其亲和力的，这一过程是通过克隆选择原理实现的。如图 4-26（c）所示，抗原 Ag_1 被消灭后，一些高亲和性 B 细胞分化为记忆细胞，长期保存在体内。当抗原 Ag_1 再次侵入机体时，记忆细胞能够迅速分化为浆细胞，产生高亲和力的抗体来消灭抗原，这称为二次免疫应答。如图 4-26（d）所示，若侵入机体的抗原 Ag_2 与 Ag_1 相似，并且 Ag_2 的刺激球包含由 Ag_1 诱导的记忆细胞，则这些记忆细胞被激活以产生抗体，这一过程称为交叉反应应答。由此可见，免疫记忆是一种联想记忆。

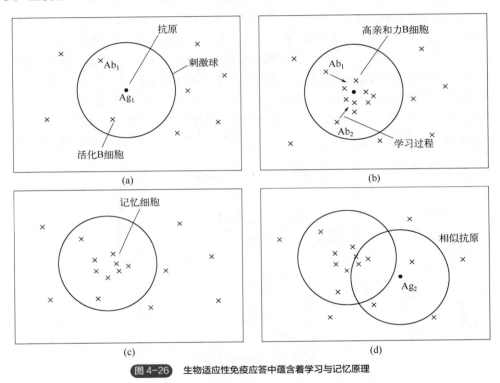

图 4-26　生物适应性免疫应答中蕴含着学习与记忆原理

② 免疫应答中的优化机理　免疫系统通过 B 细胞的学习过程产生高亲和力抗体。从优化的角度来看，寻求高亲和力抗体的过程相当于搜索给定抗原的最优解，这主要是通过克隆原理和变异机制实现的。B 细胞的变化机制除了超突变外，还有受体修饰，即超突变产生的一些亲和力低的或与自身反应的 B 细胞受体被删除并产生新受体。B 细胞群体通过选择、超突变和受体修饰来搜索高亲和力的 B 细胞，进而产生抗体消灭抗原，这一过程如图 4-27 所示。

为便于说明，假设 B 细胞受体的形状只需一个参数的一维形状空间来描述。图 4-27 中横坐标表示一维形状空间，所有 B 细胞均分布在横坐标上，纵坐标表示形状空间中 B 细胞的亲和力。在初始适应性免疫应答中，如果 B 细胞（A 点）与抗原的亲和力达到某一门限值而被活化，则该 B 细胞进行克隆扩增。在克隆扩增的同时 B 细胞发生超突变，使得子 B 细胞受体在母细胞的基础上发生变异，这相当于在形状空间中母细胞的附近寻求亲和力更高的 B 细胞。如果找到亲和力更高的 B 细胞，则该 B 细胞又被活化而进行克隆扩增。经过若干世代后，B 细胞向上"爬山"找到形状空间中局部亲和力最高的点 A'。

如果 B 细胞只有超突变这一变化机制，那么适应性免疫应答只能获得局部亲和力最高的抗体（A' 点），而不能得到具有全局最高亲和力的抗体（C' 点）。B 细胞的受体修饰可以有效避免以上情况的发生。如图 4-27 所示，受体修饰可以使 B 细胞在形状空间中发生较大的跳跃，在多数情况下产生了亲和力低的 B 细胞（如 B 点），但有时也产生了亲和力更高的 B 细胞（如 C 点）。产生的低亲和力 B 细胞或与自身反应的 B 细胞被删除，而产生的高亲和力 B 细胞（C 点）则被活化而发生克隆扩增。

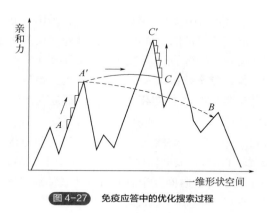

图 4-27　免疫应答中的优化搜索过程

经过若干世代后，B 细胞从 C 点开始，通过超突变找到形状空间中亲和力最高的 B 细胞（C' 点）。B 细胞（C' 点）进一步分化为浆细胞，产生大量高亲和力的抗体以消灭抗原。

因此，适应性免疫应答中寻求高亲和力抗体是一个优化搜索的过程，其中超突变用于在形状空间的局部进行最佳优先搜索（或称贪婪搜索），而受体修饰用来脱离或避免搜索过程中陷入形状空间中的局部最高亲和力的点。

（5）免疫算法的基本步骤

免疫算法大多将 T 细胞、B 细胞、抗体等功能合而为一，统一抽象出检测器概念，主要模拟生物免疫系统中有关抗原处理的核心思想，包括抗体的产生、自体耐受、克隆扩增、免疫记忆等。在用免疫算法解决具体问题时，首先需要将问题的有关描述与免疫系统的有关概念及免疫原理对应起来，定义免疫元素的数学表达，然后再设计相应的免疫算法。

免疫算法没有统一的形式，已提出的多种形式有反向选择算法、免疫遗传算法、克隆选择算法、基于免疫网络的免疫算法、基于疫苗的免疫算法等。

免疫算法一般由以下基本步骤组成。

① 定义抗原。将需要解决的问题抽象成符合免疫系统处理的抗原形式，抗原识别对应问题的求解。

② 产生初始抗体群体。将抗体的群体定义为问题的解，抗体与抗原之间的亲和力对应问题解的评估：亲和力越高，表明解越好。类似于遗传算法，首先产生初始抗体群体，对应问题的一个随机解。

③ 计算亲和力。计算抗原与抗体之间的亲和力。

④ 克隆选择。与抗原有较高亲和力的抗体优先得到繁殖，抑制浓度过高的抗体（避免局部最优解），淘汰低亲和力的抗体。为获得多样性（追求最优解），抗体在克隆时经历变异（如高

频变异等）。在克隆选择中，抗体促进和克隆删除对应优化解的促进与非优化解的删除等。

⑤ 评估新的抗体群体。若不能满足终止条件，则转向步骤③，重新开始；若满足终止条件，则当前的抗体群体为问题的最优解。

4.4.2.2 世界杯竞赛算法

（1）算法的提出

世界杯竞赛（world competitive contests，WCC）算法是 2016 年由 Yosef 和 Habib 提出的一种模拟世界杯竞赛的优化算法。该算法的设计灵感来自世界杯竞赛的运动规则，如篮球世界杯竞赛。我们知道，有许多竞赛形式的体育运动，每个团队都有一套规则，并把一些队员分成不同的组。该算法从第一轮开始，竞赛队伍进入不同的组，将开始与他们的对手队竞争。取胜的队伍晋升到下一阶段继续其竞争。高水平的团队将上升到最后的淘汰阶段，并将在下一轮中相互竞争。在一个赛季结束时，冠军产生，其他团队将等待新的赛季。

世界杯竞赛算法通过对 8 个基准函数的实验和数值结果，与遗传算法（GA）、帝国竞争算法（ICA）、粒子群优化算法（PSO）、蚁群优化算法（ACO）和学习自动机（LA）5 种算法对比，在稳定性、收敛性、标准差和寻优时间几个方面进行比较的结果表明，在许多情况下，WCC算法比其他算法具有更好的性能。

WCC 算法属于无约束的优化算法，它既可以作为离散和连续的优化算法，也可以应用于多目标或单目标优化问题。虽然 WCC 是受人类运动规则启发而提出的优化算法，但它可以应用于求解经济学、计算机科学、工程等领域的优化问题。

（2）算法的描述

WCC 算法从第一批团队开始，每个团队都有几个机动的选手。所要参赛的团队根据地理距离被分成不同的组，并开始在不同组内相互竞争。这个阶段的比赛可以被看作是局部优化。全局优化阶段是在分组比赛之后开始的。被淘汰的团队将不会被从比赛中移除，他们将等待新赛季的比赛。WCC 算法包括几个主要阶段：生成初始团队、分组、举办比赛、评分、淘汰、终止。下面对 WCC 算法每一阶段进行具体介绍。

① 生成初始团队　生成初始团队的数量通常根据问题变量的具体性质随机生成。图 4-28 列出一个有 9 个选手的球队的例子，一支球队由不同角色的多名选手组成，每个选手都有自己的角色，这对于算法的良好性能和收敛性非常重要。根据问题的性质，可以应用许多不同角色。每一支球队都用一个 $1 \times (N+1)$ 数组表示，作为问题的一个解，定义如下。

$$\text{Team} = [P_1, P_2, \cdots, P_i, \cdots, P_N] \tag{4-66}$$

式中，N 表示问题的维度；P_i 表示第 i 球员。

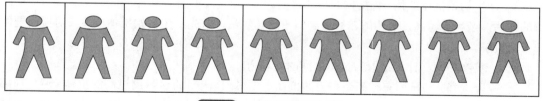

图 4-28　一支有 9 个选手的球队

② 分组　分组或分类是指组织团队分成不同的组，以便互相竞争。分组有许多方法，如海明距离、最大可能、最小似然等方法。图 4-29 表示 8 个组及一个必须被放入其中一个组的团队。标记在边缘的值在团队和组之间是相似的。第一组比赛将在球队分组后进行。

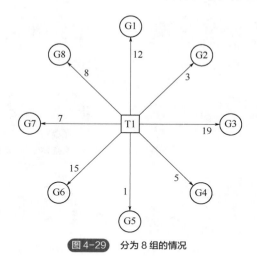

图 4-29　分为 8 组的情况

③ 举办比赛　必须遵循一些比赛规则，如何定义规则取决于竞赛的性质。这里只考虑一个竞争比赛规则的两个终止条件：一是时间间隔；二是根据达到得分数呼叫"比赛终止"，而不是考虑"时间"终止条件。在比赛中，对手团队通常模仿对方的价值观，并采取措施通过帮助他们的球员更加积极地改善自己的状态，发挥更积极的作用，并获得更多的进球。得分越高，表明团队的状态越好。

在 WCC 算法中，有一个到对方篮筐投中得一分的罚球。当球员接到球后，裁判将发出投球指令，球员投篮后，裁判宣布判罚得分数。

球员在比赛过程中的角色可概括为如下几方面：

a. 投篮：是一个球员朝向对手的篮筐投掷一个球的过程。在 WCC 算法中，球员向对手的篮板投出的球数及投球得分数被认为是他对队友的价值。如果竞争对手获得的分数提升，团队将更新其球员的价值；否则，就无法更换球员。

b. 进攻：在投篮等进攻角色中，一名球员以不同的价值向对手球队掷球是随机发生的。尽管进攻和投篮角色在某些方面是相似的，但他们在其他方面是不同的。一个球员在投篮角色中选择他最有价值的队友，而进攻角色中的球员传球会为对手随机创造价值。

c. 传球：是球员之间的主要联系之一。如图 4-30 所示，一个球员将球传给一个随机选择的队友，并改变他的价值。

d. 穿越：是从球员到他的队友长传球的一种方式。在 WCC 算法中，交叉传递命名为一个 α 角度，如图 4-31 所示。α 值越大，距离范围越大。正如图 4-31 所示，将交叉传递作为左旋转来实现。

④ 评分函数　每个团队都可以视为待优化问题的一个解。有很多团队，每个团队都有不同于其他团队的优点。分数值是指示开发的解如何接近最好解的值。正如前面提到的，一个团队是由一些球员组成的，他们的价值观是 DNA 序列起始位置的基序。适应度函数在优化算法和算法的收敛性和相关性方面起主要作用，要么会收敛到一个不好的解，要么在设计不合适的情

况下收敛困难。优化速度也是一个至关重要的因素，因此必须快速计算。考虑到问题的本质，可以把评分函数的最大化（或最小化）定义为

$$\text{Score(team)} = \text{Score}(P_1, P_2, \cdots, P_N, \text{Score}) \tag{4-67}$$

(a) 左侧表示投球前的状态和得分，右侧表示进行投篮后的状态和得分

(b) 传球操作：申请传球球员必须传到6号的球员

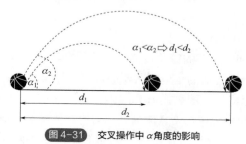

(c) 穿越操作：由6号球员开始左旋实现交叉操作(交叉角为69°)

图 4-30　蓝队和绿队之间比赛的实例

$$\alpha_1 < \alpha_2 \Rightarrow d_1 < d_2$$

图 4-31　交叉操作中 α 角度的影响

　　显然，要解决对式（4-68）这个得分函数的最大化问题。得分值更高的团队表示更值得称赞的成功团队。图 4-32 列出了如何计算得分的示例。

$$\text{Score} = \sum_{i=1}^{l} \max[\text{count}(k, i)] \tag{4-68}$$

其中，$k \in \{A, T, C, G\}$；l 为基序的长度；i 为 DNA 序列的样品编号。

　　⑤　淘汰阶段　在第一组比赛举行之后，其中最有功绩的球队彼此将进入最后的淘汰阶段。一个球队的竞争对手可以通过不同的方法选择，如随机确定、最大相似性、最小相似性、最大似然、最小似然和许多其他方法。这些阶段将继续，直到选择出冠军。弱队将等待一个新的赛季开始，在一个新的赛季开始时，弱队必须改变球员的角色。图 4-33 所示为 16 个优秀球队在淘汰赛阶段的对阵图。

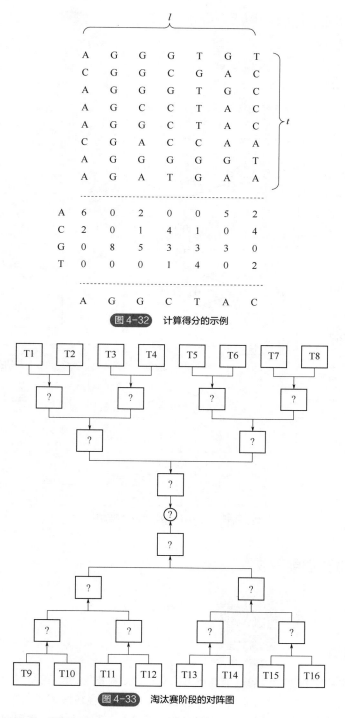

图 4-32　计算得分的示例

图 4-33　淘汰赛阶段的对阵图

被其他队淘汰的未能晋级淘汰赛的那些球队，在这个阶段必须为新赛季做好准备。

⑥ 停止条件　可以选择以下选项之一作为终止条件。

a. 预定赛季结束。

b. 分配的时间已到。

c. 达到确定的精度。

d. 保持好几个赛季的最好成绩。

e. 使用上述选项的组合。

（3）算法实现流程

世界杯竞赛算法的实现流程如图 4-34 所示。

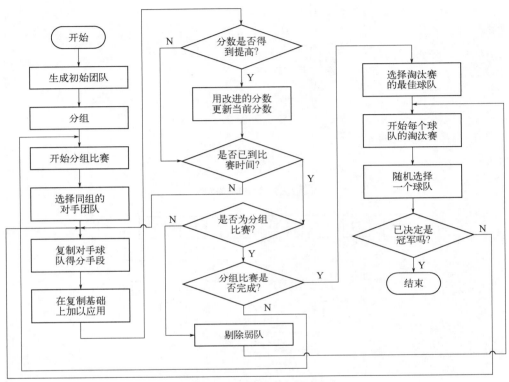

图 4-34　世界杯竞赛算法的实现流程图

4.4.3　仿动物群智能算法

4.4.3.1　蚁群算法

拓展视频

（1）算法起源

仿生学家的长期研究发现，蚂蚁虽然没有视觉，但运动时会通过在路径上释放一种特殊的分泌物——信息素来寻找路径。当它们碰到一个还没有走过的路口时，就随机地挑选一条路径前行，同时释放出与路径长度有关的信息素。蚂蚁走的路径越长，则释放的信息量越小。当后来的蚂蚁再次碰到这个路口的时候，选择信息量较大路径的概率相对较大，这样便形成了一个正反馈机制。则最优路径上的信息量会越来越大，而其他的路径上信息量却会随着时间的流逝而逐渐消减，最终整个蚁群会找出最优路径。同时，蚁群还能够适应环境的变化，当蚁群的运动路径上突然出现障碍物时，蚂蚁亦能很快地重新找到最优路径。可见，在整个寻径过程中，虽然单只蚂蚁的选择能力有限，但信息素使整个蚁群行为具有非常高的自组织性，蚂蚁之间交换着路径信息，最终通过蚁群的集体自催化行为找出最优路径。图 4-35 进一步说明了蚁群的搜索原理。

图 4-35 中，N 是蚁巢，F 是食物源。随着时间的推移，由于信息素的作用，蚂蚁将会以越来越大的概率选择最短路径，最终将会完全选择该路径，从而找到由蚁巢到食物源的最短路径。

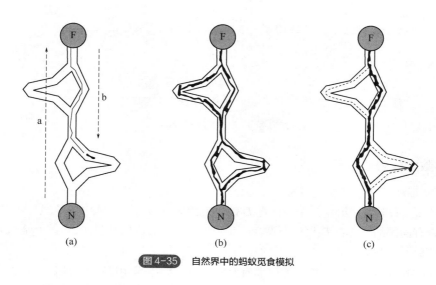

图 4-35　自然界中的蚂蚁觅食模拟

（2）基本原理

模拟蚂蚁群体觅食行为的蚁群算法是作为一种新的智能计算模式引入的，该算法基于如下基本假设：

① 蚂蚁之间通过信息素和环境进行通信。每只蚂蚁仅根据其周围的局部环境做出反应，也仅对其周围的局部环境产生影响。

② 蚂蚁对环境的反应由其内部模式决定。蚂蚁的行为实际上是其基因的适应性表现，即蚂蚁是反应型适应性主体。

③ 在个体水平上，每只蚂蚁仅根据环境做出独立选择；在群体水平上，单只蚂蚁的行为是随机的，但蚁群可通过自组织过程而形成高度有序的群体行为。

由上述假设和分析可见，蚁群算法的寻优机制包含两个基本阶段：适应阶段和协作阶段。在适应阶段，各候选解根据积累的信息不断调整自身结构，路径上经过的蚂蚁越多，信息量越大，则该路径越容易被选择，时间越长，信息量会越小；在协作阶段，候选解之间通过信息交流，以期望产生性能更好的解，类似于学习自动机的学习机制。

蚁群算法实际上是一类智能多主体系统，其自组织机制使得蚁群算法不需要对所求问题的每一方面都有详尽的认识。自组织本质上是蚁群算法机制在没有外界作用下使系统熵增加的动态过程，体现了从无序到有序的动态演化，其逻辑结构如图 4-36 所示。

由图 4-36 可见，先将具体的组合优化问题表述成规范的格式，然后利用蚁群算法在"探索"和"利用"之间根据信息素这一反馈载体确定决策点，同时，按照相应的信息素更新规则对每只蚂蚁个体的信息素进行增量构建，随后从整体角度规划出蚁群活动的行为方向，周而复始，即可求出组合优化问题的最优解。

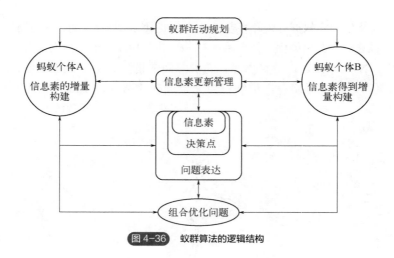

图 4-36　蚁群算法的逻辑结构

（3）数学模型

① TSP 描述。

定义 4-6　有向图：给定一个有向图 D 的三元组为 (V, E, f)，其中，V 是一个非空集合，其元素称为有向图的结点；E 是一个集合，其元素称为有向图的弧段（边）；f 是从 E 到 $V \times V$ 上的一个映射（函数）。

可知，E 中的元素总是和 V 中的序偶有对应关系，因此，可用 V 中的序偶代替 E 中的元素。一个有向图 D，可简记为 (V, E)。

定义 4-7　TSP：设 $C = \{c_1, c_2, \cdots, c_n\}$ 是 n 个城市的集合，$L = \{l_{ij} \mid c_i, c_j \subset C\}$ 是集合 C 中元素（城市）两两连接的集合，$d_{ij} (i, j = 1, 2, \cdots, n)$ 是 l_{ij} 的欧式距离，即

$$d_{ij} = \sqrt{(x_i - x_j)^2 + (y_i - y_j)^2} \tag{4-69}$$

$G = (C, L)$ 是一个有向图，TSP 的目的是从有向图 G 中寻出长度最短的 Hamilton（哈密顿）圈，此即一条对 $C = \{c_1, c_2, \cdots, c_n\}$ 中 n 个元素（城市）访问且只访问一次的最短封闭曲线。

TSP 的简单形象描述是：给定 n 个城市，有一个旅行商从某一城市出发，访问各城市一次且仅有一次后再回到原出发城市，要求找出一条最短的巡回路径。

TSP 可分为对称 TSP 和非对称 TSP 两大类，若两城市往返的距离相同，则为对称 TSP，否则为非对称 TSP。一般而言，若不特别说明，均指对称 TSP。

定理 4-3　TSP 是 NP-C 类问题。

对于 TSP 解的任意一个猜想，若要检验其是否最优，则需要将其与其他所有的可行遍历进行比较，而这些比较的次数非常多，故根本不可能在多项式时间内对任何猜想进行检验。因此，从本质上说，TSP 是一类被证明了的 NP-C 计算复杂度的组合优化难题，如果这一问题得到解决，则同一类型中的多个问题都可以迎刃而解。

TSP 的已知数据包括一个有限完全图中各条边的权重，其目标是寻找一个具有最小总权重的 Hamilton 圈。对于 n 个城市规模的 TSP，则存在 $\dfrac{(n-1)!}{2}$ 条不同的闭合路径。求解该问题最完美的方法应该是全局搜索，但当 n 较大的时候，用全局搜索法精确地求出其最优解几乎不可能。而 TSP 又具有广泛的代表意义和应用前景，许多现实问题均可抽象为 TSP 求解。

② TSP 数学模型。设 $b_i(t)$ 表示 t 时刻位于元素 i 主的蚂蚁数目，$\tau_{ij}(t)$ 为 t 时刻路径 (i,j) 上的信息量，n 表示 TSP 规模，m 为蚁群中蚂蚁的总数目，则 $m = \sum_{i=1}^{n} b_i(t)$；$\Gamma = \{\tau_{ij}(t)\,|\,c_i, c_j \subset C\}$ 是 t 时刻集合 C 中元素（城市）两两连接 l_{ij} 上残留信息量的集合。初始时刻，各条路径上信息量相等，并设 $\tau_{ij}(0) = \text{const}$，蚁群算法的寻优是通过有向图 $g = (C, L, \Gamma)$ 实现的。

蚂蚁 $k(k = 1, 2, \cdots, m)$ 在运动过程中根据各条路径上的信息量决定其转移方向。这里用禁忌表 $\text{tabu}_k(k = 1, 2, \cdots, m)$ 来记录蚂蚁 k（第 k 只蚂蚁）当前所走过的城市，集合随着 tabu_k 进化过程作动态调整。在搜索过程中，蚂蚁根据各条路径上的信息量及路径的启发信息来计算状态转移概率。$p_{ij}^k(t)$ 表示在 t 时刻蚂蚁 k 由元素（城市）i 转移到元素（城市）j 的状态转移概率为

$$p_{ij}^k(t) = \begin{cases} \dfrac{[\tau_{ij}(t)]^\alpha [\eta_{ik}(t)]^\beta}{\sum\limits_{s \subset \text{allowed}_k} [\tau_{is}(t)]^\alpha [\eta_{is}(t)]^\beta} & j \in \text{allowed}_k \\ 0 & \text{其他} \end{cases} \tag{4-70}$$

式中，$\text{allowed}_k = \{C - \text{tabu}_k\}$ 表示蚂蚁 k 下一步允许选择的城市；α 为信息启发式因子，表示轨迹的相对重要性，反映蚂蚁在运动过程中所积累的信息在蚂蚁运动时所起的作用，其值越大，则该蚂蚁越倾向于选择其他蚂蚁经过的路径，蚂蚁之间协作性越强；β 为期望启发式因子，表示能见度的相对重要性，反映了蚂蚁在运动过程中启发信息在蚂蚁选择路径中的受重视程度，其值越大，则该状态转移概率越接近于贪心规则。

$\eta_{ij}(t)$ 为启发函数，其表达式如下：

$$\eta_{ij}(t) = \frac{1}{d_{ij}} \tag{4-71}$$

式中，d_{ij} 表示相邻两个城市之间的距离。对蚂蚁 k 而言，d_{ij} 越小，则 $\eta_{ij}(t)$ 越大，$p_{ij}^k(t)$ 也就越大。显然，该启发函数表示蚂蚁从元素（城市）i 转移到元素（城市）j 的期望程度。

为了避免残留信息素过多引起残留信息淹没启发信息，在每只蚂蚁走完一步或者完成对所有 n 个城市的遍历（即一个循环结束）后，要对残留信息进行更新处理。这种更新策略模仿了人类大脑记忆的特点，在新信息不断存入大脑的同时，存储在大脑中的旧信息随着时间的推移逐渐淡化，甚至忘记。由此，$t + n$ 时刻在路径 (i,j) 上的信息量可按如下规则进行调整：

$$\tau_{ij}(t+n) = (1 - \rho)\tau_{ij}(t) + \Delta\tau_{ij}(t) \tag{4-72}$$

$$\Delta\tau_{ij}(t) = \sum_{k=1}^{m} \Delta\tau_{ij}^k(t) \tag{4-73}$$

式中，ρ 表示信息素挥发系数，则 $1 - \rho$ 表示信息素残留因子，为了防止信息无限积累，ρ 的取值范围为 $\rho \subset [0, 1)$；$\Delta\tau_{ij}(t)$ 表示本次循环中路径 (i,j) 上的信息素增量，初始时刻 $\Delta\tau_{ij}(0) = 0$；$\Delta\tau_{ij}^k(t)$ 表示第 k 只蚂蚁在本次循环中留在路径 (i,j) 上的信息量。

根据信息素更新策略的不同，Dorigo 提出了三种不同的蚁群算法模型，分别称为 Ant-Cycle 模型、Ant-Quantity 模型及 Ant-Density 模型，其差别在于 $\Delta\tau_{ij}^k(t)$ 求法的不同。

在 Ant-Cycle 模型中，有

$$\tau_{ij}^k(t) = \begin{cases} \dfrac{Q}{L_k} & \text{第}k\text{只蚂蚁在本次循环中经过}(i,j) \\ 0 & \text{其他} \end{cases} \tag{4-74}$$

式中，Q 表示信息素强度，它在一定程度上影响算法的收敛速度；L_k 表示第 k 只蚂蚁在本次循环中所走路径的总长度。

在 Ant-Quantity 模型中，有

$$\tau_{ij}^k(t) = \begin{cases} \dfrac{Q}{d_{ij}} & \text{第}k\text{只蚂蚁在}t\text{和}t+1\text{之间经过}(i,j) \\ 0 & \text{其他} \end{cases} \tag{4-75}$$

在 Ant-Density 模型中，有

$$\tau_{ij}^k(t) = \begin{cases} Q & \text{第}k\text{只蚂蚁在}t\text{和}t+1\text{之间经过}(i,j) \\ 0 & \text{其他} \end{cases} \tag{4-76}$$

区别之处：模型式（4-75）和模型式（4-76）中利用的是局部信息，即蚂蚁完成一步后更新路径上的信息素；而模型式（4-74）中利用的是整体信息，即蚂蚁完成一个循环后更新所有路径上的信息素，在求解 TSP 时性能较好，因此，通常采用模型式（4-74）作为蚁群算法的基本模型。

（4）算法流程

蚁群算法的具体实现步骤如下：

① 参数初始化。令时间 $t=0$ 和循环次数 $N_c=0$，设置最大循环次数 $N_{c_{max}}$，将 m 只蚂蚁置于 n 个元素（城市）上，令有向图上每条边 (i,j) 的初始化信息量 $\tau_{ij}(t)=\text{const}$，其中，const 表示常数，且初始时刻 $\Delta\tau_{ij}(0)=0$。

② 循环次数 $N_c \leftarrow N_c+1$。

③ 蚂蚁的禁忌表索引号 $k=1$。

④ 蚂蚁数目 $k \leftarrow k+1$。

⑤ 蚂蚁个体根据状态转移概率公式（4-70）计算的概率选择元素（城市）j 并前进，$j \in \{C-\text{tabu}_k\}$。

⑥ 修改禁忌表指针，即选择好之后将蚂蚁移动到新的元素（城市），并把该元素（城市）移动到该蚂蚁个体的禁忌表中。

⑦ 若集合 C 中元素（城市）未遍历完，即 $k<m$，则跳转到步骤④，否则执行步骤⑧。

⑧ 根据公式（4-72）和公式（4-73）更新每条路径上的信息量。

⑨ 若满足结束条件，即循环次数 $N_c \geq N_{c_{max}}$，则循环结束并输出程序计算结果，否则，清空禁忌表并跳转到步骤②。

以 TSP 为例，蚁群算法的程序结构流程如图 4-37 所示。

4.4.3.2 人工蜂群算法

拓展视频

（1）算法起源

诺贝尔奖生理学或医学奖得主、德国生物学家 Frisch 发现，在自然界中，虽然各社会阶层的蜜蜂只能完成单一的任务，但蜜蜂通过摇摆舞、气味等多种信息交流方式，使得整个蜂群总是能很自如地发现优良蜜源（或花粉），实现自组织行为。1946 年，在 Frisch 破译蜜蜂跳舞所蕴含的信息的时候，连他自己对蜜蜂能够有如此聪明的举动也感到怀疑。

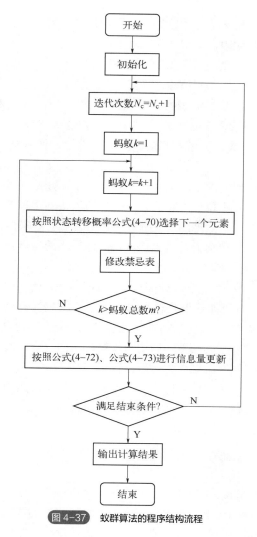

图 4-37　蚁群算法的程序结构流程

按照 Frisch 的描述，蜜蜂回巢后，会在蜂巢上右一圈、左一圈地跳起"8"字形的舞，如图 4-38 所示。在跳"8"字形舞蹈的直线阶段时，蜜蜂会不断地振动翅膀，发出"嗡嗡"声，同时腹部还会左右摆动，这部分舞蹈被称为"摇摆"。Frisch 还发现，这部分的舞蹈包含两部分有关食物地点的重要信息。

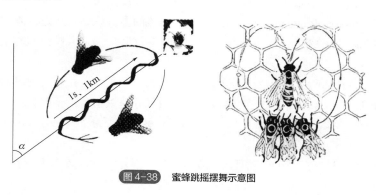

图 4-38　蜜蜂跳摇摆舞示意图

181

首先，摇摆的方向表示采集地点的方位，其平均角度 α 表示采集地点与太阳位置的角度；如果食物地点的位置是正对太阳，则蜜蜂在跳舞的时候，其身体是纵向摇摆的。其次，是食物的距离，而这是靠摇摆的持续时间来决定的；蜜蜂摇摆的时间越长，说明食物地点越远，具体换算方法是：距离每增加 1km，蜜蜂摇摆的时间要增加 1s。这两部分信息就是蜜蜂的"舞蹈语言"。找到食物的蜜蜂通过跳舞这种方式，能够吸引蜂巢内其他蜜蜂的注意。这些蜜蜂在看到舞蹈后，会根据摇摆舞得到食物地点的准确信息，选择飞往蜜源去采蜜或者在附近重新寻找新的蜜源，蜜蜂之间通过这种相互的信息交流、学习，使得整个蜂群总能找到比较优的蜜源进行采蜜。

有趣的是，近几年随着研究的不断深入，有部分科学家开始提出不同的观点，他们认为，蜜蜂的摇摆舞太完美了，简直不敢让人相信。他们虽然也认为这种舞蹈包含食物地点等信息，但舞蹈的重要性却被过分夸大。近期的一系列证据表明，尽管蜂巢内的其他蜜蜂能够同找到食物的那只蜜蜂一起跳摇摆舞，但它们经常无法成功破译舞蹈的具体含义。甚至有些时候，它们在看到有蜜蜂跳舞时，也仍然无动于衷。

正如美国加利福尼亚州立大学（University of California）的昆虫学家 Visscher 所称，在看到相同的舞蹈时，不同的蜜蜂可能从中获悉不同的信息。有些蜜蜂可能会去闻或者尝一下花蜜，而有些蜜蜂或许可以发现舞蹈的精确角度，也有的蜜蜂可能能够找到非常接近食物地点的位置。Visscher 指出，"有现象表明，不同的蜜蜂同跳舞蜜蜂之间的有效距离会导致他们所获信息的不同，但目前我认为我们并没有发现这个最有效位置"。

总而言之，摇摆舞对蜜蜂传递信息而言确实起着一定作用。人们在想到蜜蜂这种昆虫能够通过舞蹈来表示方位及距离信息，并且能够将其传递给其他同类时，总是不免惊叹于自然界的神奇。

（2）基本原理

Seeley 于 1995 年最先在其学术著作 *The Wisdom of the Hive:The Social Physiology of Honey Bee Colonies* 中提出了蜂群的自组织模拟模型。人工蜂群算法的提出是以该模型为基础的。虽然各社会阶层的蜜蜂只完成单一的任务，但蜜蜂通过摇摆舞、气味等多种信息交流方式，使得整个蜂群可以协同完成如构建蜂巢、收获花粉等多种工作。

为了系统阐述人工蜂群算法的基本原理，首先引入如下三个基本部分：

① 蜜源（food sources）。代表解空间范围内各种可能的解，蜜源值取决于多种因素，在多峰值函数求极值中，与函数值有关，用数字量"收益度"衡量蜜源。

② 采蜜蜂（employ foragers，EF）。采蜜蜂同具体的蜜源联系在一起，这些蜜源是它们当前正在采集的蜜源。采蜜蜂通过摇摆舞与其他蜜蜂分享这些信息，并按照收益度等因素，一部分成为引领蜂。

③ 待工蜂（unemployed foragers，UF）。正在寻找蜜源采集，可以分为两种，即侦查蜂和跟随蜂。侦查蜂搜索新蜜源，跟随蜂在巢内等待，通过分享采蜜蜂的信息，来找到蜜源。

此外，引入三种基本的行为模式，即搜索蜜源（search）、为蜜源招募（recruit）、放弃蜜源（abandon）。

如图 4-39 所示，假设有两个已发现的蜜源 A、B，刚开始时，待工蜂没有关于蜜源的任何信息，有两种选择：

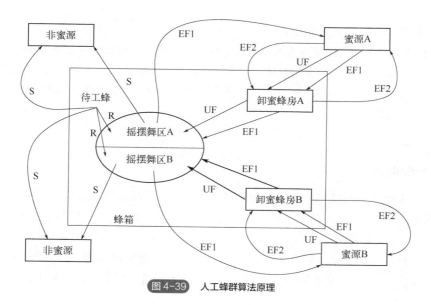

图 4-39　人工蜂群算法原理

　　a. 待工蜂作为侦查蜂，自发寻找蜂巢附近的蜜源（"S"线）。

　　b. 在观察到其他蜜蜂的摇摆舞之后（分享信息）可以被招募，并按照获得的信息寻找蜜源（"R"线）。

　　待工蜂发现新的蜜源之后，蜜蜂记住蜜源的位置，并迅速采蜜。因此，待工蜂变成了采蜜蜂。蜜蜂采蜜完之后回到蜂箱，有以下几种选择：

　　a. 放弃蜜源（收益度不高），成为待工的跟随蜂（UF）。

　　b. 跳摇摆舞招募蜂巢其他伙伴（EF1）。

　　c. 不招募蜜蜂，继续采蜜（EF2）。

　　在初始阶段，所有蜜蜂均没有蜜源的经验值，都作为侦查蜂出去随机搜索蜜源。当找到蜜源后，侦查蜂转为采蜜蜂，并且按各蜜源的收益度大小进行排序，根据收益度不同，这些蜜蜂被重新分工：收益度排在最末段的蜜蜂继续被指派为侦查蜂；收益度排在中间段的蜜蜂被指派为采蜜蜂；收益度排在前列的蜜蜂为引领蜂。引领蜂在舞蹈区以舞蹈吸引待工蜂成为它们的雇员，收益度高的引领蜂可以招募到更多的待工蜂，收益度相对较低的引领蜂可能一只蜜蜂也招不到。引领蜂带领引导的蜂群（或独自）前往它前次搜索到的花蜜源邻域继续搜索蜜源；剩余的蜜蜂作为侦察蜂，继续随机搜索花蜜源。返回后，评估蜜源收益度，从各组中选出收益度最高的蜜蜂与侦察蜂一道排序，重新选出收益度最高的前 N 只作为引领蜂。如此循环往复，直至满足结束条件。

　　人工蜂群算法搜索收益度最优解的过程中，引领蜂有保持优良蜜源的作用；跟随蜂增加优良蜜源对应的蜜蜂数目，起到提高算法收敛速度的作用；侦察蜂随机搜索新蜜源，能帮助算法跳出局部最优。人工蜂群算法循环结束条件通常可以设为循环次数递减至零，前 N 个收益度的花蜜源相同等。

　　人工蜂群算法的具体实现步骤如下：

　　① 初始化蜜蜂种群。

　　② 按照种群适应度大小，将蜜蜂分为采蜜蜂和跟随蜂两种。

　　③ 对于每只采蜜蜂，继续在原蜜源附近采蜜，寻找其他蜜源，并计算其适应度值（收益度），

若其适应度值更高，则取代原蜜源。

④ 对于每只跟随蜂，按照与蜜源适应度值成比例的概率，选择一个蜜源，并在其附近进行采蜜，寻找其他蜜源，若新产生的蜜源适应度值更高，则跟随蜂变为采蜜蜂，并取代原蜜源位置。

⑤ 若搜寻次数超过一定限制，仍没有找到具有更高适应度值的蜜源，则放弃该蜜源，并随机产生一个新的蜜源。

⑥ 记录下最优的蜜源，并跳转到步骤②，直到满足算法结束条件。

（3）数学模型

以典型的多峰值函数优化问题为背景，建立人工蜂群算法的数学模型。

假设蜜蜂的总数为 N，其中，采蜜蜂种群规模为 N_e，跟随蜂种群规模为 N_u（一般定义 $N_e = N_u$），个体向量的维度为 D，$S = R^D$ 为个体搜索空间，S^{N_e} 为采蜜蜂种群空间。若 $X_i \in S(i \leqslant N_e)$ 是 N_e 个个体，则 $X = (X_1, \cdots, X_{N_e})$ 代表一个采蜜蜂种群。用 $X(0)$ 表示初始采蜜蜂种群，$X(n)$ 表示第 n 代采蜜蜂种群。用 $f: S \to R^+$ 表示适应度函数，则基本人工蜂群算法的求解过程可表述如下：

① 对于 $n = 0$ 时刻，随机生成 N_s 个可行解 $(X_1, \cdots, X_{N_s})$，具体随机产生的可行解 X_i 为

$$X_i^j = X_{\min}^j + \mathrm{rand}(0,1)(X_{\max}^j - X_{\min}^j) \tag{4-77}$$

式中，$j \in \{1, 2, \cdots, D\}$，为 D 维解向量的某个分量。分别计算各解向量的适应度函数值，并将排名前 N_e 的解作为初始的采蜜蜂种群 $X(0)$。

② 对于第 n 步的采蜜蜂 $X_i(n)$，在当前位置向量附近邻域进行搜索新的位置，搜索公式为

$$V_i^j = X_i^j + \varphi_i^j(X_i^j - X_k^j) \tag{4-78}$$

式中，$j \in \{1, 2, \cdots, D\}$，$k \in \{1, 2, \cdots, N_e\}$，且 $k \neq i$，k 和 j 均随机生成，φ_i^j 为 $[-1,1]$ 之间的随机数，同时应保证 $V \in S$。

在一定意义上，该搜索是个体空间到个体空间的随机映射 $T_m: S \to S$，并且其概率分布显然只与当前的位置状态 $X_i(n)$ 有关，而与之前的位置状态及时刻 n 无关。

③ 采用贪婪选择算子在采蜜蜂搜索到的新位置向量 V_i 和原向量 X_i 中选取具有更优适应度的保留给下一代的种群，记作：$T_s: S^2 \to S$，其概率分布为

$$P\{T_s(X_i, V_i) = V_i\} = \begin{cases} 1 & f(V_i) \geqslant f(X_i) \\ 0 & f(V_i) < f(X_i) \end{cases} \tag{4-79}$$

贪婪选择算子保证了种群能够保留精英个体，使得进化方向不会后退。显然，T_s 分布与时刻 n 无关。

④ 各跟随蜂依照采蜜蜂种群适应度值大小选择一个采蜜蜂，并在其邻域内同样进行新位置的搜索（类似步骤②）。

该选择算子是在一个采蜜蜂种群内选择一个个体，选择概率

$$P\{T_{s1}(X) = X_i\} = \frac{f(X_i)}{\sum\limits_{m=1}^{N_e} f(X_m)} \tag{4-80}$$

表示随机映射 $T_{s1}: S^{N_e} \to S$，其概率分布显然也与当前时刻 n 无关。

⑤ 同步骤②和步骤③，并记下种群最终更新过后达到的最优适应度值 f_best，以及相应

的参数 $(x_1, x_2, \cdots, x_D)$。

⑥ 当在某只采蜜蜂的位置周围搜索次数 Bas 到达一定阈值 Limit 而仍没有找到更优位置时，重新随机初始化该采蜜蜂的位置。

$$X_i(n+1) = \begin{cases} X_{\min} + \text{rand}(0,1)(X_{\max} - X_{\min}) & \text{Bas}_i \geqslant \text{Limit} \\ X_i(n) & \text{Bas}_i < \text{Limit} \end{cases} \tag{4-81}$$

⑦ 如果满足停止准则，则停止计算并输出最优适应度值 f_best 及相应的参数 $(x_1, x_2, \cdots, x_D)$，否则转向步骤②。

步骤⑥主要是为了增强种群的多样性，防止种群陷入局部最优，这是人工蜂群算法区别于其他算法的一个重要方面，该步骤显然使种群搜索到最优解的概率得以提高，效果更好。在下面讨论算法是否能搜索到最优解时，可以先假设没有该步骤，进行收敛性的分析，若能证明可以搜索到最优解，显然在添加了步骤⑥之后，必然只会使人工蜂群算法的性能变好，同样也能搜索到全局最优解。

4.4.4　仿植物智能算法

4.4.4.1　小树生长算法

（1）算法起源

小树生长算法（saplings growing up algorithm，SGA）是 2006 年由土耳其学者 Karci 和 Alatas 受小树播种和成长启发而提出的一种仿植物生长优化方法。

小树生长算法包含两个阶段：播种阶段和成长阶段。均匀播种采样是为了使可行解在解空间均匀分布；成长阶段包含 3 个算子，即交配、分支和疫苗接种。在创立 SGA 时，Karci 等定义了小树思考能力的概念，并且演示了初始化生成的小树种群具有多样性。种群的相似性决定了小树的相互作用，而且小树也将是相似的。此外，由于在算法中使用的算子基于相似度，因此种群具有收敛性。

（2）基本原理

小树生长算法是将小树从播种到生长过程视为一个优化过程，将一个种植小树的苗圃看作优化问题的解空间。因此，所有的树苗必须在苗圃中均匀分布，如图 4-40 所示。除非是多标准问题，每个树苗都是一个潜在的可行解。而在多标准的情况下，所有的树苗均为可行解。如果一个农民要播种树苗，为了使它们更加快速生长，他将尽量等间隔种植。

为了通过模拟树苗成长来解决优化问题，最初生成的任意可行解必须在可行的搜索空间均匀分布。为了实现苗圃中的播种，使用遗传算法均匀产生种群的方法来生成初始种群。每棵树苗由多个分支组成，最初每棵树苗是不包含任何分支的一个整体。

播种以后，幼苗一定会成长。在 SGA 中，应用交叉算子使目前存在的树苗交换遗传信息，用于产生一棵新的树苗。两棵小树苗的交叉过程能否发生，取决于当前的一对树苗之间的距离。自然界中的风和其他因素会影响交叉的概率。通过匹配算子，小树苗可以从交叉对象处获得一个分支或将其分支送予交叉对象，因此，满足交叉条件，将在每对分支中发生交叉过程。交叉条件涉及两棵小树苗间的交叉率。生成一个随机数，若它小于或等于这个交叉率，则对这些树苗进行交叉操作。

在两棵树苗相似的情况下，这两棵不同的树苗实现疫苗接种。现有的相似树通过接种疫苗

185

算子产生新的树苗。接种疫苗的成功率是与两棵小树苗的相似度成正比的。为了确定树苗的质量，引用遗传算法用目标函数来度量树苗的优劣程度。

在 SGA 交叉和疫苗接种操作中使用种群相似度。交叉算子是利用树苗之间相似性的全局搜索算子。当算法执行时，交叉算子采用相似度测量来实现全局性搜索。接种疫苗也采用了相似性的概念，相似的树苗被接种疫苗。树苗中存在竞争与合作。然而，种群的相似度概率大于或等于 0.5。这意味着一个类似的种群具有多样性，这是一个获得更好结果的理想情况。种群相似性决定了树苗的相互作用，进而它们将变得相似。此外，由于算法中使用的算子具有相似性，因此，种群具有收敛性，这就意味着 SGA 算法具有全局优化功能。

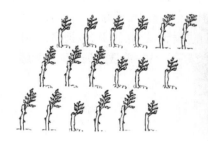

图 4-40　苗圃内均匀播种的小树

（3）数学模型

如果播种树苗是为了使它们生长更快，就应尽量等间隔种植。因此，为了通过模拟树苗成长来解决优化问题，一个种植小树的苗圃视为解空间，最初生成的任意可行解必须在可行的搜索空间均匀分布。为了实现在苗圃中播种，使用遗传法均匀产生种群的方法来生成初始种群。每棵树苗由多个分支组成，最初每棵树苗不包含任何分支，它是一个整体。

播种后，幼苗一定会成长。目前存在的树苗通过交叉算子（记为 $\otimes$）来交换遗传信息以产生一棵新的树苗。对于每一对树苗会有一个交叉因子，通过每一对树苗之间的距离来影响它们交叉或不交叉。

设两棵小树苗表示为 $G = g_1g_2 \cdots g_i \cdots g_n$ 和 $H = h_1h_2 \cdots h_i \cdots h_n$。一对树苗 G 和 H 之间能否发生交叉取决于当前它们之间的距离。令树苗 G 和 H 不交叉的概率 $P(G,H)$ 为

$$P(G,H) = \frac{\left[\sum_{i=1}^{n} (g_i - h_i)^2 \right]^{1/2}}{R} \tag{4-82}$$

$$R = \left[\sum_{i=1}^{n} (u_i - l_i)^2 \right]^{1/2} \tag{4-83}$$

式中，u_i 为当前所选中的一对树苗之间距离的上限；l_i 为其距离的下限。两棵树苗 G 和 H 之间的交叉概率 $P_{\mathrm{m}}(G,H)$ 为

$$P_{\mathrm{m}}(G,H) = 1 - \frac{\left[\sum_{i=1}^{n} (g_i - h_i)^2 \right]^{1/2}}{R} \tag{4-84}$$

除了树苗之间的距离影响它们交叉与否外，自然界中的风和其他因素也会影响交叉的概率。通过匹配算子，小树苗可以从交叉对象处获得一个分支或将其分支送予交叉对象，因此，

$G \otimes H$ 可能新产生 $2n$ 棵树苗。

若 $P_m(G,H)$ 满足交叉条件，交叉过程将在每对分支（g_i 和 h_i）中发生。交叉条件为 $P_m(G,H)$ 与 G 和 H 的交叉率有关。生成一个随机数，若它小于或等于这个交叉率，则对这些树苗进行交叉操作。

为使树苗上的一些点的一个分支生长，在其附近应该没有产生过其他分支。假设第一个分支在点 1 发生，如图 4-41 所示，则点 2 上生成分支的概率小于点 3 上分支的生成概率。该思想可以被用作一种局部搜索方法，这相当于一个当前解的局部变化。

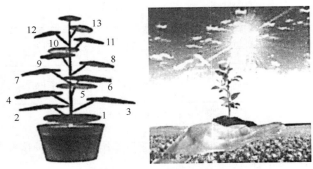

图 4-41　可能生成分支的点的影响

如果在点 1 处有一个分支在生长，则在点 1 之外的其他点一个分支的生长概率与 $1-1/d^2$ 成正比，其中 d 是该点和点 1 之间的距离；在点 2 处一个分支的生长概率是 $1-1/d_1^2$，其中 d_1 是点 1 和点 2 之间的距离；在点 3 的一个分支生长概率是 $1-1/(d_1+d_2)^2$，d_2 为点 2 和点 3 之间的距离。

令 $G = g_1 g_2 \cdots g_i \cdots g_n$ 为一棵树苗，如果一个分支发生在点 g_i（g_i 的值是变化的），则在点 g_i 处一个分支的生长概率可以通过线性和非线性两种方式来计算。

g_i 和 g_j 之间的距离可以表示为 $|j-i|$ 或 $|i-j|$。如果 g_i 是一个分支，那么在线性情况下，g_j 作为一个分支的概率是 $P(g_j|g_i) = 1-(|j-i|)^{-2}$，$i \neq j$。$P(g_j|g_i)$ 类似于条件概率，但它并不是纯粹的条件概率。在非线性情况下，概率可以为 $P(g_j|g_i) = 1-e^{-(|j-i|)^2}$。若 $i=j$，则 $P(g_j|g_i)=0$。

两个相似的不同的树苗 $G = g_1 g_2 \cdots g_i \cdots g_n$ 和 $H = h_1 h_2 \cdots h_i \cdots h_n$，$1 \leqslant i \leqslant n$，$g_i, h_i \in \{0,1\}$，它们之间实现疫苗接种成功率与它们之间的相似度成正比，树苗的相似度计算为

$$\mathrm{Sim}(G,H) = \sum_{i=1}^{n} g_i + h_i \tag{4-85}$$

若 $\mathrm{Sim}(G,H) \geqslant \mathrm{threshold}$，疫苗接种过程为

$$G' = \begin{cases} g_i, g_i = h_i \\ \mathrm{random}(1), g_i \neq h_i \end{cases} \quad H' = \begin{cases} h_i, h_i = g_i \\ \mathrm{random}(1), h_i \neq g_i \end{cases} \tag{4-86}$$

式中，G' 和 H' 为对 G 和 H 施加疫苗接种操作所得的结果。树苗不是一定被接种疫苗，进行免疫接种的苗木必须满足相似度 $\mathrm{Sim}(G,H) \geqslant \mathrm{threshold}$ 所定义的不等式。阈值的初始值取决于解决问题者。阈值越小，解的精度越高；阈值越大，解的精度越低。

假设一棵树苗的长度是 n（树苗有 n 分支），初始种群包含 m 棵树苗。初始种群中大量的知识和它的类型必须是已知的。产生 S_1 和 S_2 两棵小树苗组成初始群体，如图 4-42 所示。

$$S_1 = \boxed{s_1 s_2 \cdots \cdots s_n} \qquad S_2 = \boxed{\bar{s}_1 \bar{s}_2 \cdots \cdots \bar{s}_n}$$

图 4-42　两棵小树苗 S_1 和 S_2 组成的初始群体

最初的这两棵树苗是确定性产生的，然后基于播种树苗算法中的规则生成剩余的树苗直到生成整个种群。当 $k=1$、$k=2$ 时生成的群体结构如图 4-43 所示。

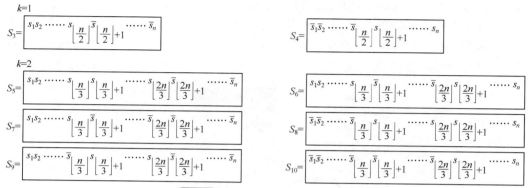

图 4-43　$k=1$、$k=2$ 时生成的群体结构

对于任意分支 S_i，$1 \leqslant i \leqslant n$，含有 1 和 0 的数目是相等的。这种情况对于所有分支都是有效的，因此 Karci 给出如下定理。

定理 4-4　种群的相似度的概率大于或等于 0.5。

Karci 等给出的播种树苗算法、交叉算法、分支算法和接种疫苗算法的伪码描述可见附录 5。

4.4.4.2　花朵授粉算法

（1）算法起源

花朵授粉算法（flower pollination algorithm，FPA）是 2012 年由英国 Yang Xin-She 提出的一种新的元启发式群智能优化算法。该算法受自然界中显花植物花朵授粉过程的启发、融合了布谷鸟优化算法和蝙蝠算法的优点。2013 年，Yang 用该算法来解决多目标优化问题，并取得了较好的结果。

由于 FPA 实现简单，参数少，易调节，利用转换概率参数实现了动态控制全局搜索和局部搜索之间相互转换的进程，较好地解决了全局搜索和局部搜索平衡问题，同时采用了 Levy 飞行机制，使得其具有良好的全局寻优能力。目前，FPA 已用于函数优化、文本聚类、无线传感网络、电力系统等领域。然而，花朵授粉算法与蝙蝠算法、粒子群算法类似，也存在易陷入局部最优且进化后期收敛速度慢等缺点。为此，国内外学者针对基本花朵授粉算法存在的缺点进行多种改进。

在自然界中被人类发现的植物大约有 37 万种，显花植物大约有 20 万种，而其中 80% 的植物依靠生物授粉来繁衍后代。显花植物已经进化了大约 1.25 亿年，在演化过程中，花朵授粉在显花植物繁衍过程中承担着举足轻重的作用。对于显花植物，如果没有花，很难想象植物世界是个什么样子。人类的发展和生存与显花植物也是息息相关的，如苹果等水果都是花朵授粉的结果。花朵授粉是通过花粉的传播来实现的，而花粉的传播主要是依靠昆虫及动物来完成的。在实际授粉过程中，一些花朵仅吸引和依靠一种特定的昆虫来成功授粉，即一些花朵与传粉者之间形成了一种非常特别的花-传粉者伙伴关系。

授粉形式主要有非生物和生物两种，大约 90% 的显花植物属于生物授粉植物，即花粉主要是通过动物或昆虫来传播，从而实现繁衍。大约 10%的显花植物属于非生物授粉植物，不需要任何生物来传播花粉，而是通过自然风，或者扩散途径来完成传粉，以实现子代的繁殖。在依赖生物传粉的显花植物中大约有 85%的植物是由蜜蜂完成传粉的，蜜蜂在实际传粉中可能只对一些特定显花植物进行传粉，而忽视其他种类的显花植物，这样以便以最小的"代价"获得最大的"收益"。同时对于一些显花植物而言，也获得更多的传粉机会，繁衍更多的后代。

根据显花植物的授粉对象不同，可分为异花授粉和自花授粉两种。在一般情况下，异花授粉是两性花，一般一朵花的雌蕊接受的花粉是另一朵花的雄蕊的花粉，这就是所谓的异花授粉。由于传粉者（鸟、蜜蜂等）能飞行很长的距离，故异花授粉可以发生在远距离的地方，这种方式称为全局授粉。另外，鸟和蜜蜂在飞行过程中飞行的步长服从 Levy 分布。

自花授粉是显花植物成熟的花粉粒传到同一朵花的柱头上或同一种显花植物的不同花之间进行传粉，并能正常地受精结实的过程。自花授粉又称为局部授粉。

（2）数学模型

自然界中的花朵授粉过程非常复杂，通过模拟花粉授粉过程来设计算法时，很难完全真实地模拟出花粉授粉过程中的每一个细节，加之要逼真地模拟花粉授粉的过程，会使得算法特别复杂，不仅需要大量的计算资源，导致算法的计算效率很低，而且实际应用价值也不大。为了使算法简单易行，花朵授粉算法是模拟自然界中显花植物花朵传粉的过程，该算法理想条件的假设如下。

① 生物异花授粉是带花粉的传粉者通过 Levy 飞行进行全局授粉的过程。

② 非生物自花授粉是局部授粉过程。

③ 花的常性可以被认为是繁衍概率和参与的两朵花的相似性成比例关系。

④ 转换概率 $p \in [0,1]$ 控制全局授粉与局部授粉之间的转换，由于物理上的邻近性和风等其他因素的影响，在整个授粉活动中 P 显著偏重于局部授粉。

然而，在现实的自然界中，每一棵显花植物可以开好多朵花，每朵花能产生数百万甚至数十亿的花粉配子。但是，为了把问题简单化，假设每棵显花植物仅开一朵花，且一朵花仅产生一个花粉配子。因此，问题经过简化后，意味着一朵花或一个配子就对应于优化问题中的一个解。根据上述假设条件，对花朵授粉算法描述如下。

花朵授粉算法的初始阶段，首先随机初始化一个包含 n 个个体的种群 $P(t) = \{X_i^t\}$，其中 $X_i^t = (x_{i,1}^t, x_{i,2}^t, \cdots, x_{i,j}^t, \cdots, x_{i,d}^t), i = 1, 2, \cdots, d; j = 1, 2 \cdots, n$；$n$ 为种群大小；d 为优化问题的维数；t 为当前演化代数。

在随机初始化种群之后，FPA 对当前种群中的每个个体的适应度值进行评价，并找出适应度值最优的个体保存为当前全局最优解。然后 FPA 不断执行其交叉授粉和自花授粉两个算子操作，直到满足其结束条件。

在每一代中，FPA 以交叉授粉概率执行交叉授粉算子操作，同时以概率 p_c 执行自花授粉算子操作繁衍后代，其中交叉授粉操作算子的设计思想是借鉴自然界中蜜蜂、蝴蝶等动物在不同品种的花之间以 Levy 分布方式对花进行全局授粉的规律，其定义如下：

$$X_i^{t+1} = X_i^t + L(X_i^t - g_*) \tag{4-87}$$

式中，X_i^{t+1}、X_i^t 分别是第 $t+1$ 代、第 t 代的解；g_* 为全局最优解；L 为步长，L 的计算公式为

$$L \sim \frac{\lambda \Gamma(\lambda) \sin(\pi \lambda / 2)}{\pi} \times \frac{1}{s^{1+\lambda}} \quad (s \gg s_0 > 0) \tag{4-88}$$

式中，λ 为缩放因子，$\lambda = 3/2$；$\Gamma(\lambda)$ 为标准的伽马函数；s 为移动步长。L 服从 Levy 分布。

自花授粉操作算子的设计思想是模拟自然界中同一品种的花之间近距离相互接触实现局部授粉的方式，其定义如下：

$$X_i^{t+1} = X_i^t + \varepsilon(X_j^t - X_k^t) \tag{4-89}$$

式中，ε 为 [0,1] 上服从均匀分布的随机数；X_j^t，X_k^t 为相同植物种类的不同花朵的花粉。

基本花朵授粉算法的实现步骤如下。

① 初始化各个参数，包括花朵种群数 n，搜索空间维数 d，转换概率 p。初始设置当前演化代数 $t=0$，种群中的个体 $i=1$。

② 随机产生初始种群，计算每个个体的适应度值，并求出当前解的最优值。

③ 在 [0,1] 之间产生一个服从均匀分布的随机实数 rand，如果转换概率 $p > $ rand 条件成立，按式（4-88）对可行解进行更新，并进行越界处理。

④ 如果转换概率 $p < $ rand 条件成立，按式（4-89）对可行解进行更新，并进行越界处理。

⑤ 按步骤③计算或转向步骤⑥，得到新解对应的适应度值，若新解的适应度值优，则用新解和新解对应的适应度值分别替换当前解和当前适应度值，否则保留当前解和当前的适应度值。

⑥ 如果新解对应的适应度值比全局最优值优，则更新全局最优解和全局最优值。

⑦ 判断结束条件，若满足，退出程序并输出最优值及最优解，否则，转向步骤③。

从上述 FPA 算法的实现步骤可知，步骤③和步骤④是 FPA 算法的关键步骤，对应于优化问题时的全局搜索和局部搜索。转换概率 p 是全局搜索和局部搜索之间转换的决定因素。

花朵授粉算法的流程如图 4-44 所示。

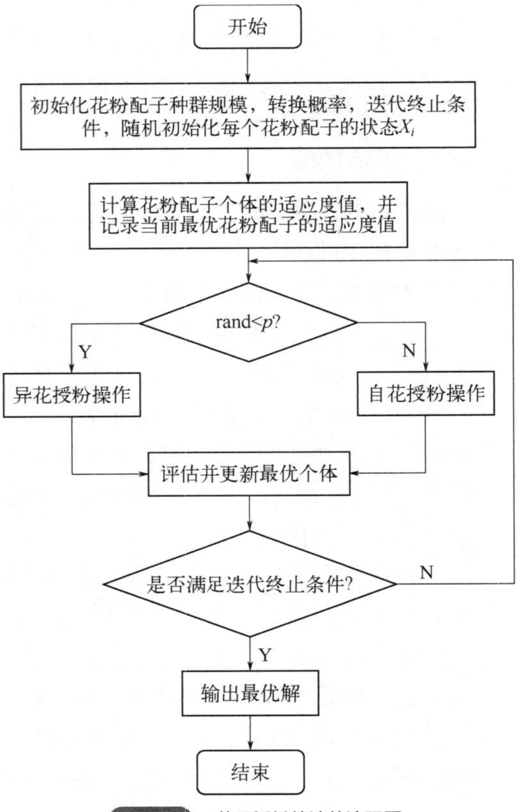

```
                    开始
                     │
        ┌────────────────────────────┐
        │ 初始化花粉配子种群规模，转换概率，迭代终止条件，│
        │ 随机初始化每个花粉配子的状态 Xi │
        └────────────────────────────┘
                     │
        ┌────────────────────────────┐
        │ 计算花粉配子个体的适应度值，并   │
        │ 记录当前最优花粉配子的适应度值   │
        └────────────────────────────┘
                     │
              ◇ rand<p? ◇
           Y ╱          ╲ N
    ┌──────────┐    ┌──────────┐
    │ 异花授粉操作 │    │ 自花授粉操作 │
    └──────────┘    └──────────┘
              └────┬────┘
        ┌──────────────────┐
        │  评估并更新最优个体  │
        └──────────────────┘
                     │
           ◇ 是否满足迭代终止条件? ◇ ──N──┐
                     │ Y
              ┌──────────┐
              │  输出最优解  │
              └──────────┘
                     │
                    结束
```

图 4-44　花朵授粉算法的流程图

4.4.5　仿自然智能算法

4.4.5.1　模拟退火算法

拓展视频

（1）算法提出

模拟退火（simulated annealing，SA）算法最早是在 1953 年由 Metropolis 等提出的，而后在 1983 年由 Kirkpatrick 等人将其用于组合优化问题。SA 是根据物理中固体物质的退火过程与一般组合优化问题之间的相似性而提出的，它模仿了金属材料高温退火液体结晶的过程。

模拟退火算法是一种通用的全局优化算法，广泛用于生产调度、控制工程、机器学习、神经网络、图像处理、模式识别及 VLSI（超大规模集成电路）等领域。

（2）固体退火过程的统计力学原理

将固体高温加热至熔化状态,再徐徐冷却使之凝固成规整晶体的热力学过程称为固体退火,又称物理退火。金属（高温）退火（液体结晶）过程可分为以下 3 个过程。

① 高温过程：在加温过程中，粒子热运动加剧且能量在提高，当温度足够高时，金属熔解为液体，粒子可以自由运动和重新排列。

② 降温过程：随着温度下降，粒子能量减少，运动减慢。

③ 结晶过程：粒子最终进入平衡状态，固化为具有最小能量的晶体。

固体退火过程可以视为一个热力学系统，是热力学与统计物理的研究对象。前者是从由经验总结出的定律出发，研究系统宏观量之间联系及其变化规律；后者是通过系统内大量微观粒子统计平均值计算宏观量及其涨落，更能反映热运动的本质。

固体在加热过程中，随着温度的逐渐升高，固体粒子的热运动不断增强，能量在提高，于是粒子偏离平衡位置越来越大。当温度升至熔解温度后，固体熔解为液体，粒子排列从较有序的结晶态转变为无序的液态，这个过程称为熔解，其目的是消除系统内可能存在非均匀状态，使随后进行的冷却过程以某一平衡态为起始点。熔解过程系统能量随温度升高而增大。

冷却时，随着温度徐徐降低，液体粒子的热运动逐渐减弱而趋于有序。当温度降至结晶温度后，粒子运动变为围绕晶体格子的微小振动，由液态凝固成结晶态，这一过程称为退火。为了使系统在每一温度下都达到平衡态，最终达到固体的基态，退火过程必须徐徐进行，这样才能保证系统能量随温度降低而趋于最小值。

（3）数学模型

一个组合优化最小代价问题的求解过程，利用局部搜索从一个给定的初始解出发，随机生成新的解，如果这一解的代价小于当前解的代价，则用它取代当前解；否则舍去这一新解。不断地随机生成新解，重复上述步骤，直至求得最小代价值。组合优化问题与金属退火过程类比情况如表4-5所示。

表4-5　组合优化问题与金属退火过程类比情况

金属退火过程	组合优化（模拟退火算法）
热退火过程数学模型	组合优化中局部搜索的推广
熔解过程	设定初温
等温过程	Metropolis 抽样过程
冷却过程	控制参数下降
温度	控制参数
物理系统中的一个状态	最优化问题的一个解
能量	目标函数（代价函数）
状态的能量	解的代价
粒子的迁移率	解的接受率
能量最低状态	最优解

在退火过程中，金属加热到熔解后会使其所有分子在状态空间 S 中自由运动。随着温度徐徐下降，这些分子会逐渐停留在不同的状态。根据统计力学原理，早在 1953 年 Metropolis 就提出一个数学模型，用以描述在温度 T 下粒子从具有能量 $E(i)$ 的当前状态 i 进入具有能量 $E(j)$ 的新状态 j 的原则。

若 $E(j) \leqslant E(i)$，则状态转换被接受；若 $E(i) > E(j)$，则状态转换以如下概率被接受：

$$P_r = e^{\frac{E(i)-E(j)}{KT}} \tag{4-90}$$

式中，P_r 为转移概率；K 为 Boltzmann 常数；T 为材料的温度。

在一个特定的环境下，如果进行足够多次的转换，将能够达到热平衡。此时，材料处于状态 i 的概率服从 Boltzmann 分布：

$$\pi_i(T) = P_T(s=i) = e^{-\frac{E(i)}{KT}} \Big/ \sum_{j \in S} e^{-\frac{E(j)}{KT}} \tag{4-91}$$

式中，s 表示当前状态的随机变量；分母部分称为划分函数，表示状态空间 S 中所有可能状态之和。

① 当高温 $T \to \infty$ 时，则有

$$\lim_{T \to \infty} \pi_i(T) = \lim_{T \to \infty} \left(e^{-\frac{E(i)}{KT}} \Big/ \sum_{j \in S} e^{-\frac{E(j)}{KT}} \right) = \frac{1}{|S|} \tag{4-92}$$

这一结果表明在高温下所有状态具有相同的概率。

② 当温度下降，$T \to 0$ 时，则有

$$\begin{aligned}
\lim_{T \to 0} \pi_i(T) &= \lim_{T \to 0} \frac{e^{-\frac{E(i)-E_{min}}{KT}}}{\sum\limits_{j \in S} e^{-\frac{E(j)-E_{min}}{KT}}} \\
&= \lim_{T \to 0} \frac{e^{-\frac{E(i)-E_{min}}{KT}}}{\sum\limits_{j \in S_{min}} e^{-\frac{E(j)-E_{min}}{KT}} + \sum\limits_{j \notin S_{min}} e^{-\frac{E(j)-E_{min}}{KT}}} \\
&= \begin{cases} \dfrac{1}{|S_{min}|} & i \in S_{min} \\ 0 & \text{其他} \end{cases}
\end{aligned} \tag{4-93}$$

其中，$E_{min} = \min\limits_{j \in S} E(j)$ 且 $S_{min} = \{i : E(i) = E_{min}\}$，可见，当温度降至很低时，材料倾向进入具有最小能量状态。

退火过程是在每一温度下热力学系统达到平衡的过程，系统状态的自发变化总是朝着自由能减少的方向进行，当系统自由能达到最小值时，系统达到平衡态。在同一温度，分子停留在能量最小状态的概率比停留在能量最大状态的概率要大。

当温度相当高时每个状态分布的概率基本相同，接近平均值 $1/|S|$，$|S|$ 为状态空间中状态的总数。随着温度下降并降至很低时，系统进入最小能量状态。当温度趋于 0 时，分子停留在最低能量状态的概率趋向 1。

Metropolis 算法描述了液体结晶过程：在高温下固体材料熔化为液体，分子能量较高，可以自由运动和重新排序；在低温下，分子能量减弱，自由运动减弱，迁移率减小，最终进入能量最小的平衡态，分子有序排列凝固成晶体。

　　模拟退火算法需要两个主要操作：一个是热静力学操作，用于安排降温过程；另一个是随机张弛操作，用于搜索在特定温度下的平衡态。SA 的优点在于它具有跳出局部最优解的能力。在给定温度下，SA 不但进行局部搜索，而且能以一定的概率"爬山"到代价更高的解，以避免陷入局部最优解。基于 Metropolis 接受准则的"突跳性搜索"可避免搜索过程陷入局部极小，并最终趋于全局最优解，而传统的"瞎子爬山"方法显然做不到这一点，表现出对初值具有依赖性。

　　在统计力学中，熵被用来衡量物理系统的有序性。处于热平衡状态下熵的定义为

$$H(T) = -\sum_{i \in S} \pi_i(T) \ln \pi_i(T) \tag{4-94}$$

　　在高温 $T \to \infty$ 时，有

$$\lim_{T \to \infty} H(T) = -\sum_{i \in S} \frac{1}{|S|} \cdot \ln \frac{1}{|S|} = \ln|S| \tag{4-95}$$

　　在低温 $T \to 0$ 时，有

$$\lim_{T \to 0} H(T) = -\sum_{i \in S_{\min}} \frac{1}{|S_{\min}|} \cdot \ln \frac{1}{|S_{\min}|} = \ln|S_{\min}| \tag{4-96}$$

　　通过定义平均能量及方差，进一步可以求得

$$\frac{\partial H(T)}{\partial T} = \frac{\sigma_T^2}{K^2 T^3} \tag{4-97}$$

　　由式（4-97）不难看出，熵随着温度下降而单调递减。熵越大系统越无序，固体高温熔化后系统分子运动无序，系统熵变大；温度缓慢下降使材料在每个温度都松弛到热平衡，熵在退火过程中会单调递减，最终进入有序的结晶状态，熵达到最小。

（4）算法实现步骤及流程

　　在实际应用中，SA 必须在有限时间内实现，因此需要下述条件：起始温度；控制温度下降的函数；决定在每个温度下状态转移（迁移）参数的准则；终止温度；终止 SA 的准则。

　　用模拟退火算法解决优化问题包括三部分内容：一是对优化问题的描述，在解空间上对所有可能解定义代价函数；二是确定从一个解到另一个解的扰动和转移机制；三是确定冷却过程。下面通过 SA 求解旅行商路径优化问题（TSP）来说明算法的实现步骤。

　　旅行商要求以最短的行程不重复地访问 N 城市并回到初始城市，令 $\boldsymbol{D} = [d_{XY}]$ 为距离矩阵，d_{XY} 为城市 $X \to Y$ 之间距离，其中 $X, Y = 1, 2, \cdots, N$。用 SA 求解 TSP 问题的步骤如下。

　　① TSP 的解空间 S 被定义为 N 城市的所有循环排列

$$\Xi = \{\xi(1), \xi(2), \cdots, \xi(N)\} \tag{4-98}$$

　　其中，$\xi(k)$ 表示从 k 城市出发访问下一城市，定义旅程的总代价函数为

$$f(\Xi) = \sum_{X=1}^{N} d_{X, \xi(X)} \tag{4-99}$$

　　② 任选两城市 X 和 Y，采用二交换机制，通过反转 X 和 Y 之间访问城市的顺序而获取新的旅程。给定一个旅程为

$$[\xi(1), \xi(2), \cdots, \xi^{-1}(X), X, \xi(X), \cdots, \xi^{-1}(Y), Y, \xi(Y), \cdots, \xi(N)] \tag{4-100}$$

　　对城市 X 和 Y 施加交换，可得新旅程为

$$[\xi(1),\xi(2),\cdots,\xi^{-1}(X),X,\xi^{-1}(Y),\cdots,\xi^{-1}(X),Y,\xi(Y),\cdots,\xi(N)] \tag{4-101}$$

旅程代价的变化为

$$\Delta f = d_{X,\xi^{-1}(Y)} + d_{\xi(X),Y} - d_{X,\xi(X)} - d_{\xi^{-1}(Y),Y} \tag{4-102}$$

这一转移机制符合 Metropolis 准则，即

$$接受新旅程的概率 = \begin{cases} 1, & 若 \Delta f \leqslant 0 \\ e^{\frac{\Delta f}{T}}, & 否则 \end{cases} \tag{4-103}$$

③ 实施冷却过程。在有限时间条件下模拟退火算法的冷却过程有多种形式，一种较为简单的降温函数为

$$T_{k+1} = \alpha T_k \tag{4-104}$$

其中，α 通常接近 1，Kirkpatrick 等人用于组合优化问题时取 $\alpha = 0.9$；T_k 代表第 k 次递减时的温度。

图 4-45 给出了应用模拟退火算法求解 TSP 问题的流程。图 4-45 中 i 和 j 标记旅程；k 标记温度；l 为在每个温度下已生成旅程的个数；T_k 和 L_k 分别表示第 k 步温度和允许长度；E_i 和 E_j 分别为当前旅程和新生成的旅程；$f(E)$ 为代价函数，$\Delta f = f(E) - f(E_i)$；rand[0,1] 为 0 和 1 之间均匀分布的随机数。

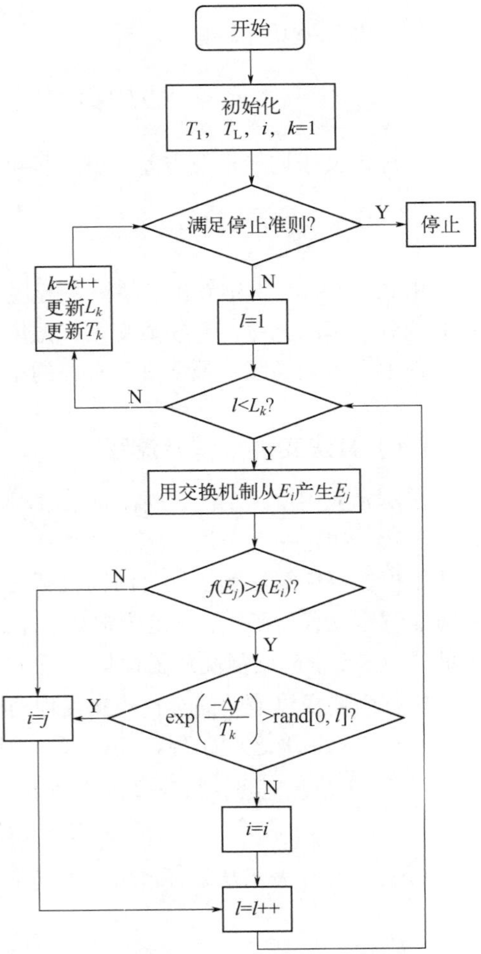

4.4.5.2　水循环算法

（1）水循环算法的提出

拓展视频

水循环算法（water cycle algorithm，WCA）是 2012 年由 Eskandar 等人受地球上水循环过程这一自然现象的启发，而提出的一种求解约束问题的全局优化算法。该算法根据水循环中的降水具有由溪流、河流流向大海的特点，先以降雨层初始化形成一个初始粒子群（降水），选择最佳粒子位置（最好降雨层）作为大海；然后，选择一些较好的降雨层作为河流，其余的降雨层被认为是流入河流或海洋的溪流。通过计算降雨层的适应度值，并将其进行对比，选取最优解（大海）。

图 4-45　模拟退火算法求解 TSP 问题的流程图

水循环算法通过 11 个约束基准测试函数和工程设计问题的优化结果表明，与许多其他优化方法相比较，WCA 一般比其他优化方法具有更好的解。WCA 已用于解决空间桁架结构优化设计，有约束多目标优化等问题。

（2）水循环过程

地球上存在着的水处于不断运动中。水循环是指水从陆地、江河、湖泊、海洋蒸发到天空，然后再返回陆地、江河、湖泊、海洋的循环过程。天然水循环的能量来自太阳的辐射热量，太阳的热量为从地球表面，海洋、湖泊等蒸发提供能量。植物失去的水分到空气中，这就是所谓的蒸腾。最终的水汽凝结成云中的微小液滴，遇到冷空气、土地时，形成降水（雨，雨夹雪，雪或冰雹），这些水回到大地或海洋。部分水沉淀跑到地面，一些被困在岩石或黏土层成为地下水。但最重要的水向下流动为径流（地上或地下），最终返回到海洋。

大自然中水循环过程示意图，如图 4-46 所示。在河流和湖泊中的水蒸发，而植物在光合作用过程中产生的水被蒸腾。蒸发的水蒸气进入大气中，产生云，然后在寒冷中凝结，形成降水（雨或雪等）又回到地面上。

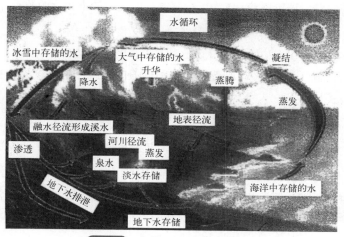

图 4-46　大自然中水循环过程示意图

（3）基本原理

水循环是指地球上的水在太阳的辐射热量和地心引力等作用下，以蒸发、降水和溪流等方式进行周而复始的运动过程。水循环过程是多环节的自然过程，构成了一个复杂的适应系统。

地球表面上方和下方的水在重力作用下连续移动，经过从河流到海洋，从海洋到大气，蒸发、浓缩、沉淀、渗透、径流和地下流动的一系列物理过程。在这样的过程中，水经过不同的阶段：液体、固体（冰）和气体（蒸汽）。虽然随着时间的推移，地球上水的平衡仍然相当稳定。全球性的水循环涉及蒸发、大气水分输送、地表水和地下水循环及多种形式的水量储蓄。降水、蒸发和径流是水循环过程的三个最主要环节，这三者构成的水循环途径决定着全球的水量平衡。这种平衡和稳定过程反映了水循环过程中蕴含着优化的原理。具体表现在水不仅总是从高处向低处流动，而且都是尽可能流向一个最短的路径，因为这样消耗的能量最小。水循环算法正是模拟水循环过程，实现对约束优化问题的求解。

（4）数学模型

① 创建初始种群　水循环算法采用"雨滴"作为个体，创建初始雨滴群体就是降雨初始化。降雨中的每层雨滴代表优化问题中的一组单独的解，均为一组实数，是在给定范围内产生的随机数组。

在 N 维优化问题中，雨滴的大小作为问题变量的 $1 \times N_{var}$ 数组定义如下：

$$\text{Raindrop} = [x_1, x_2, \cdots, x_{N_{var}}] \tag{4-105}$$

初始雨滴群体通过随机生成 $N_{pop} \times N_{var}$ 维的矩阵 $\boldsymbol{X}$ 表示为

$$\boldsymbol{X} = \begin{bmatrix} x_1^1 & x_2^1 & \cdots & x_{N_{var}}^1 \\ x_1^2 & x_2^2 & \cdots & x_{N_{var}}^2 \\ \vdots & \vdots & & \vdots \\ x_1^{N_{pop}} & x_2^{N_{pop}} & \cdots & x_{N_{var}}^{N_{pop}} \end{bmatrix} \tag{4-106}$$

其中，矩阵的行和列的数量分别是种群数量和设计变量的个数。

每一个决策变量值 $(x_1, x_2, \cdots, x_{N_{var}})$ 可以表示为浮点数（真实值），或作为一个预先定义的一组连续和不连续的问题。评价雨滴 i 作为可行解的程度使用如下代价函数：

$$C_i = \text{Cost}_i = f(x_1^i, x_2^i, \cdots, x_{N_{var}}^i) \quad i = 1, 2, \cdots, N_{pop} \tag{4-107}$$

式中，N_{pop} 和 N_{var} 分别为初始雨滴群体数量和设计的变量数目。

首先，创建雨滴群体 N_{pop}，N_{sr} 是选择代价最低值的河流（用户参数）和海洋（一个）的总数目，其计算公式如下：

$$N_{sr} = \text{Number of Rivers} + \underset{\text{Ser}}{1} \tag{4-108}$$

其余的雨滴的数量（雨滴形成的溪流，流入河流或可能直接流入海）由式（4-109）来计算。

$$N_{\text{Raindrops}} = N_{pop} - N_{sr} \tag{4-109}$$

为了设计和确定雨滴对河流和海洋的流动密度，每条溪流流入特定的河流或者海洋。因此流入指定河流和海洋的溪流数目 NS_n 的计算公式如下：

$$NS_n = \text{round}\left\{ \left| \frac{\text{Cost}_n}{\sum_{i=1}^{N_{sr}} \text{Cost}_i} \right| N_{\text{Raindrops}} \right\} \quad n = 1, 2, \cdots, N_{sr} \tag{4-110}$$

式中，Cost_n 为流入特定的河流或海洋的溪流的代价函数（适应度函数）。

② 溪流、河流和海的位置更新　如上所述，由雨滴引起的溪流彼此结合以形成新的河流。一些溪流也可以直接流入大海，所有的河流和溪流最终流到大海（最优点）。图 4-47 给出了一个特定河流的流向示意图，其中黑点表示流，星号表示河流。

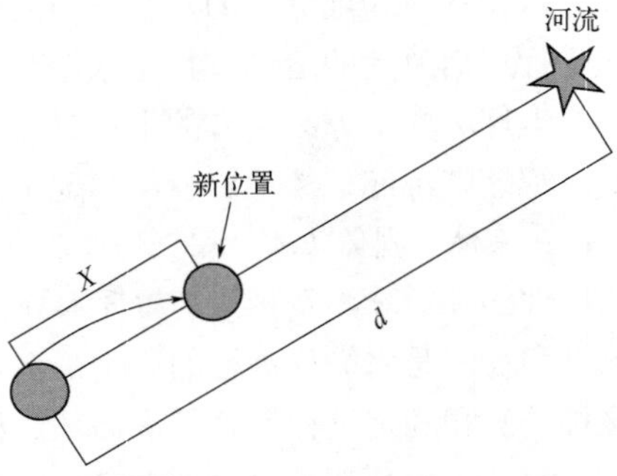

如图 4-47 中所示，一个流沿着它们之间的连线流入到河流，一个随机选择的距离为

图 4-47　一个特定河流的流向示意图

$$X \in (0, C \times d) \quad C > 1 \tag{4-111}$$

其中，C 是 1 和 2 之间的一个值，最好选择为 2；d 表示溪流和河流之间的当前距离；X 的值是介于 0 和 $C \times d$ 之间的随机数（均匀的或是任何适当的分布）。C 的值大于 1，能使溪流在不同的方向流向河流，这也同样适用于流向大海的河流。因此，定义溪流和河流的新位置为

$$X_{\text{Stream}}^{i+1} = X_{\text{Stream}}^i + \text{rand} \times C \times (X_{\text{River}}^i - X_{\text{Stream}}^i) \tag{4-112}$$

$$X_{\text{River}}^{i+1} = X_{\text{River}}^i + \text{rand} \times C \times (X_{\text{Sea}}^i - X_{\text{River}}^i) \tag{4-113}$$

其中，rand 是 0～1 的均匀分布的随机数。如果溪流所提供的解比其他河流连接的解更好，那么河流和溪流的位置进行交换（即流变成河流，河流变流）。同样，这种交换也用于河流和海洋之间的交换。图 4-48 描述在其他溪流中一个最好解的流和河流的位置交换，其中星号表示河流，黑点表示溪流。

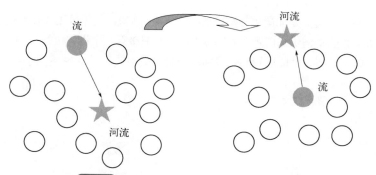

图 4-48　溪流中一个最好解的流和河流的位置交换

③ 蒸发条件　蒸发时防止算法早熟收敛最重要的因素之一，在 WCA 中，为了避免陷入局部最优，假设蒸发过程中会使海水同流向海洋的溪流、河流一样蒸发。

如果一条河流和海洋之间的距离 $\left| X_{\text{Sea}}^i - X_{\text{River}}^i \right| < d_{\max}, i = 1, 2, \cdots, N_{\text{sr}} - 1$，则蒸发和降雨过程结束，表明河流已入海。其中，$d_{\max}$ 是一个接近零的小数。在这种情况下，施加蒸发过程，经过一段足够的蒸发后，在自然界中看到开始下雨。因此，$d_{\max}$ 可以用来调节邻近海（最优解）的搜索强度，$d_{\max}$ 值自适应地降低为

$$d_{\max}^{i+1} = d_{\max}^i - \frac{d_{\max}^i}{\text{max iteration}} \tag{4-114}$$

其中，max iteration 为最大迭代数。

④ 降雨过程　在 WCA 中满足蒸发条件后，施加降雨过程。新的雨滴在不同的地点（与 GA 变异算子的作用类似）形成溪流。对于新形成的溪流，要确定它的位置可使用下式：

$$X_{\text{Stream}}^{\text{new}} = LB + \text{rand} \times (UB - LB) \tag{4-115}$$

其中，LB 和 UB 分别为由给定的问题定义的下限和上限；rand 为 0～1 之间的随机数。

同样，认为最新形成的雨滴像一条流向大海的河。假设其他新的雨滴形成新的流，流入河流或可能直接流入海。为了提高约束问题算法的收敛速度和计算性能，式（4-115）仅适用于流直接流入海，目的是鼓励在约束问题可行区域产生的流直接流向附近的海（最优解）。

$$X_{\text{Stream}}^{\text{new}} = X_{\text{Sea}} + \sqrt{\mu} \times \text{randn} \times (1, N_{\text{var}}) \tag{4-116}$$

其中，randn 为正态分布的随机数；μ 为一个系数，它表示搜索区域附近海域的范围，μ 值设定为 0.1 较为合适。μ 值越大，退出可行解区域的可能性越大，而较小的 μ 值会导致搜索算法在附近海面的较小区域搜索。因此，μ 决定着新产生个体的分散程度。

从以上公式可以看出，降雨分为两种：一种降雨将在问题空间内产生随机个体，以增加种群个体的多样性；另一种降雨过程则在海洋附近产生降雨，以便在当前最优值附近继续寻找其他较优值。

⑤ 约束过程　在搜索空间中，溪流和河流可能违反特定问题的约束或设计变量的限制。在当前的工作中，基于修改后的可行解机制来处理这个问题，约束处理采用进化策略中的以下 4 个规则。

规则 1：任何可行解要优于不可行解，一些可行解是在某些不可行解优选中产生的。

规则 2：违反约束条件极少情况下的不可行解被视为可行解。在第一次迭代从 0.01 到最后一次迭代 0.001 的不可行解被认为是可行解。

规则 3：在两个可行解中，首选具有目标函数值更好的一个。

规则 4：在两个不可行解中，选择违反约束总数较小的一个。

使用规则 1 和规则 4 搜索是面向可行解域而不是不可行解域。使用规则 3 指导搜索到可行解域中良好的解。对于大多数的结构优化问题，全局最小值位于或接近一个设计可行空间的边界。通过应用规则，溪流和河流接近边界，并能以较高的概率达到全局最小值。图 4-49 给出了水循环算法示意图。

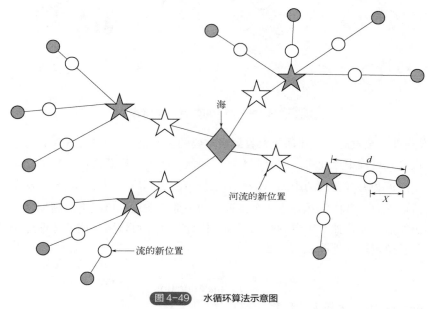

图 4-49　水循环算法示意图

⑥ 收敛准则　当完成一次迭代计算后，检查是否达到最大迭代次数。如果是，则终止迭代计算；否则继续进行迭代计算。

（5）算法步骤及流程

水循环算法的实现步骤概括如下。

① 选择初始参数：河流和海洋的总数 N_{sr}；海洋（最优解）个数为 1，极小值为 d_{max}；雨滴的群体数 N_{pop}；最大迭代次数 max iteration 。

② 随机生成初始雨滴群体，并用式（4-106）、式（4-108）和式（4-109）形成初始降雨、河流和海。

③ 使用式（4-107）计算每一个雨滴的代价值（适应度值）。

④ 使用式（4-110）确定河流和海洋流的密度。

⑤ 通过式（4-112）使溪流流向河流。

⑥ 使用式（4-113）确定河流流入海的最下坡的位置。

⑦ 河流同溪流交换位置给出最好解，如图 4-48 所示。

⑧ 类似于⑦，如果找到一条河的解比海的更好，则河流与海的位置交换。

⑨ 检查是否满足蒸发条件。

⑩ 如果满足蒸发条件，使用式（4-115）和式（4-116）产生降雨。

⑪ 利用式（4-114）减少用户定义的参数 $d_{\max}$ 的值。

⑫ 如果满足停止条件，则算法停止运行；否则返回到步骤⑤。

水循环算法的流程如图 4-50 所示。

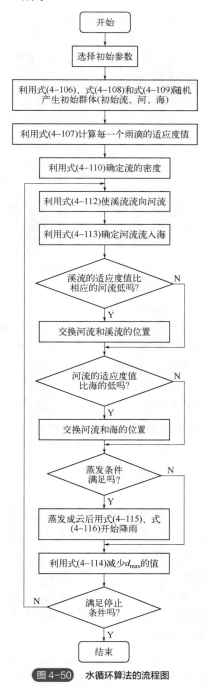

图 4-50　水循环算法的流程图

4.4.6 进化算法

4.4.6.1 遗传算法

（1）算法的提出

遗传算法（genetic algorithm，GA）是 1975 年由霍兰（J.H.Holland）教授提出的。它是模拟达尔文的遗传选择和自然淘汰的生物进化过程的计算模型，其目的：一是抽取和解释自然系统的自适应过程；二是设计具有自然系统机理的人工系统。霍兰被称为"遗传算法之父"，至今遗传算法一直被认为是智能优化算法的基础。

遗传算法已广泛应用于多个领域，如函数优化、组合优化、生产调度问题、自动控制、机器人学、图像处理、多机器人路径规划等。改进的原对偶遗传算法在边坡稳定性分析方面获得了应用。

（2）基本原理

19 世纪上半叶达尔文创立的进化论，曾被作为生物界及人类文明史上的一个里程碑，1859 年，英国生物学家达尔文（C.R.Darwin）发表了巨著《物种起源》，提出了物竞天择，适者生存、不适者淘汰的以自然选择为基础的生物进化论，指出生物的发展和进化有 3 种主要形态：遗传、变异和选择。1966 年，奥地利植物学家孟德尔（G.Mendel）发表著名论文《植物杂交实验》，阐明了生物的遗传规律。

地球上的生物都是经过长期进化而发展起来的，根据达尔文的自然选择学说：地球上的生物具有很强的繁殖能力，在繁殖过程中大多数通过遗传使物种保持相似的后代，部分由于变异产生差别，甚至产生新物种。由于大量繁殖，生物数目急剧增加，但自然界资源有限，为了生存，生物之间展开竞争，适应环境的、竞争能力强的生物就生存下来，不适应者就消亡，通过不断竞争和优胜劣汰，生物在不断地进化。

遗传算法的基本思想是借鉴生物进化的规律，通过繁殖—竞争—再繁殖—再竞争实现优胜劣汰，使问题一步步逼近最优解；或者说进化算法是仿照生物进化过程，按照优胜劣汰的自然选择优化的规律和方法，来解决科学研究、工程技术及管理等领域用传统的优化方法难以解决的优化问题。

（3）基本概念

构成生物体的最小结构与功能单位是细胞。细胞是由细胞膜、细胞质和细胞核组成的。细胞核由核质、染色质、核液三者组成，是遗传物质存储和复制的场所。细胞核位于细胞的最内层，它内部的染色质在细胞分裂时，在光谱显微镜下可以看到产生的染色体。染色体主要由蛋白质和脱氧核糖核酸（DNA）组成，它是一种高分子化合物，脱氧核糖核酸是其基本组成单位。由于大部分在染色体上，可以传递遗传物质，因此，染色体是遗传物质的主要载体。

控制生物遗传的物质单位称为基因，它是有遗传效应的片段。每个基因含有成百上千个脱氧核苷酸在染色体上呈线性排列，这种有序排列代表了遗传信息。生物在遗传过程中，父代的遗传物质（分子）通过复制方式向子代传递遗传信息。此外，在遗传过程中还会发生 3 种形式的变异：基因重组、基因突变和染色体变异。基因重组是指控制物种性状的基因发生了重新组合；基因突变是指基因分子结构的改变；染色体变异是指染色体结构或数目上的变化。

下面介绍遗传算法的基本概念。

a. 染色：遗传物质的主要载体，是多个遗传因子的集合。

b. 基因：遗传操作的最小单元，基因以一定排列方式构成染色体。

c. 个体：染色体带有特征的实体。

d. 种群：多个个体组成群体，进化之初的原始群体称为初始种群。

e. 适应度：用来估计个体好坏程度的解的目标函数值。

f. 编码：用二进制码字符串表达所研究问题的过程（除二进制编码外，还有浮点数编码等）。

g. 解码：将二进制码字符串还原成实际问题解的过程。

h. 选择：以一定的概率从种群中选择若干对个体的操作。

i. 交叉：把两个染色体换组的操作，又称重组。

j. 变异：让遗传因子以一定的概率变化的操作。

（4）基本操作

遗传算法的基本操作过程如图 4-51 所示。

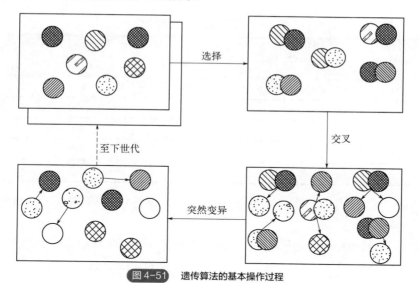

图 4-51 遗传算法的基本操作过程

① 选择 从种群中按一定标准选定适合作亲本的个体，通过交配后复制出子代。选择首先要计算个体的适应度，再根据适应度不同，有多种选择方法。

a. 适应度比例法：利用比例于各个个体适应度的概率决定其子孙遗留的可能性。

b. 期望值法：计算各个个体遗留后代的期望值，然后减去 0.5。

c. 排位次法：按个体适应度排序，对各位次预先已被确定的概率决定遗留后代。

d. 精华保存法：无条件保留适应度大的个体，不受交叉和变异的影响。

e. 轮盘赌法：按个体的适应度比例转化为选中的概率。

② 交叉 是把两个染色体换组（重组）的操作，交叉有多种方法，如单点交叉、多点交叉，部分映射交叉（PMX），顺序交叉（OX），循环交叉（CX）、基于位置的交叉、基于顺序的交叉

和启发式交叉等。

③ 变异　是指基因 0、1 以一定的概率施行 0→1，1→0 的操作。变异有局部随机搜索的功能，相对变异而言，交叉具有全局随机搜索的功能。交叉和变异操作有利于保持群体的多样性，避免在搜索初期陷于局部极值。

在选择、交叉和变异 3 个基本操作中，选择体现了优胜劣汰的竞争进化思想，而优秀个体从何而来，还靠交叉和突然变异操作获得，交叉和变异实质上都是交叉。

（5）求解步骤

下面通过一个求解二次函数最大值的例子来熟悉遗传算法的步骤。

利用遗传算法求解二次函数 $f(x) = x^2$ 的最大值，设 $x \in [0,31]$。此问题的解显然为 $x=31$，用遗传算法求解步骤如下。

① 编码。用二进制码字符串表达所研究的问题称为编码，每个字符串称为个体。相当于遗传学中的染色体，在每一遗传代次中个体的组合称为群体。由于 x 的最大值为 31，所以只需 5 位二进制数组成个体。

② 产生初始种群。采用随机方法，假设得出初始群体分别为 01101，11000，01000，10011，其中 x_i 值分别对应为 13、24、8、19，如表 4-6 所示。

表 4-6　遗传算法的初始群体

个体编号	初始群体	x_i	适应度 $f(x)$	$f(x)/\sum f(x)$	$f(x)/\bar{f}$ （相对适应度）	下一代的个体总数
1	01101	13	169	0.14	0.58	1
2	11000	24	576	0.49	1.97	2
3	01000	8	64	0.06	0.22	0
4	10011	19	361	0.31	1.23	1

适应度总和 $\sum f(x_i) = 1170$，适应度平均值 $\bar{f}=293$，$f_{max}=576$，$f_{min}=64$

③ 计算适应度。为了衡量个体（字符串、染色体）的好坏，采用适应度（fitness）作为指标，又称目标函数。

本例中用 x^2 计算适应度，对于不同值，适应度见表 4-6 中的 $f(x_i)$。

$$\sum f(x_i) = f(x_1) + f(x_2) + f(x_3) + f(x_4) = 1170$$

平均适应度 $\bar{f} = \sum f(x_i)/4 \approx 293$ 反映群体整体平均适应能力。

相对适应度 $f(x_i)/\bar{f}$ 反映个体之间优劣性。

显然 2 号个体相对适应度值最高为优良个体，而 3 号个体为不良个体。

④ 选择（selection）又称复制（reproduction），从已有群体中选择适应度高的优良个体进入下一代，使其繁殖；删掉适应度小的个体。

本例中，2 号个体最优，在下一代中占两个，3 号个体最差删除，1 号与 4 号个体各保留一个，新群体分别为 01101，11001，11011，10000。对新群体适应度计算如表 4-7 所示。

由表 4-7 可以看出，复制后淘汰了最差个体（3 号），增加了优良个体（2 号），使个体的平均适应度增加。复制过程体现优胜劣汰原则，使群体的素质不断得到改善。

表 4-7　遗传算法的复制与交换

个体编号	复制初始群体	x_i	复制后适应度	交换对象	交换位数	交换后的群体	交换后适应度
1	01101	13	169	2 号	1	01100	144
2	11000	24	576	1 号	1	11001	625
3	11000	24	576	4 号	2	11011	729
4	10011	19	361	3 号	2	10000	256
适应度总和 $\sum (x_i)$			1682				1754
适应度平均值 $\overline{f}(x_i)$			421				439
适应度最大值 f_{max}			576				729
适应度最小值 f_{min}			169				256

⑤ 交叉（crossover）又称交换、杂交。虽然复制过程的平均适应度提高了，但不能产生新的个体，模仿生物中杂交产生新品种的方法，对字符串（染色体）的某些部分进行交叉换位。对个体利用随机配对方法决定父代，如 1 号和 2 号配对，3 号和 4 号配对。以 3 号和 4 号交叉为例：经交叉后出现的新个体 3 号，其适应度高达 729，高于交换前的最大值 576，同样 1 号与 2 号交叉后新个体 2 号的适应度由 576 增加为 625，如表 4-7 所示。此外，平均适应度也从原来的 421 提高到 439，表明交叉后的群体正朝着优良方向发展。

⑥ 突变（mutation），又称变异、突然变异。在遗传算法中模仿生物基因突变的方法，将表示个体的字符串某位由 1 变为 0，或由 0 变为 1。例如，将个体 10000 的左侧第 3 位由 0 突变为 1，则得到新个体为 10100。

在遗传算法中，突变由事先确定的概率决定。一般，突变概率为 0.01 左右。

⑦ 重复步骤③~⑥，直到得到满意的最优解。

从上述用遗传算法求解函数极值过程可以看出，遗传算法仿效生物进化和遗传的过程，从随机生成的初始可行解出发，利用复制（选择）、交叉（交换）、变异操作，遵循优胜劣汰的原则，不断循环执行，逐渐逼近全局最优解。

实际上给出具有极值的函数，可以用传统的优化方法进行求解，当用传统的优化方法难以求解时，甚至不存在解析表达隐函数不能求解的情况下，用遗传算法优化求解就显示出巨大的潜力。

（6）原对偶遗传算法

遗传算法已广泛应用于求解各类静态优化问题。近年来，许多研究者提出了多种改进策略，将 GA 用于求解动态优化问题。2003 年，Shengxiang Yang 提出了原对偶遗传算法（primal-dual genetic algorithm，PDGA）用于解决动态优化问题。

在 PDGA 的种群中，直接记录的染色体称为初始染色体，也称原染色体。在给定距离空间中，两个染色体之间的海明距离指的是这两个染色体对应基因位点的值的不同个数。与原染色体最大海明距离的染色体称为对偶染色体，即 $x' = \text{dual}(x)$；dual(•) 是原对偶映射（primal-dual mapping，PDM）的函数。在 PDM 运算时，设计为染色体的每一位都要参与计算。

在种群进行遗传运算后，将其中相对较差的个体进行对偶映射。对于任何原染色体，如果它的对偶染色体更优秀，则原染色体将被其对偶染色体替代；否则原染色体保留。这样，种群中一些较差的个体将有机会被较好的新个体替代，而较好的个体也有机会保留在种群中。

在二进制空间中，考虑 0-1 编码的 GA，采用海明距离作为 PDM 运算函数。这样原染色体 $x = (x_1, x_2, \cdots, x_L) \in I = \{0,1\}^L$（$L$ 为染色体的长度），它的对偶染色体 $x' = \text{dual}(x) = (x'_1, x'_2, \cdots, x'_L) \in I$，其中 $x'_i = 1 - x_i$。在一对原对偶染色体中，如果对偶染色体优于原染色体，则这样的原对偶映射被称为有效映射，反之称为无效映射。

在 PDGA 中，当产生一个中间种群 $P(t)$ 并完成常规的遗传运算（交叉变异运算）之后，再从 $P(t)$ 中选择一定数量 $D(t)$ 的个体，并计算它们的对偶染色体。对于任何 $x \in D(t)$，如果它的对偶染色体 x' 适应度值更大，则 x 将被 x' 所取代；否则被保留下来。也就是说，只有有效的 PDM 运算，才能够使好的对偶染色体有机会传递到下一代种群中，从而体现了一种显性机制。这样既有助于增强种群的多样性，保持种群的搜索能力；又不会影响当前种群的迭代过程，保持种群的开发能力。

原对偶遗传算法的伪码描述可见附录 6。

4.4.6.2 差分进化算法

（1）算法的提出

差分进化（differential evolution，DE）算法是 1995 年由美国学者 Storn 和 Price 提出的一种求解全局优化问题的实编码的进化算法，又称为微分进化算法。最初用于解决切比雪夫不等式问题，后来发现它对于解决复杂优化问题具有计算过程更简单、控制参数少的优越性。目前，差分进化算法已广泛应用于化工、电力、机械、控制工程、生物、运筹学等领域。

（2）算法原理

差分进化算法的基本思想源于遗传算法，同其他进化算法一样也是对候选解的种群进行操作，而不是针对一个单一解。DE 算法利用实数参数向量作为每一代的种群，它的自参考种群繁殖方案与其他优化算法不同。DE 算法是通过把种群中两个个体之间的加权差向量加到第三个个体上来产生新参数向量，这一操作称为"变异"；然后将变异向量的参数与另外预先决定的目标向量的参数按照一定的规则混合起来产生子个体，这一操作称为"交叉"；新产生的子个体只有当它比种群中的目标个体优良时才对其进行替换，这一操作称为"选择"。DE 算法的选择操作是在完成变异、交叉之后由父代个体与新产生的候选个体一一对应地进行竞争，优胜劣汰，使得子代个体总是等于或优于父代个体。而且，DE 算法给予父代所有个体以平等的机会进入下一代，不歧视劣质个体。

差分进化算法把一定比例的多个个体的差分信息作为个体的扰动量，使得算法在跳跃距离和搜索方向上具有自适应性。在进化的早期，因为种群中个体的差异性较大，使得扰动量较大，从而使得算法能够在较大范围内搜索，具有较强的勘探能力；到了进化的后期，当算法趋向于收敛时，种群中个体的差异性较小，算法在个体附近搜索，这使得算法具有较强的局部开采能力。正是由于差分进化算法具有向种群个体学习的能力，使得其拥有其他进化算法无法比拟的性能。

（3）基本操作

① 个体编码方式　DE 算法采用实数编码方式，直接将优化问题的解 $x_1, x_2, \cdots, x_n$ 组成个体

$X_{i,G} = (x_1, x_2, \cdots, x_n), i = 1, 2, \cdots, \text{NP}$。每个个体都是解空间中的一个候选解，个体的变量维数 D 与目标函数决策变量的维数 n 相等，即 $D = n$。

② 种群初始化　初始种群用随机方法产生为

$$x_j = x_j^L + \text{rand}(x_j^U - x_j^L) \quad j = 1, 2, \cdots, D \tag{4-117}$$

其中，rand 为[0,1]之间的随机数。

种群大小 NP 直接影响算法的收敛速度，通常 NP 取问题维数（向量参数的个数）的 3～10 倍。

③ 变异操作　DE 算法和其他进化算法的主要区别是变异操作，也是产生新个体的主要步骤。变异操作后得到的中间个体 $V_{i,G+1}$ 表示为

$$V_{i,G+1} = X_{r_1,G} + F(X_{r_2,G} - X_{r_3,G}) \tag{4-118}$$

其中，$r_1, r_2, r_3 \in \{1, 2, \cdots, \text{NP}\}$ 且 $r_1 \neq r_2 \neq r_3 \neq i$；$F \in [0,1]$ 为变异因子，它是 DE 算法控制差分向量的幅度，又称为缩放因子，通常 F 取值为 0.3～0.7，初始值可取 $F = 0.6$；$X_{r_1,G}$ 为基点向量。

DE 的中间个体是通过把种群中两个个体之间的加权差向量加到基点向量上来产生的，相当于在基点向量上加了一个随机偏差扰动。而且由于 3 个个体都是从种群中随机选取的，个体之间的组合方式有很多种，这使 DE 算法的种群多样性很好。由于进化早期群体的差异较大，使得 DE 前期勘探能力较强而开发能力较弱；而随着进化代数增加，群体的差异度减小，使得 DE 后期勘探能力变差，开发能力增加，从而获得一个具有非常好的全局收敛性质的自适应程序。目标函数为二维的 DE 算法变异操作示意图如图 4-52 所示，其中 X_1 和 X_2 分别表示目标函数的第一维和第二维变量。

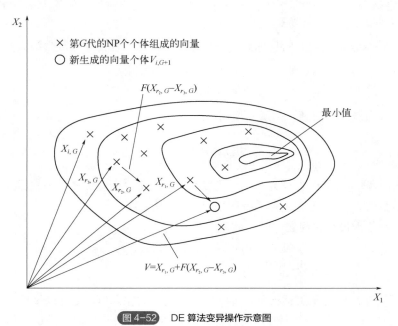

图 4-52　DE 算法变异操作示意图

变异因子 F 是变异操作中添加到被扰动向量上差异值的比率，其作用是控制差分向量的幅值。因此，又被称为缩放因子。

④ 交叉操作　采用将变异得到的中间个体 $V_{i,G+1}=(v_{1i,G+1},v_{2i,G+1},\cdots,v_{Di,G+1})$ 和目标个体 $X_{i,G}=(x_{1i,G},x_{2i,G},\cdots,x_{Di,G})$ 进行杂交，如式（4-118）所示。经过杂交后得到目标个体的候选个体 $U_{i,G+1}=(u_{1i,G+1},u_{2i,G+1},\cdots,u_{Di,G+1})$。

$$u_{ji,G+1}=\begin{cases}v_{ji,G+1}, & [\mathrm{randb}(j)\leqslant \mathrm{CR}]\ \ \text{或}\ \ j=\mathrm{rnbr}(i)\\ x_{ji,G}, & \text{其他}\end{cases} \qquad (4\text{-}119)$$

其中，$i=1,2,\cdots,NP$；$j=1,2,\cdots,D$；$\mathrm{rnbr}(i)$ 为 $[1,D]$ 范围内的随机整数，用来保证候选个体 $U_{i,G+1}$ 至少从 $V_{i,G+1}$ 中取到某一维变量；$\mathrm{randb}(j)\in[0,1]$ 为均匀分布的随机数；交叉因子 $\mathrm{CR}\in[0,1]$ 为 DE 算法的重要参数，它决定了中间个体分量值代替目标个体分量值的概率，较大的 CR 值表示中间个体分量值代替目标个体分量值的概率较大，个体更新速度较快，交叉因子 CR 一般选择范围为 $[0.3,0.9]$，通常 CR 初始值取 0.5 较好。DE 算法交叉操作示意图如图 4-53 所示。

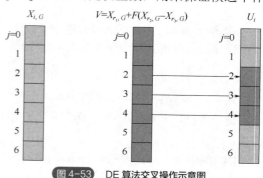

图4-53　DE 算法交叉操作示意图

⑤ 选择操作　对候选个体 $U_{i,G+1}$ 进行适应度评价，然后根据式（4-119）决定是否在下一代中用候选个体替换当前目标个体。

$$X_{i,G+1}=\begin{cases}U_{i,G+1} & f(U_{i,G+1})\leqslant f(X_{i,G})\\ X_{i,G} & \text{其他}\end{cases} \qquad (4\text{-}120)$$

⑥ 适应度函数　用来评估一个个体相对于整个群体的优劣相对值的大小。DE 选择适应度函数有以下两种方法。

a. 直接将待求解优化问题的目标函数作为适应度函数。若目标函数为最大优化问题，则适应度函数选为

$$\mathrm{Fit}[f(x)]=f(x) \qquad (4\text{-}121)$$

若目标函数为最小化问题，则适应度函数选为

$$\mathrm{Fit}[f(x)]=\frac{1}{f(x)} \qquad (4\text{-}122)$$

b. 当采用问题的目标函数作为个体适应度时，必须将目标函数转换为求最大值的形式，而且保证目标函数值为非负数。转换可以采用以下的方法进行。

假如目标函数为最小化问题，则

$$\mathrm{Fit}[f(x)]=\begin{cases}C_{\max}-f(x) & f(x)<C_{\max}\\ 0 & \text{其他}\end{cases} \qquad (4\text{-}123)$$

其中，$C_{\max}$ 为 $f(x)$ 的最大估计值，可以是一个适合的输入值，也可以采用迄今为止过程中 $f(x)$ 的最大值或当前群体中最大值，当然 $C_{\max}$ 也可以是前 K 代中 $f(x)$ 的最大值。显然，存在多种方式来选择系数 $C_{\max}$，但最好与群体本身无关。

假如目标函数为最大化问题，则

$$\text{Fit}[f(x)] = \begin{cases} f(x) - C_{\min} & f(x) > C_{\min} \\ 0 & \text{其他} \end{cases} \tag{4-124}$$

其中，$C_{\min}$ 为 $f(x)$ 的最小估计值，$C_{\min}$ 可以是一个适合的输入值，或者是当前一代或 K 代中 $f(x)$ 的最小值，也可以是群体方差的函数。

（4）差分进化算法的实现步骤及流程

下面通过求解函数 $f(x_1, x_2, \cdots, x_n)$ 的最小值问题来叙述 DE 算法的求解步骤及算法流程。其中 $(x_1, x_2, \cdots, x_n) \in \mathbf{R}^n$ 是 n 维连续变量且满足 $x_j^{\mathrm{L}} \leqslant x_j \leqslant x_j^{\mathrm{U}}$，$j = 1, 2, \cdots, n$，$x_j^{\mathrm{L}}$ 和 x_j^{U} 分别代表第 j 维变量的下界和上界。目标函数 $f : \mathbf{R}^n \to \mathbf{R}^1$ 可以是不可微函数。

假设 DE 算法种群规模为 NP，每个个体有 D 维变量，则第 G 代的个体可表示为 $\boldsymbol{X}_{i,G+1}$，$i = 1, 2, \cdots, NP$。

DE 算法的主要步骤如下。

① 随机产生初始种群，进化代数 $G = 0$。

② 计算初始种群适应度，DE 算法一般直接将目标函数值作为适应度值。

③ 判断是否达到终止条件。若进化终止，将此时的最佳个体作为解输出，否则继续。终止条件一般有两种：一种是进化代数达到最大进化代数 $G_{\max}$ 时算法终止；另一种是在已知全局最优值的情况下，设定一个最优值误差（如 10^{-6}），当种群中最佳个体的适应度值与最优值的误差在该范围内时算法终止。

④ 进行变异和交叉操作，得到临时种群。

⑤ 对临时种群进行评价，计算适应度值。

⑥ 进行选择操作，得到新种群。

⑦ 进化代数 $G = G + 1$ 用新种群替换旧种群，转步骤③。

DE 算法的流程如图 4-54 所示。DE 算法采用下述两个收敛准则。

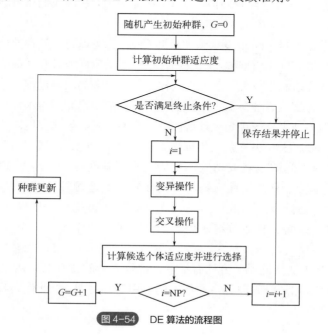

图 4-54　DE 算法的流程图

a. 计算当前代全体个体与最优个体之间目标函数值的差值，若在误差范围内，则算法收敛，否则继续生成新的种群。

b. 计算当前代和父代种群中最优个体之间目标函数值的差值，若在误差范围内，则算法收敛，否则继续生成新的种群。

4.5　Hough 变换与傅里叶变换

4.5.1　变换思维意识概述

"变换"实际上是一种通过转变思维方式解决现实生活、生产中科学或工程问题的巧妙应用，其优势在于：

① 它可以帮助我们快速有效地解决深奥难解的科学问题，不论是变换物理参数还是变换思考角度，往往都会让研究人员得到意想不到的收获。

在人类历史上，变换的案例屡见不鲜，如同我国宋代文学家苏轼在《题西林壁》诗句中描写的"横看成岭侧成峰，远近高低各不同"。也就是说所有的科学问题用不同角度去看会呈现不同的结果和认知。

② 它可以快速为我们解决复杂、难以实现全局优化的工程问题，为工程项目提供新的研究思路或解决方案。

实际上，变换思维方式是创新、创造最直接的手段之一，创新创造的思想萌芽就蕴含其中，例如：由边缘呈锯齿状的树叶联想到木工锯子；由蝙蝠飞行联想到超声波测距；由动物的非光滑表面联想到我们日常使用表面带有球状凸起，起到不沾作用的饭勺、农用器械、疏水亲水材料等，均是变换思维的一种实际工程应用。

③ 掌握变换的思维手段，对我们拓展知识、拓宽思路，加深我们自主学习的意识和驱动力具有积极的作用。

如果用拟人的手法解释 Hough 变换或傅里叶变换，也可以将其变换的核心思想理解为一种换位思考，例如：针对实际工程问题，需要站在用户、供应商或者开发商的角度去思考问题，分析他们真正的工程需求和现场使用工况，这样才能从众多的求解过程中挖掘规律、理解其机理，确定最优的解决方案或设计参数。当我们在现实生活中遇到困难不知如何处理的时候，最好的方式就是站在对方或者换一个角度理解问题、直面问题、解决问题。

④ 学会用变换的方法解决复杂工程问题，这样不仅可以解决实际问题甚至能在解决问题的过程中得到意想不到的收获或功效。我们要有明确的意识，清楚在实际工程项目中，哪怕再简单的项目也属于复杂工程问题。因为在智能制造领域，它涉及的不仅仅是某一产品的生产制造过程，还涉及产品的一致性、生产过程的再现性、环保性、经济性以及法律法规、成本、效益、销售、售后等诸多内容，并不是一个学科、一个专业或者一个团队就可以解决的。

在科学史上，基于变换的科学方法有很多，比较巧妙的就有 Hough 变换与傅里叶变换。下面以此两种变换在 AGV 导航控制与通信中的应用进行说明，以此作为我们培养变换思维的开端。

4.5.2　Hough 变换

4.5.2.1　学习 Hough 变换的目的

Hough 变换是 1962 年由霍夫提出的，专门用于检测图像中直线、圆、抛物线、椭圆等特征形状，用一定函数关系描述或识别几何形状或典型曲线的基本方法。它在影像分析、模式识别、工件检测、物料分拣等很多领域中得到了成功的应用。Hough 变换不仅仅是图像处理中的重要方法，同时也是对我们学习、生活和对待专业知识、解决实际工程问题的一种启迪。

首先，要理解为什么在这里学习它、学习它的目的是什么。

（1）Hough 变换的应用具有一定的普遍性，可以作为自主学习的一条知识"线"

① 对具有普遍性专业知识的学习是培养自主学习的关键所在。一般而言，实现自主学习最好的方法就是在各学科、各专业、各课程中找一条可以交叉、融合、相连的知识"线"，这条"线"可以将多个学科、多个专业或多门课程的知识"串"在一起，那么这条"线"首先要有普遍性；

② Hough 变换的应用是非常广泛的，在智能制造过程中，只要涉及基于形状、形态、边缘等典型结构特征的工件分拣、图像识别、AGV 自主导航、路径规划以及工业机器人的手眼一体系统，就会有 Hough 变换的身影。

（2）学以致用才能增加记忆效果

凡是能够被广泛使用的知识点都不会被轻易忘记，在学习过程中最难的不是对知识点的掌握，而是对知识点应用的理解，不经常使用的知识容易被遗忘。因此，Hough 变换会成为我们学习的起点，我们会用具体应用来反哺知识，从而迅速让我们掌握相应的关键技术，学以致用才是我们最为有效的学习方法，这一点在傅里叶变换中会再次强调。

（3）扩展解决问题的思路

一般而言，知识点都是相对固定的，所以学习才会枯燥。然而 Hough 变换的算法设计思路却是会让人眼前一亮，通过学习会有一种"原来如此"的感觉，从而让读者亲身感受到变换的妙用，激发创新意识，甚至达到触类旁通、举一反三的目的。

（4）该知识点具有很好可延伸性

Hough 变换是为了解决计算机本身识别图像中的特征问题而产生的。在学习过程中，我们应该清楚 Hough 变换的内涵以及变换的思维体现，而不单单是对 Hough 变换算法、实现过程的灌输性学习。

其实，Hough 变换真正的意义在于是否能够清楚地意识到计算机识别图像与人类识别图像在思维方式上的区别，我们如何站在计算机的角度去理解其工作方式以及如何用数学方式解决实际工程问题等专业性知识，这就是一种思维方式的延伸，甚至会成为我们创新意识的源泉。

4.5.2.2　情景导入

自从《中国制造 2025》印发以来，制造工厂的智能化升级与项目改造如火如荼。在这里我们结合实际工程问题，以智能制造产线物流系统的自动化改造项目为例进行介绍。

（1）情景描述

假设：某工厂进行物流运输的自动化改造，由原来效率低、成本高的人工搬运物料改为 AGV 搬运。这里需要做一次解释，所谓 AGV（automated guided vehicle）即"自动导引运输车"，如图 4-55 所示的 KUKA omniMove-自主移动机器人是 KUKA 设计开发的可多机协作、协同搬运大型物料（如飞机、高铁等大型零部件）的智能 AGV。后续章节中也有针对 AGV 的详细描述。

(a) 单机　　　　　　　　　　　　　　　　(b) 运输飞机部件

图 4-55　KUKA omniMove-自主移动机器人

（2）AGV 移动方案以及存在问题

① 电磁感应引导式 AGV　电磁感应式引导一般是在地面上，沿预先设定的行驶路径埋设电线，当高频电流流经导线时，导线周围产生电磁场，AGV 上左右对称安装有两个电磁感应器，它们所接收的电磁信号的强度差异可以反映 AGV 偏离路径的程度。

地面布置磁力线进行 AGV 的室内导航，其问题在于：需要预埋磁力线，工程量大、成本高、工期长等。

② 有轨引导式 AGV　即铺设导轨进行精确导航，虽然控制精度很高，但缺点同样明显，成本高、长时间使用有损耗、需维护、不适用于不规则的路面等；当今 80% 的 AGV 移动机器人都是采用"有轨"导引方式。

轨道铺设成本较高且更换频繁，影响生产效率。一旦 AGV 移动机器人脱离轨道或遇到障碍物时不能自动复位或避让，带来生产运输的障碍。

③ 激光引导式 AGV　该种 AGV 上安装有可旋转的激光扫描器，在运行路径沿途的墙壁或支柱上安装有高反光性反射板的激光定位标志，AGV 依靠激光扫描器发射激光束，然后接收由四周定位标志反射回的激光束，车载计算机计算出车辆当前的位置以及运动的方向，通过和内置的数字地图进行对比来校正方位，从而实现自动搬运。

④ 视觉引导式 AGV　是正在快速发展和成熟的 AGV，该种 AGV 上装有 CCD 摄像机和传感器，在车载计算机中设置有 AGV 欲行驶路径周围环境图像数据库。

采用图像处理的方法，可以通过地面明显结构性特征或地标，采用图像处理的方法实现轨迹跟踪，利用室内环境的典型结构性特征，进行 AGV 的定位和导航，优势很明显，既降低了成本又易于维护，除了一定程度受灯光影响外，与前两种技术相比，在精度要求不高、光线均匀、可以布设室内环境全局定位系统的场合中非常适用。

4.5.2.3　Hough 变换原理

Hough 变换的基本原理是利用图像空间中点与线的坐标系变换，以直线检测为例，相当于让计算机系统可以通过算法，自主地辨识出图像坐标系下直线特征的斜率、截距、长度以及起点与终点位置。但是，与人眼的检测方式不同，计算机并不能直接进行直线的分辨并列出符合坐标系要求的方程式。因此，通过图像处理的方式获取直线特征是很复杂的问题，当时是不可能的。为了解决这一问题，Hough 将图像处理系统中原始图像中空间客观存在的直线特征转变为多个可能存在直线的特征，并将这些直线特征的斜率与截距转化为点参数空间进行表示，然后通过统计学的方法，寻找参数空间中的峰值问题，从而确定了直线特征的参数范围。该方法具有一定的普及性，除了直线特征的检测外，还可以用于对椭圆、圆、弧线等特征的检测过程。

（1）直线特征的检测

以直线检测为例进行阐述，具体内容如下。

设已知一黑白图像上一条直线，要求通过算法计算出这条直线所在的位置。首先，直线的方程可以表示为

$$y = kx + b \tag{4-125}$$

式中，k 和 b 分别是直线的斜率和截距，即所要求解的值。

下面我们理解一下计算机的思路，站在计算机的角度去思考问题，解决这个问题。

计算机通过摄像头提取到了一张带有直线特征的直线，但是它并不知道什么是直线，它只知道得到了一种有特征信息的图像，这张图像是由像素组成的，因此它知道的条件只有像素点，像素点的值它知道，值为 1 的为白色，代表颜色的集合体，值为 0 的为黑色，代表什么颜色都没有。那么 0 值的像素点就可能在直线特征上，这个逻辑是合理的。

其次画直线，经过某黑色点每间隔 1°绘制直线，一共有 360 条直线，每条直线都可以表示为以下方程式：

$$y = k_n x + b_n, \quad n = 1, 2, \cdots, 360 \tag{4-126}$$

其实每一个黑色的点都要做一次这样的操作，可以想象一下计算量将是指数倍的增长，这也是图像处理只有用硬件来解决提速的原因。

当我们得到了经过某一黑色点的各直线后，其实就得到了一种概率，如果这个黑色的点确实在某一条直线特征上，那么经过这个黑点上的所有直线就会有一条是特征直线，这条直线的斜率和截距就在 (k_n, b_n) 中，只需要找到它就可以找到直线的特征函数了。此时即涉及 Hough 变换，在这里我们将所有黑色点得到的直线特征函数的斜率与截距都提取出来，绘制在以斜率与截距为坐标系的系统中，这样就可以得到一系列的点特征，这些点特征中一定存在着原始图像中的直线特征，而且一定是落在新坐标系中同一位置次数最多的那个点，同时如果在统计过

程中，重复落在同一位置的次数越多，说明原始图像中直线特征越长、越明显，因为原始图像中直线越长，包含的点就越多，由这些点绘制的直线就越多，变换到新坐标系下的直线特征的斜率和截距点重复数量就越大，很明显我们将复杂的直线特征问题变换为了寻找重复点个数最多的统计学问题，计算过程完全符合计算机的计算方式，除了计算量会随着图像特征的复杂程度指数倍增长外简直完美。

简而言之，Hough 变换思想为：在原始图像坐标系下的一个点对应了参数坐标系中的一条直线，同样参数坐标系的一条直线对应了原始坐标系下的一个点，然后，原始坐标系下呈现直线的所有点，它们的斜率和截距是相同的，所以它们在参数坐标系下对应于同一个点。这样在将原始坐标系下的各个点投影到参数坐标系下之后，看参数坐标系下有没有聚集点，这样的聚集点就对应了原始坐标系下的直线。

在实际应用中，$y=kx+b$ 形式的直线方程没有办法表示 $x=c$ 形式的直线（这时候，直线的斜率为无穷大）。所以实际应用中，是采用参数方程 $p=x\cos(theta)+y\sin(theta)$，这样，图像平面上的一个点就对应参数 p-theta 平面上的一条曲线上，其他的还是一样。

Hough 变换语法如下：

```
[H,theta,rho] = hough(BW)
[H,theta,rho] = hough(BW,Name,Value)
```

说明：

[H,theta,rho] = hough(BW)　计算二值图像 BW 的标准 Hough 变换 (SHT)。

hough 函数旨在检测线条。

该函数使用线条的参数化表示：rho = $x$cos(theta) + $y$sin(theta)。该函数返回 rho（沿垂直于线条的向量从原点到线条的距离）和 theta（x 轴与该向量之间的角度，以度为单位）。该函数还返回一个参数空间矩阵，其行和列分别对应于 rho 和 theta 值。

[H,theta,rho] = hough(BW,Name,Value)　使用名称-值参数计算二值图像 BW 的 SHT 以影响计算。

① 计算和显示 Hough 变换。

读取图像，并将其转换为灰度图像（图 4-56）。

```
RGB = imread('gantrycrane.png');
I = im2gray(RGB);      %提取边缘
BW = edge(I,'canny');      %计算 Hough 变换
[H,T,R] = hough(BW,'RhoResolution',0.5,'Theta',-90:0.5:89);  %显示原始图和 Hough 矩阵
subplot(2,1,1);
imshow(RGB);
title('gantrycrane.png');
subplot(2,1,2);
imshow(imadjust(rescale(H)),'XData',T,'YData',R,...
    'InitialMagnification','fit');
title('Hough transform of gantrycrane.png');
xlabel('\theta'), ylabel('\rho');
axis on, axis normal, hold on;
colormap(gca,hot);
```

gantrycrane.png

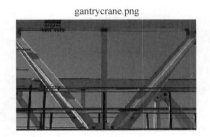

Hough transform of gantrycrane.png

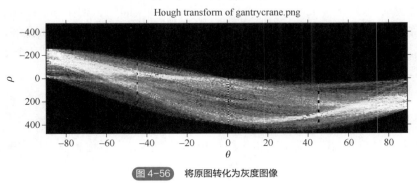

图 4-56　将原图转化为灰度图像

② 计算有限 theta 范围内的 Hough 变换。

读取图像，并将其转换为灰度，见图 4-57。

Limited Theta Range Hough Transform of Gantrycrane Image

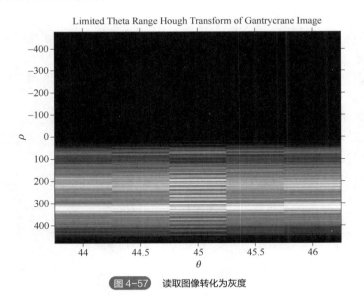

图 4-57　读取图像转化为灰度

```
RGB = imread('gantrycrane.png');
I = im2gray(RGB);   %提取边缘
BW = edge(I,'canny');   %计算有限角度范围内的 Hough 变换
[H,T,R] = hough(BW,'Theta',44:0.5:46);   %显示 Hough 变换
figure
imshow(imadjust(rescale(H)),'XData',T,'YData',R,...'InitialMagnification','fit');
title('Limited Theta Range Hough Transform of Gantrycrane Image');
```

```
xlabel('\theta');
ylabel('\rho');
axis on, axis normal;
colormap(gca,hot)
```

输入参数有以下几类：

① BW——二值图像 二值图像，指定为二维逻辑矩阵或二维数值矩阵。对于数值输入，任何非零像素都被视为 1 (true)。

② 数据类型 single | double | int8 | int16 | int32 | int64 | uint8 | uint16 | uint32 | uint64 | logical

③ 名称-值参数 将可选的参数对组指定为 Name1=Value1,...,NameN=ValueN，其中 Name 是参数名称，Value 是对应的值。名称-值参数必须出现在其他参数后，但对各个参数对组的顺序没有要求。

示例：

```
[H,theta,rho] = hough(BW,RhoResolution=0.5)
```

如果使用的是 R2021a 之前的版本，应使用逗号分隔每个名称和值，用引号将 Name 引起来。

示例：

```
[H,theta,rho] = hough(BW,"RhoResolution",0.5)
```

RhoResolution——Hough 变换 bin 的间距，指定为介于 0 和 norm[size(BW)]之间（不包含两者）的正数。数据类型为 double。

Theta——SHT 的 Theta 值，指定为数值向量，其中包含在[−90, 90)范围内的元素。数据类型为 double。

H——Hough 变换矩阵，以大小为 nrho×ntheta 的数值矩阵形式返回。行和列对应于 rho 和 theta 值。

theta——x 轴和 rho 向量之间的角度，以度为单位，以数值矩阵形式返回。数据类型为 double。

rho——从原点到线条的距离，为沿垂直于线条的向量从原点到线条的距离，以数值数组形式返回。数据类型为 double。

标准 Hough 变换（SHT）使用线条的参数化表示：rho=$x$cos(theta) + $y$sin(theta)，见图 4-58。

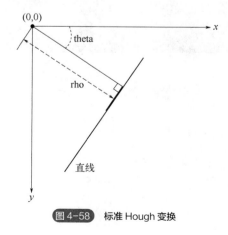

图 4-58 标准 Hough 变换

假设坐标系的原点位于左上角像素的中心，变量 rho 是从原点到直线的垂直距离，变量 theta 是从原点到线条的垂直投影相对于正 x 轴顺时针测量的角度（以度为单位）。其中，theta 的范围是 $-90° \leqslant \theta < 90°$。线条本身的角度是 $\theta + 90°$，也是相对于正 x 轴顺时针测量的。

SHT 是参数空间矩阵，其行和列分别对应于 rho 和 theta 值。SHT 中的元素表示累加器元胞。最初，每个元胞中的值为零。然后，对于图像中的每个非背景点，为每个 theta 计算 rho。rho 舍入到 SHT 中最近的行。该累加器元胞递增。在此过程结束时，SHT(r,c) 中的 Q 值表示 xy 平面中的 Q 个点位于 theta(c) 和 rho(r) 指定的线条上。SHT 中的峰值表示输入图像中可能存在的线条。

Hough 变换矩阵大小为 nrho×ntheta，其中：

nrho=2*(ceil(D/RhoResolution))+1 且 D=sqrt((numRowsInBW-1)^2+(numColsInBW1)^2)。rho 的值在 $-$diagonal 到 diagonal 范围内，diagonal=RhoResolution*ceil(D/RhoResolution)，ntheta= length(theta)。

（2）Hough 变换对圆的检测

Hough 变换的基本原理在于，利用点与线的对偶性，将图像空间的线条变为参数空间的聚集点，从而检测给定图像是否存在给定性质的曲线。

圆的方程：$(x-a)^2+(y-b)^2=r^2$，通过 Hough 变换，将图像空间 (x,y) 对应到参数空间 (a,b,r)。

Hough 对圆的检测程序如下：

```
function [hough_space,hough_circle,para]=hough_circle(BW,step_r,step_angle,r_min,r_max,p)
%input
% BW:二值图像
% step_r:检测的圆半径步长
% step_angle:角度步长，单位为弧度
% r_min:最小圆半径
% r_max:最大圆半径
% p:以 p*hough_space 的最大值为阈值，p 取 0，1 之间的数
%output
% hough_space:参数空间，h(a,b,r)表示圆心在(a,b)半径为 r 的圆上的点数
% hough_circle:二值图像，检测到的圆
% para:检测到的圆的圆心、半径
[m,n] = size(BW);
size_r = round((r_max-r_min)/step_r)+1;
size_angle = round(2*pi/step_angle);
hough_space = zeros(m,n,size_r);
[rows,cols] = find(BW);
ecount = size(rows);
% Hough 变换
% 将图像空间(x,y)对应到参数空间(a,b,r)
% a = x-r*cos(angle)
% b = y-r*sin(angle)
for i=1:ecount
    for r=1:size_r
        for k=1:size_angle
```

```
                    a = ound(rows(i)-(r_min+(r-1)*step_r)*cos(k*step_angle));
                    b = ound(cols(i)-(r_min+(r-1)*step_r)*sin(k*step_angle));
                    if(a>0&a<=m&b>0&b<=n)
                            hough_space(a,b,r) = hough_space(a,b,r)+1;
                    end
                end
            end
    end
% 搜索超过阈值的聚集点
max_para = max(max(max(hough_space)));
index = find(hough_space>=max_para*p);
length = size(index);
hough_circle=zeros(m,n);
for i=1:ecount
    for k=1:length
            par3 = floor(index(k)/(m*n))+1;
            par2 = floor((index(k)-(par3-1)*(m*n))/m)+1;
            par1 = index(k)-(par3-1)*(m*n)-(par2-1)*m;
        if ((rows(i)-par1)^2+(cols(i)-par2)^2<(r_min+(par3-1)*step_r)^2+5&...
            (rows(i)-par1)^2+(cols(i)-par2)^2>(r_min+(par3-1)*step_r)^2-5)
            hough_circle(rows(i),cols(i)) = 1;
        end
    end
end
% 打印结果
for k=1:length
    par3 = floor(index(k)/(m*n))+1;
    par2 = floor((index(k)-(par3-1)*(m*n))/m)+1;
    par1 = index(k)-(par3-1)*(m*n)-(par2-1)*m;
    par3 = r_min+(par3-1)*step_r;
    fprintf(1,'Center %d %d radius %d\n',par1,par2,par3);
    para(:,k) = [par1,par2,par3];
end
```

运行如下程序：

```
clc,clear all
I = imread('2.bmp');
[m,n,l] = size(I);
if l>1
    I = rgb2gray(I);
end
BW = edge(I,'sobel');
step_r = 1;
step_angle = 0.1;
minr = 20;
maxr = 30;
thresh = 0.7;
 [hough_space,hough_circle,para] = hough_circle(BW,step_r,step_angle,minr,maxr,
thresh);
subplot(221),imshow(I),title('原图')
```

```
subplot(222),imshow(BW),title('边缘')
subplot(223),imshow(hough_circle),title('检测结果')
```

运行结果如下（图 4-59）：

```
Center 60 27 radius 20
Center 61 27 radius 20
Center 62 27 radius 20
Center 63 27 radius 20
…
```

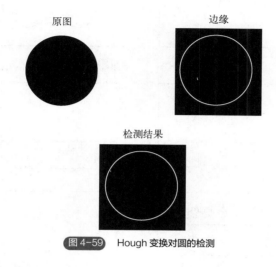

原图　　　边缘

检测结果

图 4-59　Hough 变换对圆的检测

4.5.3　傅里叶变换

傅里叶变换（the Fourier transform）被誉为世界上最完美的数学公式之一。它不仅仅是一种分析问题和解决问题极为方便的数学工具，在被提出之时更是可以改变人们世界观的一种思维模式。恩格斯（Engels）把傅里叶的数学成就与哲学家黑格尔（Hegel）的辩证法相提并论。他写道："傅里叶是一首数学的诗，黑格尔是一首辩证法的诗"。在傅里叶变换被提出之前科学家都在时域内分析问题，然而时域分析只能反映物理量随时间的变化情况。对于复杂信号而言，难以得到有效的规律，自数学家傅里叶提出了傅里叶变换的概念，解决科学问题的方案由时域分析转化为频域分析，频域分析将时间变量变换成频率变量，揭示了信号内在的频率特性以及信号时间特性与其频率特性之间的密切关系，从而导出了信号的频谱、带宽以及滤波、调制等重要概念。

4.5.3.1　傅里叶变换概述

矩形波与正弦波如图 4-60 所示。

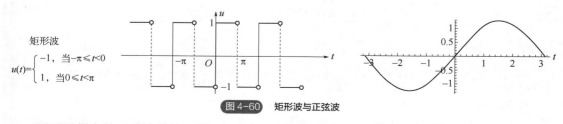

矩形波

$$u(t)=\begin{cases}-1,&当-\pi\leqslant t<0\\1,&当0\leqslant t<\pi\end{cases}$$

图 4-60　矩形波与正弦波

用不同频率的正弦波叠加（图 4-61）的方式表示矩形波。正弦波的函数为

$$\frac{4}{\pi}\sin t, \frac{4}{\pi}\times\frac{1}{3}\sin(3t), \frac{4}{\pi}\times\frac{1}{5}\times\sin(5t), \frac{4}{\pi}\times\frac{1}{7}\sin(7t), \cdots$$

$\dfrac{4}{\pi}\sin t$

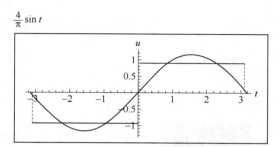

$\dfrac{4}{\pi}\left[\sin t + \dfrac{1}{3}\sin(3t)\right]$

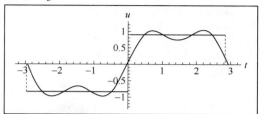

$\dfrac{4}{\pi}\left[\sin t + \dfrac{1}{3}\sin(3t) + \dfrac{1}{5}\sin(5t)\right]$

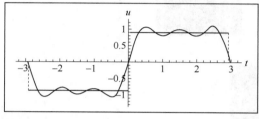

$\dfrac{4}{\pi}\left[\sin t + \dfrac{1}{3}\sin(3t) + \dfrac{1}{5}\sin(5t) + \dfrac{1}{7}\sin(7t)\right]$

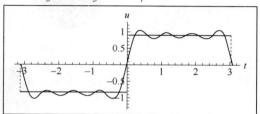

$\dfrac{4}{\pi}\left[\sin t + \dfrac{1}{3}\sin(3t) + \dfrac{1}{5}\sin(5t) + \dfrac{1}{7}\sin(7t) + \dfrac{1}{9}\sin(9t)\right]$

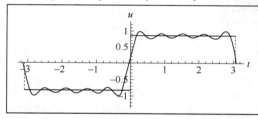

$$u(t)= \frac{4}{\pi}\left[\sin t + \frac{1}{3}\sin(3t) + \frac{1}{5}\sin(5t) + \frac{1}{7}\sin(7t) + \cdots\right]$$
$$(-\pi<t<\pi,\ t\neq0)$$

图 4-61　正弦波的叠加

其物理意义是把一个比较复杂的周期运动看成是许多不同频率的简谐正弦函数的叠加。

4.5.3.2　频域分析

傅里叶变换是在傅里叶级数正交函数展开的基础上发展而产生的，这方面的问题也称为傅里叶分析（频域分析）。其具体方法就是将信号进行正交分解，即分解为三角函数或复指数函数的组合。其物理意义是：在一定的条件下，任何信号都可以利用有限个正弦和余弦叠加的形式近似，反过来讲可以将任何信号分解为多个频率和幅值不同的正弦信号叠加的形式。

$$f_T(x) = \frac{a_0}{2} + \sum_{n=1}^{\infty}[a_n\cos(n\omega x) + b_n\sin(n\omega x)] \tag{4-127}$$

其中：

$$\omega = \frac{2\pi}{T}\,; a_0 = \frac{2}{T}\int_{-T/2}^{T/2}f_T(x)\mathrm{d}x\,; a_n = \frac{2}{T}\int_{-T/2}^{T/2}f_T(x)\cos(n\omega x)\mathrm{d}x\,; b_n = \frac{2}{T}\int_{-T/2}^{T/2}f_T(x)\sin(n\omega x)\mathrm{d}x$$

注意这里的系数含 $1/T$。

傅里叶变换在物理学、数论、组合数学、信号处理、概率、统计、密码学、声学、光学等领域都有着广泛的应用。例如：

① 在热力学领域，傅里叶运用正弦曲线来描述温度分布，在研究热传导理论时发表了"热的分析理论"，提出并证明了将周期函数展开为正弦级数的原理，奠定了傅里叶级数的理论基础。

② 在电力学领域，进入 20 世纪以后，谐振电路、滤波器、正弦振荡器等一系列具体问题的解决为正弦函数与傅里叶分析的进一步应用开辟了广阔的前景（图 4-62）。

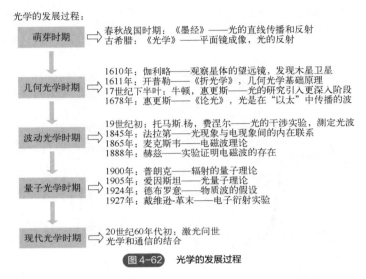

图 4-62　光学的发展过程

③ 在光学领域，利用傅里叶变换的方法研究光学信息在线性系统中传递、处理、变换与存储的科学被称为傅里叶光学（图 4-63）。

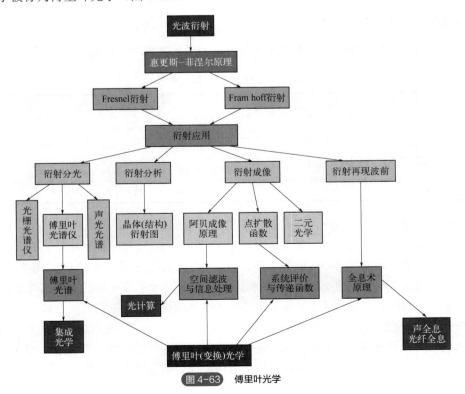

图 4-63　傅里叶光学

④ 在图像处理领域，傅里叶变换将图像中的信息分成不同频率成分，类似光学中的棱镜把自然光按波长（频率）分成不同颜色一样，信号变化的快慢与频率域的频率有关。噪声、边缘、跳跃部分一般代表图像的高频分量；背景区域和慢变部分代表图像的低频分量；图像的频率是表征图像中灰度变化剧烈程度的指标，是灰度在平面空间上的梯度。

⑤ 在数据通信领域，傅里叶变换过程就是调制与解调的过程（图 4-64），将要发送的信息调制成可以掌控、容易接收的频率发送出去，当信息被接收到时送到解调器进行解调，从而将信息还原为可识别的信息。

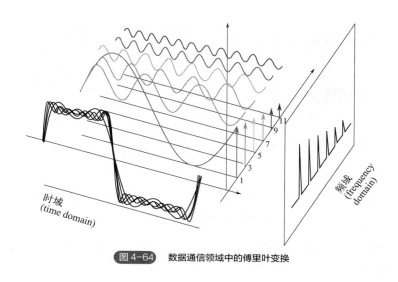

图 4-64　数据通信领域中的傅里叶变换

4.5.3.3　傅里叶变换分类

根据原信号的不同类型，可以把傅里叶变换分为四种类别，见表 4-8。

表 4-8　傅里叶变换的种类

序号	信号类型	对应变换
1	非周期性连续信号	傅里叶变换（Fourier transform）
2	周期性连续信号	傅里叶级数（Fourier series）
3	非周期性离散信号	离散时域傅里叶变换（discrete time Fourier transform）
4	周期性离散信号	离散傅里叶变换（discrete Fourier transform）

图 4-65 所示是四种原信号图例。

这四种傅里叶变换都是针对正无穷大和负无穷大的信号，即信号的长度是无穷大的，我们知道这对于计算机处理来说是不可能的，那么有没有针对长度有限的傅里叶变换呢？没有。因为正余弦波被定义成从负无穷小到正无穷大，我们无法把一个长度无限的信号组合成长度有限的信号。面对这种困难，方法是把长度有限的信号表示成长度无限的信号，可以把信号无限地从左右进行延伸，延伸的部分用零来表示，这样，这个信号就可以被看成是非周期性离散信号，就可以用到离散时域傅里叶变换的方法。还有，也可以把信号用复制的方法进行延伸，这样信号就变成了周期性离解信号，这时就可以用离散傅里叶变换方法进行变换。这里要介绍的是离散信号，对于连续信号我们不做讨论，因为计算机只能处理离散的数值信号，我们的最终目的是运用计算机来处理信号。

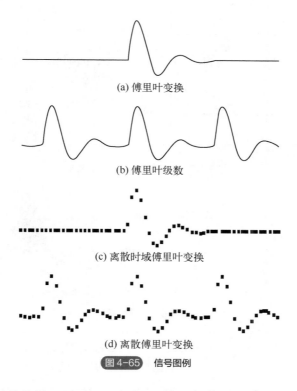

(a) 傅里叶变换

(b) 傅里叶级数

(c) 离散时域傅里叶变换

(d) 离散傅里叶变换

图 4-65　信号图例

　　但是对于非周期性的信号，需要用无穷多不同频率的正弦曲线来表示，这对于计算机来说是不可能实现的。所以对于离散信号的变换只有离散傅里叶变换（DFT）才能适用，对于计算机来说只有离散的和有限长度的数据才能被处理，对于其他的变换类型只有在数学演算中才能用到，在计算机面前我们只能用 DFT 方法，后面我们要理解的也正是 DFT 方法。这里要理解的是我们使用周期性的信号目的是能够用数学方法来解决问题，至于考虑周期性信号是从哪里得到或怎样得到是无意义的。

　　每种傅里叶变换都分成实数和复数两种方法，对于实数方法是最好理解的，但是复数方法就相对复杂许多，需要懂得有关复数的理论知识，不过，如果理解了实数离散傅里叶变换，再去理解复数傅里叶就更容易了，所以我们先来理解实数傅里叶变换，然后在理解了实数傅里叶变换的基础上再来理解复数傅里叶变换。

　　这里我们所要说的变换（transform）虽然是数学意义上的变换，但跟函数变换是不同的，函数变换是符合一一映射准则的，对于离散数字信号处理（DSP），有许多的变换：傅里叶变换、拉普拉斯变换、Z 变换、希尔伯特变换、离散余弦变换等，这些都扩展了函数变换的定义，允许输入和输出有多种的值，简单地说变换就是把一堆的数据变成另一堆的数据的方法。

4.5.3.4　典型信号的傅里叶变换

　　傅里叶变换见图 4-66，周期为 $\tau=1$ 的方波函数见图 4-67。

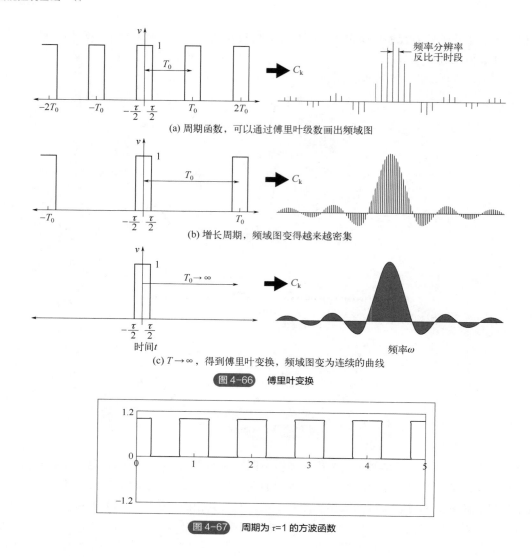

(a) 周期函数，可以通过傅里叶级数画出频域图

(b) 增长周期，频域图变得越来越密集

(c) $T \to \infty$，得到傅里叶变换，频域图变为连续的曲线

图 4-66　傅里叶变换

图 4-67　周期为 $\tau=1$ 的方波函数

4.6　PWM 电机控制算法

4.6.1　概述

拓展视频

　　PWM（pulse-width modulation，脉冲宽度调制）控制算法是一种通过调制大量微观时间内脉冲信号的持续时间，从而在宏观上输出理想的电信号控制电机启动、停止、正转、反转、加速、减速的方式，具有良好的抗噪声、抗干扰性。其核心控制单元是脉冲，掌握 PWM 的控制原理，需要做以下说明。

　　① 单脉冲信号。单独就脉冲信号而言，它是指瞬间变化且作用时间极短的电压或电流信号，本身不具备能量，当驱动功率较大的设备时，需要进行功率放大。一般而言，它可以是周期性重复的。例如：PWM 控制中的脉冲信号，也可以是非周期性的或单次的；SPWM 控制中的脉冲信号，单次的脉冲一般用来作为采样信号或者晶闸管等元件的触发信号，在检测某系统的稳

222

定性时是常用的激励信号。

脉冲在日常生活和工业生产中是很常见的一种信号，它是控制各类伺服电机，例如直流电机、交流电机、步进电机的最小单元，单个脉冲的组成与各部分名称如图 4-68 所示，其中：

a．脉冲幅度是一个脉冲所能达到的最大电压值 U_m；

b．电压从最大电压值 U_m 的 10% 上升至 90% 所经过的时间称为脉冲上升时间 t_r，该段曲线称为上升沿；

c．电压从最大电压值 U_m 的 90% 下降至 10% 所经过的时间称为脉冲下降时间 t_f，该段曲线称为下降沿，上升沿与下降沿均可作为一种触发信号实现复杂的控制过程；

d．电压在最大电压值 U_m 的 50% 时，所得到的上升沿与下降沿之间的时间段称为脉冲宽度 t_w，实际上是一个脉冲信号保持在高电平持续的时间；

e．脉冲周期与脉冲频率分别代表一个脉冲高电平持续的时间和单位时间内脉冲的个数。

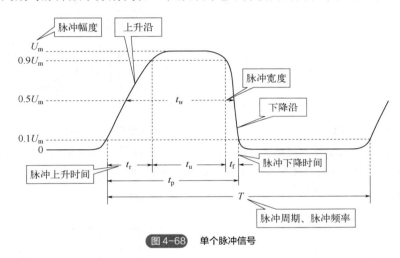

图 4-68　单个脉冲信号

② 脉冲宽度的物理解释。脉冲宽度按照不同物理意义有不同的物理解释，例如：按照物理信号电压值变化的说法就是在信号线中电压由 0V 变成 5V 并保持的过程时间；按照数字信号数值变化的说法就是信号由 0 变成 1 并保持的过程时间。

③ 占空比是表征单个脉冲物理本质的重要参数，其物理公式是实际脉冲宽度与脉冲周期之间的比值，其中，脉冲宽度 t 的物理单位是时间单位，脉冲周期的符号是 T，物理单位也是时间。因此，它是一个典型的无量纲量，更能表征此类信号的物理本质。

④ 脉冲调制就是周期性脉冲的某一参数，例如：幅度、宽度、相位和频率，按信号的变化规律而改变。用来改变周期性脉冲参数的那个信号称为调制信号，未被调制的周期性脉冲称为未调脉冲，已被调制信号调制过的称为已调脉冲，脉冲宽度调制调节的是固定循环周期时间 T 下的脉冲宽度，脉冲调制不是完整地传输调制信号的每一个瞬时值，而只是传输调制信号一定时间间隔的那些瞬时值，这些瞬时值称为采样值，其调制过程如图 4-69 所示。

⑤ 如果将调制内容改成调节单位时间内的脉冲个数就变成了变频控制。脉冲宽度调制控制技术与变频控制技术都是控制电机的重要手段。

⑥ 大量微观时间内的脉冲信号中"大量"指的是单位时间内的脉冲个数，每秒调制的脉冲可达到成千上万个，例如红外测距实际上就是对红外传感器输出载波频率，而检测器对不同频率的信号有不同的"敏感度"，通过实验可以证明载波频率在 38.5kHz 的时候，接收器得到的红

外信号敏感度最高，而 38.5kHz 的物理意义就是在 1s 的时间内发送 3.85×10^4 个脉冲。同理对于电机而言，尤其是智能制造中高精度的伺服电机，单位时间输出的脉冲个数都是数以万计的。

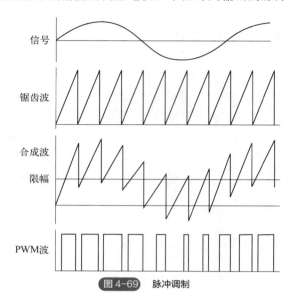

图 4-69 脉冲调制

⑦ 由多个脉冲组成的信号称为脉冲串，它是一种离散波信号，即在时间上是不连续的。脉冲串如图 4-70 所示，横坐标为时间 t，纵坐标为电压值，注意：脉冲宽度调制技术的脉冲周期是固定不变的，可调制的是脉冲宽度，实质是通过调节脉冲信号占空比，改变单位周期内平均直流电压的大小，完成对电机等设备转速的调节。

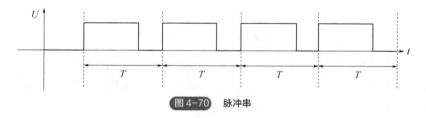

图 4-70 脉冲串

4.6.2　PWM 控制的基本原理

PWM 控制的思想源于通信技术，全控型器件的发展使得实现 PWM 控制变得十分容易。PWM 技术的应用十分广泛，它使电力电子装置的性能大大提高，因此它在电力电子技术的发展史上占有十分重要的地位。正是有赖于在逆变电路中的成功应用，才确定了 PWM 控制技术在电力电子技术中的重要地位。现在使用的各种逆变电路都采用了 PWM 技术。

（1）重要理论基础——面积等效原理

冲量相等而形状不同的窄脉冲（图 4-71）加在具有惯性的环节上时，其效果基本相同。

冲量：窄脉冲的面积；效果基本相同，是指环节的输出响应波形基本相同；输出波形低频段非常接近，仅在高频段略有差异。

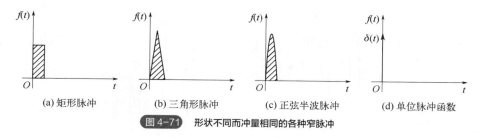

(a) 矩形脉冲　　(b) 三角形脉冲　　(c) 正弦半波脉冲　　(d) 单位脉冲函数

图 4-71　形状不同而冲量相同的各种窄脉冲

图 4-72 是用具体的实例说明"面积等效原理"。其中 $u(t)$——电压窄脉冲，是电路的输入；$i(t)$——输出电流，是电路的响应。

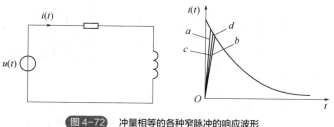

图 4-72　冲量相等的各种窄脉冲的响应波形

用一系列等幅不等宽的脉冲来代替一个正弦半波：

① 正弦半波 N 等分，可看成 N 个彼此相连的脉冲序列，宽度相等，但幅值不等；

② 用矩形脉冲代替等幅、不等宽、中点重合，面积（冲量）相等；

③ 宽度按正弦规律变化。

SPWM 波形（图 4-73）：脉冲宽度按正弦规律变化而和正弦波等效的 PWM 波形，要改变等效输出正弦波幅值，按同一比例改变各脉冲宽度即可。

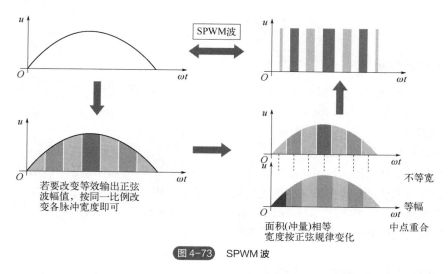

图 4-73　SPWM 波

对于正弦波的负半周，采取同样的方法，得到 PWM 波形，因此正弦波一个完整周期的等效 PWM 波见图 4-74。

根据面积等效原理，正弦波还可等效为图 4-75 中的 PWM 波，而且这种方式在实际应用中更为广泛。

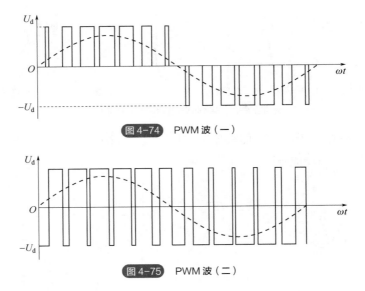

图 4-74　PWM 波（一）

图 4-75　PWM 波（二）

等幅 PWM 波，输入电源是恒定直流，不等幅 PWM 波，输入电源是交流或不是恒定的直流，见图 4-76。

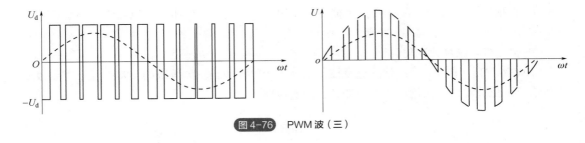

图 4-76　PWM 波（三）

（2）PWM 电流波

电流型逆变电路进行 PWM 控制，得到的就是 PWM 电流波。

PWM 波可等效的各种波形如下：

① 直流斩波电路：等效直流波形；

② SPWM 波：等效正弦波形。

还可以等效成其他所需波形，如等效非正弦交流波形等，其基本原理和 SPWM 控制相同，也基于等效面积原理。目前中小功率的逆变电路几乎都采用 PWM 技术。

逆变电路是 PWM 控制技术较为重要的应用场合。PWM 逆变电路也可分为电压型和电流型两种，目前采用的 PWM 逆变电路几乎都是电压型电路。

4.6.3　PWM 逆变电路及其控制算法

（1）计算法

根据正弦波频率、幅值和半周期脉冲数，准确计算 PWM 波各脉冲宽度和间隔，据此控制逆变电路开关器件的通断，就可得到所需 PWM 波形。

缺点是计算烦琐，工作量大，当输出正弦波的频率、幅值或相位变化时，结果都要变化。

（2）调制法

输出波形作调制信号，进行调制得到期望的 PWM 波。通常采用等腰三角波或锯齿波作为载波，等腰三角波应用多，其任一点水平宽度和高度呈线性关系且左右对称。与任一平缓变化的调制信号波相交，在交点控制器件通断，就得到宽度正比于信号波幅值的脉冲，符合 PWM 的要求。调制信号波为正弦波时，得到的就是 SPWM 波；调制信号不是正弦波，而是其他所需波形时，也能得到等效的 PWM 波。

结合 IGBT 单相桥式电压型逆变电路（图 4-77）对调制法进行说明：工作时 V_1 和 V_2 通断互补，V_3 和 V_4 通断也互补。以 u_o 正半周为例，V_1 通，V_2 断，V_3 和 V_4 交替通断。负载电流比电压滞后，在电压正半周，电流有一段区间为正，一段区间为负。负载电流为正的区间，V_1 和 V_4 导通时，u_o 等于 U_d。

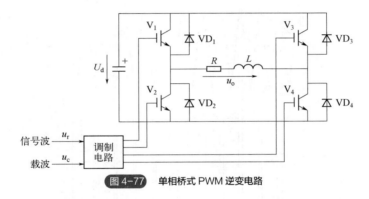

图 4-77　单相桥式 PWM 逆变电路

V_4 关断时，负载电流通过 V_1 和 VD_3 续流，u_o 为零、负载电流为负的区间，V_1 和 V_4 仍导通，i_o 为负，实际上 i_o 从 VD_1 和 VD_4 流过，仍有 $u_o=U_d$。V_4 关断 V_3 开通后，i_o 从 V_3 和 VD_1 续流，u_o 为零。u_o 总可得到 U_d 和零两种电平。u_o 负半周，让 V_2 保持导通，V_1 保持关断，V_3 和 V_4 交替通断，u_o 可得-U_d 和零两种电平。

（3）单极性 PWM 控制方式（单相桥逆变）

在 u_r 和 u_c 的交点时刻控制 IGBT 的通断。在 u_r 的半个周期内，三角波载波有正有负，所得 PWM 波也有正有负，其幅值只有 ±U_d 两种电平。

同样在调制信号 u_r 和载波信号 u_c 的交点时刻控制器件的通断。

u_r 正负半周，对各开关器件的控制规律相同。

当 $u_r>u_c$ 时，给 V_1 和 V_4 导通信号，给 V_2 和 V_3 关断信号。

如 $i_o>0$，V_1 和 V_4 通，如 $i_o<0$，VD_1 和 VD_4 通，$u_o=U_d$。

当 $u_r<u_c$ 时，给 V_2 和 V_3 导通信号，给 V_1 和 V_4 关断信号。

如 $i_o<0$，V_2 和 V_3 通，如 $i_o>0$，VD_2 和 VD_3 通，$u_o=-U_d$。

对照图 4-78、图 4-79 可以看出，单相桥式电路既可采取单极性调制，也可采用双极性调制，由于对开关器件通断控制的规律不同，它们的输出波形也有较大的差别。

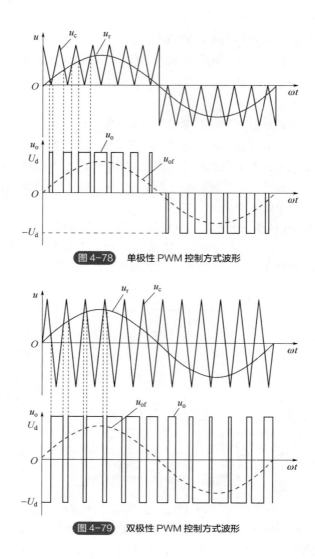

图 4-78　单极性 PWM 控制方式波形

图 4-79　双极性 PWM 控制方式波形

（4）双极性 PWM 控制方式（三相桥逆变）

三相的 PWM 控制公用三角波载波 u_c 三相的调制信号 u_{rU}、u_{rV} 和 u_{rW} 依次相差 120°，见图 4-80。
U 相的控制规律（图 4-81）：

① 当 $u_{rU} > u_c$ 时，给 V_1 导通信号，给 V_4 关断信号，$u_{UN'} = U_d/2$；

② 当 $u_{rU} < u_c$ 时，给 V_4 导通信号，给 V_1 关断信号，$u_{UN'} = U_d/2$；

③ 当给 $V_1(V_4)$ 加导通信号时，可能是 $V_1(V_4)$ 导通，也可能是 $VD_1(VD_4)$ 导通；

④ $u_{UN'}$、$u_{VN'}$ 和 $u_{WN'}$ 的 PWM 波形只有 $\pm U_d/2$ 两种电平；

⑤ u_{UV} 波形可由 $u_{UN'}$、$-u_{VN'}$ 得出，当 V_1 和 V_6 导通时，$u_{UV} = U_d$，当 V_3 和 V_4 导通时，$u_{UV} = -U_d$，当 V_1 和 V_3 或 V_4 和 V_6 导通时，$u_{UV} = 0$；

⑥ 输出线电压 PWM 波由 $\pm U_d$ 和零三种电平构成；

⑦ 负载相电压 PWM 波由 $(\pm 2/3)U_d$、$(\pm 1/3)U_d$ 和零共 5 种电平组成。

⑧ 防直通死区时间。同一相上下两臂的驱动信号互补，为防止上下臂直通而造成短路，留一小段上下臂都施加关断信号的死区时间；死区时间的长短主要由开关器件的关断时间决定；

死区时间会给输出的 PWM 波带来影响，使其稍稍偏离正弦波。

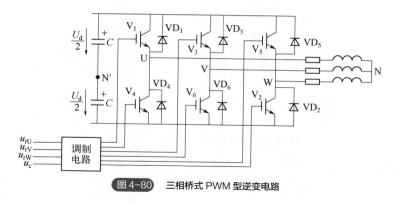

图 4-80　三相桥式 PWM 型逆变电路

⑨ 特定谐波消去法（图 4-82）。输出电压半周期内，器件通、断各 3 次（不包括 0 和 π），共 6 个开关时刻可控。

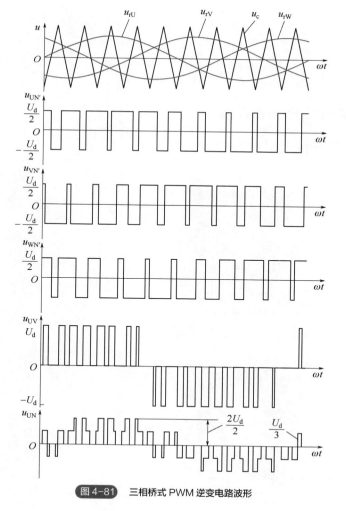

图 4-81　三相桥式 PWM 逆变电路波形

为减少谐波并简化控制，要尽量使波形对称。

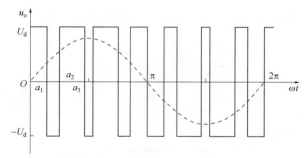

图 4-82　特定谐波消去法的输出 PWM 波形

首先，为消除偶次谐波，使波形正负两半周期镜对称，即

$$u(\omega t) = -u(\omega t + \pi) \tag{4-128}$$

其次，为消除谐波中余弦项，应使波形在正半周期内前后 1/4 周期以 π/2 为轴线对称

$$u(\omega t) = u(\pi - \omega t) \tag{4-129}$$

同时满足前两个公式的波形称为 1/4 周期对称波形，用傅里叶级数表示为

$$u(\omega t) = \sum_{n=1,3,5,\cdots}^{\infty} a_n \sin(n\omega t) \tag{4-130}$$

$$a_n = \frac{4}{\pi} \int_0^{\frac{\pi}{2}} u(\omega t) \sin(n\omega t) \mathrm{d}(\omega t) \tag{4-131}$$

4.6.4　直流电机的 PWM 控制

① 直流电机的结构，见图 4-83。

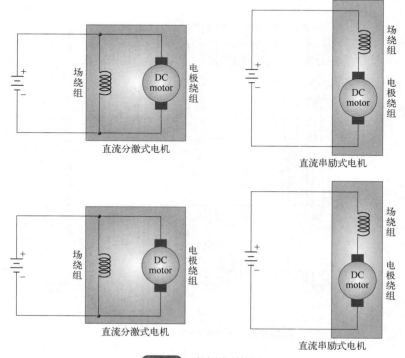

图 4-83　直流电机的结构

② 改变分激式电机的旋转方向，见图 4-84。

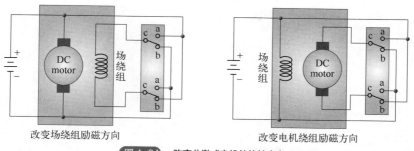

改变场组励磁方向　　　　　　改变电机绕组励磁方向

图 4-84　改变分激式电机的旋转方向

③ 用继电器开关直流电机，见图 4-85。

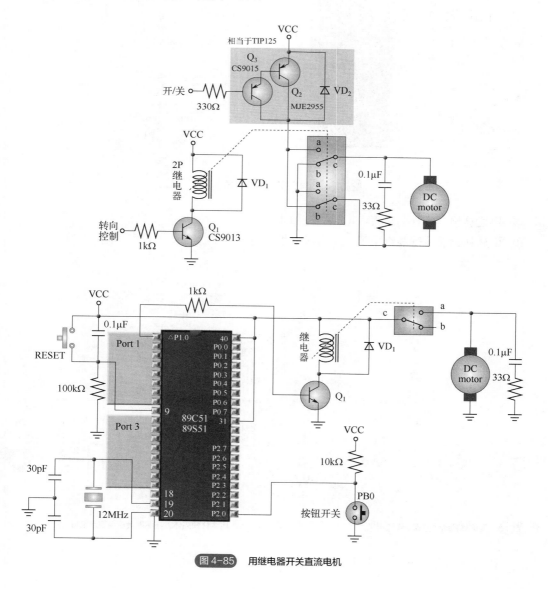

图 4-85　用继电器开关直流电机

④ 继电器方向控制实验电路图，见图 4-86。

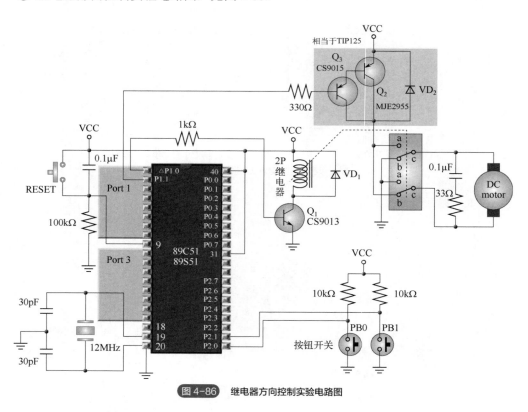

图 4-86　继电器方向控制实验电路图

⑤ 用达林顿晶体管驱动直流电机，见图 4-87。

⑥ 用达林顿晶体管与继电器控制直流电机，见图 4-88。

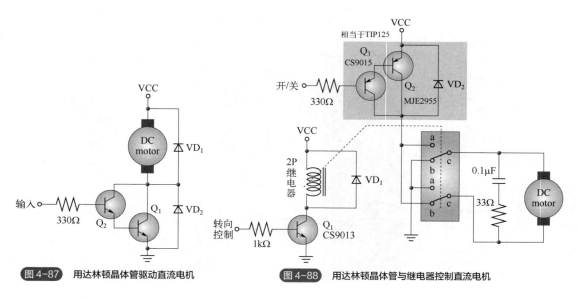

图 4-87　用达林顿晶体管驱动直流电机

图 4-88　用达林顿晶体管与继电器控制直流电机

⑦ 桥式驱动直流电机，见图 4-89。

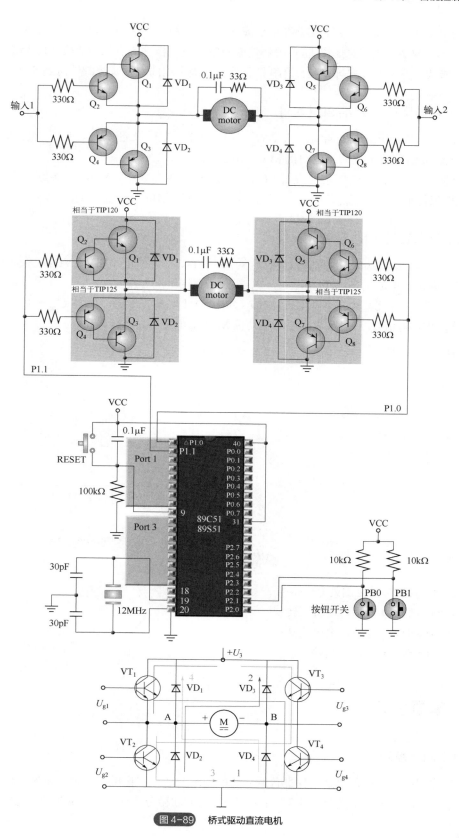

图 4-89　桥式驱动直流电机

可逆 PWM 变换器主电路有多种形式，最常用的是桥式（亦称 H 形）电路，如图 4-89 所示。这时，电动机 M 两端电压的极性随开关器件栅极驱动电压极性的变化而改变，其控制方式有双极式、单极式、受限单极式等多种，这里只着重分析最常用的双极式控制的可逆 PWM 变换器。

（1）正向运行 ［图 4-90（a）］

第 1 阶段，在 $0 \leq t \leq t_{on}$ 期间，U_{g1}、U_{g4} 为正，VT_1、VT_4 导通，U_{g2}、U_{g3} 为负，VT_2、VT_3 截止，电流 id 沿回路 1 流通，电动机 M 两端电压 $U_{AB} = U_s$；

第 2 阶段，在 $t_{on} \leq t \leq T$ 期间，U_{g1}、U_{g4} 为负，VT_1、VT_4 截止，VD_2、VD_3 续流，并钳位使 VT_2、VT_3 保持截止，电流 i_d 沿回路 2 流通，电动机 M 两端电压 $U_{AB} = -U_s$。

（2）反向运行 ［图 4-90（b）］

第 1 阶段，在 $0 \leq t \leq t_{on}$ 期间，U_{g2}、U_{g3} 为负，VT_2、VT_3 截止，VD_1、VD_4 续流，并钳位使 VT_1、VT_4 截止，电流 $-i_d$ 沿回路 4 流通，电动机 M 两端电压 $U_{AB} = U_s$；

第 2 阶段，在 $t_{on} \leq t \leq T$ 期间，U_{g2}、U_{g3} 为正，VT_2、VT_3 导通，U_{g1}、U_{g4} 为负，使 VT_1、VT_4 保持截止，电流 $-i_d$ 沿回路 3 流通，电动机 M 两端电压 $U_{AB} = -U_s$。

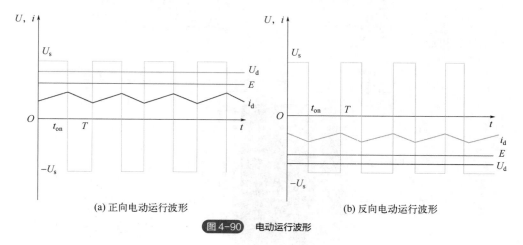

(a) 正向电动运行波形　　　　　　(b) 反向电动运行波形

图 4-90　电动运行波形

调速时，ρ 的可调范围为 0～1，$-1 < \gamma < +1$。

当 $\rho > 0.5$ 时，γ 为正，电机正转；

当 $\rho < 0.5$ 时，γ 为负，电机反转；

当 $\rho = 0.5$ 时，$\gamma = 0$，电机停止。

4.7　本章小结

（1）PID 控制

PID 控制在生产过程中是一种最普遍采用的控制方法，在机电、冶金、机械、化工等行业中获得了广泛的应用。将偏差的比例（P）、积分（I）和微分（D）通过线性组合构成控制量，对被控对象进行控制，故称 PID 控制器。

（2）模糊控制

模糊控制是以模糊集理论、模糊语言变量和模糊逻辑推理为基础的一种智能控制方法，它从行为上模仿人的模糊推理和决策过程。该方法首先将操作人员或专家经验编成模糊规则，然后将来自传感器的实时信号模糊化，将模糊化的信号作为模糊规则的输入，完成模糊推理，将推理后得到的输出量加到执行器上。

（3）神经网络控制

将神经网络引入控制领域就形成了神经网络控制。神经网络控制是从机理上对人脑生理系统进行简单结构模拟的一种新兴智能控制方法，具有并行机制、模式识别、记忆和自学习能力的特点，它能够学习与适应不确定系统的动态特性，有很强的鲁棒性和容错性等。采用神经网络可充分逼近任意复杂的非线性系统，基于神经网络逼近的自适应神经网络控制是神经网络控制的更高形式。神经网络控制在控制领域有广泛的应用。

（4）仿生智能算法

仿生智能计算（biologically inspired computing）是自然计算（natural computing）的一个重要分支，这里的"自然"包括生物系统、生态系统和物质系统，因此，自然计算是一个广义范畴。维基百科给出了仿生智能计算的简明定义："利用计算机来模拟自然，同时通过对自然的模拟来改进对计算机的使用"。仿生智能计算以仿生学、数学和计算机科学为基础，涉及物理学、生理学、心理学、神经科学、控制科学、智能科学、系统科学、社会学和管理科学等学科，具有自适应、自组织、自学习等特性和能力。

本章分别对仿人智能算法、仿动物群智能算法、仿植物智能算法、仿自然智能算法、进化算法等仿生智能算法进行了举例。

（5）Hough 变换与傅里叶变换

"变换"实际上是一种通过转变思维方式解决现实生活、生产中科学或工程问题的巧妙应用。

Hough 变换是 1962 年由霍夫提出的，它专门用于检测图像中直线、圆、抛物线、椭圆等特征形状，用一定函数关系描述或识别几何形状或典型曲线的基本方法。它在影像分析、模式识别、工件检测、物料分拣等很多领域中得到了成功的应用。

傅里叶变换被誉为世界上最完美的数学公式之一。它不仅仅是一种分析问题和解决问题极为方便的数学工具，更是可以改变人们世界观的一种思维模式。傅里叶变换的概念是由数学家傅里叶提出的，解决科学问题的方案由时域分析转化为频域分析，频域分析将时间变量变换成频率变量，揭示了信号内在的频率特性以及信号时间特性与其频率特性之间的密切关系，从而导出了信号的频谱、带宽以及滤波、调制等重要概念。

（6）PWM 电机控制算法

PWM（pulse-width modulation，脉冲宽度调制）控制算法是一种通过调制大量微观时间内脉冲信号的持续时间,从而在宏观上输出理想的电信号控制电机启动、停止、正转、反转、加速、减速的方式,具有良好的抗噪声、抗干扰性。

 课后习题

1. 神经网络的发展分为哪几个阶段?每个阶段都有哪些特点?
2. 神经网络按连接方式分有哪几类?每一类有哪些特点?
3. 分别描述 Hebb 学习规则和 Delta 学习规则。
4. BP 网络和 RBF 网络有什么区别?各有何缺点?
5. Hopfield 网络的动态特性和反馈特性体现在何处?
6. 简述免疫算法的基本原理。
7. 简述世界杯竞赛算法的基本原理。
8. 简述蚁群算法的基本原理。
9. 简述蚁群算法中信息素的作用。
10. 简述蚁群算法应用于旅行商路径优化问题的求解步骤。
11. 简述人工蜂群算法的基本原理。
12. 简述小树生长算法的基本原理。
13. 简述花朵授粉算法的基本原理。
14. 简述模拟退火算法的基本原理。
15. 简述水循环算法的基本原理。
16. 简述遗传算法的基本原理。
17. 简述差分进化算法的基本原理。
18. 简述遗传算法和差分进化算法的异同点。

第 5 章

机械臂的智能控制应用案例分析

本章思维导图

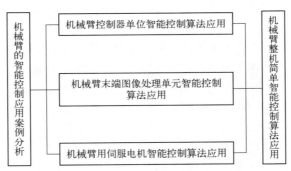

扫码获取本书资源

本章学习目标

1. 掌握机械臂的含义;
2. 区分并理解前馈控制和反馈控制;
3. 了解图像处理的方法;
4. 掌握线性伺服系统理论;
5. 了解机械臂独立 PD 控制理论。

本章案例引入

　　机械臂是自动化技术领域中得到最广泛实际应用的自动化机械装置,在工业制造、医疗、娱乐服务、军事、半导体制造以及太空探索等领域都能见到它的身影。尽管它们的形态各有不同,但它们都有一个共同的特点，就是能够接收指令，精确地定位到三维（或二维）空间上的某一点进行作业。

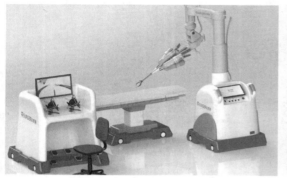

5.1 机械臂控制器单元智能控制算法应用

拓展视频

何为机械臂？机械臂，顾名思义，是模仿人的手臂而设计的机构，属于串联式机器人机构。通过机械臂腕部装配不同的执行构件，可以是手爪、钻头、焊枪等一系列不同工作目的的执行构件，然后通过机械臂大臂与小臂甚至腕部的运动去实现我们执行构件的目的位置和姿态。而这种实现的方式，就是基于串联式机器人的情况下，取机械臂各部分间的参数（例如：一般取连杆扭角、连杆夹角），去根据执行构件的位姿反推各个部分应该有的位置，从而调整这些参数，实现运动工作。

机械臂控制的复杂度主要在于可直接控制对象和最终控制目标的多样性。对机械臂而言，大部分时候我们最终关心的都是末端执行器，例如：往汽车外壳喷涂油漆，我们需要控制末端的运动轨迹（motion trajectory），即每一时刻的位置/姿态、速度、加速度（position / orientation、velocity、acceleration）；给金属工件做抛光，我们需要控制末端在特定方向的力/力矩（force/torque）；让操作人员拖着末端做拖拽示教，我们可以采取控制末端阻抗或导纳（impedance/admittance）的方式。末端的运动轨迹、力/力矩、阻抗/导纳，这三者是我们控制机械臂的最终目标，目标的选择由不同的应用场景决定。在机械臂上，我们无法直接操控末端，只能通过控制机械臂上的每一个关节去改变末端的运动和施力情况。在每一个关节上，我们同样有运动轨迹、扭矩和阻抗这三个控制对象的选项。能够分别对每一个关节的运动轨迹、扭矩或者阻抗进行控制，是对末端执行器的基本要求。然而串联机械臂的每一个关节并不是完全独立的，每一个关节的运动和输出的力都可能对其他关节的运动和受力产生影响，也就是动力学耦合（dynamic coupling）现象。如果对每一个关节单独进行控制，动力学耦合的存在会大大降低每个控制器的控制性能（响应速度、频宽等）。如果我们把所有关节的状态（运动或扭矩）看作一体，在"关节空间"（joint space）上进行控制，那么就有可能把机械臂的动力学模型加入控制回路中，实现"解耦"（decoupling），从而提升机械臂控制器的动态性能。闭环控制必然需要传感器，在机械臂上，最常见的传感器是关节位置传感器、关节扭矩传感器以及末端的力/力矩传感器。末端的实际位置/姿态只有外部传感器才有可能直接测量，其更新速率通常无法用来做闭环控制，但通过运动学计算，也可以比较准确地从关节位置得到末端位置。阻抗表述的是力与位置的动态关系，只能由力传感器和位置传感器间接测定。

　　根据控制目标和对象的不同，机械臂的控制有许多种不同的方法，形成了许多条从控制对象到控制目标的"路径"。比如说，控制末端的位置（控制目标），既可以通过控制关节的位置（控制对象）来实现，也可以通过控制关节的力矩（控制对象）来实现；控制末端的阻抗同样也能通过关节位置或者关节力矩来实现。形形色色的机械臂控制路径使机械臂控制成了一个看起来复杂而庞大的问题——弄清楚每一种路径的对象与目标，可以帮助我们从宏观角度掌握机械臂控制方法。接下来我们会从速度输入下的位置控制和转矩输入下的位置控制来进行介绍。

5.1.1　速度输入下的位置控制

　　下文介绍单关节的动作控制。对于自由运动机器人来说，控制的目的是要控制机器人末端的位置和姿态（统一简称为位置），即所谓的位置控制问题。期望机器人末端达到的位置称为期望位置或期望轨迹，期望轨迹可以在机器人任务空间中给出，也可以通过逆运动学转化为机器人关节空间中的期望轨迹。期望轨迹通常有两种形式：一种是一个固定位置，另一种是一条随时间连续变化的轨迹。

　　对于运动受限的机器人来说，其控制问题要复杂得多。由于机器人与环境接触，这时不仅要控制机器人末端位置，还要控制末端作用于环境的力。也就是说，不仅要使机器人末端达到期望值，还要使其作用于环境的力达到期望值。更广泛意义下的运动受限机器人还包括机器人协同工作的情况，这时控制还应包括各机器人间运动的协调、负荷的分配以及所共同夹持的负载所受内力的控制等复杂问题。

（1）前馈控制

　　PID 控制不考虑机器人的动力学特性，只按照偏差进行负反馈控制，即只有在得到误差信号后才能输出控制量。另一种控制策略是根据机器人动力学模型预先产生控制力/力矩。

　　给定一个所需的关节轨迹 $q_d(t)$，最简单的控制方法是按照下式选择指令速度 $\dot{q}(t)$：

$$\dot{q}(t) = \dot{q}_d(t) \tag{5-1}$$

　　其中 $\dot{q}(t)$ 为预期关节速度。由于实现上式不需要传感器数据，因此将这种控制方式称为前馈或无反馈控制。

（2）反馈控制

　　前馈控制是一种预测控制，通过对系统当前工作状态的了解，预测出下一阶段系统的运行状态。前馈的缺点是在使用时需要对系统有精确的了解，只有了解了系统模型才能有针对性地给出预测补偿。但在实际工程中并不是所有的对象都是可得到精确模型的，而且很多控制对象在运行的同时自身的结构也在发生变化。所以仅用前馈并不能达到良好的控制品质。这时就需要加入反馈，反馈的特点是根据偏差来决定控制输入，不管对象的模型如何，只要有偏差就根据偏差进行纠正，可以有效消除稳态误差。

　　实际上，在前馈控制律下，位置误差会随着时间而不断积累。这时，只需要连续测量各个关节的实际位置，并施加一个反馈控制器。

　　① 反馈控制 1：P 控制与一阶误差动力学。

　　反馈控制器：

$$\dot{q}(t) = K_p[q_d(t) - q(t)] = K_p q_e(t) \tag{5-2}$$

在定点控制中，在将 P 控制器 $\dot{q}(t) = K_p q_e(t)$ 代入误差动力学方程后，得到如下结果：

$$\dot{q}_e = -K_p q_e(t) \rightarrow \dot{q}_e + K_p q_e(t) = 0 \tag{5-3}$$

在 $\dot{q}_d(t) = c$ 时，P 控制器下的误差动态可表示为

$$\dot{q}_e(t) + K_p q_e(t) = c \tag{5-4}$$

上式的解为

$$q_e(t) = \frac{c}{K_p} + \left[q_e(0) - \frac{c}{K_p} \right] e^{-K_p t} \tag{5-5}$$

当时间 t 趋于无穷大时，上式将收敛至非零值 c/K_p。此时的稳态误差为非零值，关节位置滞后于预期位置。

② 反馈控制 2：PI 控制与二阶误差动力学（图 5-1）。

反馈控制器：

$$\dot{q}(t) = K_p q_e(t) + K_i \int_0^t q_e(t) \mathrm{d}t \tag{5-6}$$

误差动力学方程：

$$\dot{q}_e(t) + K_p q_e(t) + K_i \int_0^t q_e(t) \mathrm{d}t = c \tag{5-7}$$

求导，得到

$$\ddot{q}_e(t) + K_p \dot{q}_e(t) + K_i q_e(t) = 0 \tag{5-8}$$

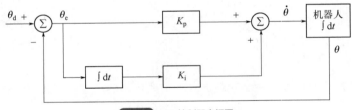

图 5-1　PI 控制器方框图

当 $K_i > 0$ 且 $K_p > 0$ 时，PI 控制的误差动力方程是稳定的，特征方程的根（图 5-2）为

$$s_{1,2} = -\frac{K_p}{2} \pm \sqrt{\frac{K_p^2}{4} - K_i} \tag{5-9}$$

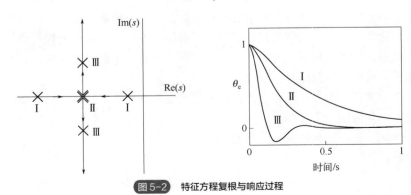

图 5-2　特征方程复根与响应过程

（3）前馈-反馈控制

前馈-反馈综合控制（图 5-3）结合二者的优点，可以提高系统响应速度。从前馈控制角度看，由于增加了反馈控制，降低了对前馈控制模型精度的要求；从反馈控制角度看，前馈控制作用对主要干扰及时进行粗调，大大减少反馈控制的负担。

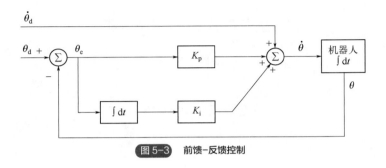

图 5-3　前馈-反馈控制

反馈控制的一个缺点是在关节开始活动之前需要有一个误差。

前馈控制可以在没有误差的情况下控制运动，而反馈控制可以限制误差的积累。

5.1.2　转矩输入下的位置控制

单关节机器人在重力作用下的旋转如图 5-4 所示。

单电机驱动单连杆的结构动力学方程式如下：

$$\tau = M\ddot{\theta} + mgr\cos\theta \tag{5-10}$$

旋转摩擦是因黏性摩擦力矩引起的，因此

$$\tau_{\text{fric}} = b\dot{\theta} \tag{5-11}$$

考虑摩擦力矩后，最终模型为

$$\tau = M\ddot{\theta} + mgr\cos\theta + b\dot{\theta} \tag{5-12}$$

简写上式，可得

$$\tau = M\ddot{\theta} + h(\theta, \dot{\theta}) \tag{5-13}$$

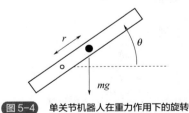

图 5-4　单关节机器人在重力作用下的旋转

（1）PID 控制与三阶误差动力学

PID 控制器的方框图见图 5-5，PID 控制与 PD 控制的对比见图 5-6。

PID 控制器：

$$\tau = K_p\theta_e + K_i\int\theta_e(t)\mathrm{d}t + K_d\dot{\theta}_e \tag{5-14}$$

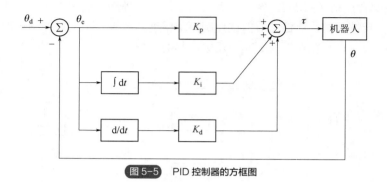

图 5-5 PID 控制器的方框图

设定点的误差动力学方程为

$$M\theta_e + (\ddot{B} + K_d)\dot{\theta}_e + K_p\theta_e + K_i\int\theta_e(t) = \tau_{dist} \tag{5-15}$$

求导，得到

$$M\theta_e^{(3)} + (b + K_d)\ddot{\theta}_e + K_p\dot{\theta}_e + K_i\theta_e = \dot{\tau}_{dist} \tag{5-16}$$

τ_{dist} 为常数时的特征方程为

$$s^3 + \frac{b+K_d}{M}s^2 + \frac{K_p}{M}S + \frac{K_i}{M} = 0 \tag{5-17}$$

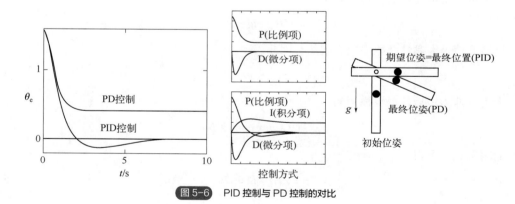

图 5-6 PID 控制与 PD 控制的对比

为了达到稳定状态，应满足下列条件：

$$K_d > -b$$
$$K_p > 0$$
$$\frac{(b+K_d)K_p}{M} > K_i > 0$$

三个根在 K_i 从零开始增加时的运动见图 5-7。

（2）前馈控制

动力学模型：

$$\tau = \tilde{M}(\theta)\ddot{\theta} + \tilde{h}(\theta,\dot{\theta}) \tag{5-18}$$

给定轨迹发生器中的 θ_d、$\dot{\theta}_d$、$\ddot{\theta}_d$，前馈力矩：

$$\tau(t) = \tilde{M}[\theta_d(t)]\ddot{\theta}_d(t) + \tilde{h}[\theta_d(t),\dot{\theta}_d(t)] \tag{5-19}$$

模型误差存在时前馈控制的结果见图 5-8。

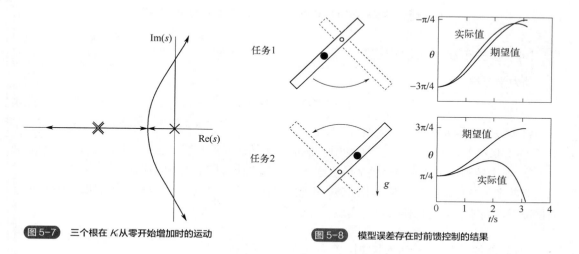

图 5-7　三个根在 K 从零开始增加时的运动　　　　图 5-8　模型误差存在时前馈控制的结果

（3）前馈控制加反馈线性化

误差的动力学方程：

$$\ddot{\theta}_e + K_d\dot{\theta}_e + K_p\theta_e + K_i\int\theta_e(t)\mathrm{d}t = c \tag{5-20}$$

预期加速度设定为

$$\ddot{\theta} = \ddot{\theta}_d - \ddot{\theta}_e \tag{5-21}$$

得到

$$\ddot{\theta} = \ddot{\theta}_d + K_d\dot{\theta}_e + K_p\theta_e + K_i\int\theta_e(t)\mathrm{d}t \tag{5-22}$$

前馈加反馈线性化控制器，又称为逆动力学控制器或计算力矩控制器：

$$\tau = \tilde{M}(\theta)[\ddot{\theta}_d + K_p\theta_e + K_i\int\theta_e(t)\mathrm{d}t + K_d\dot{\theta}_e] + \tilde{h}(\theta,\dot{\theta}) \tag{5-23}$$

计算力矩控制见图 5-9，单独的前馈（ff）、单独的反馈（fb）、计算力矩控制（ff+fb）的性能见图 5-10。

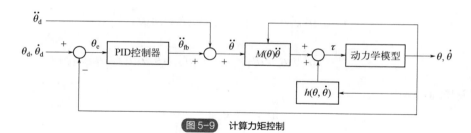

图 5-9　计算力矩控制

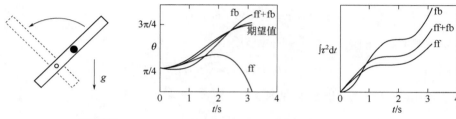

图 5-10 单独的前馈(ff)、单独的反馈(fb)、计算力矩控制(ff+fb)的性能

（4）多关节机器人动作控制

动力学方程：

$$\tau = M(\theta)\ddot{\theta} + h(\theta,\dot{\theta}) \tag{5-24}$$

将多关节机器人的控制分为两种类型：

① 分散控制，其中每个关节是单独控制的，关节之间不共享信息；

② 集中控制，可使用多个关节的全部状态信息来计算每个关节的控制。

分散多关节控制：每个关节上安装一个独立的控制器，要求力学方程可被解耦，在无重力的情况下，高速运动的机器人也能实现近似解耦。

（5）多关节机器人动作控制–集中式多关节控制

计算力矩控制器扩展至多关节机器人：

$$\tau = \tilde{M}(\theta)[\ddot{\theta}_{\mathrm{d}} + K_{\mathrm{p}}\theta_{\mathrm{e}} + K_{\mathrm{i}}\int\theta_{\mathrm{e}}(t)\mathrm{d}t + K_{\mathrm{d}}\dot{\theta}_{\mathrm{e}}] + \tilde{h}(\theta,\dot{\theta}) \tag{5-25}$$

仅使用 PID 控制和重力补偿时的近似如下式：

$$\tau = K_{\mathrm{p}}\theta_{\mathrm{e}} + K_{\mathrm{i}}\int\theta_{\mathrm{e}}(t)\mathrm{d}t + K_{\mathrm{d}}\dot{\theta}_{\mathrm{e}} + \tilde{g}(\theta) \tag{5-26}$$

在忽略摩擦、完全补偿重力且采用 PD 控制的情况下可将动力学方程写为

$$(\theta)\ddot{\theta} + h(\theta,\dot{\theta})\dot{\theta} = K_{\mathrm{p}}\theta_{\mathrm{e}} - K_{\mathrm{d}}\dot{\theta}_{\mathrm{e}} \tag{5-27}$$

定义一个虚拟的"误差能量"：

$$V(\theta_{\mathrm{e}},\dot{\theta}_{\mathrm{e}}) = \frac{1}{2}\theta_{\mathrm{e}}^{\mathrm{T}}K_{\mathrm{p}}\theta_{\mathrm{e}} + \frac{1}{2}\dot{\theta}_{\mathrm{e}}^{\mathrm{T}}M(\theta)\dot{\theta}_{\mathrm{e}} \tag{5-28}$$

若 $\dot{\theta}_{\mathrm{d}} = 0$，可简化为

$$V(\theta_{\mathrm{e}},\dot{\theta}_{\mathrm{e}}) = \frac{1}{2}\theta_{\mathrm{e}}^{\mathrm{T}}K_{\mathrm{p}}\theta_{\mathrm{e}} + \frac{1}{2}\dot{\theta}_{\mathrm{e}}^{\mathrm{T}}M(\theta)\dot{\theta} \tag{5-29}$$

求导，得到

$$\dot{V} = -\dot{\theta}^{\mathrm{T}}K_{\mathrm{p}}\theta_{\mathrm{e}} + \dot{\theta}^{\mathrm{T}}M(\theta)\ddot{\theta} + \frac{1}{2}\dot{\theta}^{\mathrm{T}}\dot{M}(\theta)\dot{\theta}$$

$$= -\dot{\theta}^{\mathrm{T}}K_{\mathrm{p}}\theta_{\mathrm{e}} + \dot{\theta}^{\mathrm{T}}[K_{\mathrm{p}}\theta_{\mathrm{e}} - K_{\mathrm{d}}\dot{\theta} - h(\theta,\dot{\theta})\dot{\theta}] + \frac{1}{2}\dot{\theta}^{\mathrm{T}}\dot{M}(\theta)\dot{\theta} \tag{5-30}$$

重新排列，可得

$$\dot{V} = -\dot{\theta}^{\mathrm{T}}K_{\mathrm{d}}\dot{\theta} \tag{5-31}$$

根据 Krasovskii-LaSalle 不变性原理，总误差能量单调下降，机器人将从任意初始状态收敛至 $\theta_d(\theta_e=0)$ 处静止。

5.2　机械臂末端图像处理单元智能控制算法应用

5.2.1　图像处理

（1）图像分割

图像分割是根据灰度、颜色、纹理和形状等特征把图像划分为有意义的若干区域或部分。图像分割是进一步进行图像识别、分析和理解的基础。常用的分割方法有阈值法、区域生长法、边缘检测法、聚类方法、基于图论的方法等。图像分割是图像分析的关键步骤，也是图像处理技术中最古老的和最困难的问题之一。近年来，许多研究人员致力于图像分割方法的研究，但是到目前为止还没有一种适用于各种图像的有效方法和判断分割是否成功的客观标准。因此，对图像分割的研究还在不断深入之中，它是目前图像处理中研究的热点之一。所以分割技术的未来发展趋势是除了研究新理论和新方法，还要实现多特征融合、多分割算法融合。

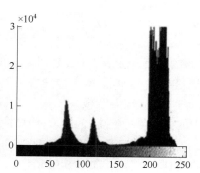

图5-11　黑白图像与右侧对应的灰度直方图

在对图像的研究和应用中，人们往往仅对图像中的某些部分感兴趣，这部分常常称为目标或前景（其他的部分称为背景），它们一般对应图像中特定的、具有独特性质的区域。如图5-11所示，这里的独特性可以是像素的灰度值，或者物体轮廓曲线、颜色、纹理等。为了识别和分析图像中的目标，需要将它们从图像中分离、提取出来，在此基础上才有可能进一步对目标进行测量和对图像进行利用。图像分割就是指把图像分成各具特性的区域并提取出感兴趣目标的技术和过程。一般的图像处理过程如图5-12所示。从图中可以看出，图像分割是从图像预处理到图像识别和分析理解的关键步骤，在图像处理中占据重要的位置。一方面它是目标表达的基础，对特征测量有重要的影响。另一方面，图像分割及其基于分割的目标表达（特征提取和参数测量等）将原始图像转换为更为抽象、更为紧凑的形式，使得更高层的图像识别、分析和理解成为可能。

自20世纪70年代起，图像分割一直受到人们的高度重视，目前已经提出的图像分割方法有很多，从分割依据角度出发，图像分割方法大致可以分为非连续性分割和相似性分割。所谓非连续分割就是首先根据亮度值突变来检测局部不连续性，然后将它们连接起来形成边界，这些边界把图像分成不同的区域，这种基于不连续性原理检测物体边缘的方法有时也称为基于点相关的分割技术，如点检测、边缘检测、Hough 变换等。所谓相似性分割就是将具有同一灰度级或相同组织结构的像素聚集在一起，形成图像中的不同区域，这种基于相似性原理的方法通常也称为基于区域相关的分割技术，如阈值分割、区域生长、分类合并、聚类分割等方法。以上两类方法是互补的，分别适用于不同的场合，有时还要将它们有机地结合起来，以求得更好的分割效果。近年来，随着各学科许多新理论和新方法的提出，人们也提出了一些与特定理论、方法和工具相结合的分割技术，如聚类分析、数学形态学、活动轮廓、小波变换和人工神经元等有关的分割方法，这些分割方法的提出，极大地促进了图像分割技术的发展。

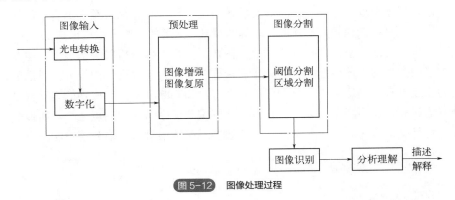

图 5-12　图像处理过程

图像分割的一般方法：基于找到图像中的连通区域；基于边界检测。

① 基于区域的分割技术　持续合并初始相邻像素小块，组成较大图像块，最后获得连通区域。阈值方法是一种常用的区域分割方法。在这种方法中，令光强度只有两个值（0 和 1），即二值分割或图像二值化，如图 5-13 所示。

② 基于边界的分割技术　通过对很多单一区域边界进行归类得到边界。通过这种方法得到光强度锐变的像素集。该方法首先从原始灰度图像中基于局部边缘提取中间图像，然后通过边缘

图 5-13　二进制图像

连接构成短曲线段，最终通过提前已知的几何原理将这些曲线段连接起来构成边界。

通过对梯度幅值大于阈值的像素进行分组来实现边缘提取，灰度变化最大的方向即为梯度向量的方向。要完成梯度计算，需要求取函数 $I(X_1, Y_1)$ 沿两个正交方向的方向导数。

最常用的算子：

$$\Delta_1 = I(X_1 + 1, Y_1) - I(X_1, Y_1)$$
$$\Delta_2 = I(X_1 + 1, Y_1 + 1) - I(X_1 + 1, Y_1) \tag{5-32}$$

Roberts 算子：

$$\Delta_1 = I(X_1 + 1, Y_1 + 1) - I(X_1, Y_1)$$
$$\Delta_2 = I(X_1, Y_1 + 1) - I(X_1 + 1, Y_1) \tag{5-33}$$

Sobel 算子：

$$A_1 = [I(X_1+1, Y_1-1) + 2I(X_1+1, Y_1) + I(X_1+1, Y_1+1)]$$
$$-[I(X_1-1, Y_1-1) + 2I(X_1-1, Y_1) + I(X_1-1, Y_1+1)] \tag{5-34}$$

采用 Roberts 和 Sobel 算子得到的图像轮廓见图 5-14。

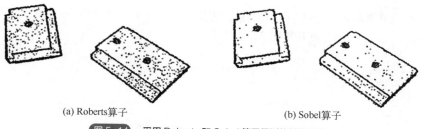

(a) Roberts算子　　　　　　　　(b) Sobel算子

图 5-14　采用 Roberts 和 Sobel 算子得到的图像轮廓

另一种边缘检测方法基于 Laplacian 算子，该方法需要计算函数 $I(X_1, Y_1)$ 沿着两个正交方向上的二阶导数。此情况需要用适当算子来进行导数的离散化计算。一种最常用的近似表达式如下：

$$L(X_1, Y_1) = I(X_1, Y_1) - \frac{1}{4} I(X_1, Y_1+1) + I(X_1, Y_1-1)$$
$$+I(X_1+1, Y_1) + I(X_1-1, Y_1) \tag{5-35}$$

这种情况下，轮廓为 Laplacian 计算结果，低于阈值的那些像素点，原因在于在梯度幅值最大点上 Laplacian 计算结果为零。与梯度计算不同，Laplacian 计算并不提供方向信息，而且由于 Laplacian 计算是基于二阶导数计算上完成，所以对噪声比梯度计算更为敏感。

（2）图像解释

图像解释指的是从分割图像中计算特征参数，不论这些特征是以区域还是以边界的方式进行表示。

如图 5-15 所示，相对于轴 X_1 和 Y_1，二阶中心矩 $\mu_{2,0}$ 和 $\mu_{0,2}$ 分别具有惯性力矩的含义，而 $\mu_{1,1}$ 为惯性积，矩阵

$$\boldsymbol{I} = \begin{bmatrix} \mu_{2,0} & \mu_{1,1} \\ \mu_{1,1} & \mu_{0,2} \end{bmatrix} \tag{5-36}$$

具有相对于质心的惯性张量的含义。

帧存储中区域 $\boldsymbol{R}$ 的矩 $m_{i,j}$

$$m_{i,j} = \sum_{X_1, Y_1 \in \boldsymbol{R}} \boldsymbol{I}(X_1, Y_1) X_1^i Y_1^i \tag{5-37}$$

假设点的光强度都等于 1，可得简化的矩，区域 R 中所有

$$m_{i,j} = \sum_{X_1, Y_1 \in \boldsymbol{R}} X_1^i Y_1^i \tag{5-38}$$

矩 $m_{0,0}$ 恰好等于区域的面积。

区域的形心为

$$\bar{x} = \frac{m_{1,0}}{m_{0,0}} \qquad \bar{y} = \frac{m_{1,0}}{m_{0,0}} \tag{5-39}$$

中心矩为

$$\mu_{i,j} = \sum_{X_1, Y_1 \in R} (X_1 - \bar{x})^i (Y_1 - \bar{y})^j \tag{5-40}$$

若区域 **R** 是非对称的，则 **I** 的主矩不同，可以用对应于最大矩的主轴与轴 X 之间夹角 α 来表示 **R** 的方向。该角度可用如下方程计算：

$$\alpha = \frac{1}{2} \arctan \frac{2\mu_{1,1}}{\mu_{2,0} - \mu_{0,2}} \tag{5-41}$$

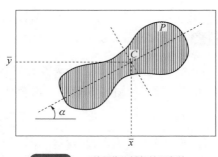

图 5-15　二值图像区域与特征参数

5.2.2　位姿获取

位姿是世界坐标系到相机坐标系的变换，包括旋转与平移。

① 世界坐标系在哪？

通常世界坐标系是自己定义的，一经定义，便不可更改，通常构图所用点的坐标便是世界坐标系下的坐标。

② 相机坐标系在哪？

相机坐标系是指以相机的光心为原点所构成的坐标系，由于相机是运动的，所以相机坐标系也是运动的。

③ 如何表达位姿？

位姿通常以三维空间中的欧式变换来表示，变换矩阵 T 最常用，也可以分别用旋转向量 R 和平移向量 t 来表示。因为相机坐标系是运动的，所以位姿也是变换的。

图像的特征参数集定义了一个 $k \times 1$ 向量 **s**，称为特征向量。

某一点的特征向量 **s** 定义为

$$s = \begin{bmatrix} X \\ Y \end{bmatrix} \tag{5-42}$$

而

$$\tilde{s} = \begin{bmatrix} X \\ Y \\ 1 \end{bmatrix} \tag{5-43}$$

为 **s** 在齐次坐标中的表达。

参考坐标系 O_c-$x_c y_c z_c$ 固连于相机, 参考坐标系 O_o-$x_o y_o z_o$ 固连于目标。假设目标为刚性, 令 $\boldsymbol{T}_o^c$ 为目标位姿相对于相机的齐次变换矩阵

$$\boldsymbol{T}_o^c = \begin{bmatrix} R_o^c & P_{c,o}^c \\ 0 & 1 \end{bmatrix} \tag{5-44}$$

点在图像平面中的投影坐标为

$$s_i = \begin{bmatrix} X_i \\ Y_i \end{bmatrix} \tag{5-45}$$

特征向量为

$$\boldsymbol{s} = \begin{bmatrix} S_1 \\ \vdots \\ S_n \end{bmatrix} \tag{5-46}$$

目标上的点相对于相机坐标系的齐次坐标可表示为

$$\boldsymbol{r}_{o,i}^e = \boldsymbol{T}_o^c \boldsymbol{r}_{o,i}^o \tag{5-47}$$

点在图像平面上投影的齐次坐标:

$$\lambda_i \boldsymbol{s}_i = \prod \boldsymbol{T}_o^c \boldsymbol{r}_{o,i}^o \tag{5-48}$$

两侧都乘以斜对称矩阵 $\boldsymbol{S}(\tilde{s}_i)$:

$$\boldsymbol{S}(\tilde{s}_i) H [r_{x,j} \quad r_{y,i} \quad 1]^T = 0 \tag{5-49}$$

$\boldsymbol{H}$ 为 3×3 矩阵:

$$\boldsymbol{H} = [r_1 \quad r_1 \quad O_{c,0}^c] \tag{5-50}$$

$\boldsymbol{H}$ 是线性的, 该式可以改写为

$$A_i(s_i)h = 0 \qquad A_i(s_i) = [r_{x,i} S(\tilde{s}_i) \quad r_{y,i} S(\tilde{s}_i) \quad S(\tilde{s}_i)] \tag{5-51}$$

要计算 h, 必须至少考虑 4 个点, 得到

$$\begin{bmatrix} A_1(s_1) \\ A_2(s_2) \\ A_3(s_3) \\ A_4(s_4) \end{bmatrix} h = A(s)h = 0 \tag{5-52}$$

根据式 (5-50), 有

$$r_1 = \zeta h_1$$
$$r_2 = \zeta h_2$$
$$P_{c,0}^c = \zeta h_3$$
$$|\zeta| = \frac{1}{\|h_1\|} = \frac{1}{\|h_2\|} \tag{5-53}$$

测量点会存在噪声, 要克服测量噪声的影响, 一个可用的解法是根据给定范数计算最接近的旋转矩阵。

例如, 计算令 Frobenius 范数最小化的旋转矩阵 $\boldsymbol{R}_0^c$, Frobenius 范数如下:

$$\left\|\boldsymbol{R}_0^{\mathrm{c}} - \boldsymbol{Q}\right\|_F = \left\{\mathrm{Tr}[(\boldsymbol{R}_0^{\mathrm{c}} - \boldsymbol{Q})^{\mathrm{T}}(\boldsymbol{R}_0^{\mathrm{c}} - \boldsymbol{Q})]\right\}^{1/2}$$

$$\boldsymbol{R}_0^{\mathrm{c}} = \boldsymbol{U} \begin{bmatrix} 1 & 0 & 0 \\ 0 & 1 & 0 \\ 0 & 0 & \sigma \end{bmatrix} \boldsymbol{V}^{\mathrm{T}}$$

$$\boldsymbol{S}(\tilde{s}_i)[\boldsymbol{R}_0^{\mathrm{c}} \quad \boldsymbol{P}_{\mathrm{c,o}}^{\mathrm{c}} \quad \boldsymbol{P}_{\mathrm{c,o}}^{\mathrm{c}}]\tilde{\boldsymbol{r}}_{\mathrm{c,o}}^{\mathrm{c}} = 0 \tag{5-54}$$

5.3 机械臂用伺服电机智能控制算法应用

5.3.1 线性伺服系统理论

伺服电机是用于自动控制系统的机械部件。伺服系统是一个带有输出轴的微小部件，由于执行器的设计，使其提供了高速控制精度。当电机接收到信号时，伺服电机会根据操作员的指示加快速度。如果机械系统的目的是确定特定物体的位置，则该系统称为伺服机构。

直流电机与伺服机构（闭环控制系统）一起充当伺服电机，在自动化行业中基本上用于机械传感器。基于其精确的闭环控制，它在许多行业都有广泛的应用。图5-16为直流伺服电机与载荷的示意图。

力矩 τ_{m} 与电机电流 i 的关系为

$$\tau_{\mathrm{m}} = k_{\mathrm{i}} i \tag{5-55}$$

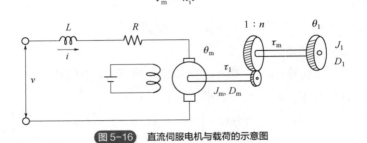

图 5-16 直流伺服电机与载荷的示意图

电动机输入端的控制电压为

$$v_{\mathrm{b}} = k_{\mathrm{b}} \ddot{\theta}_{\mathrm{m}} \tag{5-56}$$

电动机回路：

$$L\frac{\mathrm{d}i}{\mathrm{d}t} + Ri + v_{\mathrm{b}} = v \tag{5-57}$$

电动机的惯性力矩和黏性阻尼系数分别为 J_{m} 与 D_{m}，若取 τ_1 为电动机的负载力矩，得下式：

$$\tau_{\mathrm{m}} = J_{\mathrm{m}}\ddot{\theta} + D_{\mathrm{m}}\dot{\theta} + \tau_1 \tag{5-58}$$

负载的旋转角、惯性力矩、黏性阻尼系数分别为 θ_1, J_1, D_1，齿轮系统减速比为 n，有

$$n\tau_1 = J_1\ddot{\theta}_1 + D_1\dot{\theta}_1 \tag{5-59}$$

输入 v 与输出 θ_1 之间，有

$$LJ_1\dddot{\theta}_1 + (LD + RJ)\ddot{\theta}_1 + (RD + n^2 k_t k_b)\dot{\theta}_1 = nk_i v \tag{5-60}$$

$$J = n^2 J_m + J_1 \tag{5-61}$$

$$D = n^2 D_m + D_1 \tag{5-62}$$

$$G(s) = \frac{nk_i}{s[LJs^2 + (LD + RJ)s + (RD + n^2 k_t k_b)]} \tag{5-63}$$

忽略电感 L，得到

$$G(s) = \frac{nk_i}{s[RJs + (RD + n^2 k_t k_b)]} \tag{5-64}$$

取适当常数 a_1、a_2、a_3，可得到

$$G(s) = \frac{a_2}{s(s + a_1)} \tag{5-65}$$

$$G(s) = \frac{a_3}{s(s^2 + a_1 s + a_2)} \tag{5-66}$$

闭环伺服系统是一种自动控制系统，其中包括功率放大和反馈，使输出变量的值响应输入变量的值。闭环伺服系统由伺服电动机、比较线路、伺服放大线路、速度检测器和安装在工作台上的位置检测器组成。这种系统对工作台实际位移量进行自动检测并与指令值进行比较，用差值进行控制。图 5-17 为闭环伺服系统的示意图。

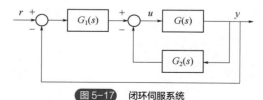

图 5-17　闭环伺服系统

图 5-17 中，$G_1(s) = b_1$，$G_2(s) = b_2 s$。

闭环系统传递函数：

$$G_f(s) = \frac{a_2 b_1}{s^2 + (a_1 + a_2 b_2)s + a_2 b_1} = \frac{\omega_n^2}{s^2 + 2\zeta\omega_n s + \omega_n^2} \tag{5-67}$$

固有频率 ω_n 及阻尼系数 ζ：

$$\omega_n = \sqrt{a_2 b_1} \qquad \zeta = \frac{a_1 + a_2 b_2}{2\sqrt{a_2 b_1}}$$

再令 $\bar{s} = s / \omega_c$，可得：

$$G_f(s) = \frac{1}{s^2 + 2\zeta\bar{s} + 1} \tag{5-68}$$

图 5-18 为闭环传递函数图像。

251

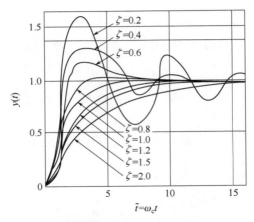

图 5-18　闭环传递函数图像

$G(s)$按式三阶系统给定时，闭环传递函数：

$$G_f(s) = \frac{a_3 b_1}{s^3 + (a_1 + a_3 b_3)s^2 + (a_2 + a_3 b_2)s + a_3 b_1} \tag{5-69}$$

此时，$G_1(s)=b_1$，$G_2(s)=b_2 s+b_3 s$。

这时，令

$$\tilde{s} = s / (a_3 b_1)^{1/3}$$
$$\alpha = (a_1 + a_3 b_3) / (a_3 b_1)^{1/3}$$
$$\beta = (a_2 + a_3 b_2) / (a_3 b_2)^{2/3}$$

可得

$$G_f(s) = \frac{1}{\tilde{s}^3 + \alpha \tilde{s}^2 + \beta \tilde{s} + 1} \tag{5-70}$$

三维系统的惯性响应见图 5-19。

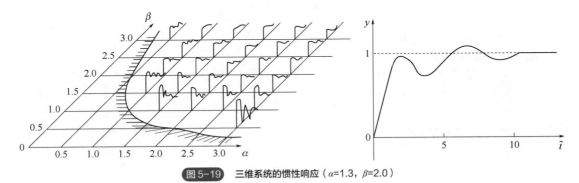

图 5-19　三维系统的惯性响应（α=1.3，β=2.0）

5.3.2　稳定裕度与灵敏度

稳定裕度根据环（稳定）幅相特性曲线点的相对距离，可以判别系统的相对稳定裕度，称为稳定裕度。系统灵敏度定义为系统传递函数的变化率与被控过程中传递函数变化率的比值。要求伺服系统的稳定裕度和灵敏度，应用如下方法：

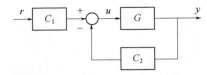

图 5-20　带前馈补偿和反馈补偿的伺服系统

带前馈补偿和反馈补偿的伺服系统见图 5-20。从输入 r 到输出 y 的传递函数：

$$G_{yr} = C_1 G (1 + G C_2)^{-1} \tag{5-71}$$

$$C_1 = G^{-1} G_d + C_2 G_d \tag{5-72}$$

当 G 有一个小的变化时，有

$$\tilde{G} = (1 + \Delta G) G$$

$$\tilde{G}_{yr} = C_1 \tilde{G} (1 + \tilde{G} C_2)^{-1}$$

可得到

$$(G_{yr} - \tilde{G} G_{yr}) \tilde{G}_{yr}^{-1} = S(G - \tilde{G}) \tilde{G}^{-1} \tag{5-73}$$

$$S = (1 + G C_2)^{-1} \tag{5-74}$$

这表明了对于控制对象的特性的变化率，传递函数的变化率由 S 给定，S 称为闭环系统的灵敏度函数。

$$T = G C_2 (1 + G C_2)^{-1} \tag{5-75}$$

对于任意的 ω，如果满足公式：

$$|\Delta G(j\omega)| < |T(j\omega)|^{-1} \tag{5-76}$$

即使有任意变化，闭环系统仍然保持稳定。所以可以说，$|T|^{-1}$ 表示稳定裕度：

$$S + T = 1 \tag{5-77}$$

5.3.3　基于位置的视觉伺服

视觉伺服控制（visual servo control）简单来说，就是利用计算机视觉得到的数据来控制机器人的移动。一般来说，根据相机的位置不同又分为两种，一种是直接将相机放置在机器人或者机械臂上，另一种是将相机固定在工作空间的某个位置。

关于基于位置和基于图像，简单来讲，基于图像，误差就是当前特征在图像的位置和在目标图像的位置；而基于位置，则要先将图像特征转换到工作空间三维坐标系，然后计算在三维空间下当前位置和目标位置的误差。

以用机械手去抓一个杯子为例进行介绍。假设相机就在机械手上，相机没法捕捉到完整的机械手，只能捕捉到目标。那这个时候怎么判断杯子是否抓稳了呢？如果以杯子的中心在视野中央当作抓稳的判断条件，这样可能出现误差。因为如果当相机有误差时，杯子实际上并不在机械手中央，但是由于相机的偏移或者其他误差，导致杯子显示在捕捉到的图像中央。注意，这时候无论是基于图像还是基于位置，都无法发现并纠正这个误差。那什么样的做法比较合理呢？可以把相机换个位置，换到能同时观察到机械手和杯子的位置，这样就算有偏移，也能知道是否抓稳。

齐次变换矩阵 $\boldsymbol{T}_o^c$ 表达目标坐标系相对于相机坐标系的位姿，齐次变换矩阵 $\boldsymbol{T}_o^d$ 表示目标坐标系相对于相机坐标系的相对位姿施加期望值。进一步，得到齐次变换矩阵：

$$T_c^d = T_o^d (T_o^c)^{-1} = \begin{bmatrix} R_c^d & p_{d,c}^d \\ 0 & 1 \end{bmatrix} \tag{5-78}$$

操作空间的误差向量：

$$\tilde{x} = -\begin{bmatrix} p_{d,c}^d \\ \phi_{d,c} \end{bmatrix} \tag{5-79}$$

对上式按时间求导数，位置部分：

$$\dot{p}_{d,c}^d = \dot{p}_c^d k_c - \dot{p}_d^d = R_d^T \dot{p}_c \tag{5-80}$$

图 5-21 所示为带重力补偿 PD 类型的基于位置视觉伺服系统方框图，基于此图进行如下分析。

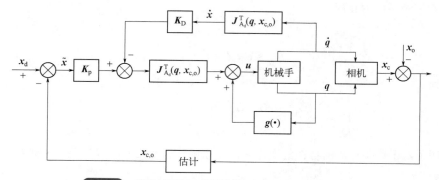

图 5-21　带重力补偿 PD 类型的基于位置视觉伺服系统方框图

方向部分：

$$\dot{\phi}_{d,c} = T^{-1}(\phi_{d,c}) \omega_{d,c}^d = T^{-1}(\phi_{d,c}) R_d^T \omega_c \tag{5-81}$$

$\dot{\tilde{x}}$ 表达式为

$$\dot{\tilde{x}} = -T_A^{-1}(\phi_{d,c}) \begin{bmatrix} R_d^T & 0 \\ 0 & R_d^T \end{bmatrix} v_c \tag{5-82}$$

$$\dot{\tilde{x}} = -J_{A_d}(q, \tilde{x})\dot{q} \tag{5-83}$$

$$J_{A_d}(q, \tilde{x}) = T_A^{-1}(\phi_{d,c}) \begin{bmatrix} R_d^T & 0 \\ 0 & R_d^T \end{bmatrix} J(q) \tag{5-84}$$

控制率表达式为

$$u = g(q) + J_{A_d}^T(q, \tilde{x})[K_p \tilde{x} - K_D J_{A_d}(q, \tilde{x})q] \tag{5-85}$$

李雅普诺夫函数：

$$V(\dot{q}, \tilde{x}) = \frac{1}{2} \dot{q}^T B(q) \dot{q} + \frac{1}{2} \tilde{x}^T K_p \tilde{x} > 0 \qquad \forall \dot{q}, \tilde{x} \neq 0 \tag{5-86}$$

图 5-22 所示为基于位置的速度分解视觉伺服系统方框图，基于此图进行如下分析。

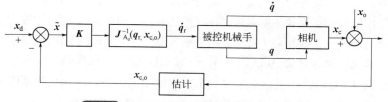

图 5-22　基于位置的速度分解视觉伺服系统方框图

选择如下的关节空间参考速度，并在视觉测量的基础上计算轨迹：

$$\dot{q}_r = J_{A_d}^{-1}(q_r, \tilde{x}) K \tilde{x} \tag{5-87}$$

可得到如下的线性方程：

$$\dot{\tilde{x}} + K \tilde{x} = 0 \tag{5-88}$$

对正定矩阵 K，上式意味着操作空间误差以指数形式渐进趋向于零，其收敛速度取决于矩阵 K 的特征值，特征值越大收敛速度越快。

5.3.4　基于图像的视觉伺服

基于图像的视觉伺服中目标特征参数向量可以通过具有与相机期望位置相应的常数值来表示。这样就隐含地假定存在期望姿态 $x_{d,o}$，使得相机位置属于机械手的灵活工作空间，以及下式所示的关系成立。

$$s_d = s(x_{d,o}) \tag{5-89}$$

假定 $x_{d,o}$ 是唯一的，特征参数可选为目标上 n 个点的坐标，对共面点（不含三点共线）有 $n \geq 4$，非共面点情况下有 $n \geq 6$，需要注意任务直接以特征参量 s_d 的形式指定，而姿态 $x_{d,o}$ 不必已知。实际上，当目标相对于相机处于期望姿态时，s_d 可通过测量特征参数来计算。

在此必须设计控制律，以保证如下的图像空间误差渐进趋向于零。

$$e_s = s_d - s$$

图 5-23 所示为基于图像的视觉伺服的重力补偿 PD 类型方框图，基于此图进行如下分析。

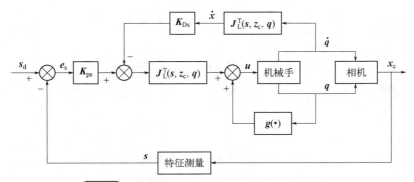

图 5-23　基于图像的视觉伺服的重力补偿 PD 类型方框图

考虑李雅普诺夫函数：

$$V(\dot{q}, e_s) = \frac{1}{2} \dot{q}^T B(q) q + \frac{1}{2} e_s^T K_{ps} e_s > 0 \quad \forall \dot{q}, e_s \neq 0 \tag{5-90}$$

求导：

$$\dot{V} = -\dot{q}^T F \dot{q} + \dot{q}^T [u - g(q)] + \dot{e}_s^T K_{ps} e_s \tag{5-91}$$

由于 $\dot{s}_d = 0$，且目标相对于基坐标系固定，得

$$\dot{e}_s = -\dot{s} = -J_L(s, z_c, q) \dot{q} \tag{5-92}$$

其中

$$J_L(s, z_c, q) = L_s(s, z_c) \begin{bmatrix} R_c^T & 0 \\ 0 & R_c^T \end{bmatrix} J(q) \tag{5-93}$$

控制率为

$$u = g(q) + J_L^T(s, z_c, q)[K_{ps}e_s - K_{Ds}J_L(s, z_c, q)\ \dot{q}] \tag{5-94}$$

系统的平衡状态：

$$J_L^T(s, z_c, q)K_{ps}e_s = 0 \tag{5-95}$$

图 5-24 所示为基于图像视觉伺服系统的分解速度方框图，基于此图进行分析。

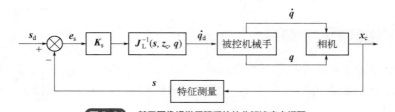

图 5-24 基于图像视觉伺服系统的分解速度方框图

关节空间的参考速度：

$$\dot{q}_r = J_L^{-1}(s, z_c, q_r)K_s e_s \tag{5-96}$$

根据该控制率，可得到：

$$\dot{e}_s + K_s e_s = 0 \tag{5-97}$$

计算参考速度时，先计算向量：

$$v_r^c = L_s^{-1}(s, z_c)K_s e_s \tag{5-98}$$

计算参考速度：

$$\dot{q}_r = J^{-1}(q)\begin{bmatrix} R_c & 0 \\ 0 & R_c \end{bmatrix}v_r^c \tag{5-99}$$

应用李雅普诺夫直接法，基于如下的正定函数可以证明闭环系统的稳定性：

$$V(e_s) = \frac{1}{2}e_s^T K_s e_s > 0 \qquad \forall e_s \neq 0 \tag{5-100}$$

$$\dot{V} = -e_s^T K_s L_s (L_s^T L_s)^{-1} L_s^T K_s e_s \tag{5-101}$$

5.3.5 复合视觉伺服

假设当前位姿下坐标系 1 与相机坐标系重合，在期望位姿下坐标系 2 与相机坐标系重合，有下式成立：

$$H = R_d^c + \frac{1}{d_d}p_{c,d}^c n^{dT} \tag{5-102}$$

相机坐标系的绝对参考速度：

$$v_r^c = \begin{bmatrix} v_r^c \\ \omega_r^c \end{bmatrix} \tag{5-103}$$

控制向量 ω_r^c 可选为

$$\omega_r^c = -T(\phi_{c,d})K_o\ \phi_{c,d} \tag{5-104}$$

方向误差方程：

$$\phi_{c,d} + \boldsymbol{K}_o\,\phi_{c,d} = 0 \tag{5-105}$$

用已知量或测量值表示的位置误差可定义为

$$\boldsymbol{e}_p(\boldsymbol{r}_d^c, \boldsymbol{r}_c^c) = \begin{bmatrix} X_d - X \\ y_d - Y \\ \ln \rho_z \end{bmatrix} \tag{5-106}$$

$$\dot{\boldsymbol{e}}_p = \frac{\partial \boldsymbol{e}_p(\boldsymbol{r}_c^c)}{\partial \boldsymbol{r}_c^c}\dot{\boldsymbol{r}}_c^c \tag{5-107}$$

$$\dot{\boldsymbol{e}}_p = -\boldsymbol{J}_p \boldsymbol{v}_c^c - \boldsymbol{J}_o\,\boldsymbol{\omega}_c^c \tag{5-108}$$

$$\boldsymbol{J}_p = \frac{1}{z_d \rho_z}\begin{bmatrix} -1 & 0 & X \\ 0 & -1 & Y \\ 0 & 0 & -1 \end{bmatrix} \tag{5-109}$$

$$\boldsymbol{J}_o = \begin{bmatrix} XY & -1-X^2 & Y \\ 1+Y^2 & -XY & -X \\ -Y & X & 0 \end{bmatrix} \tag{5-110}$$

控制变量：

$$\boldsymbol{v}_r^c = \boldsymbol{J}_p^{-1}(\boldsymbol{K}_p \boldsymbol{e}_p - \boldsymbol{J}_o \boldsymbol{\omega}_r^c) \tag{5-111}$$

误差方程：

$$\dot{\boldsymbol{e}}_p + \boldsymbol{K}_p \boldsymbol{e}_p = 0 \tag{5-112}$$

5.4　机械臂整机简单智能控制算法应用

5.4.1　机械臂独立 PD 控制

当忽略重力和外加干扰时，采用独立的 PD 控制，能满足机械臂定点控制的要求。

设 n 关节机械手方程为

$$\boldsymbol{D}(\boldsymbol{q})\ddot{\boldsymbol{q}} + \boldsymbol{C}(\boldsymbol{q},\dot{\boldsymbol{q}})\dot{\boldsymbol{q}} = \boldsymbol{\tau} \tag{5-113}$$

式中，$\boldsymbol{D}(\boldsymbol{q})$ 为 $n×n$ 阶正定惯性矩阵；$\boldsymbol{C}(\boldsymbol{q},\dot{\boldsymbol{q}})$ 为 $n×n$ 阶离心和哥氏力项。

独立的 PD 控制律为

$$\boldsymbol{\tau} = \boldsymbol{K}_d \dot{\boldsymbol{e}} + \boldsymbol{K}_p \boldsymbol{e} \tag{5-114}$$

取跟踪误差为 $\boldsymbol{e} = \boldsymbol{q}_d - \boldsymbol{q}$，采用定点控制时，$\boldsymbol{q}_d$ 为常值，则 $\dot{\boldsymbol{q}}_d = \ddot{\boldsymbol{q}}_d = \boldsymbol{0}$。

此时机械臂方程为

$$\boldsymbol{D}(\boldsymbol{q})(\ddot{\boldsymbol{q}}_d - \ddot{\boldsymbol{q}}) + \boldsymbol{C}(\boldsymbol{q},\dot{\boldsymbol{q}})(\dot{\boldsymbol{q}}_d - \dot{\boldsymbol{q}}) + \boldsymbol{K}_d \dot{\boldsymbol{e}} + \boldsymbol{K}_p \boldsymbol{e} = \boldsymbol{0} \tag{5-115}$$

即

$$\boldsymbol{D}(\boldsymbol{q})\ddot{\boldsymbol{e}} + \boldsymbol{C}(\boldsymbol{q},\dot{\boldsymbol{q}})\dot{\boldsymbol{e}} + \boldsymbol{K}_p \boldsymbol{e} = -\boldsymbol{K}_d \dot{\boldsymbol{e}} \tag{5-116}$$

取李雅普诺夫函数为

$$V = \frac{1}{2}\dot{e}^{\mathrm{T}} D(q)\dot{e} + \frac{1}{2} e^{\mathrm{T}} K_{\mathrm{p}} e \qquad (5\text{-}117)$$

由 $D(q)$ 及 K_{p} 的正定性知，V 是全局正定的，则

$$\dot{V} = \dot{e}^{\mathrm{T}} D\ddot{e} + \frac{1}{2}\dot{e}^{\mathrm{T}} \dot{D}\dot{e} + \dot{e}^{\mathrm{T}} K_{\mathrm{p}} e \qquad (5\text{-}118)$$

利用 $\dot{D} - 2C$ 的斜对称性，知 $\dot{e}^{\mathrm{T}} \dot{D}\dot{e} = 2\dot{e}^{\mathrm{T}} C\dot{e}$，则

$$\dot{V} = \dot{e}^{\mathrm{T}} D\ddot{e} + \dot{e}^{\mathrm{T}} C\dot{e} + \dot{e}^{\mathrm{T}} K_{\mathrm{p}} e = \dot{e}^{\mathrm{T}}\left(D\ddot{e} + C\dot{e} + K_{\mathrm{p}} e\right) = -\dot{e}^{\mathrm{T}} K_{\mathrm{d}}\dot{e} \leqslant 0 \qquad (5\text{-}119)$$

由于 $\dot{V}$ 是半负定的，且 K_{d} 为正定，则当 $\dot{V} = 0$ 时，有 $\dot{e} = 0$，从而 $\ddot{e} = 0$。代入机械臂方程中有 $K_{\mathrm{p}} e = 0$，再由 K_{p} 的可逆性知 $e = 0$。由 LaSalle 定理知，$(e, \dot{e}) = (0, 0)$ 是受控机械臂全局渐进稳定的平衡点，即从任意初始条件 $(q_0, \dot{q}_0)$ 出发，均有 $q \to q_{\mathrm{d}}$，$\dot{q} \to 0$。

针对被控对象，选二关节机械臂系统（不考虑重力、摩擦力和干扰），其动力学模型为

$$D(q)\ddot{q} + C(q, \dot{q})\dot{q} = \tau \qquad (5\text{-}120)$$

其中

$$D(q) = \begin{bmatrix} p_1 + p_2 + 2p_3 \cos q_2 & p_2 + p_3 \cos q_2 \\ p_2 + p_3 \cos q_2 & p_2 \end{bmatrix}$$

$$C(q, \dot{q}) = \begin{bmatrix} -p_3 \dot{q}_2 \sin q_2 & -p_3(\dot{q}_1 + \dot{q}_2)\sin q_2 \\ p_3 \dot{q}_1 \sin q_2 & 0 \end{bmatrix}$$

取 $p = \begin{bmatrix} 2.90 & 0.76 & 0.87 & 3.04 & 0.87 \end{bmatrix}^{\mathrm{T}}$，$q_0 = \begin{bmatrix} 0.0 & 0.0 \end{bmatrix}^{\mathrm{T}}$，$\dot{q}_0 = \begin{bmatrix} 0.0 & 0.0 \end{bmatrix}^{\mathrm{T}}$，位置指令为 $q_{\mathrm{d}}(0) = \begin{bmatrix} 1.0 & 1.0 \end{bmatrix}^{\mathrm{T}}$，在控制器式中，取 $K_{\mathrm{p}} = \begin{bmatrix} 100 & 0 \\ 0 & 100 \end{bmatrix}$，$K_{\mathrm{d}} = \begin{bmatrix} 100 & 0 \\ 0 & 100 \end{bmatrix}$，仿真结果见图 5-25 和图 5-26。

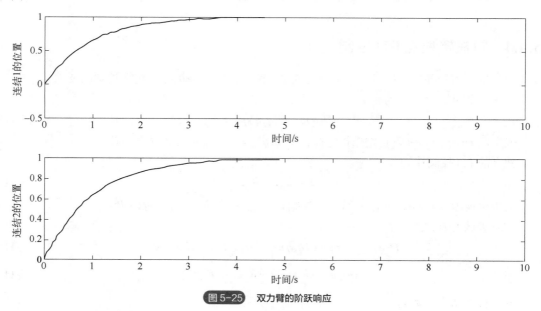

图 5-25　双力臂的阶跃响应

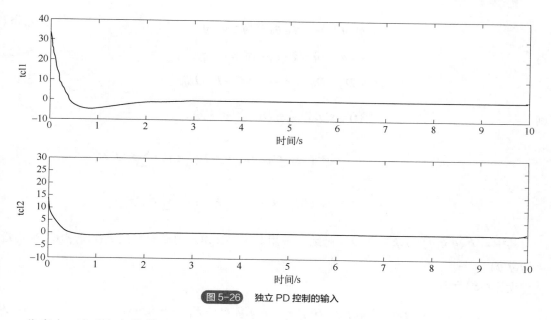

图 5-26　独立 PD 控制的输入

　　仿真中，当改变参数 K_p、K_d 时，只要满足 $K_d > 0$、$K_p > 0$，都能获得比较好的仿真结果。完全不受外力且没有任何干扰的机械手系统是不存在的，独立的 PD 控制只能作为基础来考虑分析，但对它的分析是有重要意义的。

5.4.2　基于模糊补偿的机械臂模糊自适应滑模控制

　　由于传统的模糊自适应控制方法对于存在较大扰动等外界因素时，控制效果较差。为了减弱这些外界干扰因素的影响，可以采用模糊补偿器。仿真试验表明带模糊补偿器的自适应模糊控制方法可以很好地抑制摩擦、扰动和负载变化等因素的影响。

　　设机械臂的动态方程为

$$D(q)\ddot{q} + C(q,\dot{q})\dot{q} + G(q) + F(q,\dot{q},\ddot{q}) = \tau \tag{5-121}$$

　　其中，$D(q)$ 为惯性力矩，$C(q,\dot{q})$ 是向心力和哥氏力矩，$G(q)$ 是重力项，$F(q,\dot{q},\ddot{q})$ 是由摩擦力 F_r、扰动 τ_d、负载变化的不确定项组成的。

　　假设，$D(q)$、$C(q,\dot{q})$ 和 $G(q)$ 为已知，且所有状态变量可测得。

　　定义滑模函数为

$$s = \dot{\tilde{q}} + \Delta \tilde{q} \tag{5-122}$$

　　其中，Δ 为正定阵，$\tilde{q}(t)$ 为跟踪误差。

　　定义

$$\dot{q}_r(t) = \dot{q}_d(t) - \Delta \tilde{q}(t) \tag{5-123}$$

　　定义李雅普诺夫函数：

$$V(t) = \frac{1}{2}\left(s^{\mathrm{T}} D s + \sum_{i=1}^{n} \tilde{\Theta}_i^{\mathrm{T}} \Gamma_i \tilde{\Theta}_i \right) \tag{5-124}$$

　　其中，$\tilde{\Theta}_i = \Theta_i^* - \Theta_i$，$\Theta_i^*$ 为理想参数，$\Gamma_i > 0$。

　　由于：

$$s = \dot{\tilde{q}} + \Delta\tilde{q} = \dot{q} - \dot{q}_d + \Delta\tilde{q} = \dot{q} - \dot{q}_r \tag{5-125}$$

则

$$s = \dot{\tilde{q}} + \Delta\tilde{q} = \dot{q} - \dot{q}_d + \Delta\tilde{q} = \dot{q} - \dot{q}_r \tag{5-126}$$

$$D\dot{s} = D\ddot{q} - D\ddot{q}_r = \tau - C\dot{q} - G - F - D\ddot{q}_r \tag{5-127}$$

则

$$\dot{V}(t) = s^T D\dot{s} + \frac{1}{2}s^T \dot{D}s + \sum_{i=1}^{n} \tilde{\Theta}_i^T \Gamma_i \dot{\tilde{\Theta}}_i$$

$$= -s^T(-\tau + C\dot{q} + G + F + D\ddot{q} - Cs) + \sum_{i=1}^{n} \tilde{\Theta}_i^T \Gamma_i \dot{\tilde{\Theta}}_i$$

$$= -s^T(D\ddot{q}_r + C\dot{q}_r + G + F - \tau) + \sum_{i=1}^{n} \tilde{\Theta}_i^T \Gamma_i \dot{\tilde{\Theta}}_i \tag{5-128}$$

其中，$F(q,\dot{q},\ddot{q})$ 为未知非线性函数，采用基于 MIMO 的模糊系统 $\hat{F}(q,\dot{q},\ddot{q}|\Theta)$ 来逼近 $F(q,\dot{q},\ddot{q})$。

设计控制律为

$$\tau = (q)\ddot{q} + C(q,\dot{q})\dot{q} + G(q) + \hat{F}(q,\dot{q},\ddot{q}|\Theta) - K_D s - W\mathrm{sgn}(s) \tag{5-129}$$

其中，$K_D = \mathrm{diag}(K_i)$，$K_i > 0$，$i = 1,2,\cdots,n$，$W = \mathrm{diag}[\omega_{M_1},\cdots,\omega_{M_n}]$，$\omega_{M_i} \geqslant |\omega_i|$，$i = 1,2,\cdots,n$。

且

$$\hat{F}(q,\dot{q},\ddot{q}|\Theta) = \begin{bmatrix} \hat{F}_1(q,\dot{q},\ddot{q}|\Theta_1) \\ \hat{F}_2(q,\dot{q},\ddot{q}|\Theta_2) \\ \vdots \\ \hat{F}_n(q,\dot{q},\ddot{q}|\Theta_n) \end{bmatrix} = \begin{bmatrix} \Theta_1^T \xi(q,\dot{q},\ddot{q}) \\ \Theta_2^T \xi(q,\dot{q},\ddot{q}) \\ \vdots \\ \Theta_n^T \xi(q,\dot{q},\ddot{q}) \end{bmatrix} \tag{5-130}$$

模糊逼近误差为

$$W = F(q,\dot{q},\ddot{q}) - \hat{F}(q,\dot{q},\ddot{q}|\Theta^*) \tag{5-131}$$

将控制律式代入 $\dot{V}(t)$ 中得

$$\dot{V}(t) = s^T\left[F(q,\dot{q},\ddot{q}) - \hat{F}(q,\dot{q},\ddot{q}|\Theta) + K_D s - W\mathrm{sgn}(s)\right] + \sum_{i=1}^{n} \tilde{\Theta}_i^T \Gamma_i \dot{\tilde{\Theta}}_i$$

$$= s^T\left[F(q,\dot{q},\ddot{q}) - \hat{F}(q,\dot{q},\ddot{q}|\Theta) + \hat{F}(q,\dot{q},\ddot{q}|\Theta^*) - \hat{F}(q,\dot{q},\ddot{q}|\Theta^*) + K_D s - W\mathrm{sgn}(s)\right] + \sum_{i=1}^{n} \tilde{\Theta}_i^T \Gamma_i \dot{\tilde{\Theta}}_i$$

$$= -s^T\left[\tilde{\Theta}^T \xi(q,\dot{q},\ddot{q}) + w + K_D s - W\mathrm{sgn}(s)\right] + \sum_{i=1}^{n} \tilde{\Theta}_i^T \Gamma_i \dot{\tilde{\Theta}}_i$$

$$= -s^T K_D s - s^T w - W\|s\| + \sum_{i=1}^{n}\left[\tilde{\Theta}_i^T \Gamma_i \dot{\tilde{\Theta}}_i - s_i \tilde{\Theta}_i^T \xi(q,\dot{q},\ddot{q})\right] \tag{5-132}$$

其中 $\tilde{\Theta} = \Theta^* - \Theta$，$\xi(q,\dot{q},\ddot{q})$ 为模糊系统。

自适应律为

$$\dot{\Theta} = -\Gamma_i^{-1} s_i \xi(q,\dot{q},\ddot{q}), i = 1,2,\cdots,n \tag{5-133}$$

则

$$\dot{V}(t) \leqslant -s^T K_D s \tag{5-134}$$

当 $\dot{V} \equiv 0$ 时，$s \equiv 0$，根据 LaSalle 不变性原理，$t \to \infty$ 时，$s \to 0$，从而 $\tilde{q} \to 0, \dot{\tilde{q}} \to 0$。系统的收敛速度取决于 K_D。由于 $V \geqslant 0, \dot{V} \leqslant 0$，则 V 有界，因此 $\tilde{\Theta}_i$ 有界，但无法保证 $\tilde{\Theta}_i$ 收敛于 0。

假设机械臂关节个数为 n 个，如果采用基于 MIMO 的模糊系统 $\hat{F}(q,\dot{q},\ddot{q}|\Theta)$ 来逼近 $F(q,\dot{q},\ddot{q})$，则对每个关节来说，输入变量个数为 3 个。如果针对 n 个关节机械臂，对每个输入变量设计 k 个隶属函数，则规则总数为 k^{3n}。

例如，机械臂关节个数为 2，每个关节输入变量个数为 3 个，每个输入变量设计 5 个隶属函数，则规则总数为 $5^{3\times2}=5^6=15625$，如此多的模糊规则会导致计算量过大。为了减少模糊规则的个数，应针对 $F(q,\dot{q},\ddot{q},t)$ 的具体表达形式分别进行设计。

针对摩擦进行模糊逼近的模糊补偿控制，由于摩擦力只与速度信号有关，则用于逼近摩擦的模糊系统可表示为 $\hat{F}(\dot{q}|\theta)$，此时模糊系统的输入只有一个，可根据基于传统模糊补偿的控制器设计方法来设计控制律。

鲁棒模糊自适应控制律设计为

$$\tau = D(q)\ddot{q} + C(q,\dot{q})\dot{q} + G(q) + \hat{F}(\dot{q}|\theta) - K_D s - W\mathrm{sgn}(s) \tag{5-135}$$

自适应律设计为

$$\dot{\theta}_i = -\Gamma_i^{-1} s_i \xi(\dot{q}), \ i = 1,2,\cdots,n \tag{5-136}$$

模糊系统设计为

$$\hat{F}(\dot{q}|\theta) = \begin{bmatrix} \hat{F}_1(\dot{q}_1) \\ \hat{F}_2(\dot{q}_2) \\ \vdots \\ \hat{F}_n(\dot{q}_n) \end{bmatrix} = \begin{bmatrix} \theta_1^T \xi^1(\dot{q}_1) \\ \theta_2^T \xi^1(\dot{q}_2) \\ \vdots \\ \theta_n^T \xi^1(\dot{q}_n) \end{bmatrix} \tag{5-137}$$

针对双关节刚性机械臂，其动力学具体表达式如下：

$$\begin{bmatrix} D_{11}(q_2) & D_{12}(q_2) \\ D_{21}(q_2) & D_{22}(q_2) \end{bmatrix} \begin{bmatrix} \ddot{q}_1 \\ \ddot{q}_2 \end{bmatrix} + \begin{bmatrix} -C_{12}(q_2)\dot{q}_2 & -C_{12}(q_2)(\dot{q}_1+\dot{q}_2) \\ C_{12}(q_2)\dot{q}_1 & 0 \end{bmatrix} \begin{bmatrix} g_1(q_1+q_2)g \\ g_2(q_1+q_2)g \end{bmatrix} + F(q,\dot{q},\ddot{q}) = \begin{bmatrix} \tau_1 \\ \tau_2 \end{bmatrix}$$

$$\tag{5-138}$$

其中

$$D_{11}(q_2) = (m_1 + m_2)r_1^2 + m_2 r_2^2 + 2m_2 r_1 r_2 \cos q_2 \tag{5-139}$$

$$D_{12}(q_2) = D_{21}(q_2) = m_2 r_2^2 + m_2 r_1 r_2 \cos q_2 \tag{5-140}$$

$$D_{22}(q_2) = m_2 r_2^2 \tag{5-141}$$

$$C_{12}(q_2) = m_2 r_1 r_2 \sin q_2 \tag{5-142}$$

令 $y = [q_1, q_2]^T$，$\tau = [\tau_1, \tau_2]^T$，$x = [q_1, \dot{q}_1, q_2, \dot{q}_2]^T$，取系统参数 $r_1 = 1.0, r_2 = 0.80, m_1 = 1.0$，$m_2 = 1.5$。

控制目标是使双关节的角度输出 q_1, q_2，分别跟踪期望轨迹 $y_{d1} = 0.3\sin t$ 和 $y_{d2} = 0.3\sin t$。定义隶属函数为

$$\mu_{A_i^{l_i}}(x_i) = \exp\left[-\left(\frac{x_i - x_i^{-t}}{\pi/24}\right)^2\right] \tag{5-143}$$

其中，x_i^{-t} 分别为 $-\pi/6$，$-\pi/12$，0，$\pi/12$，$\pi/6$，$i = 1,2,3,4,5$，A_i 分别为 NB，NS，ZO，PS，PB。

针对带有摩擦的情况，采用基于摩擦模糊补偿的机械臂控制，取控制器设计参数为 $\lambda_1 = 10$，$\lambda_2 = 10$，$K_D = 20I$，$\Gamma_1 = \Gamma_2 = 0.0001$。取系统初始状态为 $q_1(0) = q_2(0) = \dot{q}_1(0) = \dot{q}_2(0) = 0$，取摩擦项为 $F(\dot{q}) = \begin{bmatrix} 10\dot{q}_1 \\ 10\dot{q}_2 \end{bmatrix}$，在鲁棒控制律中，取 $W = \text{diag}[2,2]$。采用鲁棒控制律式及自适应律式，仿真结果如图 5-27～图 5-30 所示。

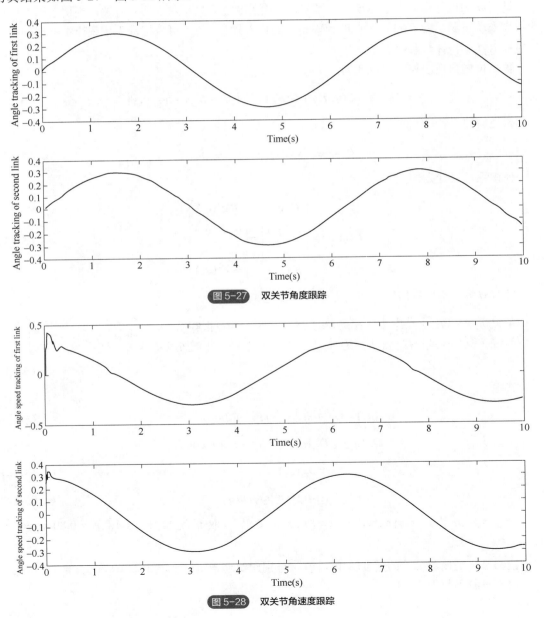

图 5-27 双关节角度跟踪

图 5-28 双关节角速度跟踪

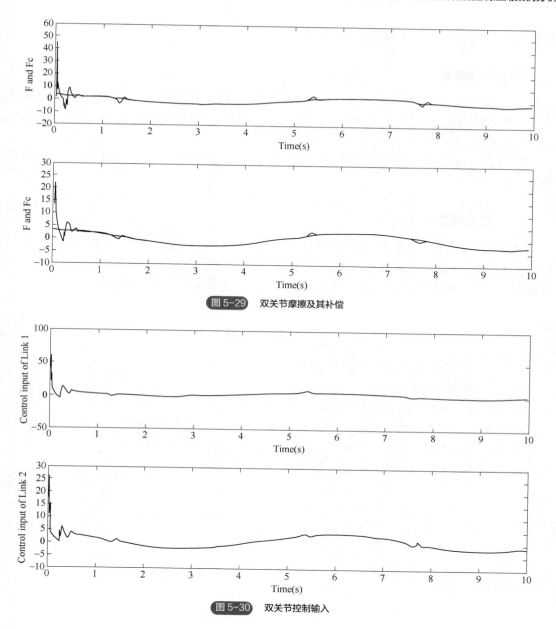

图 5-29　双关节摩擦及其补偿

图 5-30　双关节控制输入

5.5　本章小结

（1）前馈控制和反馈控制优缺点

前馈控制是一种预测控制，通过对系统当前工作状态的了解，预测出下一阶段系统的运行状况。前馈的缺点是在使用时需要对系统有精确的了解，只有了解了系统模型才能有针对性地给出预测补偿。但在实际工程中并不是所有的对象都是可得到精确模型的，而且很多控制对象在运行的同时自身的结构也在发生变化。所以仅用前馈并不能达到良好的控制品质。这时就需要加入反馈，反馈的特点是根据偏差来决定控制输入，不管对象的模型如何，只要有偏差就根据偏差进行纠正，可以有效地消除稳态误差。

（2）图像处理

① 图像分割　是根据灰度、颜色、纹理和形状等特征把图像划分为有意义的若干区域或部分。图像分割是进一步进行图像识别、分析和理解的基础。常用的分割方法有阈值法、区域生长法、边缘检测法、聚类方法、基于图论的方法等。

② 图像解释　指的是从分割图像中计算特征参数，不论这些特征是以区域还是以边界的方式进行表示。

（3）线性伺服系统理论

伺服电机是用于自动控制系统的部件。伺服系统是一个带有输出轴的微小部件，由于执行器的设计，使其提供了高速控制精度。当电机接收到信号时，伺服电机会根据操作员的指示加快速度。如果机械系统的目的是确定特定物体的位置，则该系统称为伺服机构。

 课后习题

1. 数字图像处理包含哪几方面的内容？
2. 图像分割的主要方法有哪些？
3. 推导世界坐标系与图像像素坐标系之间的转换关系。
4. 世界坐标系与相机坐标系之间转换的旋转矩阵和平移矩阵代表什么？
5. 如果伺服电机需要进行正反转速度控制，如何接线和设置参数？
6. 交流伺服电机的转子与普通电机相比，有什么特点？

第 6 章

AGV 小车的智能应用案例分析

 本章思维导图

扫码获取本书资源

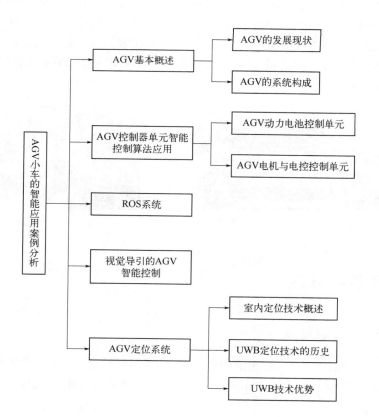

本章学习目标

1. 熟悉并了解 AGV 的发展现状，学习并掌握 AGV 的系统组成。
2. 学习并了解 AGV 控制器单元智能控制算法应用，其中包括 AGV 动力电池控制单元和 AGV 电机与电控控制单元。
3. 熟悉并了解 ROS 系统。
4. 熟悉并了解 AGV 定位系统。
5. 了解 AGV 的技术优势。

 本章案例引入

无人驾驶技术是未来智慧交通的发展方向之一。很骄傲地说，在这个领域我国的百度公司具有多项自主产权。2020 年 9 月，百度 Apollo 宣布在北京正式开放自动驾驶出租车服务；2023年 5 月，百度 Apollo 与中国移动的 "5G+北斗+V2X" 智能交通携手创新计划发布。现在的北京、武汉、深圳都可以看到 L4 级别的无人驾驶车在商业化运营，科技感十足。

百度 Apollo 是应用在交通领域的无人驾驶车，AGV 则是应用在工业领域的无人驾驶车。AGV 的主要特点是：其工作环境因素复杂，工业环境具有大量的电磁干扰，例如变频器、伺服电机等都是干扰源；定位技术复杂，处于室内无法使用 GPS 信号，定位方法需要具有更强的穿透力；工作需要更多协同的能力等。下面我们来讨论 AGV 的基础组成、电机控制技术、视觉导引技术以及定位技术。

百度 Apollo 无人驾驶车

KUKA AGV 移动平台

6.1 AGV 基本概述

6.1.1 AGV 的发展现状

自动导引小车 AGV 是一种以电池为动力，装有非接触导向装置的无人驾驶自动化搬运车辆。它是移动机器人的一种，是现代制造企业物流系统中的重要设备，主要用来储运各类物料，为系统柔性化、集成化、高效运行提供了重要保证。随着现代科技工业的飞速发展，AGV 作为柔性运输的理想工具和无人化生产的典型代表，已在自动化立体仓库、智能港口等物流枢纽场站得到推广应用，日益显示出巨大的优越性。

AGV 最早起源于 20 世纪 40 年代，美国 Basrrett 电子公司改造一辆牵引式拖拉机得到了世界上第一台 AGV，发展至今 AGV 已经成为现代工业中不可或缺的重要部分。未来 AGV 将高速、高精度地向着智能化方向发展。

其应用在发展过程中经历三个阶段：

（1）生产辅助阶段

适合应用于有人工进行主体作业的仓库，所呈现的特征是入库和出库的生产作业主力是操作人员，而 AGV 仅作为简单的辅助。

（2）多种设备的配合阶段

以京东"亚洲一号"系列仓库的投入和使用作为标志，其主要特征是适度的自动化作业，使用了大量的仓储 AGV、自动化立体仓库、输送线、自动分拣机等物流自动化设备，而这些设备的使用在很大程度上提高了系统的作业效率。

（3）智能物流阶段

特征表现为对数据的采集和处理、AGV 的集成和调度以及智能算法的控制和指导，这些技术的应用能够彻底改变当前存储系统运行的方式，在降低成本的同时极大提升系统工作效率。

AGV 之所以能够实现无人驾驶，导航和导引起到了至关重要的作用。只有选择有效可行的导引方式，AGV 才能准确无误并且高效地进行工作。在众多的导引方式中，激光导引是除 GPS 之外唯一不需要进行地面处理的导引方式，根据它的导引原理，AGV 在导引区可以自由行走并精确定位；在导引范围内，小车的行走路径可根据实际需要随时改动，充分发挥 AGV 的柔性，提高生产效率。

6.1.2　AGV 的系统构成

AGV 的组成分为机械部分和电气部分。其中：机械部分包括 AGV 本体、举升机构、控制箱、驱动轮、从动轮、保险杠、电池箱和充电连接器等；电气部分包括 AGV 控制器、伺服驱动器、电源和传感器等。

以 SICK 公布的叉车式 AGV 的安全控制系统框架进行阐述，其结构与元器件如图 6-1 所示。

智能 AGV 一般会装备如下装置：

① 自动导引装置：电磁或光学传感器等，例如，在 AGV 车身底部布置电磁感应的传感器，在工厂地面布置磁力线，小车利用电磁检测完成磁力线寻迹控制，实现基本的自主导航，实际上方法有很多，还有导引用视觉传感器、激光传感器、超声波传感器都可以起到智能 AGV 控制的导航作用。

② 机载避障传感器：常见的就是激光传感器，如图 6-2 所示。激光传感器一般可以检测 3cm～3m，甚至更远距离的障碍物，发射激光呈扇形分布，因此检测的是一个扇面上的障碍物，激光连续发射遇到障碍物后接收信号并测距，可以实时检测障碍物并根据算法进行紧急制动、避障、货仓状态检测，对整机具有安全保护功能，同时还可以利用激光数据建立 AGV 所在环境的地图，或者根据已有地图进行自身的定位，这就是所谓的 SLAM 算法，是目前最先进的室

内导航算法之一。

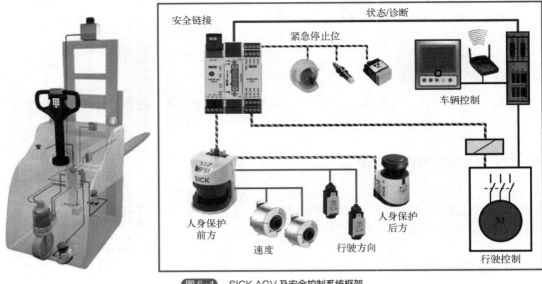

图 6-1　SICK AGV 及安全控制系统框架

(a) 激光传感器S3000

(b) 激光传感器LMS 100/ LMS500

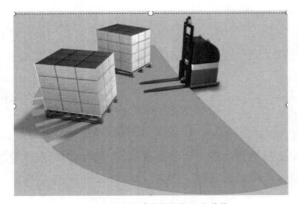

(c) SICK激光传感器检测托盘和载体

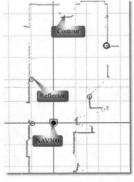

(d) 激光传感器建立的地图

图 6-2　SICK 激光传感器 AGV 导引应用

③ 室内定位系统:能够沿规定的导引路径行驶,具有载运功能。典型产品如KUKA的AGV。

④ 条形码读取器:在 AGV 接近货物的过程中,读取器被自动激发,通过读取二维码进行货物的识别,如图 6-3 所示。

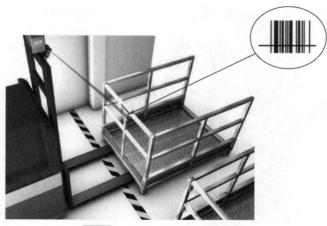

图 6-3　SICK CLV6xx 自动识别货物

⑤ 无线射频识别设备 RFID（图 6-4）：RFID 系统用来动态跟踪货物，读取器获取托盘上的所有标签，并传输数据到 WMS。

图 6-4　SICK 无线射频识别设备 RFH630

⑥ 拉线式编码器 BKS09/ EcoLine（图 6-5）：自动测量升降叉的高度。

图 6-5　SICK 拉线式编码器 BKS09/ EcoLine

⑦ 绝对编码器 AFS/ AFM60（图 6-6）：用于测量车轮转动的角度。

图 6-6　SICK 绝对编码器 AFS/ AFM60

⑧ 测距传感器 DT35/ DT50（图 6-7）：用于检测货架是否有物料。

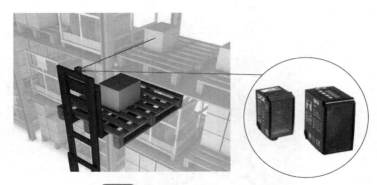

图 6-7　SICK 测距传感器 DT35/ DT50

SICK 提供诸多叉车和自动导引车传感器解决方案，见图 6-8。

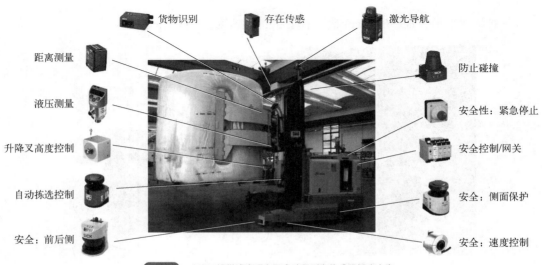

图 6-8　SICK 提供诸多叉车和自动导引车传感器解决方案

6.2　AGV 控制器单元智能控制算法应用

6.2.1　AGV 动力电池控制单元

　　动力电池控制单元主要功能是为 AGV 上各个通电工作的设备提供电能，具备监控剩余电量的功能，在电量不足时会发出提醒，以此确保仓储 AGV 的正常工作。目前电池有铅酸电池、镍氢电池、锂电池，电源有的采用直流电源、驱动直流电机，有的将车载直流电源经逆变器转换成交流电三相 380V，供给三相异步电机，采用变频设备来调速。电池品种不同和储电量不同，其总体造价差异很大，但是无论如何都会有电池管理系统。

　　电池管理系统（图 6-9）主要有三个功能：

　　① 实时监测电池状态。通过检测电池的外特性参数（如电压、电流、温度等），采用适当的算法，实现电池内部状态（如容量和 SOC 等）的估算和监控，这是电池管理系统有效运行的基础和关键。

　　② 在正确获取电池的状态后进行热管理、电池均衡管理、充放电管理、故障报警等。

　　③ 建立通信总线，向显示系统、整车控制器和充电机等实现数据交换。

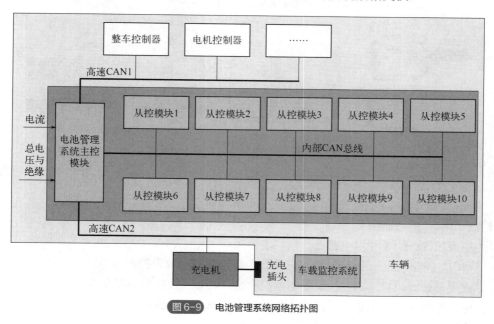

图 6-9　电池管理系统网络拓扑图

　　电池管理系统主控模块（图 6-10）包括继电器控制、电流测量、总电压与绝缘检测和通信接口等电路。系统上电后，首先进行系统的初始化，对一些重要的参数进行赋值，对相关的外设进行配置和初始化。初始化完成后，进入主循环，在主循环里循环执行电流检测和 SOC 计量，总电压与绝缘检测，数据处理与故障判断，数据存储，RS232 通信、CAN0 通信、CAN1 通信和 CAN2 通信这些子程序。

　　从控模块主要实现电压测量、温度测量、均衡管理、热管理和通信等电路。上电后先完成系统初始化，对一些重要的参数进行赋值，对相关的外设进行配置和初始化。初始化完成后，在主循环里执行电压检测、均衡控制、温度检测、热管理等子程序。

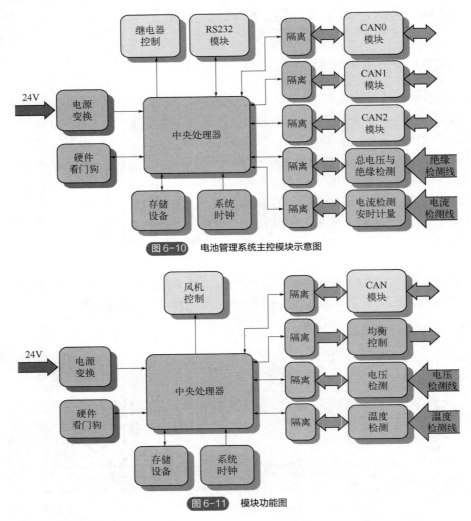

图 6-10   电池管理系统主控模块示意图

图 6-11   模块功能图

模块功能描述（图 6-11）如下：

① 电源模块：给各种用电器件提供稳定电源；

② MCU（main control unit）模块：采集、分析数据，收发控制信号；

③ 继电器控制模块：通过控制继电器的吸合、断开来控制电池组是否向外供电；

④ 电流检测模块：采集电池组充放电过程中的充放电电流；

⑤ 电压检测模块：测量电池组各个模块电压；

⑥ 温度检测模块：检测电池组充放电过程中电池组温度；

⑦ 均衡控制模块：对电池均衡进行控制；

⑧ 总电压与绝缘检测模块：监测动力电池组总电压以及电池组与车体之间的绝缘是否符合要求；

⑨ CAN 收发模块：进行其他控制器与 MCU 间的数据通信及程序的标定与诊断，协调整车控制系统与 MCU 之间的通信；

⑩ RS232 收发模块：进行电池组管理系统状态监控、程序的标定、参数的修正。

各模块的设计思路如下。

（1）系统电源模块设计

本电池管理系统使用的供电电源为车载 24V 转变成 5V。采用隔离电源模块得到电压检测、电流检测、绝缘监测、温度检测用供电电源。在电源输入前端加入二极管完成反向保护，两级滤波电路有利于系统的抗干扰性。

（2）主回路控制模块设计

动力总成控制系统给继电器提供驱动电源，MCU 输出高低电平控制信号来控制驱动继电器闭合与断开，实现主回路继电器的吸合与断开。串行互锁控制方式，提高控制可靠性。

（3）电流采集电路设计

电池组在整车的实际工况中，电流的变化范围为−200～500A（精度：1A），为了保证电流采集的精度，采用全范围等精度较高的分流器检测电池组总电流。信号经调理后送高速 AD 进行数模转换和电流积分运算，数字信号经光耦隔离后输入 MCU 进行处理。

（4）电压采集电路设计

在整车实际工况中，随着电池组充放电的进行，电池组的电压不断变化，单体电池之间电压的一致性也会大大影响电池组的性能，所以也有必要检测每个单体电池的电压。采用专用的电压采集芯片对单体电池电压进行模数转换后，通过光耦将数字信号传至 MCU。单体电池电压的检测精度为 10mV。

（5）温度采集电路设计

电池组温度也是影响电池组性能的重要参数，电池组温度过高或过低会造成电池组不可逆转破坏。本系统采用数字式温度传感器，把每个温度传感器的地线、数据线、电源线进行合并，采用一根数据总线来进行通信，温度检测精度为 1℃。

（6）绝缘模块电路设计

绝缘检测模块用来测试判定动力电池组与车体绝缘是否达标，通过测量直流母线与电底盘之间的电压，计算得到系统的绝缘电阻值。

（7）CAN 收发模块电路设计

采用 CAN 收发器来进行 MCU 与动力总成控制系统及其他控制器之间 CAN 通信。CAN 通信采用了共模扼流圈滤波等技术，通信抗干扰能力强，通信比较稳定。CAN 通信能够用于动力总成控制系统与 MCU 间的数据通信及程序的标定与诊断。CAN 收发器波特率为 250kbps，数据结构采用扩展帧（29 位 ID 值）。

（8）RS232 收发模块电路设计

RS232 收发模块采用芯片 MAX232 转换电平，采用标准电路进行通信。RS232 收发模块，用于进行电池组管理系统程序的标定、参数的修正。RS232 收发模块波特率为 19.2kbps。

6.2.2　AGV 电机与电机控制单元

电驱动系统是 AGV 的"心脏"，电机的性能直接影响到 AGV 的使用性能。因此，开发阶段必须进行驱动与电机的性能匹配，以判断设计方案是否满足设计目标和使用要求。

6.2.2.1　电机的基本性能要求

工业中的 AGV 运行工况复杂，要求驱动电机能够在频繁启动/停止、加速/减速的时候保持较高的转矩，较宽的调速范围。电机的选型要素通常包括：电机的类型、额定电压、机械特性、效率、尺寸参数、可靠性和成本等。在基本物理参数定型的基础上通过匹配驱动系统和电子控制系统使电机工作在最佳的性能区间。

对电机基本性能指标有以下要求：

① 高电压。在允许的范围内采用高电压可以减小电机尺寸，减少损耗。

② 高转速。高转速电机体积更小、质量轻，可降低整车整备质量。

③ 重量轻。轻量化设计可以降低整备质量，节省宝贵的能量。

④ 较大的启动转矩和较大的调速范围。

⑤ 效率高、损耗小，能实现制动能量回收。在车载能源系统不变的情况下，最大限度地增加续航里程，突出能源利用优势。

⑥ 良好的安全性。必须具备高压绝缘、保护设备。

⑦ 可靠性好，适应汽车运行的各种恶劣环境。

⑧ 结构简单、维修方便，维护成本低。

6.2.2.2　电机控制基础

直流有刷电机、直流永磁无刷电机、交流异步电机、磁阻电机是目前 AGV 驱动电机的主流技术和首选机型。驱动电机不同，成本差异很大。

① 若采用直流有刷电机，车载电源可直接供给电机，使用这种电机采用晶闸管式控制器斩波方式调速。有刷直流电动机的主要优点是控制简单、技术成熟，具有交流电机不可比拟的优良控制特性。但由于存在电刷和机械换向器，限制了电机过载能力与速度的进一步提高，而且如果长时间运行，势必要经常维护和更换电刷和换向器。另外，由于损耗存在于转子上，使得散热困难，限制了电机转矩质量比的进一步提高。

② 若用直流无刷电机，其必须与控制器一体制成，成本更高。以脉冲宽度调制方法进行调速，优点是体积小、重量轻。永磁无刷直流电动机是一种高性能的电动机，它的最大特点就是具有直流电动机的外特性而没有刷组成的机械接触结构。而且，它采用永磁体转子，没有励磁损耗，发热的电枢绕组又装在外面的定子上，散热容易，因此，永磁无刷直流电动机没有换向火花，没有无线电干扰，寿命长，运行可靠，维修简便。此外，它的转速不受机械换向的限制，如果采用空气轴承或磁悬浮轴承，可以在每分钟高达几十万转运行。永磁无刷直流电动机具有

更高的能量密度和更高的效率，在 AGV 中有着很好的应用前景。典型的永磁无刷直流电动机是一种准解耦矢量控制系统，由于永磁体只能产生固定幅值磁场，因而永磁无刷直流电动机系统非常适合于运行在恒转矩区域，一般采用电流滞环控制或电流反馈型 SPWM 法来完成。为进一步扩充转速，永磁无刷直流电动机也可以采用弱磁控制。弱磁控制的实质是使相电流相位角超前，提供直轴去磁磁势来削弱定子绕组中的磁链。永磁无刷直流电动机受到永磁材料工艺的影响和限制，使得永磁无刷直流电动机的功率范围较小，最大功率仅几十千瓦。永磁材料在受到振动、高温和过载电流作用时，其导磁性能可能会下降或发生退磁现象，将降低永磁电动机的性能，严重时还会损坏电动机，在使用中必须严格控制，使其不发生过载。永磁无刷直流电动机在恒功率模式下，操纵复杂，需要一套复杂的控制系统，从而使得永磁无刷直流电动机的驱动系统造价很高。

③ 若用交流异步电机作为驱动电机，由于车载电源是直流电，需将电源经逆变器转换成交流电，汽车电机电压 380V 左右，功率在几十千瓦不等，其逆变器功率大，成本提高。交流电机调速由变频方式调速，交流异步电机采用变频变压控制（VVVF）和磁场定向控制（FOC），也称矩量控制或解耦控制、变极控制。

在电机控制过程中应注意：

① 电动机的转速越高则电枢绕组切割磁场越快，产生的反电势越高，将限制电流，使转矩降低，低转速下却可输出较大转矩。因此在阻力较大的路面工况下，转矩较大，要消耗较大的电流，即电动机在低速运动时，电流输出并不小，只是电压降低。

② 电机最高效率在额定转速那里，往下调速就效率低，转速越低效率越低。而为了提高车载电源的利用率，希望电机的效率越高越好。

6.2.2.3　PMSM 和 BLDC 电机的特点

① 功率密度大；

② 功率因数高（气隙磁场主要或全部由转子磁场提供）；

③ 效率高（不需要励磁，绕组损耗小）；

④ 结构紧凑、体积小、重量轻，维护简单；

⑤ 内埋式交直轴电抗不同，产生结构转矩，弱磁性能好，表面贴装式弱磁性能较差。

定子绕组一般制成多相（三、四、五相不等），通常为三相绕组。三相绕组沿定子铁芯对称分布，在空间互差 120° 电角度，通入三相交流电时，产生旋转磁场。

转子采用永磁体，目前主要以钕铁硼作为永磁材料。采用永磁体简化了电机的结构，提高了可靠性，又没有转子损耗，提高了电机的效率。

无刷直流电机的永磁体的弧极为 180°，永磁体产生的气隙磁场呈梯形波分布，线圈内感应电动势亦是交流梯形波。

（1）BLDC 电机控制方式

① 两两通电方式（图 6-12）　每一瞬间有两个功率开关导通，每隔 60° 换相一次，每次换相一个功率开关，每个功率开关导通 120° 电角度。导通顺序为：VF_1VF_2、VF_2VF_3、VF_3VF_4、VF_4VF_5、VF_5VF_6、VF_6VF_1…

将三只霍尔集成电路按相位差 120° 安装，产生波形，如图 6-13 所示。

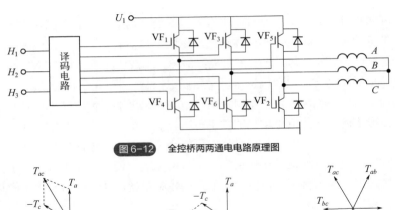

图 6-12 全控桥两两通电电路原理图

(a) VF₁，VF₂导通时合成转矩   (b) VF₂，VF₃导通是合成转矩   (c) 两两通电时合成转矩

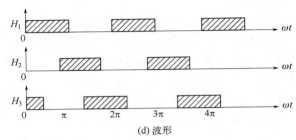

(d) 波形

图 6-13 Y 联结绕组两两通电时的合成转矩矢量与波形图

② 三三通电方式　每一瞬间有三个功率开关导通，每隔 60° 换相一次，每个功率开关导通 180° 电角度。导通顺序为：$VF_1VF_2VF_3$、$VF_2VF_3VF_4$、$VF_3VF_4VF_5$、$VF_4VF_5VF_6$、$VF_5VF_6VF_1$、$VF_6VF_1VF_2$、$VF_1VF_2VF_3\cdots$

原理图、波形图以及转矩矢量图如图 6-14 所示。

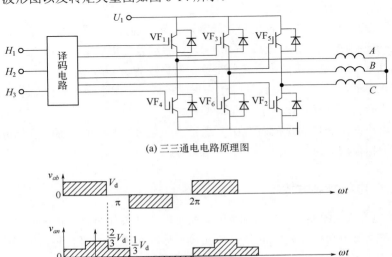

(a) 三三通电电路原理图

(b) 波形图

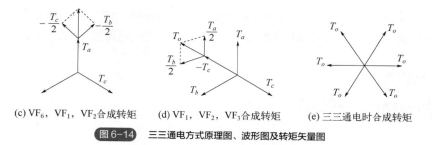

(c) VF₆，VF₁，VF₂合成转矩　　(d) VF₁，VF₂，VF₃合成转矩　　(e) 三三通电时合成转矩

图 6-14　三三通电方式原理图、波形图及转矩矢量图

（2）BLDC 电机传递函数（图 6-15）

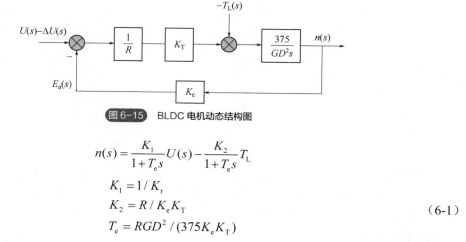

图 6-15　BLDC 电机动态结构图

$$n(s) = \frac{K_1}{1+T_e s} U(s) - \frac{K_2}{1+T_e s} T_L$$

$$K_1 = 1/K_r$$

$$K_2 = R/K_e K_T$$ (6-1)

$$T_e = RGD^2/(375 K_e K_T)$$

式中，K_1 为电动势传递系数；K_2 为转矩传递系数；T_e 为电磁时间常数。

（3）FOC 控制策略

工作原理：定子电流经过坐标变换后转化为两相旋转坐标系上的电流 i_{ds} 和 i_{qs}，从而调节转矩 T_e 和实现弱磁控制。FOC 中需要测量的量为：定子电流、转子位置角。其特点：

① 以转子磁场定向；

② 系统动态性能好，控制精度高；

③ 控制简单，具有直流电机的调速性能；

④ 运行平稳，转矩脉动很小。

（4）FOC 控制方式

i_d=0 控制：定子电流中只有交轴分量，且定子磁动势空间矢量与永磁体磁场空间矢量正交，电机的输出转矩与定子电流成正比。其性能类似于直流电机，控制系统简单，转矩性能好，可以获得很宽的调速范围，适用于高性能的数控机床、机器人等场合。电机运行功率因数低，电机和逆变器容量不能充分利用。

$\cos\varphi$=1 控制：控制交、直轴电流分量，保持 PMSM 的功率因数为 1，在 $\cos\varphi$=1 条件下，电机的电磁转矩随电流的增加呈现先增加后减小的趋势。可以充分利用逆变器的容量。不足之处在于能够输出的最大转矩较小。

最大转矩/电流比控制：也称为单位电流输出最大转矩的控制（最优转矩控制）。它是凸极 PMSM 用得较多的一种电流控制策略。当输出转矩一定时，逆变器输出电流最小，可以减小电机的铜耗。

（5）坐标变换

① Clarke（3s/2s）变换（图 6-16）。

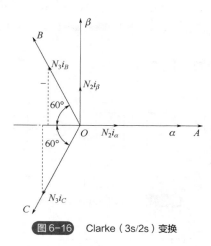

图 6-16　Clarke（3s/2s）变换

图 6-16 中，N_3 为三相绕组每相绕组匝数；N_2 为两相绕组每相绕组匝数。

各相磁动势为有效匝数与电流的乘积，其相关空间矢量均位于有关相的坐标轴上。设磁动势波形是正弦分布的，当三相总磁动势与两相总磁动势相等时，两套绕组瞬时磁动势在 α-β 轴上的投影都应相等，因此

$$N_2 i_\alpha = N_3 i_A - N_3 i_B \cos 60^\circ - N_3 i_C \cos 60^\circ$$
$$= N_3 \left(i_A - \frac{1}{2} i_B - \frac{1}{2} i_C \right)$$
$$N_2 i_\beta = N_3 i_B \sin 60^\circ - N_3 i_C \sin 60^\circ$$
$$= \frac{\sqrt{3}}{2} N_3 (i_B - i_C)$$

$$\begin{bmatrix} i_\alpha \\ i_\beta \end{bmatrix} = \frac{N_3}{N_2} \begin{bmatrix} 1 & -\dfrac{1}{2} & -\dfrac{1}{2} \\ 0 & \dfrac{\sqrt{3}}{2} & -\dfrac{\sqrt{3}}{2} \end{bmatrix} \begin{bmatrix} i_A \\ i_B \\ i_C \end{bmatrix} \tag{6-2}$$

考虑变换前后总功率不变，可得匝数比应为

$$\frac{N_3}{N_2} = \sqrt{\frac{2}{3}}$$

可得

$$\begin{bmatrix} i_\alpha \\ i_\beta \end{bmatrix} = \sqrt{\frac{2}{3}} \begin{bmatrix} 1 & -\dfrac{1}{2} & -\dfrac{1}{2} \\ 0 & \dfrac{\sqrt{3}}{2} & -\dfrac{\sqrt{3}}{2} \end{bmatrix} \begin{bmatrix} i_A \\ i_B \\ i_C \end{bmatrix}$$

坐标系变换矩阵：

$$C_{3/2} = \sqrt{\frac{2}{3}} \begin{bmatrix} 1 & -\dfrac{1}{2} & -\dfrac{1}{2} \\ 0 & \dfrac{\sqrt{3}}{2} & -\dfrac{\sqrt{3}}{2} \end{bmatrix}$$

$$C_{2/3} = \sqrt{\frac{2}{3}} \begin{bmatrix} 1 & 0 \\ -\dfrac{1}{2} & \dfrac{\sqrt{3}}{2} \\ -\dfrac{1}{2} & -\dfrac{\sqrt{3}}{2} \end{bmatrix}$$

如果三相绕组是 Y 连接不带零线，则有

$$i_A + i_B + i_C = 0$$

$$\begin{bmatrix} i_\alpha \\ i_\beta \end{bmatrix} = \begin{bmatrix} \sqrt{\dfrac{3}{2}} & 0 \\ \dfrac{1}{\sqrt{2}} & \sqrt{2} \end{bmatrix} \begin{bmatrix} i_A \\ i_B \end{bmatrix} \quad \begin{bmatrix} i_A \\ i_B \end{bmatrix} = \begin{bmatrix} \sqrt{\dfrac{2}{3}} & 0 \\ -\dfrac{1}{\sqrt{6}} & \dfrac{1}{\sqrt{2}} \end{bmatrix} \begin{bmatrix} i_\alpha \\ i_\beta \end{bmatrix}$$

② 电压空间矢量。

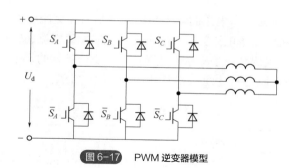

图 6-17　PWM 逆变器模型

PWM 逆变器模型见图 6-17，由三组六个开关（S_A、$\overline{S_A}$、S_B、$\overline{S_B}$、S_C、$\overline{S_C}$）组成。由于 S_A 与 $\overline{S_A}$、S_B 与 $\overline{S_B}$、S_C 与 $\overline{S_C}$ 互为反向，即一个接通，另一个断开，所以三组开关有 8 种可能的开关组合。若规定三相负载的某一相与"+"极接通时，该相的开关状态为"1"态；反之，与"−"极接通时，为"0"态，则 8 种可能的开关组合见表 6-1。

表 6-1　8 种开关组合

状态	0	1	2	3	4	5	6	7
S_A	0	1	0	1	0	1	0	1
S_B	0	0	1	1	0	0	1	1
S_C	0	0	0	0	1	1	1	1

逆变器 7 种不同的电压状态：电压状态"1"至"6"；零电压关状态"0"和"7"。逆变器的输出电压 $u_s(t)$ 用空间电压矢量来表示，依次表示为

$u_s(001)$、$u_s(101)$、$u_s(011)$、$u_s(100)$、$u_s(110)$、$u_s(010)$、$u_s(000)$、$u_s(111)$

逆变器非零电压矢量输出时的相电压波形、幅值和电压状态的对应关系如图 6-18 所示。电压状态和开关状态均以 6 个状态为一个周期，相电压幅值为两种：$\pm 2U_d / 3$ 和 $\pm U_d / 3$。

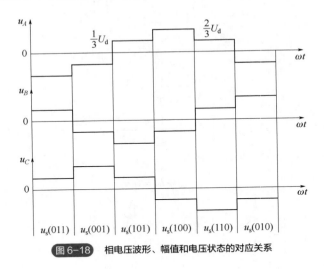

图 6-18　相电压波形、幅值和电压状态的对应关系

（6）FOC 控制策略

FOC 是通过控制变频器输出电压的幅值和频率控制三相交流电机的一种变频驱动控制方法，通过测量和控制电机的定子电流矢量，实现对电机的励磁电流和转矩电流的控制，它通过坐标变换将静止坐标转化成旋转的坐标系，从而使三相交流耦合的定子电流转换为相互正交的形式，达到直接控制转矩的目的。FOC 控制框图如图 6-19 所示。

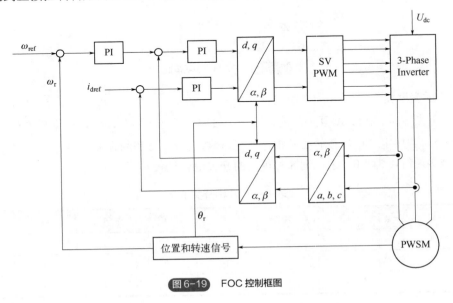

图 6-19　FOC 控制框图

FOC 的组成：

① SVPWM（空间矢量脉宽调制）模块。采用先进的调制算法以减少电流谐波，提高直流母线电压利用率。

② 电流读取模块。通过精密电阻或电流传感器测量定子电流。

③ 转子速度/位置反馈模块。采用霍尔传感器或增量式光电编码器来准确获取转子位置和角速度信息，也可采用无传感器检测算法进行测量。

④ PID 控制模块。

⑤ Clark、Park 及 Reverse Park 变换模块。

FOC 的控制步骤如下：

① 将通过电流读取模块检测 PMSM（永磁同步马达）的两个相电流 i_a 和 i_b，由于 $i_a+i_b+i_c=0$，即可得到另一相电流，三相电流经过 Clark 变换，即从三相静止坐标系变换到两相静止坐标系，得到电流 i_α 和 i_β；

② i_α 和 i_β 与转子位置 θ_{rel} 结合，经过 Park 变换从两相静止坐标系变换到两相旋转坐标系 i_d 和 i_q；

③ 转子速度/位置反馈模块将测量的转子角速度 ω_r 与参考转速 ω_r^* 进行比较，并通过 PI 调节器产生交轴参考电流 i_{qs}^*；

④ 交、直轴参考电流 i_{ds}^*、i_{qs}^* 与实际反馈的交、直轴电流 i_{ds}、i_{qs} 进行比较，取直轴参考电流 i_{ds}^* 为 0，再经过 PI 调节器（PID 控制器），转化为电压 v_{ds} 和 v_{qs}；

⑤ 电压 v_{ds} 和 v_{qs} 与检测到的转子角位置 θ_{rel} 相结合进行反 Park 变换，变换为两相静止坐标系的电压 v_α 和 v_β；

⑥ 电压 v_α 和 v_β 经过 SVPWM 模块调制为六路开关信号，从而控制三相逆变器的开通与关断。

当 ω_r 变化时，与 ω_r^* 产生偏差 $\Delta\omega_r$，经 PI 调节器输出设定值 i_{qs}^*，和实际交轴电流 i_{qs} 比较，得到偏差 Δi_{qs}，用来调节实际交轴电流。如果直轴电流 i_{ds} 不为 0，因为直轴电流给定值为 0，产生直轴电流偏差 Δi_{ds}。以上两个偏差电流 Δi_{ds} 和 Δi_{qs} 经过 PI 调节器及反 Park 变换后为 SVPWM 调制算法提供两相电压 v_α 和 v_β，从而进一步调节电压空间矢量，并通过逆变器来调节电机的转速。然后重复上述过程，实现转速和电流的双闭环控制系统。

近年来，随着工业智能化标准与 AGV 设备功能的日益完善，基于数字化、信息化的系统软件开发也变得日益复杂。在这样的背景下，随之而来的是：

① AGV 功能代码在不同的硬件平台上难以迭代或重复使用；

② AGV 必备的软硬件兼容性、集成性限制了其进一步普及与推广；

③ 目前 AGV 应用市场和学术领域现有比较成熟的管理软件呈现技术闭源、代码加密、数据后台处理等问题。

以上问题导致二次开发的难度极大、成本极高，适用工业场景具有一定的局限性，不利于柔性化生产。在此背景下，机器人操作系统（robot operating system，ROS）的出现极大程度上解决了以上问题。

6.3　ROS 系统

2007 年，斯坦福大学人工智能实验室与 Willow Garage 公司共同攻克项目难题时，ROS 作为项目转化出的成果被 Willow Garage 公司公开源码并得以快速发展。与传统的研发控制系统工具不同，ROS 作为一个软件开发平台，不仅开源且类似于传统操作系统，可以更加便捷地搭建智能设备的软件框架，该平台具有开发工具及开发库，提供了硬件模拟、场景搭建、数据传递、装置驱动等多种功能。

ROS 在系统的设计和可执行性上比传统的控制系统更加灵活，兼容性、拓展性优势更为突出，其主要设计目标是提高代码的重复使用率，并且具有能够实现点分布式计算、对点设计、模块化设计、支持多种编程语言、提供丰富的组件化工具、快速测试、开源免费等方面的优势，因此在近几年里发展迅速。

目前，国内外许多智能制造业、机器人研究机构等都在使用 ROS 设计开发的产品，在工业机器人市场上具有垄断地位的日本发那科、安川电机，瑞士的 ABB 以及中国美的旗下的库卡都有基于 ROS 开发的产品，许多科技公司、车辆生产研发公司也都将 ROS 作为重要的工具来开发智能小车、无人机等。国内百度 Apollo、腾讯、阿里巴巴的菜鸟网络、小马智行等，都成立了 ROS 开发团队，在无人驾驶规划算法、机器人感知算法、自主导航、系统平台研发等方面投入了大量的研究经费。当前形如 AGV、无人驾驶、无人机等领域的兴起，也会驱使 ROS 的技术和应用进一步发展。

ROS 可以应用于地面移动车辆、无人飞行器、人工智能机器人等，为软硬件的结合提供丰富的程序库和辅助工具，如功能函数库、可视化工具、通信组件、接口、软件管理等标准的操作系统服务，同时为智能设备的模型、状态、点动等提供交互服务；对智能设备的路径规划、碰撞检测、语音及图像处理提供规划服务。

ROS 的各类社区中汇集了全球各地研究人员的开发代码，而 ROS 系统不仅仅局限于文件系统级别，通过物联网还转移到了社区级别，这种方式的转化使得开发人员之间的交流更为便捷，促使相关技术得到广泛的讨论，对代码的发布、传播，对问题的解决、优化，对技术的升级都有极大的益处。ROS 结构的独特性极大地促进了 ROS 的优化和发展，在众多开发人员的齐心协力下，ROS 系统中的软件仓库规模也在逐步扩大，构建一个基于 ROS 平台的 AGV 变得更加容易。

虽然 AGV 系统的搭建是个非常大的复杂工程，但 ROS 操作系统的出现使这一难题找到了突破口。开源的操作系统、丰富的功能包、多语言的支持、分布式的结构设计等一系列的优势，受到了众多开发者的喜爱。ROS 的应用不仅可以使 AGV 的软硬件结合更为密切，还能对其传统的路径规划研究有所助益。而路径规划是智能化 AGV 必备功能里最重要的组成部分，先进的优化算法及实现代表着设备的智能化程度。ROS 的兼容性和拓展性可以很好地将路径优化算法嵌入系统中，配以丰富的组件，如可视化工具、仿真工具等，成为研发智能仓储 AGV 的最佳平台。在此背景下，AGV 使用 ROS 系统不仅能很好地实现所设计的功能，而且在智能化发展的方向上也大有可为，因此成为研究的热门领域。

6.4 视觉导引的 AGV 智能控制

目前，AGV 导引的主要方式有：惯性导引、激光导引、电磁导引与视觉导引等。与惯性导引相比，视觉导航算法更容易实现；与激光导引相比，视觉导航更简单，成本更低；与电磁导引的 AGV 相比，视觉导航又具有易于维护、布局灵活、环境不受电磁干扰影响的优点，因此视觉引导 AGV 具有很好的应用前景。

视觉引导离不开视觉传感器，由于视觉的非接触性、获取信息丰富、安装成本低、检测灵活等优点，已逐渐成为工业机器人中应用最广泛的传感器。视觉传感器属于一种典型的被动传感器，可以从环境中获得更加丰富的信息，非常有利于 AGV 的同步定位与地图建立算法的实现。

在基于视觉传感器的 AGV 导航中，按照视觉传感器分又有单目视觉、双目视觉和全景视觉三种不同的导航方法。

其中：单目视觉是指单一图像传感器完成导航，缺少检测物体距离的深度信息；双目视觉是指在相距适当的距离设置两台性能相同的摄像机，同时对准目标物体，获取同一景物的两幅图像，根据同一空间点在两幅图像中的"视差"，利用三角测量原理，测出摄像机到目标物体之间距离的方法；全景视觉是利用全景摄像机观测 AGV 周围 360°内的全景环境，从而提取需要的环境特征进行 AGV 导航的。

根据视觉传感器安装位置不同，视觉导航方式又可以分为全局视觉导航和局部视觉导航，全局视觉导航的视觉传感器安装在场景正上方，与车体分离；局部视觉导航相机一般安装在 AGV 车体上。全局视觉对 AGV 定位可分为识别和定位两步，首先在全局图像中识别到 AGV，然后确定 AGV 在世界坐标系下位姿。

全局视觉能够收集到丰富的环境信息，当 AGV 需要更改路径时，不需要改变生产环境和提前铺设路标，布置简单。AGV 可随时在任意可达位置停车，易于控制。全局定位系统可通过车间监控系统搭建，充分利用监控系统，并可与姿态检测、数字化车间建设等结合，提高生产过程数字化程度，同时可了解到整体生产状况，具有广阔的发展空间。

基于视觉导引具体导航控制算法结构如图 6-20 所示。

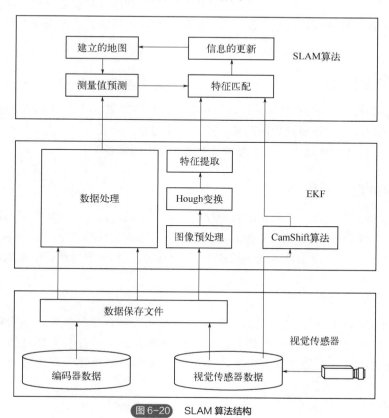

图 6-20　SLAM 算法结构

算法结构分为三层结构：第一层是数据提取层，实现 AGV 传感器对环境数据与编码器数据的采集和保存；第二层是数据处理层，主要是运用图像处理技术和基于颜色的 CamShift 算法为 SLAM 算法提供有效的直线特征和颜色特征，并使用编码器的数据得到 AGV 的当前位置。第三层为 SLAM 算法层，是通过以上数据，利用扩展的 Kalman 滤波实现 AGV 同步定位与地图建立算法的研究与实践。

6.5　AGV 定位系统

6.5.1　室内定位技术概述

（1）Wi-Fi 定位技术

Wi-Fi 定位技术是一种比较成熟的技术，由于前期 Wi-Fi 通信的应用，Wi-Fi 设备的布局已经很广，但是 Wi-Fi 受环境的影响很严重，定位的精度较差。

（2）蓝牙定位技术

蓝牙定位技术是一种在室内安装多个蓝牙模块，使其组成蓝牙局域网，蓝牙定位技术的优点是设备的体积小、功耗低，但是蓝牙的通信距离短致使其在大面积定位时，需要大批量安装大量蓝牙模块。而且蓝牙模块抗干扰差，受噪声的影响大，致使蓝牙模块在大面积推广使用时面临很大问题。

（3）RFID 定位技术

RFID 是在 UWB 定位技术兴起前比较常用的定位解决方案，但是 RFID 定位技术的作用距离很短，并且 RFID 本身没有通信的功能，抗干扰能力差，一般是用在人员打卡，重要文件、物资的管理等场合，RFID 适用于短距离、没有通信要求的场景下。

（4）超声波定位技术

超声波定位技术是利用一个超声波发射模块，若干个超声波接收模块组成，通过声波信号在介质中传播的时间和速度来进行定位的，该定位方式的定位精度也很高，但是声波传输速率受环境温度的影响很大，定位精度受多径效应、多普勒效应和非视距的影响很大。

（5）UWB 定位技术

UWB（ultra wide band）技术是近年来新兴的高精度室内定位技术，具有精度高、分辨能力强、抗干扰能力强、穿透能力较强、功耗低等特点。在具备以上特点的同时还具备通信能力，随着物联网、多智能体的发展，该项技术越来越被重视，而且最近几年的发展十分显著。

常见定位技术对比见表 6-2。

表6-2 常见定位技术对比

定位技术	蓝牙	RFID	超声波	Wi-Fi	ZigBee	UWB
定位精度	2m	1m	10cm	3～10m	3m	0.15m
传输距离	10m	19m	10m	100m	100m	10m
功耗	低	低	高	高	低	低
成本	低	低	高	低	低	低
可靠性	一般	一般	一般	一般	一般	高
保密性	较高	低	中	高	高	高

UWB定位技术的定位精度可以达到厘米级，在高速的工业网络环境下，配合惯性导航系统可以实时进行AGV的自定位。

6.5.2 UWB定位技术的历史

20世纪60年代，美国军方为了进行雷达侦测，提出了UWB技术的概念，由于UWB工作频率极高始终无法进行大规模推广应用。

1993年，美国加州大学论证了采用短脉冲跳时调制多址技术进行通信的理论，从而开始了大规模的UWB的研究及开发工作。

1998年，美国联邦通信委员会（Federal Communications Commission，FCC）发布了UWB技术应用的调查报告，并开始制定UWB规范。

2002年，FCC正式开放UWB技术，这极大地推动了UWB定位技术的发展。

2004年，飞思卡尔半导体（Freescale）、Intel，德州仪器（Texas Instruments，TI）先后推出了商用UWB收发芯片，此时UWB作为短距离高速传输的一种工具逐渐开始商业应用于工厂、矿山、隧道、监狱等场所。

2013年，Decawave推出了UWB定位单芯片中DW1000芯片，此时UWB作为一种室内定位手段逐渐浮现在人们的视野中。

2019年，苹果公司发布新款iPhone11，全部搭载了超宽带（UWB）芯片，UWB应用正式进军消费领域。

2020年，新发布的三星手机也搭载了UWB定位模块，将UWB定位技术的发展推向高潮。

6.5.3 UWB技术优势

UWB定位系统的优势有以下几个方面：

① UWB最突出的特点就是带宽宽，信道容量大，定位精度高。UWB信号的传输速率会随着带宽的提高而提高，定位精度和信号的带宽呈现正相关的关系，由于UWB技术的脉冲发生是纳秒级的，因此分辨率很高，可以很准确地获得电磁波在空间飞行的时间，根据距离公式就可以很准确地获得飞行距离，从而实现定位。

② UWB技术室内定位穿透能力强，UWB信号的频谱很宽，其信号可以很轻松穿透玻璃板窗户、水泥墙体等介质，使得UWB在工厂多车间协同工作场景下效果极佳。

③ 功耗低，FCC对UWB的发射功耗进行了限制，把UWB系统的发射功率控制在很低的

水平。配合 TDOA 定位技术，可以将 UWB 定位系统中定位信息发送端的功耗控制在更低的水平。这样也同时实现了 UWB 系统对体积和重量的控制。

④ UWB 技术具有良好的共存性和保密性，相对于传统的窄带通信，UWB 系统辐射谱密度较低，甚至能低于环境的背景噪声电平。这时，对于其他窄带系统来说，UWB 信号可以直接视为白噪声，因为两者可以很好地共存。另外，信号的辐射谱密度低，也就意味着信号的隐蔽性强，不易被外部设备截获，这就确保了保密性。在定位方向精度高。

⑤ UWB 定位系统使得 AGV 不需要铺设导轨或磁条来实现定位和导航。降低了环境铺设成本，提高了 AGV 系统的灵活性，有利于多 AGV 系统的搭建与控制，极大地增加了 UWB 定位的优势，弥补了 GPS/北斗定位系统在室内定位精度上的不足，加大了 AGV 活动的范围。

6.6　本章小结

在 AGV 技术的发展过程中，智能化、数字化、信息化、集成化以及多 AGV 的协作是必经之路，工业制造领域对 AGV 的技术需求会越来越多，这也意味着将面临更多的竞争和挑战。为更好理解 AGV 技术，本章从 AGV 系统构成开始，列举关键硬件设备以及传感器解决方案；然后，对 AGV 新能源三电系统（电池、电机、电控）以及各控制模块系统框架进行简要的说明；最后，补充了 ROS 系统、视觉导航以及 UWB 定位技术的基本知识。扩展了 AGV 设计思路，有助于系统地了解 AGV 组成，掌握关键性技术知识。

 课后习题

1. 请分析在工业环境下，研发设计 AGV 应注意哪些关键性技术问题？
2. 举例分析如何保障 AGV 行驶过程中安全性？
3. 如何保障 AGV 的定位精度，并扩大 AGV 的活动范围？

第 7 章

未来与展望

本章思维导图

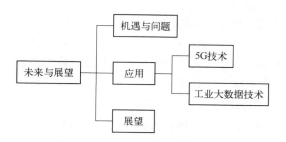

扫码获取本书资源

本章学习目标

1. 了解智能控制未来的机遇与存在的问题。
2. 了解智能控制技术目前的应用与未来的发展。

本章案例引入

随着人工智能和机器学习技术的不断发展，智能控制领域也迎来了前所未有的机遇。在未来，我们可以预见到智能控制将在更多领域发挥重要作用。例如，在智能家居中，智能控制系统可以根据家庭成员的行为习惯和需求，自动调节室内温度、照明和安全设备等，提高生活质量和便利性。在工业生产中，智能控制系统可以通过实时监测和分析生产过程中的数据，优化生产流程

和资源利用，提高生产效率和产品质量。在交通运输领域，智能控制系统可以通过自动驾驶技术，实现车辆的自主导航和安全驾驶，减少交通事故和交通拥堵。总之，未来智能控制将会有更广泛的应用和更高的发展潜力。我们需要不断探索和创新，以推动智能控制领域的发展和进步。

7.1 机遇与问题

拓展视频

7.1.1 机遇

目前，中国智能控制这一方面正面临着前所未有的大好发展机遇，主要体现在如下几个方面：

① 遇上千载难逢的国际智能控制发展机遇。智能控制的发展使人类社会进入了一个信息化社会。这是世界科技发展的新趋势，也是人类社会科技发展的必然导向。智能机器的广泛开发与应用将引领一轮新的产业革命，推动国际产业结构调整，为经济调整与社会发展注入新的能量。

② 国家战略驱动保证我国的智能化进程能够健康发展。在这场智能控制快速发展与国际竞争中，我国把发展智能科技与产业提到国家战略地位，出台相关利好政策，给智能控制的发展提供了巨大的驱动力和高速健康发展的根本保证。

③ 经济和社会问题需要智能产业来解决。智能技术的固有特色和优点，使其能为解决现存的经济和社会问题提供特别有效的方案。智能技术和产业能够为中国的经济发展和社会进步贡献力量，为产业转型升级和重构提供技术支持。

④ 具备发展智能技术的独特智力资源优势。中国学者在深度学习领域发表的论文数量和被引用的论文数量，均处于国际前列。中国学生的智能软件与数学基础好，在智能控制等方面的学习与应用具有良好的基础；庞大的互联网网民群体和专业技术人员在智能技术发展中可以给予不小的帮助；许多"海归"智能技术专家已成为中国智能科技与产业的骨干和带头人；中国优越的投资与研究环境必将吸引越来越多的国际智能技术高端人才来华进行研究与创业。

⑤ 智能控制技术成果及其产业转化已有初步基础。近年来，随着经济建设的发展，人工智能研究与开发已取得不少成果，获得十分广泛的应用，已使中国成为国际智能技术应用大国。除了智能语音和自然语言处理外，中国在机器学习、模式识别、图像处理、智能制造、智慧医疗、智能驾驶、智能传感器、智能家居等领域，也已取得不俗成绩，初步形成相关产业布局，逐步形成智能产业链。

7.1.2 问题

中国智能控制在发展过程中出现如下问题。

（1）研究以跟踪为主，有创新，但还不够

在智能控制的发展过程中，中国智能控制科技工作者在模糊控制、递阶控制、专家控制、神经控制、多真体（MAS）控制、网络控制等领域都能够紧跟国际发展潮流，但自主创新成果尚不

够多，国际影响力有待提高。在仿人控制、进化控制和免疫控制等领域，中国学者虽然提出相关思想，为这些领域的开创与发展做出了贡献，但跟进力度不足，国际影响需要进一步扩大。

（2）缺乏更高水平的研究成果

中国智能控制研究虽然已取得一大批值得庆贺的成果，但缺乏更高层次的成果。中国智能控制研究的整体水平有待提高，不仅要向更高的国家科技水平前进，而且要努力攀登智能控制研究的国际高峰。

（3）产业化规模和核心技术有待扩大

中国智能控制产业已建立了初步基础，但如同人工智能产业一样，中国的智能控制产业的规模还不够大，关键核心科技的创新能力还不够强，自主知识产权也不够多。

（4）急需培养各层次智能控制人才问题

中国智能控制已有一批领军人才，但不够多，特别是中青年科技骨干有待迅速锻炼成长，需要从国家发展战略角度有计划地培养智能控制各个专业和行业的高素质人才，各层级的人才一个也不能少。

7.2　智能控制技术目前的应用

7.2.1　5G 技术

随着 5G 技术的发展，其在智能控制中的应用也日益增加，如远程医疗、工业自动化、智慧家居、远程驾驶等。所谓 5G 技术，实际就是指专用于可移动通信设备无线网络的第五代通信技术（5th generation mobile communication technology，简称 5G），是具备高速率、低延时、大容量，可以实现高效节能和大规模物联网设备连接特点的新一代宽带移动通信技术。5G 不仅仅作用于通信服务，更是提供物联网（IoT）的平台，以用户为中心构建全方位信息生态系统，提供各种可能和跨界整合，其影响将远远超出信息与通信技术（ICT）的行业范畴。

华为在业界率先针对 5G 提出了一整套系统、清晰的理念，目前已经在组网架构、频谱使用、基站实现等多个领域取得了突破性进展。2009 年开始进行 5G 研究，2014 年初在高频环境下实现 115Gbps 的峰值传输速率，刷新了无线超宽带数据传输纪录。

（1）意义

5G 技术意义在于：

① 5G 技术是实现万物数字化的关键技术　它不仅仅是移动宽带技术领域的一次推进，更是对整个制造产业的一次变革，将改变每个人的工作和生活方式，使人类社会全面进入数字化时代成为可能。在未来社会，除了智能制造外，还有智慧城市、环境监测、车联网、电子银行、线上教学和电子医疗等核心服务的爆发式增长，万物数字化是未来的趋势，这也代表着未来各行各业都将依赖 5G 技术，而面向各行各业的 5G 服务也蓄势待发。

② 5G 技术是实现万物互联、万物虚拟的关键技术　对于技术水平日新月异、追求创新和极致、需创造更多社会和经济价值的制造业而言，5G 技术不仅在于速度快、延时短、容量大，而且是实现万物互联（everything connected，人与人、物与物、人与物）与万物虚拟化（every function virtualized）、智能制造、全球制造的关键。

③ 5G 技术是满足智能制造网络需求的关键技术　传统意义上的 5G 通信设施是实现人-机-物互联的网络基础设施。智能制造网络中最关键的三大需求：

a．智能制造要求极低的端到端时延，即具有很强的数据信息实时性要求；

b．要求极庞大的连接规模、超远距离控制；

c．能够尽可能多连接智能设备的数量，这是实现一体化协同智能制造的关键。

5G 技术可以很好地满足智能控制网络的需求。

（2）特点

① 超高宽带、超高速率　在整个生产制造的生命周期中，大量的工业、生产、销售、运维数据导致了云端存储和计算的超级流量需求激增。因此 5G 技术在传输速率方面有极大的优势，例如：相对于 4G 网络环境，单用户典型数据速率提升了 10～100 倍，理论峰值传输速率可达 10Gbps。

② 超大容量　5G 技术改变了设备之间的依存关系和连接模式，可以实现去中心化和网格化，开启"万物互联"时代。在容量方面，5G 技术相比 4G 将实现单位面积移动数据流量增长 1000 倍。

③ 海量连接　在可接入性方面，可联网设备的数量增加 10～100 倍；根据国际电信联盟（ITU）发布的 5G 标准草案，5G 连接密度将达到每平方公里 100 万台设备。这意味着万物互联成为可能，大量的物品将连入 5G 网络，从而搭建真正的物联网。

④ 超低延时　延时，即信息从源主机到达服务器，再返回源主机所需的时间。在理想状态下，5G 网络的延迟最大将不超过 4ms，端到端延时缩短，极低的延时将带领我们进入新的实时时代，诸如远程手术、自动驾驶等技术将获得更多的可实现性；对于机床行业来说，意味着工业机器人等系统可以拥有更快的响应速度，可以替代人做更为精细的工作。

⑤ 超低功耗和超高可靠性　在可靠性和能耗方面，每比特能源消耗应降至千分之一，低功率电池续航时间增加 10 倍。

（3）5G 技术下的制造业

① 极大简化了硬件成本——线缆　基于 5G 技术的高速率、高可靠性、低延时等特点，工厂不再需要复杂的线缆进行数据传输，各系统可直接进行无线传输、无线控制。线缆消失后，其购买和维护成本便都节省了下来，由线缆引起的安全隐患也将极大减少。

② 制造柔性化生产的变革　随着硬件线路的减少，例如各类控制导线、通信线路以及线缆消失，生产设备具有了更多的"自由"，利用高可靠性网络全覆盖，工业设备具有更多的灵活性，这将给工厂的生产模式带来极大的想象空间。在当下愈发强调"柔性制造"的时刻，一条能灵活调整各个设备位置、灵活分配任务的柔性生产线将成为生产者的利器。尤其是对于物流仓储环节中 AGV 应用，绝对是一种变革。以汽车生产线为例，在智能制造柔性生产过程中，定制化的车辆通过云化的智能信息物理系统的调度在动态生产线上自主移动，完成生产步骤。动态产线可按需组合以满足不同车型和配置的需要，实现车辆定制化的生产，并且产线智能生产将大大缩短定制化周期，同时也极大减少了汽车厂商的库存以及资金占用，降低了生产成本。而

传统顺序生产的汽车产线在灵活度上很难满足高度定制化的需求，并且定制化生产周期更长。

③ 工厂设备运维模式的变革　设备运维可以说是智能工厂一个不可逾越的关键环节。5G 带来的不仅是万物互联，还有信息互通，使得未来智能工厂的运维工作突破工厂边界。在未来，工厂中每个物体都是一个有唯一 IP 的终端，使生产环节的原材料都具有"信息"属性。随着更多设备、更多部件被连入 5G 网络，在故障发生后，维修方可通过 5G 网络第一时间获取故障信息，通过虚拟现实 VR、AR 等技术聚集在故障现场，并利用技术指导工厂实时处理，越来越多的问题可通过在线方式解决。

④ 5G 技术助力制造智能　2017 年，在巴塞罗那世界移动大会上，华为就联合德国电信现场进行了基于 5G 技术的两只机械手共同完成箱子托举动作的实验。5G 网络端到端的切片技术精准地控制着两只机械手动作同步，使之流畅地完成了全套协同动作。当 5G 被广泛应用，机器人除了可以灵活移动，也可以灵活配合完成更高难度的任务。进入万物互联时代，每个设备都可直接接入云服务器并与之进行超低延时的高效互通，海量的信息将进入云服务器网络，并不断"喂食"人工智能。这意味着，云端服务器的应用效率和人工智能的学习进度将大大提高，大量工业级数据通过 5G 网络收集起来汇总到云服务器，形成庞大的数据库，工业机器人结合云计算的超级计算能力进行自主学习和精确判断，给出最佳解决方案。也就是说，工业机器人将拥有一个"远在天边，近在眼前"的大脑帮助它进行计算，规划最佳生产模式，做出最利于全局的决策。

以 5G 为代表的新一代信息通信技术与工业经济深度融合，为工业乃至产业数字化、网络化、智能化发展提供了新的实现途径。5G 在工业领域的应用涵盖研发设计、生产制造、运营管理及产品服务 4 个大的工业环节，主要包括 16 类应用场景，分别为：AR/VR 研发实验协同、AR/VR 远程协同设计、远程控制、AR 辅助装配、机器视觉、AGV 物流、自动驾驶、超高清视频、设备感知、物料信息采集、环境信息采集、AR 产品需求导入、远程售后、产品状态监测、设备预测性维护、AR/VR 远程培训等，见图 7-1。当前，机器视觉、AGV 物流、超高清视频等场景已取得了规模化复制的效果，实现"机器换人"，大幅降低人工成本，有效提高产品检测准确率，达到了生产效率提升的目的。未来，远程控制、设备预测性维护等场景将会产生较高的商业价值。

图 7-1　5G 下的智能控制

7.2.2 工业大数据技术

在新一轮信息技术与制造业融合的趋势下，利用工业大数据实现更好的智能控制算法是制造强国的必经之路，工业数字化程度的不断深化，将有助于我国加快建设成工业制造强国，提升我国工业在全球的竞争力。

工业大数据本身对于企业经营管理没有直接的价值，但是通过数据处理之后，数据被转化为人们所需要的信息，数据的价值也由此被充分体现出来。智能控制技术与制造系统的完美结合，设备能够拥有自学能力以及自我判断能力，能够通过数据传导的信息进行智能控制。不过现阶段我国制造企业无法对海量数据进行分析处理，并且受到采集设备的限制，采集到的数据质量整体不高，导致最终信息价值不高。因此，推动制造企业智能化发展的是大数据分析技术，而不是工业大数据本身。

（1）工业大数据与企业发展之间的关系

企业需要重视大数据分析技术，针对工业大数据特性选择合适的数据分析处理技术。工业大数据能够有效推动智能制造领域的发展，并且成为智能制造发展的核心推动力。通过工业大数据，制造企业管理人员能够从更高层面看待制造业的发展。而新时代，工业制造领域竞争更加激烈，多样性成为各大制造企业关注的焦点。工业大数据能够将各类信息通过不同方式传递给制造企业，这些数据与工业制造企业的研发创新与运营管理相结合，使制造企业更加高效地完成产品的多样性创新，从而进一步推动制造行业的发展。

当前市场竞争激烈，行业发展迅猛，企业制造效益也决定了制造业的发展方向，未来制造行业发展更加依赖机械设备，企业需要尽可能减少生产研发过程中的资源浪费。在实际的生产研发以及物流运输直到销售环节，各个阶段都容易产生大量的实时数据。这些工业大数据的应用范围较为广阔，无论是在采购还是在生产过程中，大数据的分析处理都有利于制造行业的综合发展。通过对大数据的分析与挖掘，企业能够更加了解客户数据信息，将这些信息应用在交易、后台服务中。合理运用大数据工具，能够使制造企业更加全面地认识到制造业生产存在的问题，并且借助工业大数据处理找到解决方式，推动智能控制的变革。

（2）应用价值

① 掌握用户需求，实现产品创新　智能产品当中的传感器模块能够快速了解用户习惯以及用户偏好，方便制造企业对各类数据信息进行实时采集与存储、分析。制造企业能够对产品进行不断创新，使新产品更加符合客户需求。企业能够通过数据挖掘以及分析等方式对各类用户的需求进行了解，对产品的特性以及功能继续优化完善，并且工业大数据能够为企业构建更加全面的商业模式，帮助企业快速发展。

② 控制生产过程，完善科学管控　不同于其他行业的大数据应用，工业大数据应用能够有效控制生产过程，完善科学管控，实现企业生产制造与业务管理流程的智能优化。在实际的应用中，企业管理人员可以通过工业大数据分析制造企业生产中的温度以及压力等各方面制造数据，通过严格把控各类型数据，优化制造企业的生产与加工过程。同时，定期对比加工生产数据与计划加工数据的区别，根据分析结果对一些参数进行修改。利用工业大数据，制造企业能够改进生产工艺流程，减少生产能耗，为制造企业带来更大利益。工业大数据在智能制造中的

应用能够有效提高企业生产效率以及产品的最终质量。

③ 实时监控不确定因素,规避运营风险　智能制造企业的生产运营过程会存在各类不确定因素,而这些因素往往会导致企业的发展受到影响。制造企业在生产与检验过程中,一方面需要针对企业的一些缺陷进行改正,另一方面需要提高设备加工效率,保证产品的可靠性以及生产的安全性,考虑到设备的零件损耗以及运行风险因素。工业大数据分析能够了解企业生产设备的使用情况,了解设备各部分零件的磨损程度,通过实时监督不确定因素,一旦发现生产以及设备问题,就能够及时进行修复,规避企业运营风险。

④ 增强用户黏度,提高营销精准度　制造企业在营销过程中往往通过简单的调研与发放问卷的方式了解消费者的消费习惯。传统的用户信息收集方式需要耗费大量的人力,并且最终结果的精准度不高,统计数据的局限性较大,调查结果较为单一,消费者的实际需求无法完全得到满足。将工业大数据应用于智能制造能够有效增强用户黏度,提高营销精准度。企业与用户之间的联系增加,用户能够加入企业的产品升级计划中。通过工业大数据,企业能够精准了解用户需求,为用户提供远程人工服务,了解用户日常所遇到的问题,也有利于企业对产品进行优化。

7.3　展望

针对我国智能控制的发展机遇和存在问题,未来在发展智能控制方面还有如下几项待提升:

① 打牢智能控制科技基础。一方面要加强智能控制理论基础和方法研究,实现智能控制某些基础和理论研究的突破,为智能控制应用建立可靠基础;另一方面,要进一步建立一批国家级智能控制技术与产业研发基地,为智能控制产业化提供技术保障。

② 抓住发展机遇实现产业化。在国家发展战略的大力支持下,智能控制产业要主动发力,与智能制造、智能机器人等产业密切融合,在服务国民经济发展过程中壮大自身,大力推进智能控制的产业化。智能制造、智能机器人、智能交通、智能家居、智能电网、电动汽车、智能建筑、智慧农业及食品加工等行业都需要开发与应用各种智能控制系统,是智能控制的广阔用武之地。

③ 培养智能控制各级人才。智能控制教育是智能控制科技和产业发展以及高素质人才培养的根本保证。中国现有的自动化、智能科学与技术、机电工程等专业和控制科学与工程等学科已为国家培养了一批智能控制科技人才,但远未能满足智能控制科技和产业发展的需要。

④ 成立智能控制学术组织。为适应智能控制科技和产业发展需要,应当筹备成立智能控制学会或智能控制专业委员会,并加强联合,创造条件建立中国智能控制产业联盟,为推动中国智能控制产业的发展服务。

⑤ 加强智能控制科学普及。进一步加强智能控制科普工作,包括建立各级智能控制科普基地,鼓励智能控制科普创作,出版智能控制科普作品和科普杂志,举行智能控制系统和智能机器人科普竞赛,举办智能控制夏令营和冬令营活动,普及智能控制知识,培养广大青少年对智能控制科技的兴趣,为中国智能控制的发展培养大批后备军。

7.4　本章小结

　　智能控制是未来制造业，甚至服务行业的发展方向（例如服务类机器人的应用），针对不同行业的需求，有着特殊的环境特征和技术指标。智能控制理论已经经历了数次变革，随着科技的进步，越来越多的技术会逐渐涌现，因此，在新时代背景下，我们应与时俱进、迎面机遇与挑战，勇于攻克国家亟须解决的关键问题，积蓄知识储备和技术能力，为实现中华民族伟大复兴的中国梦而不断创新、不断努力。

附　录

附录1

附表 1-1　常用拉普拉斯变换对照表

序号	象函数 $F(s)$	原函数 $f(t)$
1	1	$\delta(t)$
2	$\dfrac{1}{s}$	$1(t)$
3	$\dfrac{1}{s^2}$	t
4	$\dfrac{1}{s^n}$	$\dfrac{t^{n-1}}{(n-1)!}$
5	$\dfrac{1}{s+a}$	e^{-at}
6	$\dfrac{1}{(s+a)(s+b)}$	$\dfrac{1}{b-a}(\mathrm{e}^{-at}-\mathrm{e}^{-bt})$
7	$\dfrac{s+a_0}{(s+a)(s+b)}$	$\dfrac{1}{b-a}[(a_0-a)\mathrm{e}^{-at}-(a_0-b)\mathrm{e}^{-bt}]$
8	$\dfrac{1}{s(s+a)(s+b)}$	$\dfrac{1}{ab}+\dfrac{1}{ab(a-b)}(b\mathrm{e}^{-at}-a\mathrm{e}^{-bt})$
9	$\dfrac{s+a_0}{s(s+a)(s+b)}$	$\dfrac{a_0}{ab}+\dfrac{a_0-a}{a(a-b)}\mathrm{e}^{-at}+\dfrac{a_0-b}{b(b-a)}\mathrm{e}^{-bt}$
10	$\dfrac{s^2+a_1s+a_0}{s(s+a)(s+b)}$	$\dfrac{a_0}{ab}+\dfrac{a^2-a_1a+a_0}{a(a-b)}\mathrm{e}^{-at}-\dfrac{b^2-a_1b-a_0}{b(a-b)}\mathrm{e}^{-bt}$
11	$\dfrac{1}{(s+a)(s+b)(s+c)}$	$\dfrac{\mathrm{e}^{-at}}{(b-a)(c-a)}+\dfrac{\mathrm{e}^{-bt}}{(a-b)(c-b)}+\dfrac{\mathrm{e}^{-ct}}{(a-c)(b-c)}$
12	$\dfrac{s+a_0}{(s+a)(s+b)(s+c)}$	$\dfrac{a_0-a}{(b-a)(c-a)}\mathrm{e}^{-at}+\dfrac{a_0-b}{(a-b)(c-b)}\mathrm{e}^{-bt}+\dfrac{a_0-c}{(a-c)(b-c)}\mathrm{e}^{-ct}$
13	$\dfrac{s^2+a_1s+a_0}{(s+a)(s+b)(s+c)}$	$\dfrac{a^2-a_1a+a_0}{(b-a)(c-a)}\mathrm{e}^{-at}+\dfrac{b^2-a_1b+a_0}{(a-b)(c-b)}\mathrm{e}^{-bt}+\dfrac{c^2-a_1c+a_0}{(a-c)(b-c)}\mathrm{e}^{-ct}$
14	$\dfrac{1}{s^2+\omega^2}$	$\dfrac{1}{\omega}\sin(\omega t)$
15	$\dfrac{s}{s^2+\omega^2}$	$\cos(\omega t)$
16	$\dfrac{s+a_0}{s^2+\omega^2}$	$\dfrac{1}{\omega}(a_0^2+\omega^2)^{1/2}\sin(\omega t+\varphi),\varphi\triangleq\arctan\dfrac{\omega}{a_0}$

序号	象函数 $F(s)$	原函数 $f(t)$
17	$\dfrac{1}{s(s^2+\omega^2)}$	$\dfrac{1}{\omega^2}(1-\cos\omega t)$
18	$\dfrac{s+a_0}{s(s^2+\omega^2)}$	$\dfrac{a_0}{\omega^2}-\dfrac{(a_0^2+\omega^2)^{1/2}}{\omega^2}\cos(\omega t+\varphi),\ \varphi\triangleq\arctan\dfrac{\omega}{a_0}$
19	$\dfrac{s+a_0}{(s+a)(s^2+\omega^2)}$	$\dfrac{a_0-a}{a^2+\omega^2}\mathrm{e}^{-at}+\dfrac{1}{\omega}\left(\dfrac{a_0^2+\omega^2}{a^2+\omega^2}\right)^{1/2}\sin(\omega t+\varphi)$ $\varphi\triangleq\arctan\dfrac{\omega}{a_0}-\arctan\dfrac{\omega}{a}$
20	$\dfrac{1}{(s+a)^2+\omega^2}$	$\dfrac{1}{\omega}\mathrm{e}^{-at}\sin\omega t$
21	$\dfrac{s+a_0}{(s+a)^2+\omega^2}$	$\dfrac{1}{\omega}\left[(a_0-a)^2+\omega^2\right]^{1/2}\mathrm{e}^{-at}\sin(\omega t+\varphi)$ $\varphi\triangleq\arctan\dfrac{\omega}{a_0-a}$
22	$\dfrac{s+a}{(s+a)^2+\omega^2}$	$\mathrm{e}^{-at}\cos\omega t$
23	$\dfrac{1}{s\left[(s+a)^2+\omega^2\right]}$	$\dfrac{1}{a^2+\omega^2}+\dfrac{1}{(a^2+\omega^2)^{1/2}\omega}\mathrm{e}^{-at}\sin(\omega t-\varphi)$ $\varphi\triangleq\arctan\dfrac{\omega}{-a}$
24	$\dfrac{s+a_0}{s\left[(s+a)^2+\omega^2\right]}$	$\dfrac{a_0}{a^2+\omega^2}+\dfrac{\left[(a_0-a)^2+\omega^2\right]^{1/2}}{\omega(a^2+\omega^2)^{1/2}}\mathrm{e}^{-at}\sin(\omega t+\varphi)$ $\varphi\triangleq\arctan\dfrac{\omega}{a_0-a}-\arctan\dfrac{\omega}{-a}$
25	$\dfrac{s^2+a_1s+a_0}{s\left[(s+a)^2+\omega^2\right]}$	$\dfrac{a_0}{a^2+\omega^2}+\dfrac{\left[(a^2-\omega^2-a_1a+a_0)^2+\omega^2(a_1-2a)^2\right]^{1/2}}{\omega(\omega^2+a^2)^{1/2}}\mathrm{e}^{-at}\sin(\omega t+\varphi)$ $\varphi\triangleq\arctan\dfrac{\omega(a_1-2a)}{a^2-\omega^2-a_1a+a_0}-\arctan\dfrac{\omega}{-a}$
26	$\dfrac{1}{(s+c)[(s+a)^2+\omega^2]}$	$\dfrac{\mathrm{e}^{-ct}}{(c-a)^2+\omega^2}+\dfrac{\mathrm{e}^{-at}}{\omega[(c-a)^2+\omega^2]^{1/2}}\sin(\omega t-\varphi)$ $\varphi\triangleq\arctan\dfrac{\omega}{c-a}$
27	$\dfrac{s+a_0}{(s+c)[(s+a)^2+\omega^2]}$	$\dfrac{a_0-c}{(a-c)^2+\omega^2}\mathrm{e}^{-ct}+\dfrac{1}{\omega}\left[\dfrac{(a_0-a)^2+\omega^2}{(c-a)^2+\omega^2}\right]^{1/2}\mathrm{e}^{-at}\sin(\omega t+\varphi)$ $\varphi\triangleq\arctan\dfrac{\omega}{a_0-a}-\arctan\dfrac{\omega}{c-a}$
28	$\dfrac{1}{s(s+c)[(s+a)^2+\omega^2]}$	$\dfrac{1}{c(a^2+\omega^2)}-\dfrac{\mathrm{e}^{-ct}}{c\left[(a-c)^2+\omega^2\right]}$ $\qquad\qquad+\dfrac{\mathrm{e}^{-at}}{\omega(a^2+\omega^2)^{1/2}\left[(c-a)^2+\omega^2\right]^{1/2}}\sin(\omega t-\varphi)$ $\varphi\triangleq\arctan\dfrac{\omega}{-a}+\arctan\dfrac{\omega}{c-a}$

序号	象函数 $F(s)$	原函数 $f(t)$
29	$\dfrac{s+a_0}{s(s+c)[(s+a)^2+\omega^2]}$	$\dfrac{a_0}{c(a^2+\omega^2)}+\dfrac{(c-a_0)\mathrm{e}^{-ct}}{c\left[(a-c)^2+\omega^2\right]}$ $+\dfrac{\mathrm{e}^{-at}}{\omega(a^2+\omega^2)^{\frac{1}{2}}}\left[\dfrac{(a_0-a)^2+\omega^2}{(c-a)^2+\omega^2}\right]^{\frac{1}{2}}\sin(\omega t-\varphi)$ $\varphi \triangleq \arctan\dfrac{\omega}{a_0-a}-\arctan\dfrac{\omega}{c-a}-\arctan\dfrac{\omega}{-a}$
30	$\dfrac{1}{s^2(s+a)}$	$\dfrac{\mathrm{e}^{-at}+at-1}{a^2}$
31	$\dfrac{s+a_0}{s^2(s+a)}$	$\dfrac{a_0-a}{a^2}\mathrm{e}^{-at}+\dfrac{a_0}{a}t+\dfrac{a-a_0}{a^2}$
32	$\dfrac{s^2+a_1s+a_0}{s^2(s+a)}$	$\dfrac{a^2-a_1a+a_0}{a^2}\mathrm{e}^{-at}+\dfrac{a_0}{a}t+\dfrac{a_1a-a_0}{a^2}$
33	$\dfrac{s+a_0}{(s+a)^2}$	$\left[(a_0-a)t+1\right]\mathrm{e}^{-at}$
34	$\dfrac{1}{(s+a)^n}$	$\dfrac{1}{(n-1)!}t^{n-1}\mathrm{e}^{-at}$
35	$\dfrac{1}{s(s+a)^2}$	$\dfrac{1-(1+at)\mathrm{e}^{-at}}{a^2}$
36	$\dfrac{s+a_0}{s(s+a)^2}$	$\dfrac{a_0}{a^2}+\left(\dfrac{a-a_0}{a}t-\dfrac{a_0}{a^2}\right)\mathrm{e}^{-at}$
37	$\dfrac{s^2+a_1s+a_0}{s(s+a)^2}$	$\dfrac{a_0}{a^2}+\left(\dfrac{a_1a-a_0-a^2}{a}t+\dfrac{a^2-a_0}{a^2}\right)\mathrm{e}^{-at}$
38	$\dfrac{1}{s(s+a)}$	$\dfrac{1}{a}(1-\mathrm{e}^{-at})$
39	$\dfrac{s+a_0}{s(s+a)}$	$\dfrac{1}{a}\left[a_0-(a_0-a)\mathrm{e}^{-at}\right]$
40	$\dfrac{s}{s^2+2\xi\omega_n s+\omega_n^2}$	$\dfrac{-1}{\sqrt{1-\xi^2}}\mathrm{e}^{-\xi\omega_n t}\sin(\omega_n\sqrt{1-\xi^2}\,t-\varphi),\varphi=\arctan(\sqrt{1-\xi^2}\,/\,\xi)$
41	$\dfrac{\omega_n^2}{s^2+2\xi\omega_n s+\omega_n^2}$	$\dfrac{\omega_n}{\sqrt{1-\xi^2}}\mathrm{e}^{-\xi\omega_n t}\sin(\omega_n\sqrt{1-\xi^2}\,t)$
42	$\dfrac{\omega_n^2}{s(s^2+2\xi\omega_n s+\omega_n^2)}$	$1-\dfrac{1}{\sqrt{1-\xi^2}}\mathrm{e}^{-\xi\omega_n t}\sin(\omega_n\sqrt{1-\xi^2}\,t+\varphi)$ $\varphi=\arctan(\sqrt{1-\xi^2}\,/\,\xi)$

附录2

附表2-1　结构图简化（等效变换）的基本规则

原方框图	等效方框图	等效运算关系
		（1）串联等效 $C(s) = G_1(s)G_2(s)R(s)$
		（2）并联等效 $C(s) = [G_1(s) \pm G_2(s)]R(s)$
		（3）反馈等效 $C(s) = \dfrac{G_1(s)R(s)}{1 \pm G_1(s)G_2(s)}$
		（4）等效单位反馈 $\dfrac{C(s)}{R(s)} = \dfrac{1}{G_2(s)} \times \dfrac{G_1(s)G_2(s)}{1 + G_1(s)G_2(s)}$
		（5）比较点前移 $C(s) = R(s)G(s) \pm Q(s)$ $\qquad = \left[R(s) \pm \dfrac{Q(s)}{G(s)}\right]G(s)$
		（6）比较点后移 $C(s) = [R(s) \pm Q(s)]G(s)$ $\qquad = R(s)G(s) \pm Q(s)G(s)$
		（7）引出点前移 $C(s) = R(s)G(s)$
		（8）引出点后移 $R(s) = R(s)G(s)\dfrac{1}{G(s)}$
		（9）交换或合并比较点 $C(s) = E_1(s) \pm R_3(s)$ $\qquad = R_1(s) \pm R_2(s) \pm R_3(s)$ $\qquad = R_1(s) \pm R_3(s) \pm R_2(s)$
		（10）交换比较点或引出点 （一般不采用） $C(s) = R_1(s) - R_2(s)$
		（11）负号在支路上移动 $E(s) = R(s) - H(s)C(s)$ $\qquad = R(s) + H(s) \times (-1)C(s)$

附录 3

4.1 中控制器子程序。

② 控制器子程序：chap14-1ctrl.m

```
function[sys,x0,str,ts]=spacemodel(t,x,u,flag)

switch flag,
case 0,
    [sys,x0,ste,ts]=mdllnitializeSizes;
case 3,
sys=mdlOutputs(t,x,u);
case{2,4,8}
sys=[];
otherwise
error(['Unhandled flag=',num2str(flag)]);
end

function[sys,x0,str,ts]=mdllnitializesizes
sizes=simsizes;
sizes NumOutouts      =2;
sizes Numlnputs       =6;
szes DirFeedthrough=1;
sizes NumSampleTimes=1;
Sys=simsizes(sizes);
x0  =[];
str=[];
ts  =[0 0];

function sys=mdlOutputs(t,x,u)
R1=u(1:dr1=0;
R2=u(2):dr=0;



   x(1)=u(3);
x(2)=u(4);
x(3)=u(5);
x(4)=u(6);

e1=R1-x(1);
e2=R2-x(3);
e=[e1:e2];

de1=dr1-x(2);
de2=dr2-x(4);
de=[de1:de2];

kp=[50 0;0 50];
kd=[50 0;0 50];
```

```
tol=kP*E+kd*de;

sys(1)=tol(1);
sys(2)=tol(2);
```

③ 被控对象子程序：chap14-1plant.m

```
function[sys,x0,str,ts]=s_function(t,xu,flag)
switch flag,
case 0,
    [sys,x0,str,ts]=mdllnitializeSizes;
case 1,
sye=mdlOuputs(t,x,u);
case 3,
sys=mdlOutputs(t,x,u);
case [2,4,9]
sys=[];
otherwise
error(['Unhandled flag =',num2str(flag)]);
end
function[sys,x0,str,ts]=mdllnitializeSzies
global p g,
sizes=simsizes,
sizes NumContStates =4;
sizes NumDiseStatse  =0;
sizes NumOutputs     =4;
sizes Numlnputs      =2;
sizes Dirleedthrough =0;
sizes NumSampleTimes =0;
sys=simsize(sizes);
x0=[0 0 0 0];
str=[];
ts=[];
p=[2.9 0.76 0.87 3.04 0.87];
g=9.8;
function sys=mdlDerivatives(t,x,)
globle p g
D0=[p(1)+p(2)+2*p(3)*cos(3))p(2)+p(3)*cos(x(3));
p(2)+p(3)*cos(x(3))p(2)];
C0=[-p(3)*x(4)*sin(x(3)-p(3)*(x(2)+x(4)*sin(x(3));
p(3)*x(2)*sin(x(3)  0];
Tol=u(1;2);
dq=[x(2);x(4)];

S=inv(D0)*(tol-Co*dq);

sys(1)=x(2);
sys(2)=S(1);
sye(3)=x(4);
sys(4)=S(2);
function sys=mdlOutputs(t,x,u)
sys(1)=x(1);
sys(2)=x(2);
sys(3)=x(3);
sys(4)=x(4);
```

④ 作图子程序：chap14-1plot.m

```
closeall;

figure(1);
subplot(211);
plot(t,x1(:,1),"r"t,x2(:,2),'k','linewidth',2);
xlabel('time(s0'), ylabel('position tracking of link 1')
subplot(212);
plot(t,x2(:,1),'r',t,x2(;,2)'k','linnewidth',2);

figure(2);
subplot(211);
polt(t,tol(:,1)'k',linewidth',2);
xlabel('time(s)'):ylable('toll');
subplot(212);
pllot(t,tol(;,2),'k',linwidth'2);
xlabel('time(s)',ylabel('tol2');
```

附录 4

4.2 中设计水箱液位模糊控制的 Matlab 仿真程序。

```
%fuzzy Control for water tank
clear all;
close all;

a=newfis('fuzz_tank');

  a=addcar(a,'input','e',[-3,3});                        %Parameter e
  a=addmf(a,'input',1,'NB','zmf',[-3,3]);
  a=addmf(a,'input'1'NS','trimf'[-3,-1,1]);
  a=addmf(a,'input'1,'Z','trimf'[-2,0,2]);
  a=addmf(a,'input',1,'PS',trimf',[-1,1,3]);
a=addmf(a,'input',1,'PB','smf',[1,3]);

a=addvar(a,'output','u',[-4,4]);                         %parameter u
a=addmf(a,'output',1,'NB','zmf',[-4,-1]);
a=addmf(a,'output',1,'NS','trimf',[-4-21]);
a=addmf(a,output',1','Z','trimf',[-2,0,2]);
a=addmt(a,'putput',1,'PB','smf',[1,4]);

rulelst={1 1 1 1;                          %Edit rule base
     2 2 1 1;
     3 3 1 1;
     4 4 1 1;
     5 5 1 1];

a=addrulr(a,rulelist);
```

```
a1=setfis(a,'DefuzzMethod','mom');              %Defuzzzy
 writefis(a1,'tank');                           %Save to fuzzy file "tank fis"
 a2=readfis('tank');

    figure(1);
    plptfis(a2);
    figure(2);
plotmf(a,'input',1);
figure(3);
plotmf(a,'output',1);

falg=1;
If flag==1
    Showrule(a)                                 % Show fuzzy rule base
    Ruleview('tank');                           % Dynamic Simulation
end
dis('------------------------------------------------------------------------
------------------------');
 dis('fuzzy controller table ;e=[-3,+3],u=[-4,+4]');
 dis('------------------------------------------------------------------------
------------------------');
```

附录5

4.4.4 中 Karci 等给出的播种树苗算法、交叉算法、分支算法和接种疫苗算法的伪码描述。

算法1   播种树苗算法

//p 是种群，I 是指数集，I_e 是扩大的指数集
1.创建两个树苗，如其中一个 P[1]包含所有分支的变量作为上限，另一个 P[2]包含所有分支的变量作为下限
2.指数←3
3.k←2
4.while P 不饱和 do
 令 i_e 为 I_e 的元素，每个 i_e 都以其对应部分的位值扩大
 i←1
 while P 不饱和并且对 k(i≤2^k-2)的特定值都不产生树苗 do
 i 是 k 位二进制数，i_e 对应于 i 的二进制数的扩大值，i 的每个位都被扩大到 P[0]和 P[1]的对应部分的长度
 for j-1 to n do
 if i_e的第 j 位是 1，P[I]的第 j 分支等于 P[1]*X
 else P[I]的第 j 分支等于 P[1]*r
        r 是在[0,1]间的随机数且为一实数
 指数←指数+1
 i←i+1
 k←k+1

算法2   交叉算法

1.j←i+1,…,n
2.计算 $P_m(G,H) = \frac{1}{R}\left(\sum_{i=1}^{n}(g_i - h_i)^2\right)^{1/2}$
3.i←1,2,…,n

4. if $P_m(G,H) \geqslant random[0,1]$

5. $G \leftarrow G - g_i$, $H \leftarrow H - h_i$

6. $G \leftarrow G + h_i$, $H \leftarrow H + g_i$ //$G \leftarrow G + h_i$, h_i 加到 g_i 的位置，$H \leftarrow H + g_i$，g_i 加到 h_i 的位置

算法 3　分支算法

1. $i \leftarrow 1, 2, \ldots, n$

2. $j \leftarrow i + 1, \ldots, n$

3. if 没有分支

4. 　$P(g_j | g_i) = 1$，执行分支过程

5. else

6. 　$P(g_j | g_i) = 1 - (|j - i|)^{-2}$，$i \neq j$ 或 $P(g_j | g_i) = 1 - e^{-(|j - i|)^2}$

7. if $P(g_j | g_i) \geqslant random[0,1]$

8. 　g_j 是一个分支

算法 4　接种疫苗算法

1. $i \leftarrow 1, 2, \ldots, n$

2. $Sim(G,H) = \sum_{i=1}^{n} g_i \oplus h_i$

3. if $Sim(G,H) \geqslant r$

4. $G' = \begin{cases} g_i & \text{if} \quad g_i = h_i \\ random(1) & \text{if} \quad g_i \neq h_i \end{cases}$　$H' = \begin{cases} h_i & \text{if} \quad h_i = g_i \\ random(1) & \text{if} \quad h_i \neq g_i \end{cases}$

其中 r 是由求解问题定义的阈值，$random(1)$ 是生成 0 或 1 的随机数

附录 6

4.4.6 中原对偶遗传算法的伪码描述。

```
开始
  参数设置(N, Pc, Pn);
  令迭代指标 t=0;
  初始化种群 P(0);
  对种群 P(0) 中的所有染色体进行估值;
  从种群 P(0) 中选择一部分个体构成 D(0);
  for D(0) 中的每一个个体 x do
    计算 x 的对偶染色体 x', 并对 x' 进行估值; //x'=dual(x)
    if f(x')>f(x),then 用 x' 替代 P(0) 中的 x;
  end for;
  repent
  产生中间种群 P(t);
  对 P(t) 进行交叉、变异等正常的遗传操作;
  从种群 P(t) 中选择一部分个体构成 D(t);
  for D(t) 中的每一个个体 x do
    计算 x 的对偶染色体 x', 并对 x' 进行估值; //x'=dual(x)
    If f(x')>f(x),then 用 x' 替代 P(0) 中的 x;
  end for;
  t=t+1
  until 满足终止条件; //例如, t>tmax
结束
```

参考文献

[1] 比吉特·沃格尔-霍伊泽尔等编. 德国工业 4.0 大全　第 2 卷：自动化技术(原书第 2 版)[M]. 林松等译. 北京：机械工业出版社, 2019.

[2] 段海滨, 张祥银, 徐春芳编著. 仿生智能计算[M]. 北京：科学出版社, 2011.

[3] 刘金琨编著. 智能控制：理论基础、算法设计与应用[M]. 北京：清华大学出版社, 2019.

[4] 张晋格. 自动控制原理[M]. 哈尔滨：哈尔滨工业大学出版社, 2003.

[5] 胡寿松. 自动控制原理[M]. 第 6 版. 北京：科学出版社, 2013.

[6] 张晋格. 自动控制原理[M]. 哈尔滨：哈尔滨工业大学出版社, 2003.

[7] 孙优贤, 王慧. 自动控制原理[M]. 北京：化学工业出版社, 2011.

[8] 王显正, 莫锦秋, 王旭永. 控制理论基础[M]. 第 2 版. 北京：科学出版社, 2007.

[9] 薛定宇, 陈阳泉. 基于 MATLAB/Simulink 的系统仿真技术与应用[M]. 第 2 版. 北京：清华大学出版社, 2011.

[10] 张晋格. 自动控制原理[M]. 哈尔滨：哈尔滨工业大学出版社, 2003.

[11] 胡寿松. 自动控制原理[M]. 第 7 版. 北京：科学出版社, 2019.

[12] 祝守新. 邢英杰. 关英俊. 机械工程控制基础[M]. 第 3 版. 北京：清华大学出版社, 2022.

[13] 刘金琨. 先进 PID 控制 MATLAB 仿真[M]. 第 2 版. 北京：电子工业出版社, 2004.

[14] Barron A R. Universal approximation bounds for superpositions of a sigmoidal function[J]. IEEE Trans.inf.theory, 1993, 39(3): 930-945.

[15] Park J, Sandberg I. Universal approximation using radial-basis-function networks[J]. Neural Computation, 2014, 3(2): 246-257.

[16] 刘金琨. 智能控制[M]. 第 3 版. 北京：电子工业出版社, 2014.

[17] Hopfield J. Neural computation of decisions in optimization problems[J]. Biological Cybernetics, 1985, 52.

[18] 段海滨. 蚁群算法原理及其应用[M]. 北京：科学出版社, 2005.

[19] 陈志平. 计算机数学：计算复杂性理论与 NPC, NP 难问题的求解[M]. 北京：科学出版社, 2001.

[20] 殷人昆. 数据结构：用面向对象方法与 C++描述[M]. 北京：清华大学出版社, 1999.

[21] Colorni A. Distributed optimization by ant colonies[C]// Proc of the First European Conference on Artificial Life. The MIT Press, 1991.

[22] Bonabeau E, Dorigo M, Theraulaz G. Inspiration for optimization from social insect behavior[J]. Nature, 2000, 406(6791):39-42.

[23] Kennedy J, Eberhart R. Particle swarm optimization[C]// Icnn95-international Conference on Neural Networks. IEEE, 1995.

[24] Eberhart R, Kennedy J. A new optimizer using particle swarm theory[C]// Mhs95 Sixth International Symposium on Micro Machine & Human Science. IEEE, 2002.

[25] Frisch, Von K. The dance language and orientation of bees[M]. Cambridge, MA and London, England: Harvard University Press, 1993.

[26] Seeley T D. The wisdom of the hive[J]. Ilo Working Papers, 1995.

[27] Teodorovic D, Dell'Orco M. Bee colony optimization - A cooperative learning approach to complex transportation problems.　2005.

[28] Karaboga D. An idea based on honey bee swarm for numerical optimization[R]. Technical Report – TR06. 2005.

[29] Storn R，Price K. Differential evolution: A simple and efficient adaptive scheme for global optimization over continuous spaces[J]. Journal of Global Optimization, 1995, 23(1).

[30] 张祥银，段海滨，余亚翔. 基于微分进化的多 UAV 紧密编队滚动时域控制[J]. 中国科学: 信息科学, 2010(4):14.

[31] Dawkins R. The selfish gene[J]. quarterly review of biology, 1976.

[32] Reynolds R G, Sverdlik W. Problem solving using cultural algorithms.[C]// IEEE. IEEE, 1994:645–650.

[33] Bersini H, Varela F J. Hints for adaptive problem solving gleaned from immune networks. 1990.

[34] Bersini H. The immune recruitment mechanism:A selective evolutionary strategy[J]. Proc.int.conf.on Genetic Algorithms, 1991.

[35] Watson J D, Crick F. A structure for deoxyribose nucleic acid[J]. Resonance, 1953, 171(4).

[36] Adleman, L. Molecular computation of solutions to combinatorial problems[J]. Science, 1994, 266(5187):1021–1024.

[37] 刘文斌，朱翔鸥，王向红，等. DNA 计算的研究进展[J]. 电子学报, 2006, 34(11):2053–2057.

[38] 郭艳萍. 变频及伺服应用技术[M]. 北京：人民邮电出版社, 2018.

[39] 黄志坚. 机器人驱动与控制及应用实例[M]. 北京：化学工业出版社, 2016.

[40] 秦志远. 数字图像处理原理与实践[M]. 北京：化学工业出版社, 2017.

[41] 宋丽梅. 机器视觉与机器学习：算法原理、框架应用与代码实现[M]. 北京：机械工业出版社, 2020.

[42] 苏雅钟. AGV 小车系统在自动化物流系统中的应用[J]. 科技创新导报, 2008(31):2.

[43] 周长武. AGV 小车的设计与教学应用研究[J]. 教育研究, 2019, 2(1).

[44] 史恩秀，黄玉美. 自主导航小车 AGV 定位方法的研究[J]. 传感技术学报, 2007.

[45] 史恩秀，黄玉美，郭俊杰，等. 自主导航小车(AGV)轨迹跟踪的模糊预测控制[J]. 机械科学与技术, 2008(05): 592–596.

[46] 陈广锋，余立潮. 多帧时间窗轮换算法规划仓储多 AGV 小车路径[J]. 计算机工程与应用, 2020, 56(23): 270–278.

[47] 孙磊厚，吴振明，陈剑鹤，等. 全自动 AGV 小车电池更换及充电系统设计[J]. 现代制造工程, 2018(4): 6.

[48] 蔡自兴. 中国智能控制 40 年[J]. 科技导报, 2018, 36(17): 23–39.

[49] 蔡自兴，蔡昱峰. 人工智能的大势、核心与机遇[J]. 冶金自动化, 2018, 42(02): 1–5.